网站设计 开发 维护 推广 从入门到精通

何新起 娄彦杰 编著

人民邮电出版社
北京

图书在版编目（CIP）数据

网站设计开发维护推广从入门到精通 / 何新起，娄彦杰编著. -- 2版. -- 北京 : 人民邮电出版社，2016.7（2022.7重印）
ISBN 978-7-115-42501-0

Ⅰ. ①网… Ⅱ. ①何… ②娄… Ⅲ. ①网站－开发 Ⅳ. ①TP393.092

中国版本图书馆CIP数据核字(2016)第113953号

内 容 提 要

本书全面、详实地介绍了网站设计、开发、维护、推广的具体方法和步骤。其中不仅包括静态网页的制作、动态网站的开发、网站的推广与宣传等内容，还包括综合性的整站建设案例。此外，附录中还包括“网页制作常见问题精解”等有助于读者速学、速查的内容。

全书共分为19章，以“入门篇→网页设计与制作篇→动态网站开发篇→网站发布与维护篇→综合案例篇”为线索具体展开，涵盖了制作网页、开发网站等方面的内容。书中涉及大量的实例，难度由低到高、循序渐进，并注重技巧的归纳和总结。

本书语言简洁、内容丰富，适合网页设计与制作人员、网站建设与开发人员、大中专院校相关专业师生、网页制作培训班学员、个人网站爱好者与自学者阅读。

◆ 编　著　何新起　娄彦杰
责任编辑　赵　轩
责任印制　焦志炜

◆ 人民邮电出版社出版发行　　北京市丰台区成寿寺路11号
邮编　100164　　电子邮件　315@ptpress.com.cn
网址　http://www.ptpress.com.cn
北京九州迅驰传媒文化有限公司印刷

◆ 开本：787×1092　1/16
印张：24.5　　2016年7月第2版
字数：599千字　　2022年7月北京第14次印刷

定价：49.00元

读者服务热线：(010)81055410　印装质量热线：(010)81055316
反盗版热线：(010)81055315

前　言

互联网信息技术彻底改变了人们的生活和工作。越来越多的企业和个人建立起网站来宣传自己。人才市场上对网页制作和网站建设人员的需求大大增加，但是网站建设是一项综合性技能，包括网站策划、网页设计和动态网站的开发等几部分，真正完全懂得这几项技能的网页设计师则相对较少，因此我们编写了本书。本书首版在 2006 年出版后，销量在同类书籍中一直名列前茅，经过十多次重印，销售达三万多册，并且获得了 2007 年最佳科技图书奖。2013 年升级第二版后，又经过多次重印。本次改版不但更新了所有的操作实例步骤，还重点增加了 Web 标准与 Div 布局方面的内容。

本书分为入门篇、网页设计与制作篇、动态网站开发篇、网站发布与维护篇、综合案例篇和附录六个部分，详细介绍了如何进行网站的前期策划，如何综合使用 Dreamweaver CC、Photoshop CC、Flash CC 等网页制作和美化工具来建设网站，如何在 ASP 环境下建设动态网站，以及数据库的创建、网站的推广与宣传等内容。附录中还包括了网页制作中各种常见的问题，能够帮助读者速学、速查。

本书特色

- 知识系统、全面：本书从基础知识开始讲起，逐步介绍网页的制作、图像和动画的设计、动态网站的开发、网站的管理和维护等，最后给出了综合实例，力求还原一个真实的网站建设任务，让读者的学习更有针对性。
- 基础+实例：为了使读者能够真正掌握网页设计的技巧，书中通过大量实例，全面介绍了网页设计和网站建设的各个环节。在讲解时对操作过程中的每一个步骤都有详细说明，不论是初学者，还是有一定基础的读者，只要根据这些步骤一步一步地操作，就能顺利完成整个实例。
- 本书配备了 PPT 电子课件，便于老师课堂教学和学生把握知识要点。
- 附录中给出了网页制作常见问题精解，能够帮助读者及时解决网页制作过程中出现的各种常见问题。

读者对象

- 网页设计与制作人员

- 网站建设与开发人员
- 大中专院校相关专业师生
- 网页制作培训班学员
- 个人网站爱好者与自学者

本书写作人员中既包括资深网页设计培训教师，又包括一线的网页制作和网站建设人员，这使得本书理论与实践并重，方法与技巧并存。在编写过程中，我们力求精益求精，但难免存在一些不足之处，读者使用本书时如果遇到相关技术问题，请发邮件至 1005431430@qq.com 与我们联系。

编　者

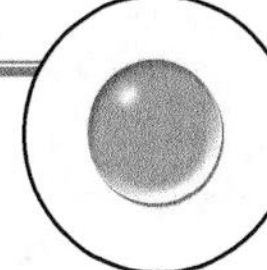

目　录

第1部分　入门篇

第1章　网页设计基础……2

1.1　网页设计的相关术语……2

1.1.1　什么静态网页……2

1.1.2　什么动态网页……3

1.2　网页美工常用工具……4

1.2.1　掌握网页编辑排版软件 Dreamweaver……4

1.2.2　掌握网页图像制作软件 Photoshop……5

1.2.3　掌握网页动画制作软件 Flash……5

1.3　网页版面布局设计……6

1.3.1　网页版面布局原则……6

1.3.2　点、线、面的构成……7

1.4　常见的网站类型……9

1.4.1　个人网站……9

1.4.2　企业类网站……10

1.4.3　娱乐休闲类网站……10

1.4.4　行业信息类网站……11

1.4.5　门户类网站……12

1.4.6　购物类网站……12

1.5　文字与图像版式设计……13

1.5.1　文字的字体、字号、行距…13

1.5.2　文字的图形化……13

1.6　网站建设的一般流程……14

1.6.1　确定网站主题……14

1.6.2　网站整体规划……14

1.6.3　收集资料与素材……15

1.6.4　设计网页图像……16

1.6.5　制作网页……17

1.6.6　开发动态网站模块……17

1.6.7　发布与上传……19

1.6.8　后期更新与维护……19

1.6.9　网站的推广……19

1.7　经典习题与解答……19

第2章　网站页面配色和创意……20

2.1　色彩基础知识……20

2.1.1　色彩的基本概念……20

2.1.2　常见色彩表达的意义……21

2.2　网页色彩搭配……23

2.2.1　网页色彩搭配原理……23

2.2.2　网页设计中色彩搭配的技巧……24

2.2.3　常见的网页配色方案……26

2.3　页面设计创意思维……29

2.3.1　什么是创意……29

2.3.2　创意思维的原则……29

2.4　创意的方法……32

2.4.1　富于联想……32

2.4.2　巧用对比……32

2.4.3 大胆夸张…………33
2.4.4 善用比喻…………33
2.4.5 以小见大…………34
2.4.6 流行时尚…………34
2.5 经典习题与解答…………35

第2部分 网页设计与制作篇

第3章 熟悉 Dreamweaver CC 的工作环境…………38
3.1 Dreamweaver CC 工作区…………38
3.2 Dreamweaver CC 工具栏…………39
3.2.1 标准工具栏…………39
3.2.2 文档工具栏…………39
3.3 浮动面板…………39
3.4 插入栏…………40
3.5 创建本地站点…………41
3.5.1 使用站点向导创建本地站点…………41
3.5.2 使用高级设置建立站点…………42
3.6 管理站点文件…………46
3.6.1 创建文件夹和文件…………46
3.6.2 移动和复制文件…………47
3.7 经典习题与解答…………48

第4章 制作简洁的文本网页…………49
4.1 插入文本…………49
4.1.1 普通文本…………49
4.1.2 特殊字符…………50
4.1.3 插入日期…………52
4.2 设置文本属性…………53
4.2.1 设置标题段落格式…………53
4.2.2 设置文本字体和字号…………54
4.2.3 添加新字体…………54
4.2.4 设置文本颜色…………55
4.2.5 设置文本对齐方式…………56
4.2.6 设置文本缩进和凸出…………56
4.3 创建项目列表和编号列表…………57
4.3.1 创建项目列表…………57
4.3.2 创建编号列表…………58
4.4 插入网页头部内容…………58
4.4.1 插入 Meta…………58
4.4.2 插入关键字…………59
4.4.3 插入说明…………59
4.4.4 插入脚本…………59
4.4.5 设置 Hyperlink…………60
4.5 在网页中插入水平线…………60
4.6 检查拼写与查找替换…………63
4.6.1 检查拼写…………63
4.6.2 查找和替换…………63
4.7 实例——创建基本文本网页…………64
4.8 经典习题与解答…………66

第5章 使用图像丰富网页内容…………68
5.1 网页中常用的图像格式…………68
5.1.1 GIF 格式…………68
5.1.2 JPEG 格式…………69
5.1.3 PNG 格式…………69
5.2 在网页中插入图像…………69
5.2.1 插入普通图像…………69
5.2.2 插入鼠标经过图像…………71
5.3 设置图像属性…………74
5.3.1 调整图像大小…………74
5.3.2 设置图像对齐方式…………75
5.4 在网页中编辑图像…………76
5.4.1 裁剪图像…………76
5.4.2 重新取样图像…………77
5.4.3 调整图像亮度和对比度…77
5.4.4 锐化图像…………78
5.5 插入 Flash…………79
5.5.1 插入 Flash 动画…………79
5.5.2 插入 Flash 视频…………80
5.6 实例…………82
实例1——创建图文混排网页…82
实例2——创建翻转图像导航…85

5.7 经典习题与解答……88

第 6 章 使用行为和 JavaScript 制作动感特效网页……89

6.1 行为概述……89
6.1.1 认识事件……90
6.1.2 动作类型……90
6.2 使用 Dreamweaver 内置行为……91
6.2.1 交换图像……91
6.2.2 转到 URL……93
6.2.3 打开浏览器窗口……95
6.2.4 弹出信息……98
6.2.5 设置状态栏文本……99
6.2.6 预先载入图像……101
6.2.7 检查表单……103
6.3 利用脚本制作特效网页……105
6.3.1 制作滚动公告网页……105
6.3.2 制作自动关闭网页……107
6.3.3 利用 JavaScript 函数实现打印功能……108
6.4 经典习题与解答……110

第 7 章 使用表格排列网页数据……112

7.1 网页的基本构成……112
7.2 网页布局方法……114
7.2.1 纸上布局法……114
7.2.2 软件布局法……114
7.3 常见的网页布局类型……114
7.3.1 国字型布局……115
7.3.2 厂字型布局……115
7.3.3 框架型布局……116
7.3.4 封面型布局……116
7.3.5 Flash 型布局……116
7.4 基本的表格布局方法……117
7.4.1 插入表格……117
7.4.2 设置表格属性……118
7.4.3 合并单元格……119
7.4.4 选取表格对象……120
7.5 实例——利用表格布局网页……121
7.5.1 实例 1——利用表格排列数据……121
7.5.2 实例 2——拐角型布局……123
7.5.3 实例 3——封面型布局……127
7.5.4 实例 4——国字型布局网页……130
7.6 经典习题与解答……136

第 8 章 创建超级链接……137

8.1 关于超链接的基本概念……137
8.1.1 绝对路径……137
8.1.2 相对路径……138
8.2 创建超级链接的方法……138
8.2.1 使用属性面板创建链接……138
8.2.2 使用指向文件图标创建链接……138
8.2.3 使用菜单创建链接……138
8.3 创建各种类型的链接……139
8.3.1 创建文本链接……139
8.3.2 创建图像热点链接……140
8.3.3 创建 E-mail 链接……141
8.3.4 创建下载文件链接……143
8.3.5 创建脚本链接……144
8.3.6 创建空链接……145
8.4 管理超级链接……145
8.4.1 自动更新链接……146
8.4.2 在站点范围内更改链接……146
8.4.3 检查站点中的链接错误……147
8.5 实例——创建图像热点链接……147
8.6 经典习题与解答……149

第 9 章 使用模板和库提高网页制作效率……150

9.1 创建模板网页……150
9.1.1 直接创建模板……150
9.1.2 从现有文档创建模板……152
9.2 使用模板……153
9.2.1 定义可编辑区……153

9.2.2 定义新的可选区域……154
9.2.3 定义重复区域……155
9.2.4 基于模板创建网页……155
9.3 管理模板……159
9.3.1 更新模板……159
9.3.2 从模板中脱离……161
9.4 创建与应用库项目……162
9.4.1 关于库项目……162
9.4.2 创建库项目……162
9.4.3 应用库项目……164
9.4.4 修改库项目……166
9.5 实例——模板应用……167
9.5.1 实例1——创建网站模板……167
9.5.2 实例2——利用模板创建网页……179
9.6 经典习题与解答……183
9.6.1 填空题……183
9.6.2 操作题……184

第10章 CSS+Div布局网页……185

10.1 初识Div……185
10.1.1 Div概述……185
10.1.2 Div与span的区别……185
10.1.3 Div与CSS布局优势……187
10.2 CSS定位……188
10.2.1 盒子模型的概念……188
10.2.2 float定位……188
10.2.3 position定位……190
10.3 CSS布局理念……191
10.3.1 将页面用Div分块……191
10.3.2 设计各块的位置……191
10.3.3 用CSS定位……192
10.4 常见的布局类型……193
10.4.1 一列固定宽度……193
10.4.2 一列自适应……195
10.4.3 两列固定宽度……195
10.4.4 两列宽度自适应……196
10.4.5 两列右列宽度自适应……198
10.4.6 三列浮动中间宽度自适应……198
10.5 经典习题与解答……200

第11章 处理与优化网页中的图片……201

11.1 Photoshop CC工作环境简介……201
11.2 调整图像大小……205
11.3 网页图像的色彩调整……207
11.3.1 使用【色阶】命令优化网页图像……207
11.3.2 使用【曲线】命令优化网页图像……208
11.3.3 使用【色彩平衡】命令优化网页图像……210
11.3.4 使用【亮度/对比度】命令优化网页图像……211
11.3.5 使用【色相/饱和度】命令优化网页图像……212
11.4 处理产品图像……213
11.5 经典习题与解答……216

第12章 设计网站Logo和按钮……218

12.1 VI简介……218
12.1.1 VI设计的概念……218
12.1.2 VI在网站设计中的意义……219
12.2 网站标识设计概述……220
12.2.1 网站Logo设计标准……220
12.2.2 网站Logo的标准尺寸……220
12.3 按钮设计……221
12.3.1 制作导航按钮……221
12.3.2 制作发光按钮……224
12.4 经典习题与解答……226

第13章 设计网站动画和网络广告……227

13.1 Flash工作环境简介……227
13.2 网站广告设计指南……229
13.2.1 网站广告设计基本原则……230

13.2.2 网站广告的类型 ··········231
13.3 制作网页广告实例 ··········232
13.3.1 设计 Banner 宣传广告实例 ··········232
13.3.2 纸质遮罩动画效果 ··········240
13.4 经典习题与解答 ··········243

第 3 部分 动态网站开发篇

第 14 章 在 Dreamweaver 中编写代码 ··········246
14.1 查看源代码 ··········246
14.2 管理标签库 ··········247
14.3 Dreamweaver 中的编码 ··········247
14.3.1 使用代码提示加入背景音乐 ··········247
14.3.2 使用标签选择器插入浮动框架 ··········250
14.3.3 使用标签编辑器编辑标签 ··········254
14.4 使用代码片断面板 ··········254
14.5 经典习题与解答 ··········255
第 15 章 动态网站创建基础 ··········257
15.1 搭建服务器平台 ··········257
15.2 设计数据库 ··········261
15.3 建立数据库连接 ··········263
15.3.1 了解 DSN ··········263
15.3.2 定义系统 DSN ··········263
15.4 SQL 语言简介 ··········265
15.4.1 SQL 语言概述 ··········265
15.4.2 SQL 的优点 ··········266
15.5 常用的 SQL 语句 ··········266
15.5.1 表的建立（CREATE TABLE） ··········266
15.5.2 插入数据（INSERT INTO） ··········267
15.5.3 修改数据（UPDATE） ··········268
15.5.4 删除数据（DELETE） ··········269
15.5.5 SQL 查询语句（SELECT） ··········269
15.6 经典习题与解答 ··········271

第 4 部分 网站发布与维护篇

第 16 章 网站的发布 ··········274
16.1 站点的测试 ··········274
16.1.1 检查断掉的链接 ··········274
16.1.2 检查外部链接 ··········275
16.1.3 检查孤立文件 ··········275
16.2 网页的上传 ··········276
16.2.1 利用 Dreamweaver 上传网页 ··········276
16.2.2 LeapFTP 上传文件 ··········277
16.3 经典习题与解答 ··········280
第 17 章 网站的日常维护 ··········281
17.1 网站的运营维护 ··········281
17.2 网站数据库内容维护 ··········283
17.3 网页维护 ··········284
17.4 网站安全维护 ··········284
17.4.1 取消文件夹隐藏共享 ··········285
17.4.2 删掉不必要的协议 ··········285
17.4.3 关闭文件和打印共享 ··········286
17.4.4 禁用 Guest 账号 ··········287
17.4.5 禁止建立空连接 ··········287
17.4.6 设置 NTFS 权限 ··········288
17.4.7 管理操作系统账号 ··········289
17.4.8 安装必要的杀毒软件 ··········290
17.4.9 做好 Internet Explorer 浏览器的安全设置 ··········290
17.5 经典习题与解答 ··········291
第 18 章 网站宣传与推广 ··········292
18.1 注册到搜索引擎 ··········292

18.2 导航网站登录……294
18.3 友情链接……295
18.4 网络广告……296
18.5 邮件广告……296
18.6 聊天工具推广网站……297
18.7 发布信息推广……298
18.8 博客推广……299
18.9 传统媒体广告……300
18.10 商业资源合作推广……300
18.11 经典习题与解答……301

第5部分 综合案例篇

第19章 创建企业展示型网站……304
19.1 网站前期策划……304
19.1.1 企业网站分类……304
19.1.2 企业网站主要功能页面……306
19.1.3 本例网站页面……308
19.2 设计网站首页……309
19.2.1 设计首页……309
19.2.2 切割首页……313
19.3 在Dreamweaver中进行页面排版制作……314
19.3.1 创建本地站点……315
19.3.2 创建二级模板页面……315
19.3.3 利用模板制作其他网页……319
19.4 给网页添加弹出窗口页面……322
19.5 本地测试及发布上传……324
19.6 经典习题与解答……324

第6部分 附录篇

附录A 网页制作常见问题精解……328
附录B ASP函数速查表……367
附录C JavaScript语法速查……372
附录D CSS属性一览表……379

第1部分
入门篇

第1章■
网页设计基础
第2章■
网站页面配色和创意

第1章

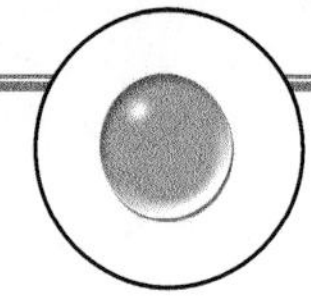

网页设计基础

利用 Dreamweaver CC 中的可视化编辑功能，可以快速创建网页而不需要编写任何代码，这对于网页制作者来说，工作变得很轻松。文本是网页中最基本和最常用的内容，是网页信息传播的重要载体。学会在网页中使用文本和设置文本格式对于网页设计人员来说是至关重要的。

学习目标

- 网页设计的相关术语
- 网页美工常用工具
- 网页版面布局设计
- 常见的版面布局形式
- 文字与图像版式设计

1.1 网页设计的相关术语

在具体学习网页设计与制作前，需要了解什么是静态网页和动态网页，动态网页是怎么交互的，为以后的学习打好基础。

1.1.1 什么静态网页

在网站设计中，纯粹 HTML 格式的网页通常称为“静态网页”，早期的网站一般都是由静态网页制作的，静态网页是以.htm、.html、.shtml 和.xml 等为后缀。在 HTML 格式的网页上，也可以出现各种动态的效果，如 GIF 格式动画、Flash 滚动字幕等。这些“动态效果”只是视觉上的，与下面将要介绍的动态网页不同。

静态网页的特点简要归纳如下。

- 静态网页每个网页都有一个固定的 URL，且网页 URL 以.htm、.html、.shtml 等常见形式为后缀，而不含有“？”。
- 网页内容一经发布到网站服务器上，无论是否有用户访问，每个静态网页的内容都是保存在网站服务器上的，也就是说，静态网页是实实在在保存在服务器上的文件，每个网页都是一个独立的文件。
- 静态网页的内容相对稳定，因此容易被搜索引擎检索。

- 静态网页没有数据库的支持，在网站制作和维护方面工作量较大，因此当网站信息量很大时，完全依靠静态网页制作方式比较困难。
- 静态网页的交互性较差，在功能方面有较大的限制。图 1-1 所示为一个宣传介绍性的静态网页。

图 1-1 宣传介绍性的静态网页

1.1.2 什么动态网页

纯粹的静态网页网站通常需要手工制作网页，对于网站维护人员有一定的专业要求，并且当网站内容更新较多时，手工制作静态网页会显得相当繁琐，于是通过后台信息发布方式的动态网站技术很快在网站中得到普及应用。

所谓动态网页，就是该网页文件不仅含有 HTML 标记，而且含有程序代码，这种网页的后缀一般根据不同的程序设计语言来定，如 ASP 文件的后缀为.asp。动态网页能够根据不同的时间、不同的来访者而显示不同的内容，还可以根据用户的即时操作和即时请求，使动态网页的内容发生相应的变化。如常见的 BBS、留言板、搜索系统和聊天室等就是用动态网页来实现的。图 1-2 所示为交友网站中的会员搜索系统。

图 1-2　会员搜索系统

如果在下拉列表中选择不同的查询条件，单击“查询”按钮后会显示不同的网页内容，这就是动态网页所具有的典型特征。这种交互式的行为利用单纯的 HTML 语言是无法实现的，它需要将内容存储在数据库中，在服务器端利用动态编程语言来实现，如 ASP、PHP、JSP 等。这样的程序不仅能处理从浏览器端表单提交的数据，而且可以根据这些数据动态地反馈给用户。

1.2　网页美工常用工具

制作网页第一件事就是要选定网页制作软件。虽然用记事本手工编写源代码也能做出网页，但这需要对编程语言相当了解，并不适合于广大的网页设计爱好者。由于目前所见即所得类型的工具越来越多，使用也越来越方便，所以制作网页已经变成了一件轻松的工作。

Flash、Dreamweaver 和 Photoshop 这三款软件相辅相成，是制作网页的首选工具，其中 Dreamweaver 主要用来制作网页文件，利用 Dreamweaver 制作出来的网页兼容性好，制作效率也很高；Flash 用来制作精美的网页动画；Photoshop 用来处理网页中的图形。

1.2.1　掌握网页编辑排版软件 Dreamweaver

Dreamweaver 是 Adobe 公司开发的集网页制作和管理网站于一身的所见即所得网页编辑器，它是第一套针对专业网页设计师特别开发的视觉化网页开发工具。

Dreamweaver CC 是最新推出的网页制作软件，它提供了方便快捷的工具，不仅使得网页制作过程更加直观，同时也大大简化了网页制作步骤，以快速制作网站雏形、设计、更新和重组网页。图 1-3 所示为 Dreamweaver CC 的工作界面。它是由菜单栏、插入栏、文档窗口、属性面板以及浮动面板组组成，整体布局显得紧凑、合理、高效。

图 1-3 Dreamweaver CC 的工作界面

1.2.2 掌握网页图像制作软件 Photoshop

Photoshop 是 Adobe 公司推出的图像处理软件，目前已被广泛应用于平面设计、网页设计和照片处理等领域。随着计算机技术的发展，Photoshop 已历经数次版本更新，目前最新版本为 Photoshop CC。图 1-4 所示为利用 Photoshop CC 设计的网页图像。

图 1-4 Photoshop CC 设计的网页图像

1.2.3 掌握网页动画制作软件 Flash

Flash 是一款动画创作工具，设计人员和开发人员可使用它来创建演示文稿、应用程序和其他可交互的内容。Flash 可以用来制作简单的动画、视频内容、复杂演示文稿和应用程序以及介于它们之间的任何内容。通常，使用 Flash 创作的各个内容单元称为应用程序，即使它们可能只是很简单的动画。也可以通过添加图片、声音、视频和特殊效果，构建包含丰富媒体的 Flash 应用程序。

要正确、高效地运用 Flash CC 软件来制作动画，必须了解 Flash CC 的工作界面及各部分功能。Flash CC 的工作界面由菜单栏、工具箱、属性面板、时间轴、舞台和面板等组成，如图 1-5 所示。

图 1-5 Flash CC 的工作界面

1.3 网页版面布局设计

网页设计要讲究编排和布局，虽然网页设计不同于平面设计，但它们有许多相近之处，应加以利用和借鉴。为了达到最佳的视觉表现效果，应讲究整体布局的合理性，使浏览者有一个流畅的视觉体验。

1.3.1 网页版面布局原则

网页在设计上与平面设计有许多共同之处，如报纸等，因此也要遵循一些设计的基本原则。熟悉一些设计原则，再对网页的特殊性作一些考虑，便不难设计出美观大方的页面来。网页页面设计有以下基本原则，熟悉这些原则将对页面的设计有所帮助。

1. 主次分明，中心突出

在一个页面上，必须考虑视觉的中心，这个中心一般在屏幕的中央或者在中间偏上的部位。因此，重要的文章和图像一般可以安排在这个部位，在视觉中心以外的地方就可以安排那些稍微次要的内容，这样在页面上就突出了重点，做到了主次有别。

2. 大小搭配，相互呼应

较长的文章或标题，不要编辑在一起，要有一定的距离；同样，较短的文章，也不能编排在一起。对待图像的安排也是这样，要互相错开，使大小图像之间有一定的间隔，这样可以使页面错落有致，避免重心的偏离。

3. 图文并茂，相得益彰

文字和图像具有一种相互补充的视觉关系，页面上文字太多，就显得沉闷，缺乏生气。页面上图像太多，缺少文字，必然会减少页面的信息容量。因此，最理想的效果是文字与图像的密切配合，互为衬托，既能活跃页面，又使页面中有丰富的内容。

4. 简洁一致

保持简洁的常用做法是使用醒目的标题，这个标题常常采用图形表示，但图形同样要求简洁。另一种保持简洁的做法是限制所用的字体和颜色的数目。一般每页使用的字体不超过三种，一个页面中使用的颜色只需两三种。

要保持一致性，可以从页面的排版下手：各个页面使用相同的页边距、文本；图形之间保持相同的间距；主要图形、标题或符号旁边留下相同的空白。

5. 网页布局时的一些元素

格式美观的正文、和谐的色彩搭配、较好的对比度、具有较强可读性的文字、生动的背景图案、大小适中的页面元素、布局匀称、不同元素之间有足够空白、各元素之间保持平衡、文字准确无误、无错别字、无拼写错误。

6. 文本和背景的色彩

考虑到大多数人使用 256 色显示模式，因此一个页面显示的颜色不宜过多。主题颜色通常只需要两三种，并采用一种标准色。

1.3.2 点、线、面的构成

在网页的视觉构成中，点、线和面既是最基本的造型元素，又是最重要的表现手段。在布局网页时，点、线、面是需要最先考虑的因素。只有合理安排好点、线、面的相互关系，才能设计出具有最佳视觉效果的页面，充分表达出网页的最终目的。网页设计实际上就是处理好三者的关系，因为不管是任何视觉形象或者版式构成，归结到底，都可以归纳为点、线和面。

1. 点的视觉构成

在网页中，一个单独而细小的形象可以称之为点，如一个汉字可以称为一个点。点也可以是一个网页中相对微小单纯的视觉形象，如按钮、Logo 等。图 1-6 所示为点的视觉构成。

图 1-6 点的视觉构成

点是构成网页的最基本单位，起到让页面活泼生动的作用。使用得当，甚至可以起到画龙点睛的作用。

一个网页往往需要由数量不等、形状各异的点来构成。点的形状、方向、大小、位置、聚集、发散，能够给人带来不同的心理感受。

2．线的视觉构成

点的延伸形成线，线在页面中的作用在于表示方向、位置、长短、宽度、形状、质量和情绪。线是分割页面的主要元素之一，是决定页面形象的基本要素。线分为直线和曲线两种。线的总体形状有垂直、水平、倾斜、几何曲线、自由线这几种。

线是具有情感的。如水平线给人开阔、安宁、平静的感觉；斜线具有生动、不安、速度和现代感；垂直线具有庄严、挺拔、力量和向上的感觉；曲线给人柔软流畅的女性特征；自由曲线是最好的情感抒发手段。将不同的线运用到页面设计中，会获得不同的效果。

水平线的重复排列形成一种强烈的形式感和视觉冲击力，能够让人第一眼就产生兴趣，达到了吸引访问者注意力的目的。

自由曲线的运用，打破了水平线的庄严和单调，给网页增加了丰富、流畅、活泼的气氛。水平线和自由曲线的组合运用，形成新颖的形式和不同情感的对比，从而将视觉中心有力地衬托出来。图 1-7 所示为使用线条布局的网页。

图 1-7　使用线条的网页

3．面的视觉构成

面是点和线的组合，具有一定的面积和质量，占据的空间更多，因而相比点和线来说视觉冲击力更大、更强烈。

面的形状可以大概分为以下几种。

- 几何型的面：方形、圆形、三角形、多边型的面在页面中经常出现。图 1-8 所示为使用圆角矩形的网页。
- 有机切面：可以用弧形相交或者相切得到。
- 不规则形的面和意外因素形成的随意形面。

图 1-8 使用圆角矩形的网页

面具有自己鲜明的个性和情感特征，只有合理地安排好面的关系，才能设计出充满美感、艺术而实用的网页。

1.4 常见的网站类型

网站就是把一个个网页系统地链接起来的集合，按其内容的不同可分为个人网站、企业类网站、娱乐休闲类网站、行业信息类网站、门户网站和购物类网站等，下面分别进行介绍。

1.4.1 个人网站

个人网站一般是个人为了兴趣爱好或展示个人等目的而建的网站，具有较强的个性化特色，带有很明显的个人色彩，无论是内容、风格，还是样式，都形色各异，包罗万象。个人网站是由一个人来完成的。相对于大型网站来说，个人网站的内容一般比较少，但是技术的采用不一定比大型网站的差。很多精彩的个人网站的站长往往就是一些大型网站的设计人员。图 1-9 所示为个人网站。

图 1-9　个人网站

1.4.2　企业类网站

随着信息时代的到来，网站作为企业的名片越来越受到重视，成为企业宣传品牌、展示服务与产品乃至进行所有经营活动的平台和窗口。企业网站是企业的“商标”，在高度信息化的社会里，创建富有特色的企业网站是最直接的宣传手段。通过网站可以展示形象，扩大影响力，提高知名度。图 1-10 所示为企业类网站。

图 1-10　企业类网站

1.4.3　娱乐休闲类网站

娱乐休闲类网站大都是以提供娱乐信息和流行音乐为主的网站，如很多在线游戏网站、电影网站和音乐网站等，它们可以提供丰富多彩的娱乐内容。这类网站的特点也非常显著，通常色彩鲜艳明快、内容丰富，多配以大量图片，设计风格或轻松活泼、或时尚另类。图 1-11

所示为娱乐休闲类网站。

图 1-11 娱乐休闲类网站

1.4.4 行业信息类网站

随着互联网的发展、网民人数的增多以及网上不同兴趣群体的形成，门户网站已经明显不能满足不同上网群体的需要。一批能够满足某一特定领域上网人群及其特定需要的网站应运而生。由于这些网站的内容服务更为专一和深入，因此人们将其称为行业信息类网站，也称为垂直网站。行业信息类网站只专注于某一特定领域，并通过提供特定的服务内容，有效地把对某一特定领域感兴趣的用户与其他网民区分开来，并长期持久地吸引着这些用户，从而为其发展提供理想的平台。图 1-12 所示为行业信息类网站搜房网。

图 1-12 行业信息类网站

1.4.5 门户类网站

门户类网站将无数信息整合、分类，为上网者打开方便之门。绝大多数网民通过门户类网站来寻找自己感兴趣的信息资源，巨大的访问量给这类网站带来了无限的商机。门户类网站涉及的领域非常广泛，是一种综合性网站，如搜狐、网易和新浪等。此外这类网站还具有非常强大的服务功能，如搜索、论坛、聊天室、电子邮箱、虚拟社区和短信等。门户类网站的外观通常整洁大方，用户所需的信息在上面基本都能找到。

目前国内较有影响力的门户类网站有很多，如新浪（www.sina.com.cn）、搜狐（www.sohu.com）和网易（www.163.com）等。图 1-13 所示为门户类网站新浪首页。

图 1-13　门户类网站

1.4.6 购物类网站

随着网络的普及和人们生活水平的提高，网上购物已成为一种时尚。凭借丰富的商品、实惠的价格、快捷的送货，网购已成为人们购物首选方式。网上购物也为商家有效地利用资金提供了帮助，而且通过互联网来宣传自己的产品覆盖面更广，因此现实生活中涌现出了越来越多的购物网站。

在线购物网站在技术上要求非常严格，其工作流程主要包括商品展示、商品浏览、添加购物车和结账等。图 1-14 所示为购物类网站。

图 1-14　购物类网站

1.5 文字与图像版式设计

文本是人类重要的信息载体和交流工具，网页中的信息也是以文本为主。虽然文字不如图像直观形象，但是却能准确地表达信息的内容和含义。在确定网页的版面布局后，还需要确定文本的样式，如字体、字号和颜色等，还可以将文字图形化。

1.5.1 字体、字号、行距

在网页中，中文默认的标准字体是宋体，英文默认是 The New Roman。如果在网页中没有设置任何字体，在浏览器中将以这两种字体显示。

字号大小可以使用磅（pt）或像素（px）来确定。一般网页常用的字号大小为 12 磅左右。较大的字体可用于标题或其他需要强调的地方，小一些的字体可以用于页脚和辅助信息。需要注意的是，小字号容易产生整体感和精致感，但可读性较差。

无论选择什么字体，都要依据网页的总体设想和浏览者的需要。在同一页面中，如果字体种类少，则版面雅致、有稳重感；如果字体种类多，则版面活跃、丰富多彩。关键是如何根据页面内容来掌握这个比例关系。

行距的变化也会对文本的可读性产生很大影响，一般情况下，接近字体尺寸的行距设置比较适合正文。行距的常规比例为 10:12，即字用 10 磅，则行距用 12 磅。如图 1-15 所示，行距太小，字体看着很不舒服，而行距适当放大后，字体感觉比较合适。

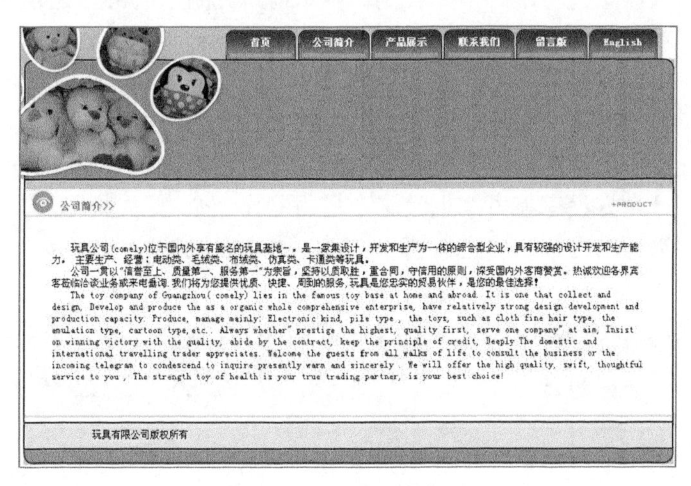

图 1-15 行距太小

行距可以用行高（line-height）属性来设置，建议以磅或默认行高的百分数为单位，如 line-height：20pt 或 line-height：150%。

1.5.2 文字的图形化

所谓文字的图形化，即把文字作为图形元素来表现，同时又强化了原有的功能。作为网页设计师，既可以按照常规的方式来设置字体，也可以对字体进行艺术化处理。无论怎样，一切都应该围绕如何更出色地实现设计目标。

将文字图形化，以更富创意的形式表达出深层的设计思想，能够克服网页的单调与平淡，从而打动人心，图 1-16 所示为图形化的文字。

图 1-16　图形化的文字

1.6　网站建设的一般流程

创建网站是一个系统工程，有一定的工作流程，只有遵循这个步骤，按部就班地进行，才能设计出一个令人满意的网站。因此在制作网站前，先要了解网站建设的基本流程，这样才能制作出更好、更合理的网站。

1.6.1　确定网站主题

网站主题是建立的网站所要包含的主要内容。一个网站必须要有一个明确的主题，特别是对于个人网站。一个人没有能力，也没这个精力制作一个内容大而全的综合网站，所以必须要找准自己最感兴趣的内容，将它做深、做透，办出自己的特色，这样才能给用户留下深刻的印象。

提示　对于内容主题的选择，要做到小而精，主题定位要小，内容要精。不要试图去制作一个包罗万象的站点，这往往会让网站失去特色，也会带来高强度的劳动，给网站的及时更新带来困难。

1.6.2　网站整体规划

规划一个网站，可以先用树状结构把每个页面的内容大纲列出来。尤其当要制作一个很大的网站的时候，特别需要把架构规划好，也要考虑到以后的扩充性，以免做好以后再更改整个网站的结构。

网站规划包含的内容很多，如网站结构、栏设置、网站风格、颜色搭配、版面布局及文字图片的运用等。只有在制作网页之前把这些方面都考虑到了，才能在制作时胸有成竹，也只有如此制作出来的网页才能有个性、有特色，具有吸引力。图 1-17 所示为网站整体结构图。

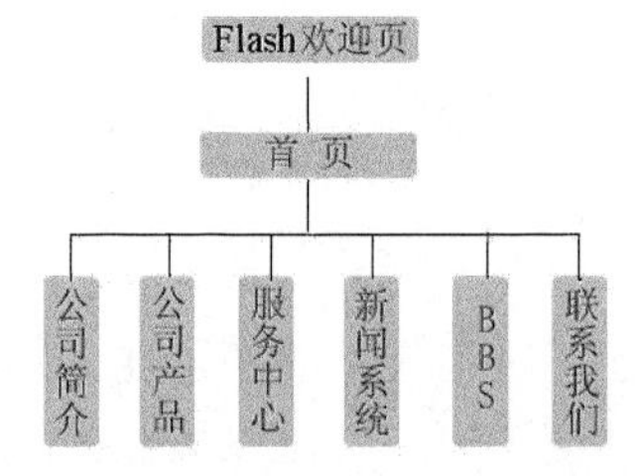

图 1-17　网站整体结构图

1.6.3　收集资料与素材

首先，要新建一个新的总目录，如 D:/我的网站，来放置建立网站的所有文件，然后再在这个目录下建立两个子目录："文字资料""图片资料"。放入目录中的文件名最好全部用英文小写，因为有些主机不支持大写和中文。

1．文本内容素材的收集

可以从网络、书本、报刊上找到需要的文字材料，也可以使用平时的试卷和复习资料，还可以自己编写有关的文字材料，将这些素材制作成 Word 文档保存在"文字资料"子目录下。收集的文本素材既要丰富，又要便于有机地组织，这样才能做出内容丰富、整体感强的网站。

2．动画图像素材的收集

只有文本内容的网站对于访问者来讲是枯燥乏味、缺乏生机的。如果加上艺术内容素材，如静态图片、动态图像及音像等，网页将充满动感与生机，也将吸引更多的访问者。这些素材主要来自于以下四个方面。

- 可以用一些动画与特效增加主页的美观与功能，动画可上网找，最好能自己制作，GIF 格式的最常用。目前流行的是 Flash 动画，变化更多、尺寸更小，缺点是有些计算机上的浏览器没有安装 Flash 浏览软件，此时不能看到 Flash 动画。图 1-18 所示为从网上搜集图片保存到自己的网站上。

图 1-18　从网上搜集图片

- 从 CD-ROM 中获取。在市面上有许多图片素材库光盘，也有许多教学软件，我们可以选取其中的图片资料。
- 既可以从各种图书出版物（如科普读物、教科书、杂志封面、摄影集及摄影杂志等）获取教学图片，也可以使用自己拍摄和积累的照片资料，或将杂志的封面彩图用彩色扫描仪扫描下来，将其加工后，整合制作到网页中。

提示　图片应尽量精美而小巧，不要盲目追求大而全，要在网页的美观与网络的速度两者之间取得良好的平衡。

1.6.4　设计网页图像

在整体规划好网站和搜集资料完成后就需要设计网页图像了，网页图像设计包括 Logo、标准色彩、标准字、宣传广告和首页等。

- 设计网站标志：标志可以是中文、英文字母，也可以是符号、图案等。标志的设计创意应当来自网站的名称和内容，如网站内有代表性的人物、动物及植物，可以用它们作为设计的标本，加以卡通化或者艺术化；专业网站可以以本专业有代表的物品作为标志。最常用和最简单的方式是用自己网站的英文名称作标志，采用不同的字体、字母的变形及字母的组合等方式可以很容易制作好自己的标志。图 1-19 所示为网站标志。

图 1-19　设计网站标志

- 设计网站色彩：网站给人的第一印象来自视觉冲击，不同的色彩搭配产生不同的效果，并可能影响到访问者的情绪。“标准色彩”是指能体现网站形象和延伸内涵的色彩，要用于网站的标志和主色块，给人以整体统一的感觉。其他色彩也可以使用，但应当只是作为点缀和衬托，绝不能喧宾夺主。一般来说，一个网站的标准色彩不超过三种，太多色彩则让人眼花缭乱。

提示　需要说明的是，使用非默认字体只能用图片的形式，因为浏览者的计算机里很可能没有安装特别字体，否则辛辛苦苦地设计制作便可能付之东流了。

- 设计网站宣传广告：也可以说是网站的精神、主题与中心，或者是网站的目标，应该用一句话或者一个词来高度概括。用富有气势的话或词语来概括网站，进行对外宣传，可以收到比较好的结果。图 1-20 所示为网站宣传广告。

图 1-20　设计的网站宣传广告

- 首页设计包括版面、色彩、图像、动态效果、图标等风格设计，也包括 Banner、菜单及版权等模块设计。图 1-21 所示为网站首页。

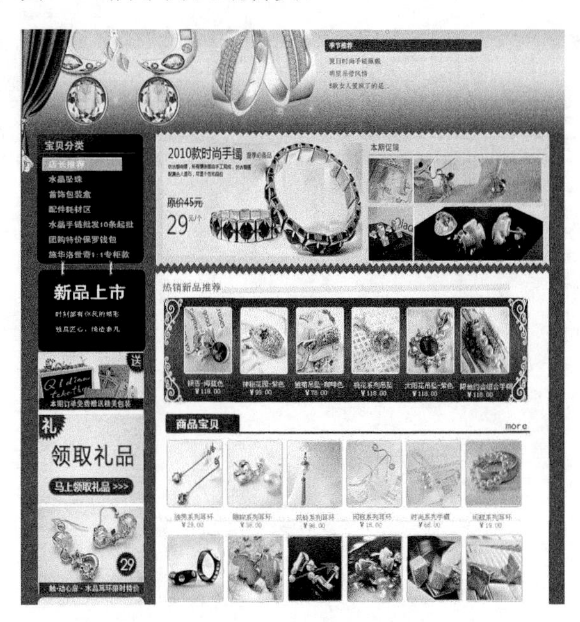

图 1-21　设计网站首页

- 设计网站字体：和标准色彩一样，标准字体是指用于标志和导航栏的特有字体。一般网页默认的字体是宋体。为了体现站点的与众不同和特有风格，可以根据需要选择一些特别字体，也可以根据自己网站所表达的内涵，选择更贴切的字体。

1.6.5　制作网页

下面就需要按照规划逐步制作网页了，这是一个复杂而细致的过程，一定要按照先大后小、先简单后复杂的顺序进行制作。所谓先大后小，就是在制作网页时，先把大的结构设计好，然后再逐步完善小的结构设计。所谓先简单后复杂，就是先设计出简单的内容，然后再设计复杂的内容，以便出现问题时好修改。在制作网页时要多灵活运用模板，这样可以大大提高制作效率。

1.6.6　开发动态网站模块

页面设计制作完成后，如果还需要动态功能的话，就需要开发动态功能模块。网站中常用的功能模块有搜索功能、留言板、新闻信息发布、在线购物、技术统计、论坛及聊天室等。

1. 搜索功能

搜索功能可以使浏览者在短时间内从大量的资料中找到自己所需的资料。这对于资料非常丰富的网站来说非常有用。要建立搜索功能，就要有相应的程序以及完善的数据库支持，可以快速地从数据库中搜索到所需要的资料。

2. 留言板

留言板、论坛及聊天室是为浏览者提供信息交流的地方。浏览者可以围绕产品、服务或其他话题进行讨论、提出问题、提出咨询，或者得到售后服务。但是聊天室和论坛是比较占用资源的，一般不是大中型的网站没有必要建设论坛和聊天室。图 1-22 所示为留言页面。

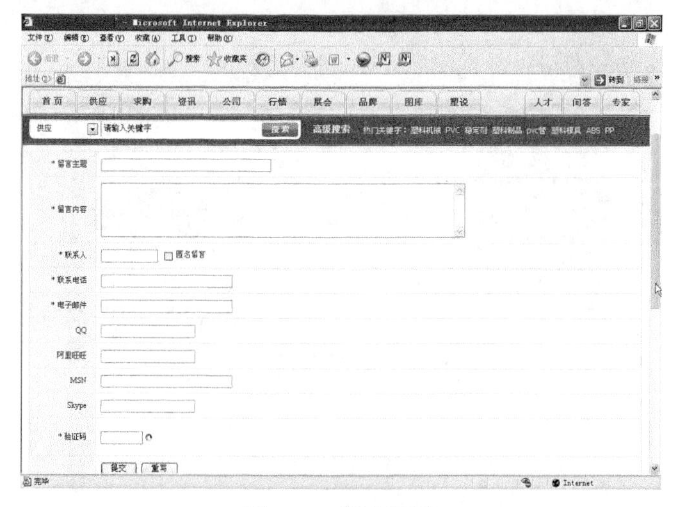

图 1-22　留言页面

3. 新闻信息发布系统

提供方便直观的页面文字信息的更新维护界面，提高工作效率、降低技术要求，非常适合用于经常更新的栏目或页面，图 1-23 所示为新闻发布系统的页面。

4. 在线购物

实现电子交易的基础，用户将感兴趣的产品放入自己的购物车，以备最后统一结账。当然，用户也可以修改购物的数量，甚至将产品从购物车中取出。用户选择结算后系统自动生成本系统的订单。图 1-24 所示为购物系统的页面。

图 1-23　新闻信息发布系统

图 1-24　购物系统

1.6.7 发布与上传

网页制作完毕，最后要发布到 Web 服务器上，才能够让全世界的朋友观看。上传工具有很多，可以采用 Dreamweaver 自带的站点管理功能上传文件，也可以采用专门的 FTP 软件上传。利用这些 FTP 工具，可以很方便地把网站发布到服务器上。网站上传以后，要在浏览器中打开自己的网站，逐页逐个链接地进行测试，发现问题，及时修改，然后再上传测试。

1.6.8 后期更新与维护

网站也要维护更新内容，保持内容的新鲜，不要做好就放在那儿不变了，只有不断地给它补充新的内容，才能够吸引住浏览者。

网站维护包括网页内容的更新、目录的管理、计数器文件的管理及网站的定期推广服务等。更新是指在不改变网站结构和页面形式的情况下，为网站的固定栏目增加或修改内容。

1.6.9 网站的推广

网页做好之后，还要不断地对其进行宣传，这样才能让更多的朋友认识它，提高网站的访问率和知名度。推广的方法有很多，例如到搜索引擎上注册、与别的网站交换链接或加入广告链等。

网站推广是企业网站获得有效访问的重要步骤，合理而科学的推广计划能令企业网站收到接近期望值的效果。网站推广作为电子商务服务的一个独立分支正显示出其巨大的魅力，并越来越引起企业的高度重视和关注。

1.7 经典习题与解答

1. 填空题

（1）________、________和________这三款软件相辅相成，是制作网页的首选工具，其中________主要用来制作网页文件，制作出来的网页兼容性好、制作效率也很高；________用来制作精美的网页动画；________用来处理网页中的图形。

（2）网站就是把一个个网页系统地链接起来的集合，如新浪、搜狐和网易等。网站按其内容的不同可分为________、________、________、________、________和________等。

2. 简答题

简述网页版面布局的原则。

第2章

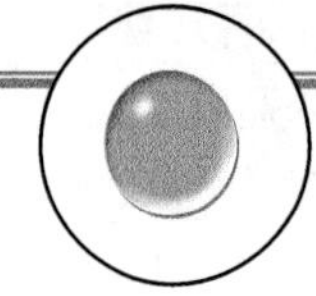

网站页面配色和创意

人类的视觉对于色彩最为敏感。网页色彩处理得好，可以锦上添花，达到事半功倍的效果。色彩总的应用原则应该是“总体协调，局部对比”，即网页的整体色彩效果应该是和谐的，只有局部的、小范围的地方可以有一些色彩强烈的对比。在色彩的运用上，可以根据网页内容的需要，分别采用不同的主色调。

学习目标

- 色彩基础知识
- 网页色彩搭配

2.1 色彩基础知识

色彩的魅力是无限的，它可以让本来很平淡无味的东西变得漂亮、美丽。随着信息时代的快速到来，网页也开始变得多姿多彩。人们不再局限于简单的文字与图片，而是要求网页看上去漂亮、舒适。所以网页设计师不仅要掌握基本的网站制作技术，还需要掌握网站的风格、配色等设计艺术。

2.1.1 色彩的基本概念

为了能更好地应用色彩来设计网页，先来了解一下色彩的基本概念。自然界中色彩五颜六色、千变万化，但是最基本的只有三种（红、黄、蓝），其他的色彩都可以由这三种色彩调和而成，这三种色彩称为“三原色”。平时所看到的白色光，经过分析在色带上可以看到它包括红、橙、黄、绿、青、蓝、紫七色，各颜色间自然过渡，其中，红、黄、蓝是三原色，三原色通过不同比例的混合可以得到各种颜色。

无论是平面设计，还是网页设计，色彩永远是非常重要的一环。当距离显示器较远的时候，人们首先看到的不是优美的版式或者美丽的图片，而是网页的色彩。如图 2-1 所示，远距离看网页看到的是网页的色彩。

在网页设计时应注意以下几个原则。

- 用一种色彩：这里是指先选定一种色彩，然后调整透明度或者饱和度，这样的页面看起来色彩统一，有层次感。
- 用两种色彩：先选定一种色彩，然后选择它的对比色。

图 2-1 网页色彩

- 用一个色系：简单地说就是用一个感觉的色彩。
- 不要将所有颜色都用到，尽量控制在 3～5 种色彩。
- 背景和前文的对比尽量要大，以便突出主要文字内容，绝对不要用花纹繁复的图案作背景。

2.1.2 常见色彩表达的意义

现实生活中的色彩可以分为彩色和非彩色。其中黑白灰属于非彩色系列，其他的色彩都属于彩色。任何一种彩色都具备三个属性：色相、明度和纯度。其中非彩色只有明度属性。

- 色相：指的是色彩的名称，这是色彩最基本的特征，是一种色彩区别于另一种色彩的最主要的因素。如紫色、绿色、黄色等都代表了不同的色相。同一色相的色彩，调整一下亮度或者纯度，就变得很容易搭配，如深绿、暗绿、草绿。
- 明度：也叫亮度，指的是色彩的明暗程度，明度越大，色彩越亮。如一些购物、儿童类网站，多用一些鲜亮的颜色，让人感觉绚丽多姿、生气勃勃。图 2-2 所示是色彩鲜明的购物网站。

图 2-2 明度

- 纯度：指色彩的鲜艳程度，纯度高的色彩鲜亮，纯度低的色彩暗淡，含灰色。
- 相近色：色环中相邻的三种颜色。相近色的搭配给人的视觉效果很舒适自然，所以相近色在网站设计中极为常用。
- 互补色：色环中相对的两种色彩。
- 暖色：暖色跟黑色调和可以达到很好的效果。暖色一般应用于购物类网站、电子商务网站、儿童类网站等，用以体现商品的琳琅满目，儿童类网站的活泼、温馨等效果。图 2-3 所示的页面有一种温馨的感觉。

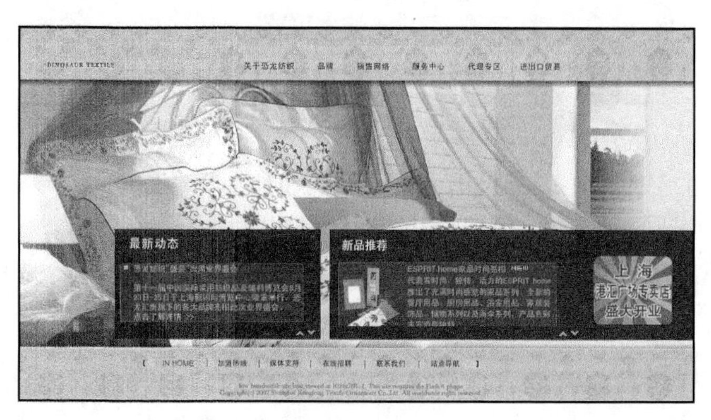

图 2-3　暖色

- 冷色：冷色一般情况下跟白色调和可以达到一种很好的效果。冷色一般应用于一些高科技网站，主要表现严肃、稳重等效果。绿色、蓝色、蓝紫色等都属于冷色系列，如图 2-4 所示。

图 2-4　冷色

- 色彩均衡：网站让人看上去舒适、协调，除了文字、图片等内容的合理排版，色彩的均衡也是相当重要的部分。一个网站不可能单一地运用一种颜色，所以色彩的均衡问题是设计者必须要考虑的问题。色彩的均衡，包括色彩的位置、每种色彩所占的比例、面积，等等。比如鲜艳明亮的色彩面积应小一点，这样会让人感觉舒适、不刺眼，这就是一种均衡的色彩搭配。图 2-5 所示的是色彩均衡的网站。

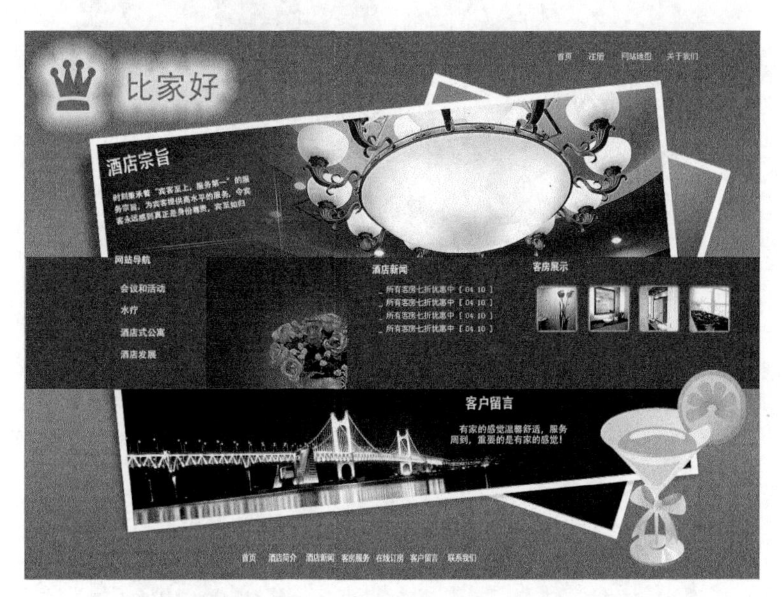

图 2-5 色彩均衡

对于网页来说，创建完美的色彩是至关重要的。颜色是一个强有力的、高刺激性的设计元素，用好了往往能收到事半功倍的效果。颜色能激发人的感情，完美的色彩可以使网页充满活力，能向访问者表达准确的信息。当色彩运用得不适当的时候，表达的意思就不完整，甚至可能表达出一种错觉。

2.2 网页色彩搭配

色彩搭配既是一项技术性工作，同时也是一项艺术性很强的工作，因此在设计网页时除了考虑网站本身的特点外，还要遵循一定的艺术规律，这样才能设计出色彩鲜明、性格独特的网站。

2.2.1 网页色彩搭配原理

网页的色彩是树立网站形象的关键之一。网页的背景、文字、图标、边框及链接等，应该采用什么样的色彩，应该搭配什么色彩才能最好地表达网站的内涵和主题呢？下面是网页色彩搭配的一些原理。

- 色彩的鲜明性

网页的色彩要鲜明，容易引人注目，图 2-6 所示为色彩鲜明的网页。

- 色彩的独特性

要有与众不同的色彩，网页的用色必须要有自己独特的风格，这样才能给浏览者留下深刻的印象。图 2-7 所示的网页采用了独特的色彩。

图 2-6 色彩鲜明的网页

图 2-7 网页采用独特的色彩

- 色彩的艺术性

网站设计也是一项艺术活动，因此必须遵循艺术规律，在考虑到网站本身特点的同时，按照内容决定形式的原则，大胆进行艺术创新，设计出既符合网站要求，又有一定艺术特色的网站。不同色彩会使人产生不同的联想，色彩的选择要和网页的内涵相关联。

- 色彩搭配的合理性

网页设计虽然属于平面设计的范畴，但又与其他平面设计不同，它在遵循艺术规律的同时，还需考虑人的心理特点。合理的色彩搭配，给人一种和谐、愉快的感觉。避免采用纯度很高的单一色彩，这样容易造成视觉疲劳。

2.2.2 网页设计中色彩搭配的技巧

到底用什么色彩搭配好看呢？下面是网页色彩搭配的一些常见技巧。

- 使用单色

尽管网站设计要避免采用单一色彩，以免产生单调的感觉，但通过调整色彩的饱和度和透明度也可以产生变化，使网站避免单调。

- 使用邻近色

所谓邻近色，就是在色带上相邻近的颜色，如绿色和蓝色，红色和黄色就互为邻近色。采用邻近色设计网页可以使网页避免色彩杂乱，易于达到页面的和谐统一，如图 2-8 所示。

图 2-8 临近色

- 使用对比色

对比色可以突出重点，产生强烈的视觉效果。通过合理使用对比色能够使网站特色鲜明、重点突出。在设计时一般以一种颜色为主色调，对比色作为点缀，可以起到画龙点睛的作用，如图 2-9 所示。

图 2-9 使用对比色

- 黑色的使用

黑色是一种特殊的颜色，如果使用恰当、设计合理，往往产生很强烈的艺术效果。黑色一般用作背景色，与其他纯度色彩搭配使用。

◎ 背景色的使用

背景色一般采用素淡清雅的色彩，避免采用花纹复杂的图片和纯度很高的色彩作为背景色，同时背景要与文字的色彩对比强烈一些，如图 2-10 所示。

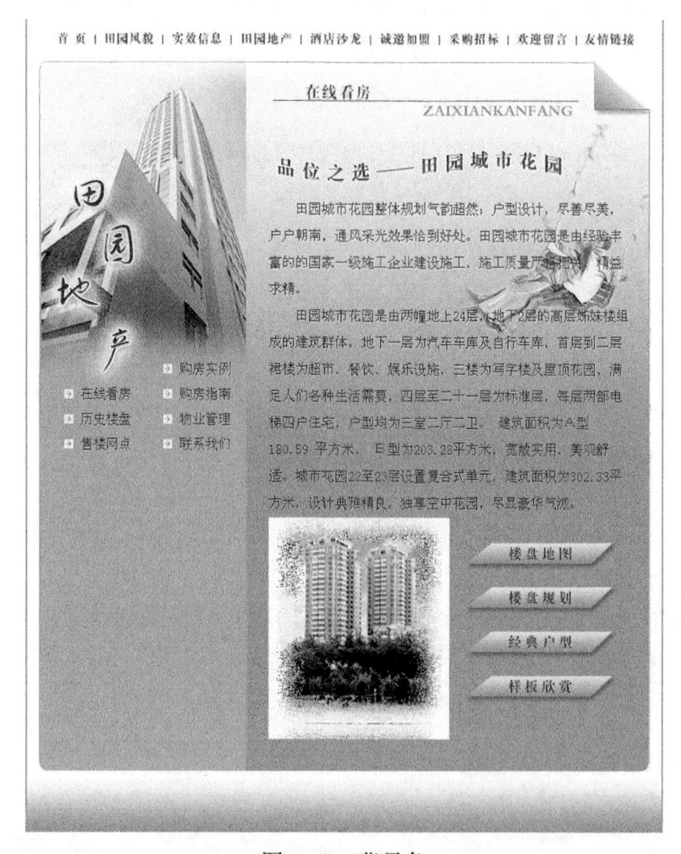

图 2-10 背景色

◎ 色彩的数量

一般初学者在设计网页时往往使用多种颜色，使网页变得很“花”，缺乏统一和协调，表面上看起来很花哨，但缺乏内在的美感。事实上，网站用色并不是越多越好，一般控制在三种色彩以内，通过调整色彩的各种属性来产生变化。

2.2.3 常见的网页配色方案

下面介绍一些常见的网页配色方案。

◎ 红色代表热情、活泼、热闹、温暖、幸福和吉祥。红色容易引起人的注意，也容易使人兴奋、激动、紧张、冲动，还是一种容易造成人视觉疲劳的颜色，如图 2-11 所示。

◎ 黄色代表明朗、愉快、高贵和希望。黄色是各种色彩中最为娇气的一种色，图 2-12 所示为使用黄色的页面。

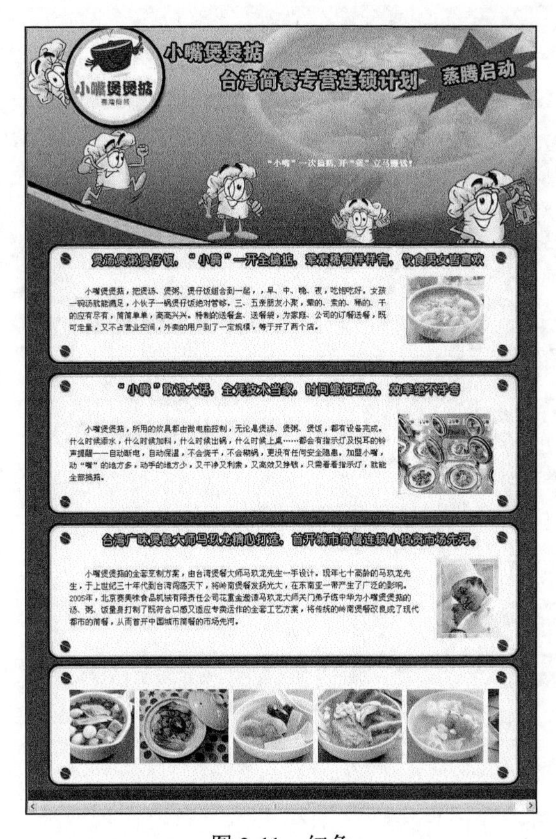

图 2-11　红色

图 2-12　黄色

◎　蓝色代表深远、永恒、沉静、理智、诚实、公正和权威。蓝色是一种在淡化后仍然能保持较强个性的颜色，如图 2-13 所示。如果在蓝色中分别加入少量的红、黄、黑、橙或白等色，均不会对蓝色的性格构成较明显的影响。

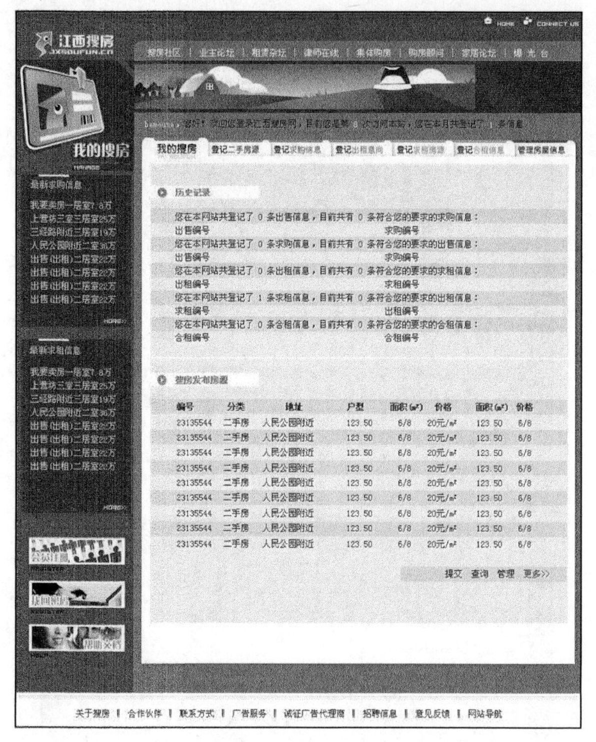

图 2-13　蓝色

◎ 白色的色感光明，性格朴实、纯洁和快乐。白色代表纯洁、纯真、朴素、神圣、明快。白色具有圣洁的不容侵犯性。如果在白色中加入其他任何色，都会影响其纯洁性，使其性格变得含蓄。

◎ 紫色代表优雅、高贵、魅力、自傲及神秘。在紫色中加入白色，可变得优雅、娇气，并充满女性的魅力。

◎ 绿色代表新鲜、希望、和平、柔和、安逸、青春。绿色是具有黄色和蓝色两种成分的色。图 2-14 所示是以绿色为主色调的网站。

图 2-14　绿色

◎ 灰色在商业设计中，具有柔和、高雅的意象，而且属于中间性格，男女皆能接受，所以灰色也是永远流行的主要颜色。在许多的高科技产品中，尤其是和金属材料有关的，几乎都采用灰色来传达高级、科技的形象。使用灰色时，利用不同的层次变化组合或搭配其他色彩，才不会给人过于平淡、沉闷、呆板、僵硬的感觉。

2.3　页面设计创意思维

一个网站如果想确立自己的形象，就必须具有突出的个性。尤其在电商网站的页面设计中，要想达到吸引买家、促成买家购买的目的，就必须依靠网站自身独特的创意，因此创意是网站存在的关键。好的创意能巧妙、恰如其分地表现主题、渲染气氛，增加页面的感染力，让人过目不忘，并且能够使页面具有整体协调的风格。

2.3.1　什么是创意

创意是引人入胜、精彩万分、出奇不意的想法；创意是捕捉出来的点子，是创作出来的奇招。创意并不是天才者的灵感，而是思考的结果，是将现有的要素重新组合。在网站页面设计中，创意的中心任务是表现主题。因此，创意阶段的一切思考，都要围绕着主题来进行。图 2-15 所示为页面的创意设计。

图 2-15　创意设计

2.3.2　创意思维的原则

1．审美原则

好的创意必须具有审美性。一种创意如果不能给浏览者以好的审美感受，就不会产生好的效果。创意的审美原则要求所设计的内容健康、生动、符合人们的审美观念。图 2-16 所示为设计美观的页面。

2．目标原则

创意自身必须与创意目标相吻合，必须能够反映主题、表现主题。网站页面设计必须具有明确的目标性，网站页面设计的目的是为了更好地体现网站内容。图 2-17 所示的创意的目标是为了突出葡萄酒的生产。

图 2-16　创意的审美原则

图 2-17　目标原则

3．系列原则

系列原则符合“寓多样于统一之中”这一形式美的基本法则，是在具有同一设计要素或同一造型、同一风格或同一色彩、同一格局等基础上进行连续的发展变化，既有重复的变迁，又有渐变的规律。这种系列变化，给人一种连续、统一的形式感，同时又具有一定的变化，增强了网站的固定印象和可信度。图 2-18 所示为创意的系列原则。

4．简洁原则

设计时要坚持简洁原则。

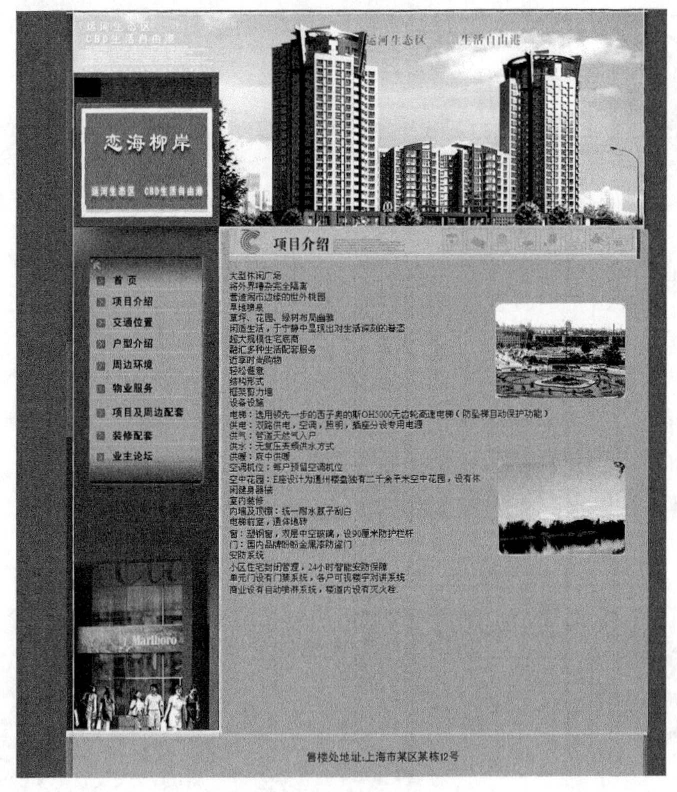

图 2-18 创意的系列原则

一是要明确主题、抓住重点，不能本末倒置、喧宾夺主。

二是注意修饰得当，要做到含而不露、蓄而不发，以朴素、自然为美。图 2-19 所示为设计简洁的网站页面。

图 2-19 设计简洁的网站页面

2.4 创意的方法

在创意过程中，需要设计师新颖的思维方式。好的创意是在借鉴的基础上，利用已经获取的设计形式，来丰富自己的知识，从而启发创造性的设计思路。下面介绍常用的创意方法。

2.4.1 富于联想

联想是艺术形式中最常用的表现手法。在设计页面的过程中通过丰富的联想，能突破时空的界限，扩大艺术形象的容量，加深画面的意境。人具有联想的思维心理活动特征，它来自于人类潜意识的本能，也来自于认知和经验的积累。通过联想，人们在页面对象上看到自己或与自己有关的经验，美感往往显得特别强烈，从而使对象与产品中引发了美感共鸣，其感情的强度总是激烈、丰富、合乎审美规律的心理现象。从如图 2-20 所示的大床和台灯可以联想到商务酒店。

图 2-20　富于联想

2.4.2 巧用对比

对比是一种趋向于对立冲突的艺术美中最突出的表现手法。在网站页面设计中，把网站页面中所描绘的产品的性质和特点放在鲜明的对比中来表现，互比互衬，从对比所呈现的差别中，实现集中、简洁和曲折变化。通过这种手法更鲜明地强调或提示产品的特征，给浏览者以深刻的视觉感受。图 2-21 所示为巧用对比。

图 2-21 巧用对比

2.4.3 大胆夸张

夸张是一种求新的变化，通过虚构把对象的特点和个性中美的方面进行夸大，赋予人们一种新奇与变化的情趣。按其表现的特征，夸张可以分为形态夸张和神情夸张两种类型。通过夸张手法的运用，可为网站页面的艺术美注入浓郁的感情色彩，使页面的特征性鲜明、突出、动人。图 2-22 所示，大胆夸张，突出钻戒。

图 2-22 大胆夸张

2.4.4 善用比喻

比喻是指在设计过程中选择两个各不相同，而在某些方面又有些相似性的事物，“以此物喻彼物”，比喻的事物与主题没有直接的关系，但是某一点上与主题的某些特征有相似之处，因而可以借题发挥，进行延伸转化，获得“婉转曲达”的艺术效果。与其他表现手法相比，比喻手法比较含蓄隐伏，有时难以一目了然，但一旦领会其意，便能给人以意味无尽的感受。图 2-23 所示为善用比喻的页面。

图 2-23 善用比喻

2.4.5 以小见大

以小见大中的“小”，是页面中描写的焦点和视觉兴趣中心，它既是页面创意的浓缩和升华，也是设计者匠心独具的安排，因而它已不是一般意义的“小”，而是小中寓大，以小胜大的高度提炼的产物，是简洁的刻意追求。如图 2-24 所示的图中，鞋所占用的面积比较小，但是却是视觉的中心。

图 2-24 以小见大

2.4.6 流行时尚

流行时尚的创意手法是通过鲜明的色彩、单纯的形象以及编排上的节奏感，体现出流行的形式特征。设计师可以利用不同类别的视觉元素，给浏览者强烈、不安定的视觉刺激感和炫目感。这类网站以时尚现代的表现形式吸引年轻浏览者的注意。图 2-25 所示为流行时尚的创意。

图 2-25 流行时尚的创意

2.5 经典习题与解答

1. 填空题

（1）自然界中色彩五颜六色、千变万化，但是最基本的只有三种（红、黄、蓝），其他的色彩都可以由这三种色彩调和而成，这三种色彩称为________。

（2）现实生活中的色彩可以分为彩色和非彩色。其中黑白灰属于________系列，其他的色彩都属于________。

2. 简答题

简要说出网页色彩搭配的一些原理。

第 2 部分

网页设计与制作篇

第 3 章■
熟悉 Dreamweaver CC 的工作环境
第 4 章■
制作简洁的文本网页
第 5 章■
使用图像丰富网页内容
第 6 章■
使用行为和 JavaScript 制作动感特效网页
第 7 章■
使用表格排列网页数据
第 8 章■
创建超级链接
第 9 章■
使用模板和库提高网页制作效率
第 10 章■
CSS+Div 布局网页
第 11 章■
处理与优化网页中的图片
第 12 章■
设计网站 Logo 和按钮
第 13 章■
设计网站动画和网络广告

第3章

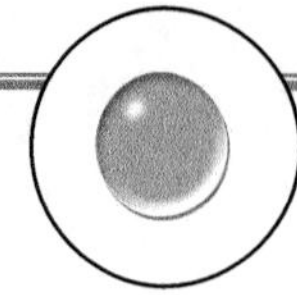

熟悉 Dreamweaver CC 的工作环境

Dreamweaver CC 提供了将全部元素集成于一个窗口中的工作区。在工作区中，全部窗口和面板集成在一个应用程序窗口中。在 Dreamweaver 工作界面中可以查看文档和对象属性。在本章中还讲述了创建与管理站点的应用。

学习目标

- Dreamweaver CC 工作区
- Dreamweaver CC 工具栏
- 属性面板
- 插入栏
- 创建本地站点
- 管理站点文件

3.1 Dreamweaver CC 工作区

Dreamweaver CC 的工作界面主要由菜单栏、文档窗口、属性面板以及多个浮动面板组成，如图 3-1 所示。

图 3-1　Dreamweaver CC 的工作界面

- 菜单栏：菜单栏由各种菜单命令构成。
- 文档窗口：文档窗口内容与浏览器中的画面内容相同，是进行实际操作窗口。
- 属性面板：用于设置文档窗口内元素的属性。
- 浮动面板：其他的面板可以统称为浮动面板，这主要是根据面板的特征命名的，这些面板都是浮动于编辑窗口之外的。

3.2 Dreamweaver CC 工具栏

Dreamweaver CC 中的菜单项有很多，其中有一些需要经常使用的命令，如果每次都从菜单中选择命令，显然会浪费时间。Dreamweaver CC 为了方便用户的使用，将一些使用频率比较高的菜单命令以图形按钮的形式排放在一起，组成工具栏。工具栏位于文档窗口的上方，由两行组成，一行是【标准】工具栏，一行是【文档】工具栏。

3.2.1 标准工具栏

【标准】工具栏包括【新建】、【打开】、【保存】、【剪切】、【复制】和【粘贴】等一般文档编辑命令，如图 3-2 所示。如果不需要经常使用这些命令，可以将此工具栏关闭，在工具栏的空白处单击鼠标右键，在弹出的快捷菜单中去掉【标准】前面的对勾即可

图 3-2 标准工具栏

- 新建文档：新建一个网页文档。
- 打开：打开已保存的文档。
- 保存：保存当前的编辑文档
- 全部保存：保存 Dreamweaver 中的所有文件。
- 打印代码：单击此按钮，将自动打印代码。
- 剪切：剪切工作区中被选中的文字和图像等对象。
- 拷贝：复制工作区中被选中的文字和图像等对象。
- 粘贴：把剪切或复制的文字和图像等对象粘贴到文档窗口内的光标所在位置。
- 还原：撤消前一步的操作。
- 重做：重新恢复取消的操作。

3.2.2 文档工具栏

【文档】工具栏包括了控制文档窗口视图的按钮和一些比较常用的弹出菜单，用户可以通过【代码】、【拆分】和【设计】这三个按钮使工作区在不同的视图模式之间进行切换。如图 3-3 所示。

图 3-3 文档工具栏

- 代码：显示 HTML 源代码视图。
- 拆分：同时显示 HTML 源代码和【设计】视图。
- 设计：包含设计、实时视图两种，设计是系统默认设置，只显示【设计】视图。实时视图显示不可编辑的、交互式的、基于浏览器的文档视图。

3.3 浮动面板

在 Dreamweaver 工作界面的右侧排列着一些浮动面板，这些面板集中了网页编辑和站点

管理过程中最常用的一些工具按钮。这些面板被集合到面板组中，每个面板组都可以展开或折叠，并且可以和其他面板停靠在一起或取消停靠。面板组还可以停靠到集成的应用程序窗口中，这样就能够很容易地访问所需的面板，而不会使工作区变得混乱，如图 3-4 所示。

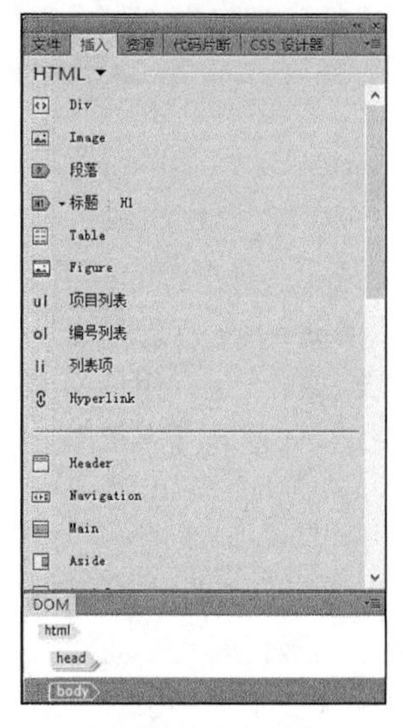

图 3-4　浮动面板

3.4　插入栏

【插入】栏有两种显示方式：一种是以菜单方式显示，另一种是以制表符方式显示。【插入】栏中放置的是制作网页过程中经常用到的对象和工具，通过【插入】栏可以很方便地插入网页对象。【插入】栏中包含用于创建和插入对象（例如表格、图像和链接）的按钮。这些按钮按几个类别进行组织，可以通过从【类别】弹出菜单中选择所需类别来进行切换，如图 3-5 所示。

图 3-5　插入栏

3.5　创建本地站点

在使用 Dreamweaver 制作网页以前，最好先定义一个新站点，这是为了更好地利用站点对文件进行管理，也可以尽可能减少错误，如路径、链接出错。新手做网页时，条理性、结构性不强，往往一个文件放这里，另一个文件放那里，或者所有文件都放在同一文件夹内，这样显得很乱。建议建立一个文件夹用于存放网站的所有文件，再在文件内建立几个子文件夹，将文件分类。如将图片文件放在 images 文件夹内，HTML 文件放在根目录下。如果站点比较大，文件比较多，可以先按栏目分类，在栏目里再分类。

3.5.1　使用站点向导创建本地站点

Web 站点是一组具有相关主题、类似设计、链接文档和资源等相似属性的站点。Dreamweaver CC 是一个站点创建和管理工具，不仅可以创建单独的文档，还可以创建完整的 Web 站点。为了达到最佳效果，在创建任何 Web 站点页面之前，应对站点的结构进行设计和规划。

使用【站点定义向导】快速创建本地站点，具体操作步骤如下。

❶ 启动 Dreamweaver，选择菜单中的【站点】|【管理站点】命令，弹出【管理站点】对话框，在对话框中单击【新建站点】按钮，如图 3-6 所示。

❷ 弹出【站点设置对象实例文件】对话框，在对话框中选择【站点】，在【站点名称】文本框中输入名称，如图 3-7 所示。

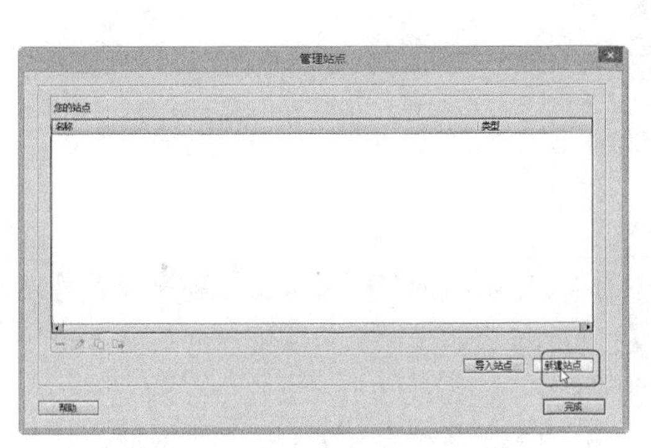

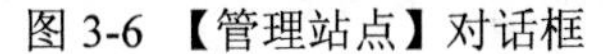
图 3-6 【管理站点】对话框

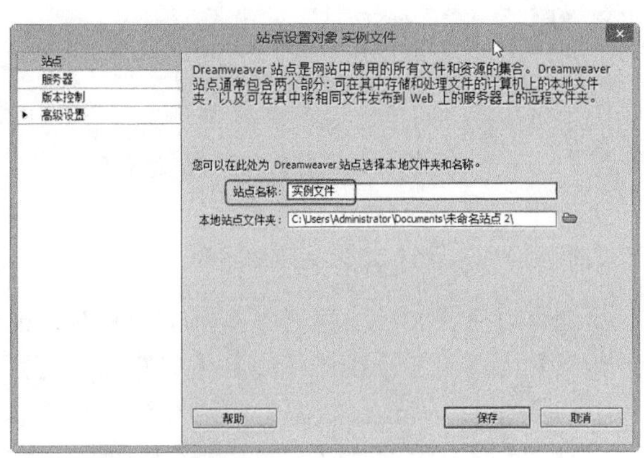

图 3-7 【站点设置对象 实例文件】对话框

❸ 单击【本地站点文件夹】文本框右边的浏览文件夹按钮，弹出【选择根文件夹】对话框，选择站点文件，如图 3-8 所示。

❹ 选择站点文件后，单击【选择】按钮，如图 3-9 所示。

❺ 单击【保存】按钮，更新站点缓存，出现【管理站点】对话框，其中显示了新建的站点，如图 3-10 所示。

❻ 单击【完成】按钮，即可创建一个站点，如图 3-11 所示。

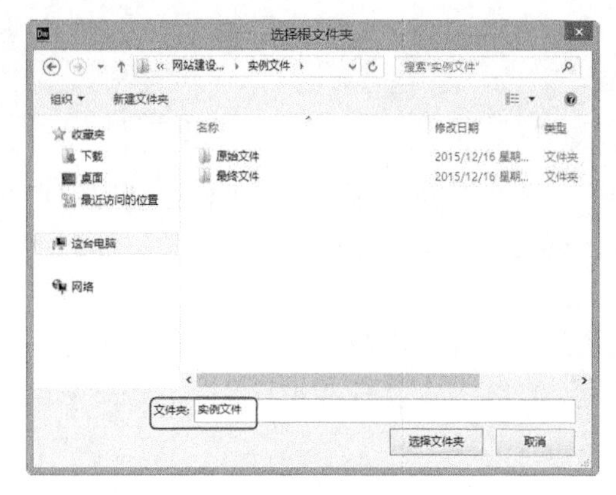

图 3-8 【选择根文件夹】对话框

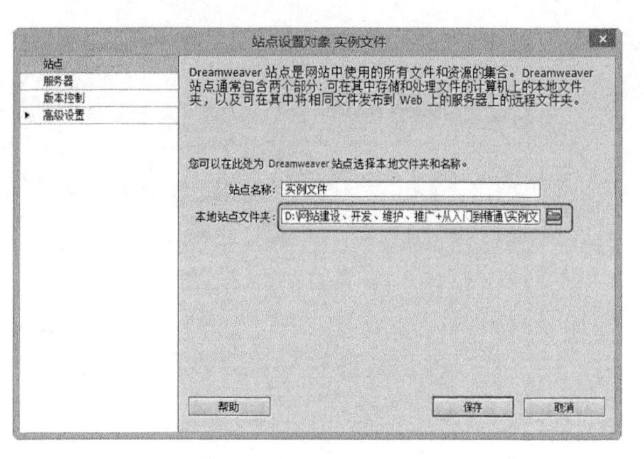

图 3-9 指定站点位置

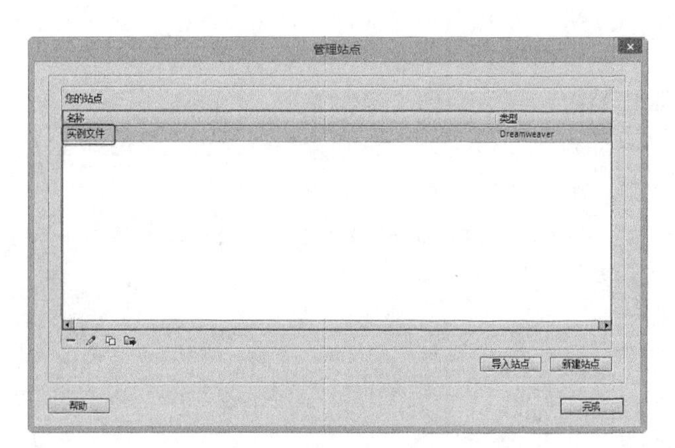

图 3-10 【管理站点】对话框

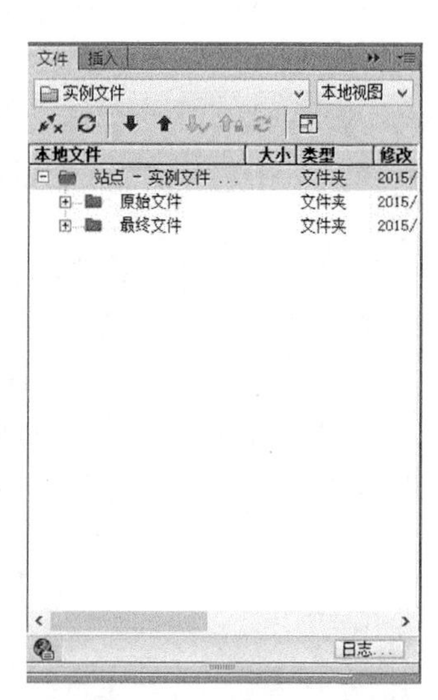

图 3-11 创建的站点

3.5.2 使用高级设置建立站点

还可以在【站点设置对象实例文件】对话框中选择【高级设置】选项卡，快速设置【本地信息】、【遮盖】、【设计备注】、【文件视图列】、【Contribute】、【模板】、【jQuery】、【Web 字体】和【Edge Animate 资源】中的参数来创建本地站点。

打开【站点设置对象实例文件】对话框，在对话框中的【高级设置】中选择【本地信息】，如图 3-12 所示。

在【本地信息】选项中可以设置以下参数。

- 在【默认图像文件夹】文本框中，输入此站点的默认图像文件夹的路径，或者单击浏览文件夹按钮浏览到该文件夹。此文件夹是 Dreamweaver 上传到站点上的图像的位置。
- 【链接相对于】在站点中创建指向其他资源或页面的链接时，指定 Dreamweaver 创建的链接类型。Dreamweaver 可以创建两种类型的链接：文档相对链接和站点根目录相对链接。在【Web URL】文本框中，输入 Web 站点的 URL。Dreamweaver 使用 Web URL 创建站点根目录相对链接，并在使用链接检查器时验证这些链接。

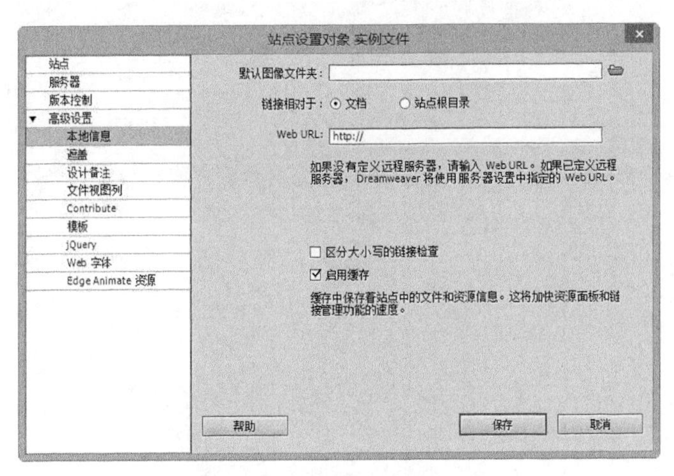

图 3-12 选择【本地信息】

● 在 Dreamweaver 检查链接时，将检查链接的大小写与文件名的大小写是否相匹配。【区分大小写的链接检查】选项用于文件名区分大小写的 UNIX 系统。

● 【启用缓存】复选框表示指定是否创建本地缓存以提高链接和站点管理任务的速度。

在对话框中的【高级设置】中选择【遮盖】选项，如图 3-13 所示。

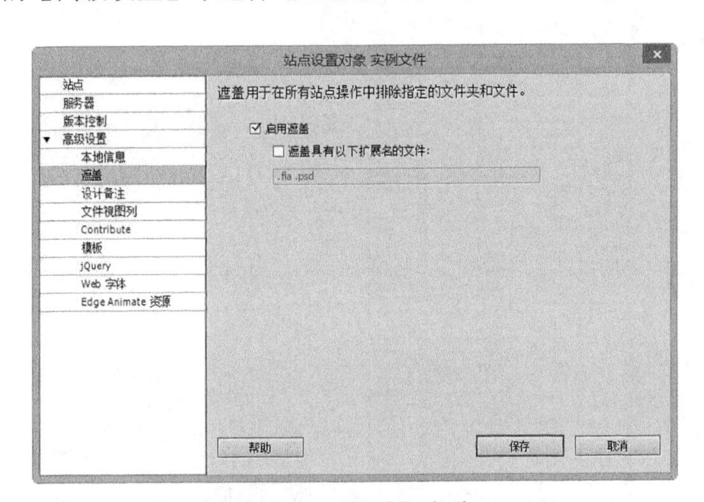

图 3-13 【遮盖】选项

在【遮盖】选项中可以设置以下参数。

● 【启用遮盖】：选中后激活文件遮盖。

● 【遮盖具有以下扩展名的文件】：勾选此复选框，可以对特定文件名结尾的文件使用遮盖。

在对话框中的【高级设置】中选择【设计备注】选项，在最初开发站点时，需要记录一些开发过程中的信息、备忘。如果在团队中开发站点，需要记录一些与别人共享的信息，如图 3-14 所示。

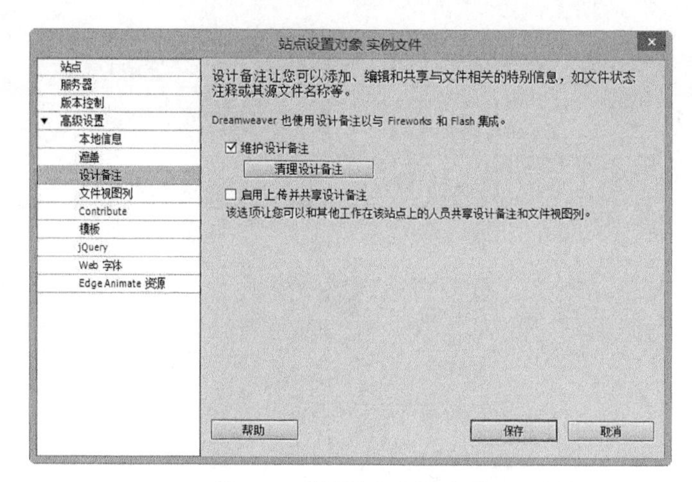

图 3-14 【设计备注】选项

在【设计备注】选项中可以进行如下设置。

- 【维护设计备注】：可以保存设计备注。
- 【清理设计备注】：单击此按钮，删除过去保存的设计备注。
- 【启用上传并共享设计备注】：可以在上传或取出文件的时候，将设计备注上传到【远程信息】中设置的远端服务器上。

在对话框中的【高级设置】中选择【文件视图列】选项，用来设置站点管理器中的文件浏览器窗口所显示的内容，如图 3-15 所示。

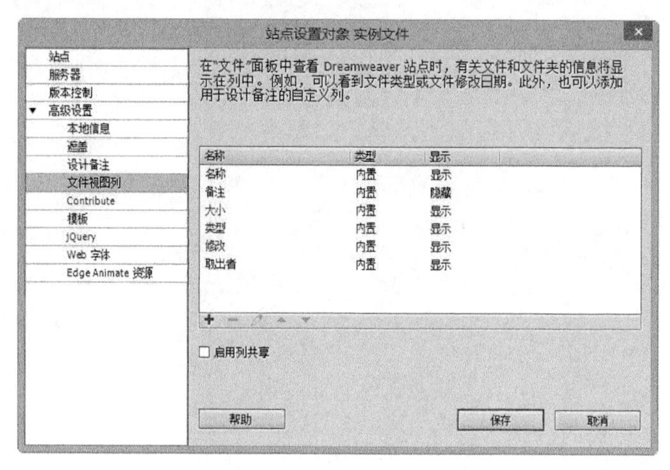

图 3-15 【文件视图列】选项

在【文件视图列】选项中可以进行如下设置。

- 【名称】：显示文件名。
- 【备注】：显示设计备注。
- 【大小】：显示文件大小。
- 【类型】：显示文件类型。
- 【修改】：显示修改内容。
- 【取出者】：正在被谁打开和修改。

在对话框中的【高级设置】中选择【Contribute】选项，勾选【启用 Contribute 兼容性】复选框，则可以提高与 Contribute 用户的兼容性，如图 3-16 所示。

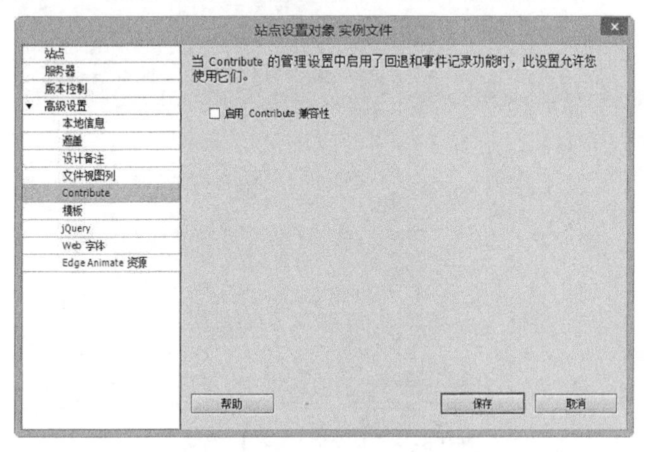

图 3-16 【Contribute】选项

在对话框中的【高级设置】中选择【模板】选项，如图 3-17 所示。

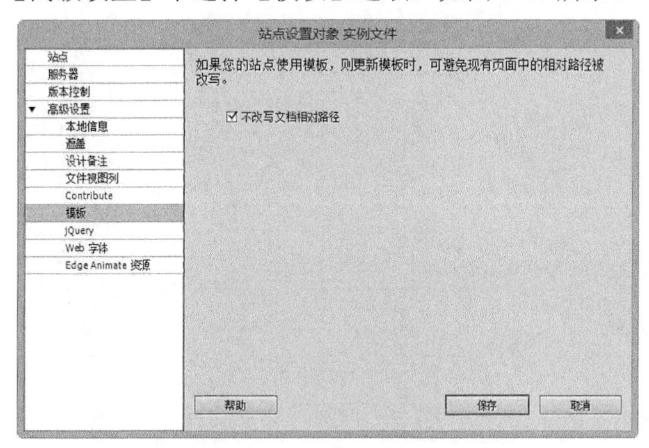

图 3-17 【模板】选项

在对话框中的【高级设置】中选择【jQuery】选项，如图 3-18 所示。

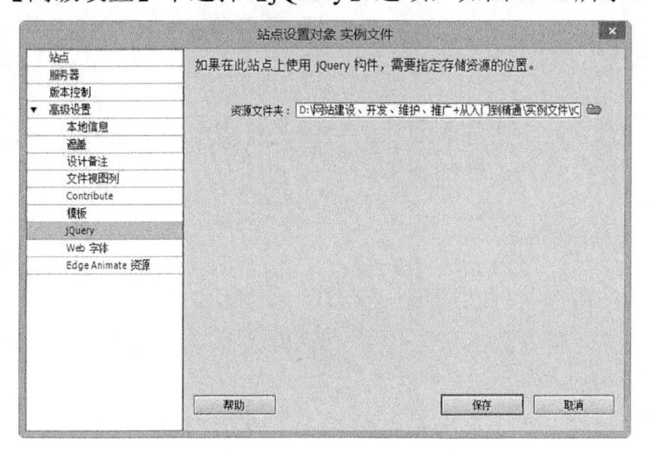

图 3-18 【jQuery】选项

在对话框中的【高级设置】中选择【Web 字体】选项，如图 3-19 所示。

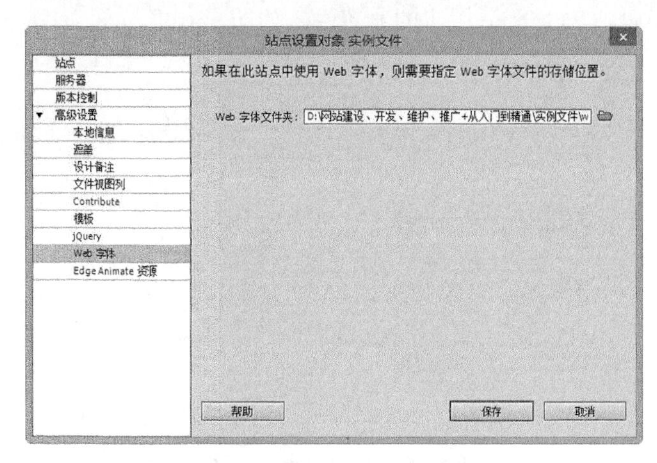

图 3-19 【Web 字体】选项

在对话框中的【高级设置】中选择【Edge Animate 资源】选项，如图 3-20 所示。

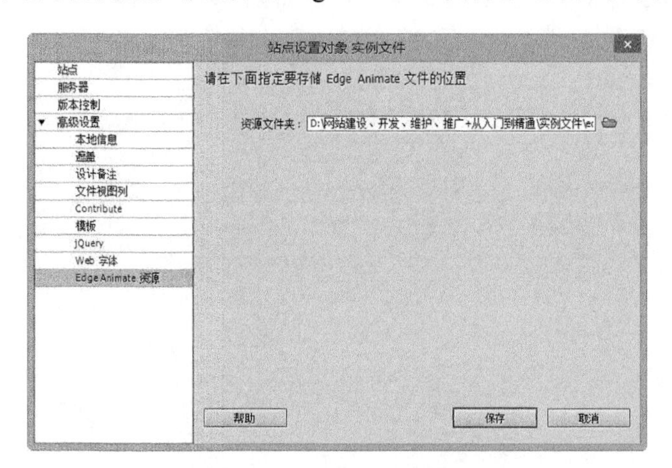

图 3-20 【Edge Animate 资源】选项

3.6 管理站点文件

将网站的文件信息导入【文件】面板的目的是管理站点，管理站点包括了很多方面，如新建文件夹和文件、文件的复制和移动等。

3.6.1 创建文件夹和文件

网站每个栏目中的所有文件都被统一存放在单独的文件夹内，根据包含的文件多少，又可以细分到子文件夹里。文件夹创建好以后，就可以在文件夹里创建相应的文件。创建文件夹的具体操作步骤如下。

❶ 在【文件】面板的站点文件列表框中，单击鼠标右键选中要新建文件夹的父级文件夹。

❷ 在弹出的菜单中选择【新建文件夹】选项，即可创建一个新文件夹，如图 3-21 所示。

❸ 文件夹刚被创建时处于可编辑状态，可以输入新建文件夹的名称，单击输入区域外的任何一个位置，即可完成新建文件夹的命名，如图 3-22 所示。

提示 建立文件夹的过程就是构建站点的过程。通常文件夹代表网站的子栏目，每个栏目都会有自己的文件夹。

新建文件的具体操作步骤如下。

❶ 从站点窗口的本地站点文件列表框中，选择要保存新建文件的文件夹。

❷ 选择菜单中的【文件】|【新建文件】选项，即可创建一个新文件。

❸ 文件刚被创建时处于可编辑状态，可以输入新建文件的名称，单击输入区域外的任何一个位置，即可完成新建文件的命名，如图 3-23 所示。

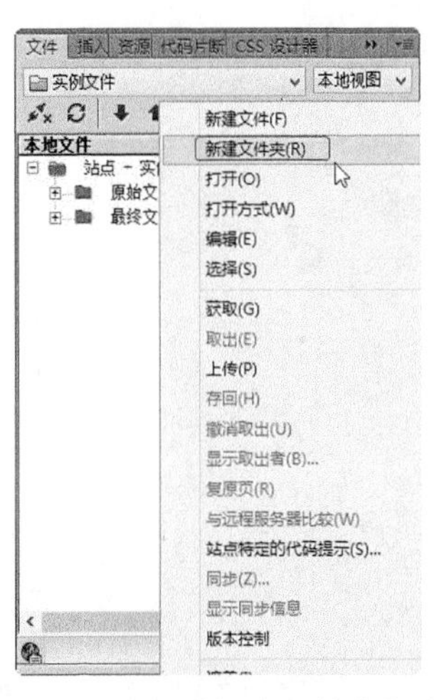

图 3-21 选择【新建文件夹】选项

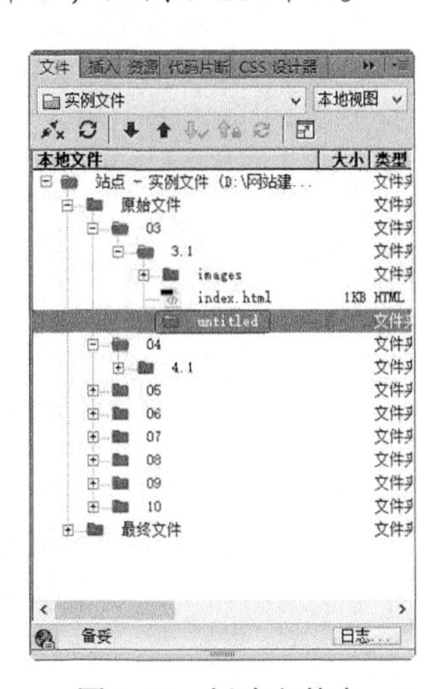

图 3-22 新建文件夹

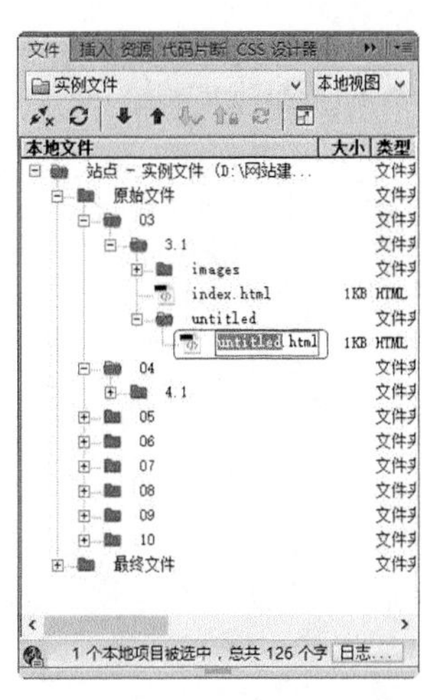

图 3-23 新建文件

3.6.2 移动和复制文件

同大多数的文件管理一样，设计师可以利用剪切、复制和粘贴来实现对文件的移动和复制，具体操作如下。

❶ 选择一个本地站点的文件列表，单击鼠标右键选中要移动和复制的文件。

❷ 选择菜单中的【编辑】选项，出现【剪切】、【复制】等选项，如图 3-24 所示。

❸ 如果要对其进行移动操作，则在【编辑】的子菜单中选择【剪切】命令；如果要进行复制操作，则在【编辑】的子菜单中选择【复制】命令。

❹ 选择要移动和复制的文件，在【编辑】子菜单中，选择【粘贴】命令，就完成了对文件的移动和复制。

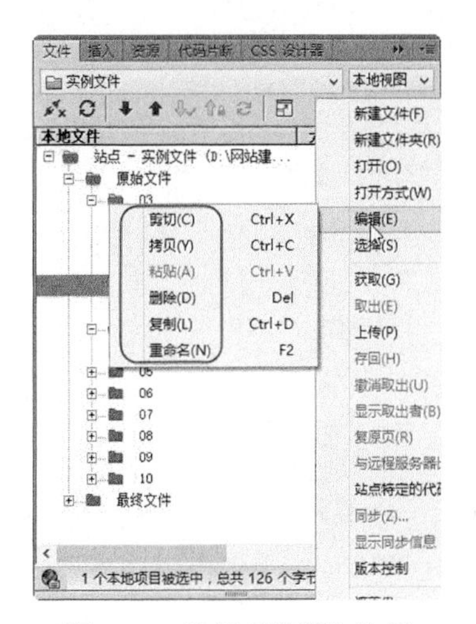

图 3-24 选择【编辑】选项

3.7 经典习题与解答

1. 填空题

（1）Dreamweaver CC 方便了用户的使用，将一些使用频率比较高的菜单命令以图形按钮的形式排放在一起，组成工具栏。工具栏位于文档窗口的上方，由两行组成，一行是________工具栏，一行是________工具栏。

（2）在使用 Dreamweaver 制作网页以前，最好先定义一个________，这是为了更好地利用________对文件进行管理。

2. 简答题

使用站点向导创建本地站点。

第4章

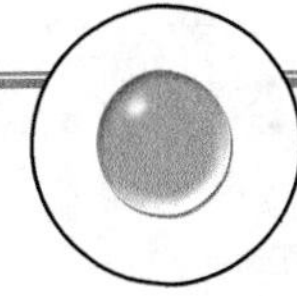

制作简洁的文本网页

文本是网页的基本组成部分，人们通过网页了解的信息大部分是从文本对象中获得的。只有将文本内容处理好，才能使网页更加美观易读，使访问者在浏览时赏心悦目，激发访问者浏览的兴趣。本章主要讲述文本的插入、文本属性的设置、项目列表和编号列表的创建等。

学习目标

- 插入文本
- 设置文本属性
- 创建项目列表和编号列表
- 插入网页头部内容
- 在网页中插入其他元素
- 检查拼写与查找替换
- 创建基本文本网页

4.1 插入文本

文本是网页的基本组成部分，人们通过网页了解的信息大部分是从文本对象中获得的。只有将文本内容处理好，才能使网页更加美观易读，使访问者在浏览时赏心悦目，激发访问者浏览的兴趣。

4.1.1 普通文本

Dreamweaver 提供了多种向网页中添加文本和设置文本格式的方法，可以插入文本、设置字体类型、大小、颜色和对齐属性等。在网页中可直接输入文本信息，也可以将其他应用程序中的文本直接粘贴到网页中，此外还可以导入已有的 Word 文档。在网页中添加文本的具体操作步骤如下。

原始文件	CH04/4.1.1/index.html
最终文件	CH04/4.1.1/index1.html
学习要点	在网页中输入文本

❶ 打开素材文件“CH04/4.1.1/index.html”，如图 4-1 所示。

❷ 将光标放置在要输入文本的位置，输入文本，如图 4-2 所示。

图 4-1　打开素材文件

图 4-2　输入文本

❸ 保存文档，按 F12 键在浏览器中预览效果，如图 4-3 所示。

图 4-3　预览效果

4.1.2　特殊字符

在页面中除了可以输入汉字、英文和其他语言以外，还可以输入一些无法直接输入的特殊字符，如￥、$、◎、#等。在 Dreamweaver 中，用户可以利用系统自带的符号集合，方便快捷地插入一些常用的特殊字符，如版权、货币符以及数字运算符号等。

原始文件	CH04/4.1.2/index.html
最终文件	CH04/4.1.2/index1.html
学习要点	在网页中输入特殊字符

❶ 打开素材文件“CH04/4.1.2/index.html”，选择菜单中的【插入】|【HTML】|【字符】命令，根据不同的需要进行选择，如图 4-4 所示。

❷ 在这里选择版权符号，选择命令后，即可插入版权符号，如图 4-5 所示。

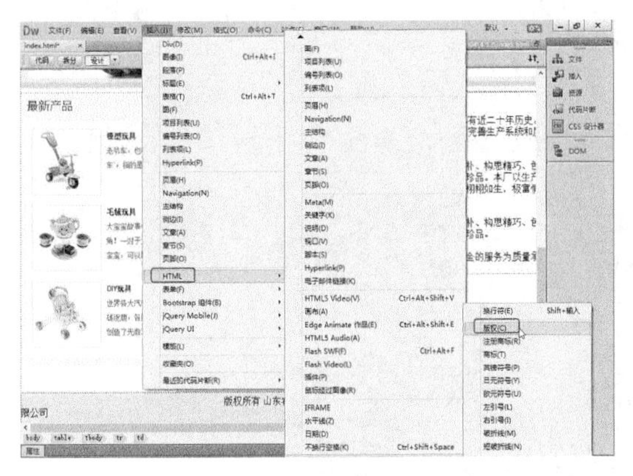

图 4-4 选择【版权】命令

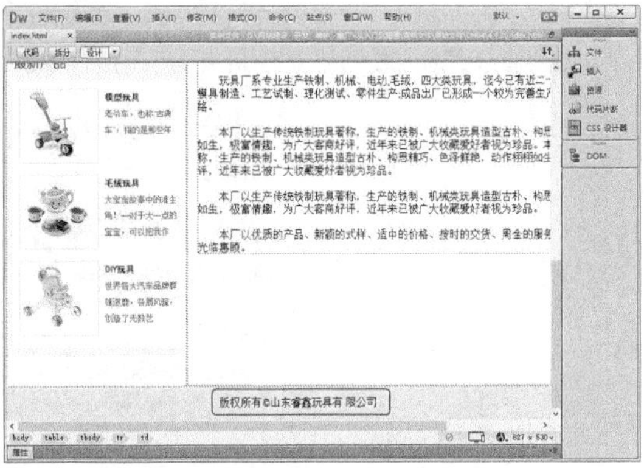

图 4-5 插入特殊字符

> **提示** 选择菜单中的【插入】|【HTML】|【字符】|【其他字符】命令，弹出【插入其他字符】对话框，在对话框中可以选择更多的特殊字符。

❸ 保存文档，按 F12 键在浏览器中预览效果，如图 4-6 所示。

图 4-6 预览效果

4.1.3 插入日期

在 Dreamweaver 中插入日期非常方便，它提供了一个插入日期的快捷方式，用任意格式即可在文档中插入当前时间。同时它还提供了日期更新选项，当保存文件时，日期也随着更新。

原始文件	CH04/4.1.3/index.html
最终文件	CH04/4.1.3/index1.html
学习要点	在网页中插入日期

❶ 打开素材文件“CH04/4.1.3/index.html”，如图 4-7 所示。

图 4-7 打开素材文件

❷ 将光标置于要插入日期的位置，选择菜单中的【插入】|【HTML】|【日期】命令，弹出【插入日期】对话框，在【插入日期】对话框中，在【星期格式】、【日期格式】和【时间格式】列表中分别选择一种合适的格式。勾选【储存时自动更新】复选框，每一次存储文档都会自动更新文档中插入的日期，如图 4-8 所示。

❸ 单击【确定】按钮，即可插入日期，如图 4-9 所示。

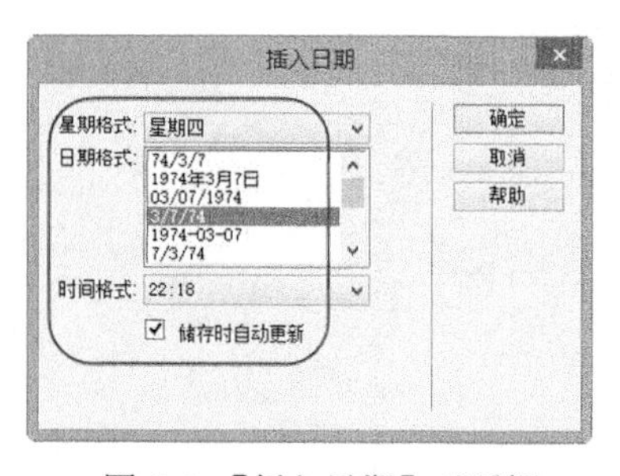

图 4-8 【插入日期】对话框

图 4-9 插入日期

提示 显示在【插入日期】对话框中的时间和日期不是当前的日期，它们也不会反映访问者查看用户网站的日期/时间。

❹ 保存文档，按 F12 键在浏览器中预览效果，如图 4-10 所示。

图 4-10 插入日期效果

4.2 设置文本属性

输入文本后，可以在【属性】面板中对文本的大小、字体、颜色等进行设置。

4.2.1 设置标题段落格式

标题常常用来强调段落要表现的内容，在 HTML 中共定义了 6 级标题，从 1 级到 6 级，每级标题的字体大小依次递减。

选中设置标题段落的文本，选择菜单中的【窗口】|【属性】命令，打开【属性】面板，单击面板中【格式】右边的文本框，在弹出的下拉菜单中选择要设置的标题，如图 4-11 所示。

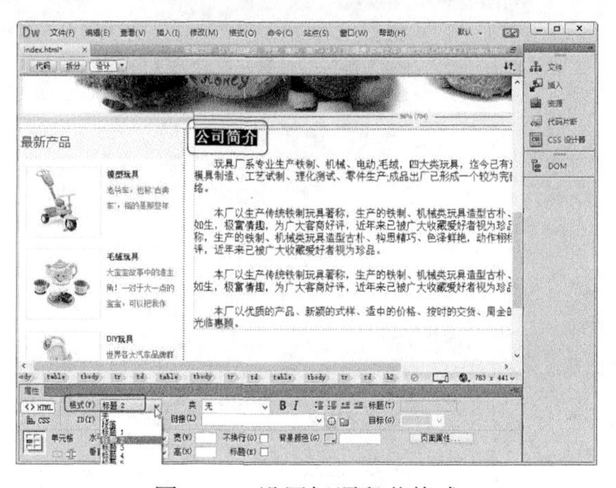

图 4-11 设置标题段落格式

4.2.2　设置文本字体和字号

选择一种合适的字体，是决定网页是否美观、布局是否合理的关键。在设置网页时，应对文本设置相应的字体字号。

在【属性】面板中单击【字体】右边的文本框，在弹出的下拉列表中选择要设置的字体，如图 4-12 所示。

选中要设置字号的文本，在【属性】面板中的【大小】下拉列表中选择字号的大小，或者直接在文本框中输入相应大小的字号，如图 4-13 所示。

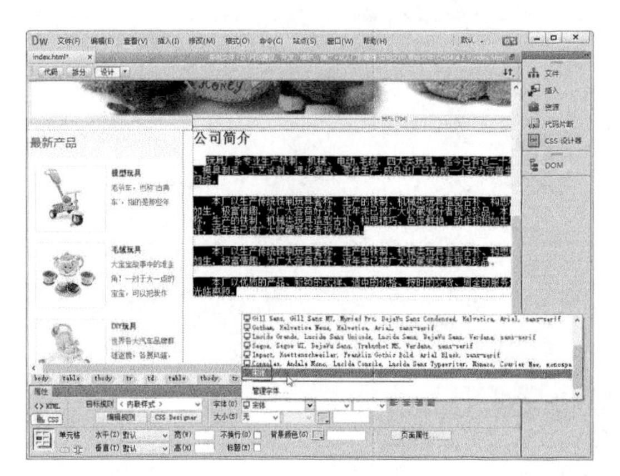

图 4-12　选择字体

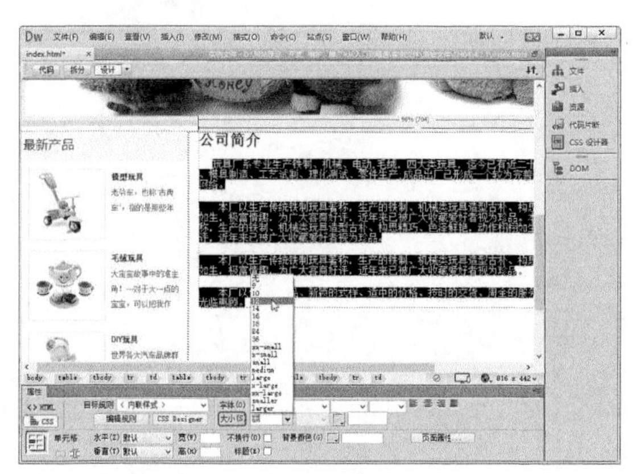

图 4-13　设置文本的字号

4.2.3　添加新字体

添加新字体的具体操作步骤如下。

❶ 在【属性】面板中单击【字体】右边的文本框，在弹出的下拉列表中选择【管理字体】选项，如图 4-14 所示。

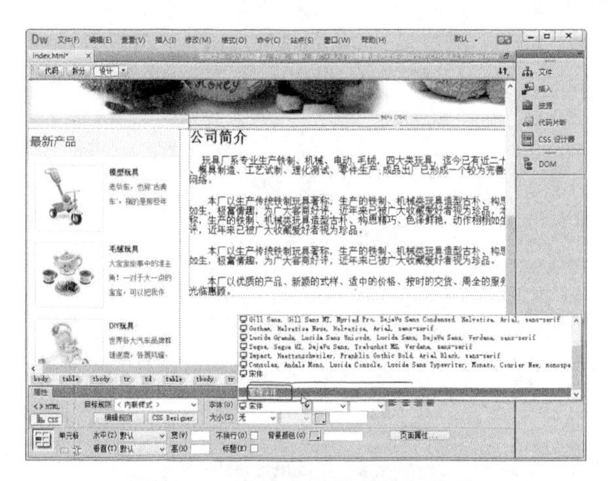

图 4-14　选择【管理字体】选项

❷ 弹出【管理字体】对话框，在对话框中选择【自定义字体堆栈】选项，在【自定义字

体堆栈】的【可用字体】选项中选择添加的字体，单击<<按钮添加到左侧的【选择的字体】列表框中。在【字体】列表框中也会显示新添加的字体，如图 4-15 所示。重复以上操作即可添加多种字体。若要取消已添加的字体，可以选中该字体并单击>>按钮。完成一个字体样式的编辑后，单击+按钮可进行下一个样式的编辑。若要删除某个已经编辑的字体样式，可选中该样式并单击−按钮。

❸ 单击【完成】按钮，关闭【字体管理】对话框，返回文档窗口，此时可以看到添加的字体，如图 4-16 所示。

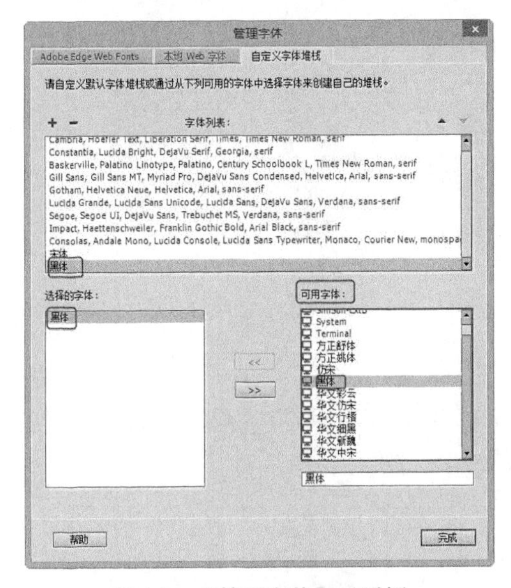

图 4-15 【管理字体】对话框

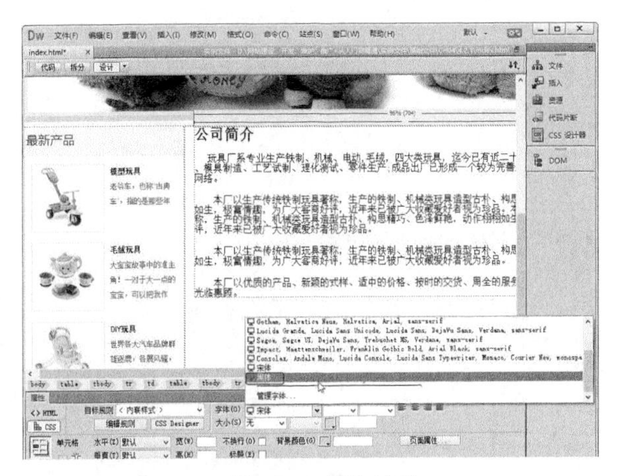

图 4-16 添加字体

4.2.4 设置文本颜色

还可以改变网页文本的颜色，设置文本颜色的具体操作步骤如下。

❶ 选中要改变颜色的文本，在【属性】面板中单击【文本颜色】按钮，打开如图 4-17 所示的调色板。

图 4-17 调色板

❷ 在调色板中选中所需的颜色，光标变为形状，单击鼠标左键即可选取该颜色。单击【确定】按钮，设置文本颜色，如图 4-18 所示。

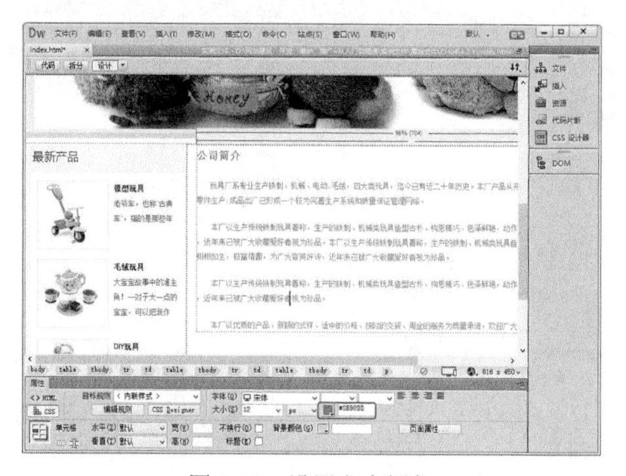

图 4-18 设置文本颜色

4.2.5 设置文本对齐方式

文本对齐方式分别为左对齐、居中、右对齐和两端对齐方式四种方式。选中文本，在【属性】面板中选择要设置的对齐方式，如图 4-19 所示。

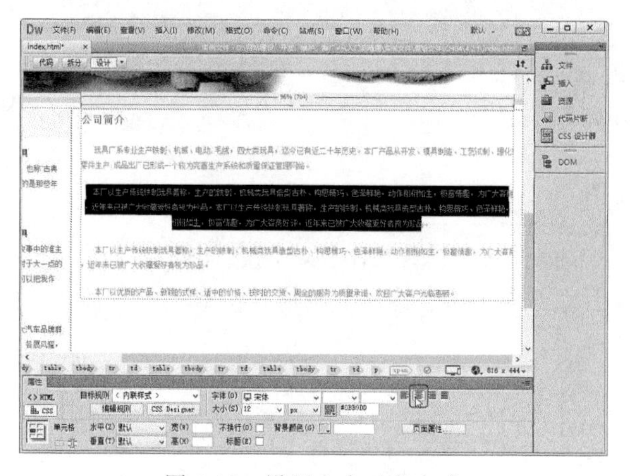

图 4-19 设置文本对齐方式

4.2.6 设置文本缩进和凸出

当要强调某一段落文字或者引用其他文字时，需要将文字缩进，以便与普通段落进行区分。将光标至于要缩进的文字前，在【属性】面板中单击【内缩区块】按钮，即可设置段落的缩进，如图 4-20 所示。如果想取消，则单击左侧的【删除内缩区块】按钮，如图 4-21 所示。

提示 还可以选择菜单中的【格式】|【缩进】选项，设置段落的缩进，或选择菜单中的【格式】|【凸出】选项。

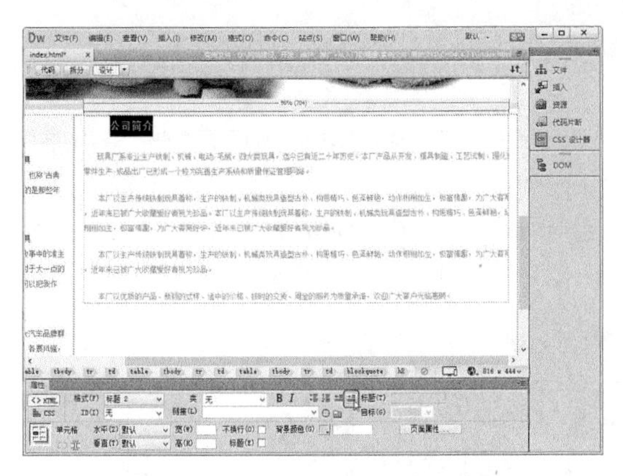

图 4-20 单击【内缩区块】按钮

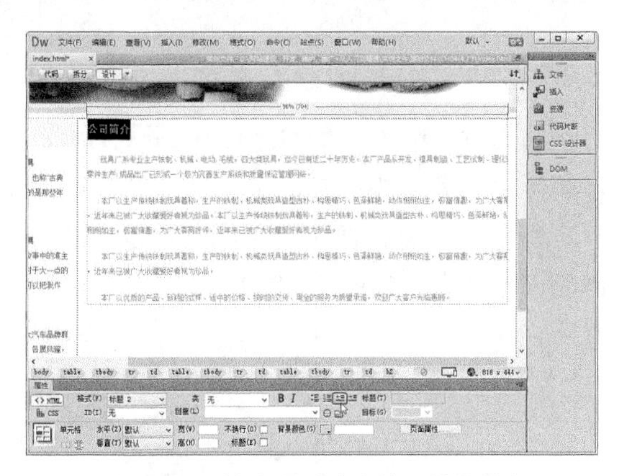

图 4-21 单击【删除内缩区块】按钮

4.3 创建项目列表和编号列表

在网页编辑中，有时会使用列表。包含层次关系、并列关系的标题都可以制作成列表形式，这样有利于访问者理解网页内容。列表包括项目列表和编号列表，下面分别进行介绍。

4.3.1 创建项目列表

如果项目列表之间是并列关系，则需要生成项目符号列表。创建项目列表的具体操作步骤如下。

原始文件	CH04/4.3.1/index.html
最终文件	CH04/4.3.1/index1.html
学习要点	创建项目列表

❶ 打开素材文件“CH04/4.3.1/index.html”，将光标放置在要创建项目列表的位置，选择菜单中的【格式】|【列表】|【项目列表】命令，如图 4-22 所示。

❷ 选择命令后，即可创建项目列表，如图 4-23 所示。

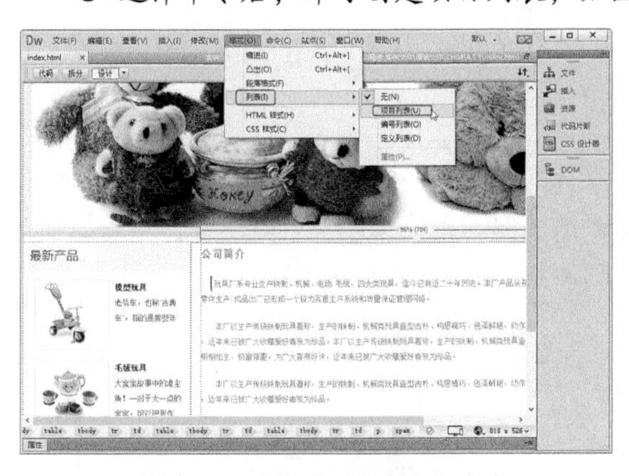

图 4-22 选择【项目列表】命令

图 4-23 创建项目列表

提示 单击【属性】面板中的【项目列表】按钮，即可创建项目列表。也可以选择菜单中的【插入】|【项目列表】命令，即可插入项目列表。

4.3.2 创建编号列表

当网页内的文本需要按序排列时，就应该使用编号列表。编号列表的项目符号可以是阿拉伯数字、罗马数字和英文字母。

将光标放置在要创建编号列表的位置，选择菜单中【格式】|【列表】|【编号列表】命令，创建编号列表，如图 4-24 所示。

图 4-24 创建编号列表

提示 单击【属性】面板中的【编号列表】按钮，即可创建编号列表。也可以选择菜单中的【插入】|【编号列表】命令，即可插入编号列表。

4.4 插入网页头部内容

文件头标签也就是通常说的 META 标签，在网页中是看不到的，它包含在网页的<head>和</head>标签之间。所有包含在该标签之间的内容在网页中都是不可见的。

文件头标签主要包括 META、关键字、说明、脚本和链接，下面分别进行介绍常用的文件头标签的使用。

4.4.1 插入 Meta

META 对象常用于插入一些为 Web 服务器提供选项的标记符，方法是通过 http-equiv 属性和其他各种在 Web 页面中包括的、不会使浏览者看到的数据。设置 META 的具体操作步骤如下。

❶ 选择菜单中的【插入】|【HTML】|【META】命令，弹出【META】对话框，如图 4-25 所示。

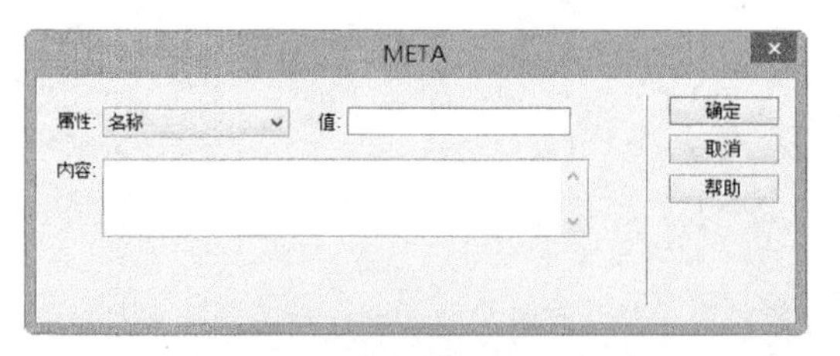

图 4-25 【META】对话框

❷ 在【属性】下拉列表中可以选择【名称】或【http-equiv】选项，指定 META 标签是否包含有关页面的描述信息或 http 标题信息。

❸ 在【值】文本框中指定在该标签中提供的信息类型。

❹ 在【内容】文本框中输入实际的信息。

❺ 设置完毕后，单击【确定】按钮即可。

提示 单击【HTML】插入栏中的按钮，在弹出的菜单中选择【META】选项，弹出【META】对话框，插入 META 信息。

4.4.2 插入关键字

关键字【Keywords】是与网页主题内容相关的简短而有代表性的词汇，这是给网络中的搜索引擎准备的。关键字一般要尽可能地概括网页内容，这样浏览者只要搜索很少的关键字，就更有可能搜索到这个网页。插入关键字的具体操作步骤如下。

❶ 选择菜单中的【插入】|【HTML】|【关键字】命令，弹出【Keywords】对话框，如图 4-26 所示。

❷ 在【Keywords】文本框中输入一些值，单击【确定】按钮。

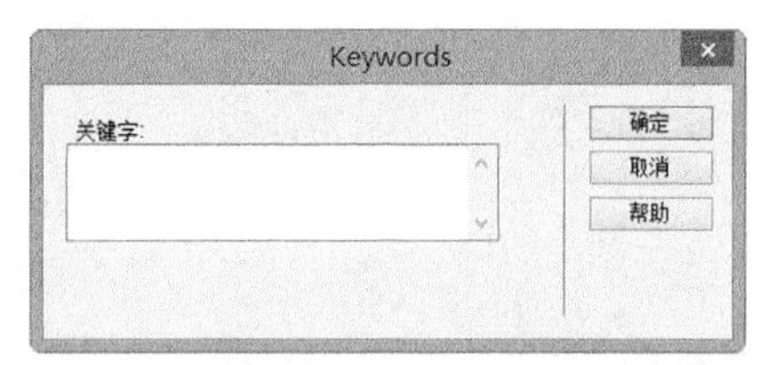

图 4-26 【Keywords】对话框

提示 单击【HTML】插入栏中的按钮，在弹出的菜单中选择【关键字】选项，弹出【Keywords】对话框，插入关键字。

4.4.3 插入说明

插入说明的具体操作步骤如下。

❶ 选择菜单中的【插入】|【HTML】|【说明】命令，弹出【说明】对话框，如图 4-27 所示。

❷ 在【说明】文本框中输入一些值，单击【确定】按钮。

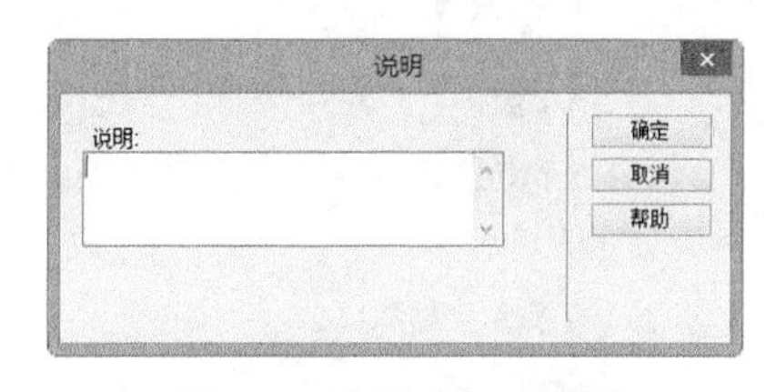

图 4-27 【说明】对话框

提示 单击【HTML】插入栏中的按钮，在弹出的菜单中选择【说明】选项，弹出【说明】对话框，插入说明。

4.4.4 插入脚本

【基础】定义了文档的基本 URL 地址，在文档中，所有相对地址形式的 URL 都是相对于这个 URL 地址而言的。设置基础元素的具体操作步骤如下。

❶ 选择菜单中的【插入】|【HTML】|【脚本】命令，弹出【选择文件】对话框，在对话框中选择文件，如图 4-28 所示。

❷ 单击【确定】按钮，即可插入脚本。

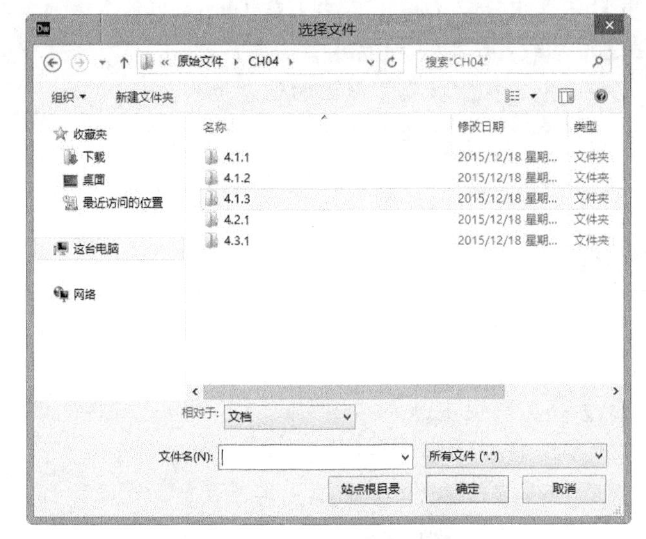

图 4-28 【选择文件】对话框

4.4.5 设置 Hyperlink

链接设置可以定义当前网页和本地站点中的另一网页之间的关系。设置链接的具体操作步骤如下。

❶ 选择菜单中的【插入】|【HTML】|【链接】命令，弹出【Hyperlink】对话框，如图 4-29 所示。

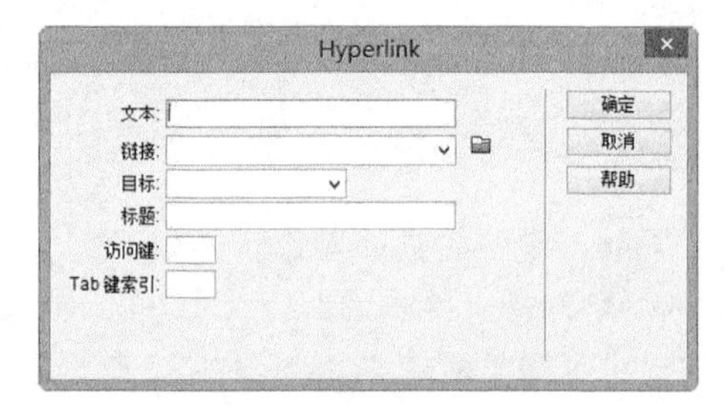

图 4-29 【Hyperlink】对话框

在【链接】对话框中可以设置以下参数。

- 【文本】：输入文本。
- 【链接】：链接资源所在的 URL 地址。
- 【标题】：输入该链接的描述。

❷ 在对话框中进行相应的设置，单击【确定】按钮，设置文档链接。

4.5 在网页中插入水平线

在网页中除了插入文字和日期外，还可以插入水平线或注释等。水平线在网页文档中经常用到，它主要用于分隔文档内容，使文档结构清晰明了。合理使用水平线可以获得非常好的效果。一篇内容繁杂的文档，如果合理放置水平线，会变得层次分明、易于阅读。

原始文件	CH04/4.5/index.html
最终文件	CH04/4.5/index1.html
学习要点	在网页中插入水平线

❶ 打开素材文件“CH04/4.5/index.html”，如图 4-30 所示。

图 4-30 打开素材文件

❷ 将光标置于要插入水平线的位置，选择菜单中的【插入】|【HTML】|【水平线】命令，如图 4-31 所示。

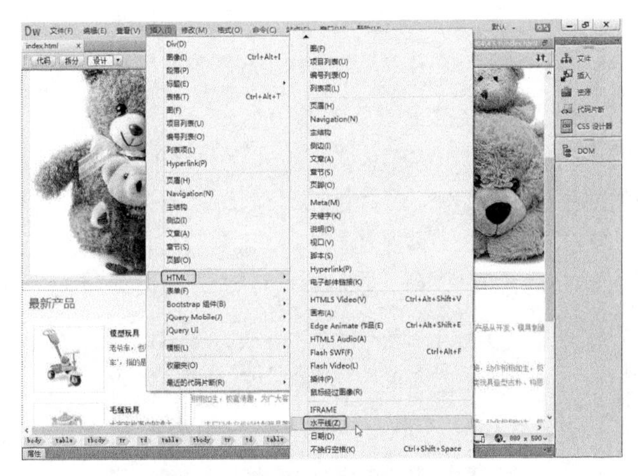

图 4-31 选择【水平线】命令

❸ 选择命令后，插入水平线，如图 4-32 所示。

图 4-32 插入水平线

提示　将光标放置在插入水平线的位置，单击【HTML】插入栏中的【水平线】按钮，也可插入水平线。

❹ 选中水平线，打开【属性】面板，可以在【属性】面板中设置水平线的高、宽、对齐方式和阴影，如图4-33所示。

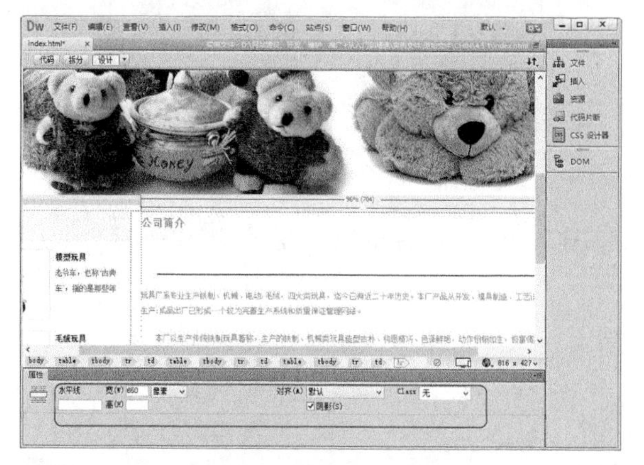

图4-33　设置水平线属性

在水平线【属性】面板中可以设置以下参数。

- 【宽】和【高】：以像素为单位或以页面尺寸百分比的形式设置水平线的宽度和高度。
- 【对齐】：设置水平线的对齐方式，包括“默认”“左对齐”“居中对齐”和“右对齐”四个选项。只有当水平线的宽度小于浏览器窗口的宽度时，该设置才适应。
- 【阴影】：设置绘制的水平线是否带阴影。取消选择该项将使用纯色绘制水平线。

提示　设置水平线颜色：在【属性】面板中并没有提供关于水平线颜色的设置选项，如果需要改变水平线的颜色，只需要直接进入源代码更改〈hr color=“对应颜色的代码”〉即可。

❺ 保存文档，按F12键在浏览器中浏览效果，如图4-34所示。

图4-34　预览效果

4.6 检查拼写与查找替换

整个网站中会有很多相同的部分，如果想更改站点范围内的文字，打开每个网页去修改是一件非常麻烦的事情，用户可以使用查找和替换功能来解决此问题。

4.6.1 检查拼写

选择菜单中的【格式】|【检查拼写】命令，弹出如图 4-35 所示的【Dreamweaver】提示对话框，单击【是】按钮，弹出如图 4-36 所示的拼写检查完成对话框。单击【确定】按钮，即可完成检查拼写。

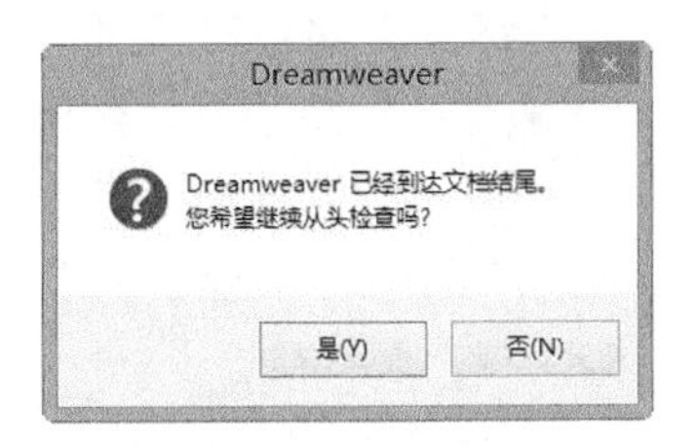

图 4-35 Dreamweaver 提示对话框

图 4-36 拼写检查完成对话框

4.6.2 查找和替换

选择菜单中的【编辑】|【查找和替换】命令，弹出【查找和替换】对话框，如图 4-37 所示。

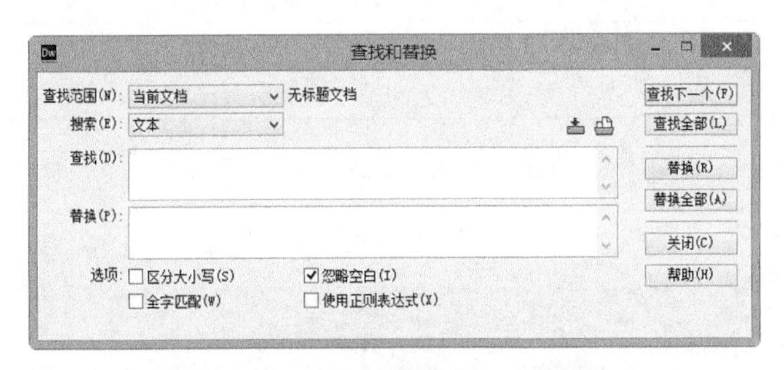

图 4-37 【查找和替换】对话框

在对话框中的【查找范围】下拉列表中选择查找的范围。

- 所有文字：在当前文档被选中的部分进行查找或替换。
- 当前文档：只能在当前文档中查找或替换。
- 打开的文档：在 Dreamweaver 中打开的文档中进行查找或替换。
- 文件夹…：查找指定的文件组。选择选项后，单击右边的按钮选择需要查找的文件目录。
- 站点中选定的文件：查找站点窗口中选中的文件或文件夹。当站点窗口处于当前状态时可以显示。
- 整个当前本地站点：在目前所在整个本地站点内进行查找或替换。

- 在【搜索】下拉列表中选择搜索的种类。
- 源代码：在 HTML 源代码中查找特定的文本字符。
- 文本：在文档窗口中查找特定的文本字符。文本查找将忽略任何 HTML 标记中断的字符。
- 文本（高级）：只可以在 HTML 标记里面或只在标记外面查找特定的文本字符。
- 指定标签：查找特定标记、属性和属性值。

❶ 在【查找】文本框中输入要查找的内容。在【替换】文本框中输入要替换的内容。为了扩大或缩小查找范围，在【选项】中可设置以下选项。

- 区分大小写：勾选此复选框，则查找时严格匹配大小写。
- 忽略空白：勾选此复选框，则所有的空格不作为一个间隔来匹配。
- 全字匹配：勾选此复选框，则查找的文本匹配一个或多个完整的单词。
- 使用正则表达式：勾选此复选框，可以导致某些字符或较短字符串被认为是一些表达式操作符。

❷ 设置完毕后，单击【替换】按钮，可替换当前查找到的内容；单击【替换全部】按钮，可替换所有与查找内容相匹配的内容。

4.7 实例——创建基本文本网页

前面讲述了 Dreamweaver CC 的基本知识，以及在网页中插入文本和设置文本属性。下面利用实例讲述创建基本文本网页的效果，具体操作步骤如下。

原始文件	CH04/4.7/index.html
最终文件	CH04/4.7/index1.html
学习要点	创建基本文本网页

❶ 打开素材文件“CH04/4.7/index.html”，如图 4-38 所示。

图 4-38 打开素材文件

❷ 将光标放置在要输入文字位置，输入文字，如图 4-39 所示。

图 4-39 输入文字

❸ 选中输入的文字，在【属性】面板中单击【大小】文本框右边的按钮，在弹出的列表中选择 12，如图 4-40 所示。

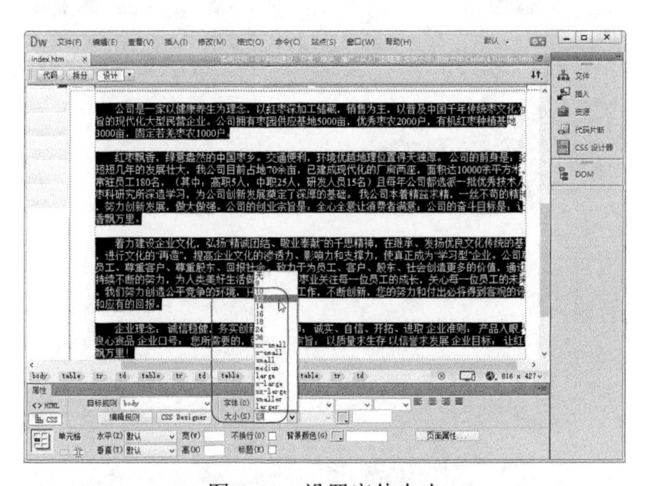

图 4-40 设置字体大小

❹ 单击【颜色】按钮，打开调色板，在对话框中选择颜色#F00C0F，如图 4-41 所示。

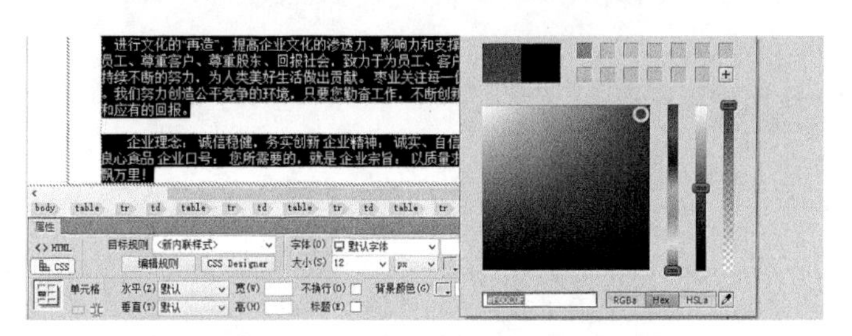

图 4-41 在调色板中选择颜色

❺ 单击【字体】右边的文本框，在弹出的下拉菜单中选择要设置的字体，在这里设置字体为宋体，如图 4-42 所示。

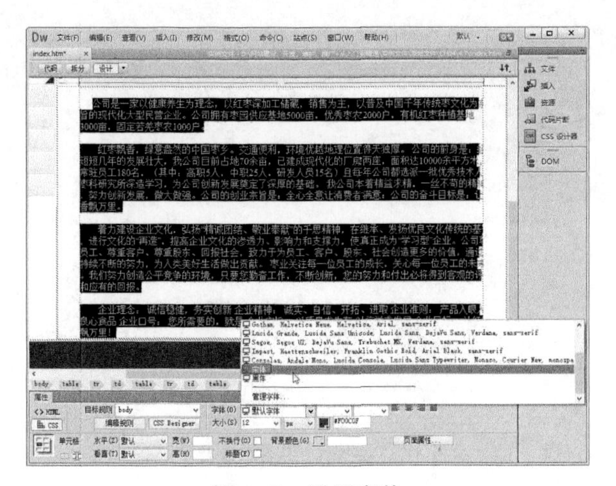

图 4-42　设置字体

❻ 保存文档，按 F12 键即可在浏览器中预览效果，如图 4-43 所示。

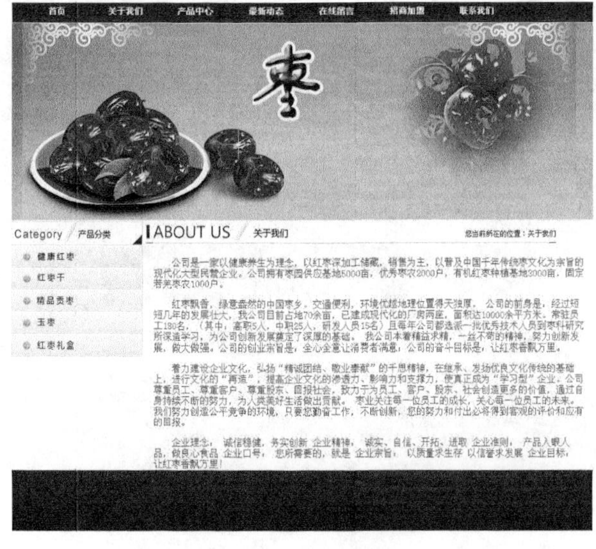

图 4-43　预览效果

4.8　经典习题与解答

1. 填空题

1. ________是基本的信息载体，是网页中最基本的元素。在浏览网页时，获取信息最直接、最直观的方法就是通过________。

2. ________在网页文档中经常用到，它主要用于分隔文档内容，使文档结构清晰明了，合理使用水平线可以获得非常好的效果。一篇内容繁杂的文档，如果合理放置________，会变得层次分明，易于阅读。

2. 操作题

在网页中输入文本。

原始文件	CH04/操作题/index.html
最终文件	CH04/操作题/index1.html
学习要点	在网页中输入文本

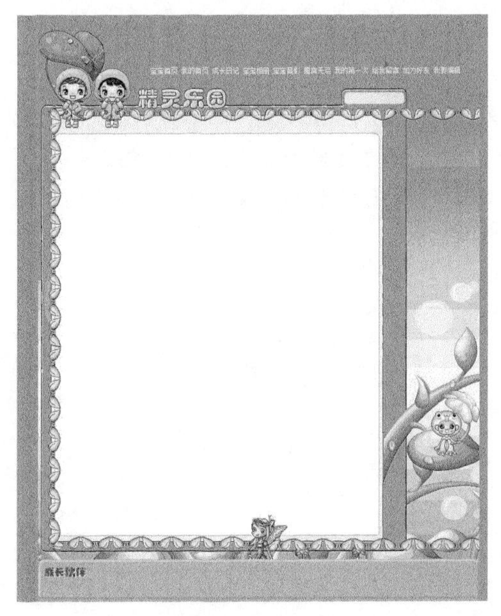

图 4-44　起始文件

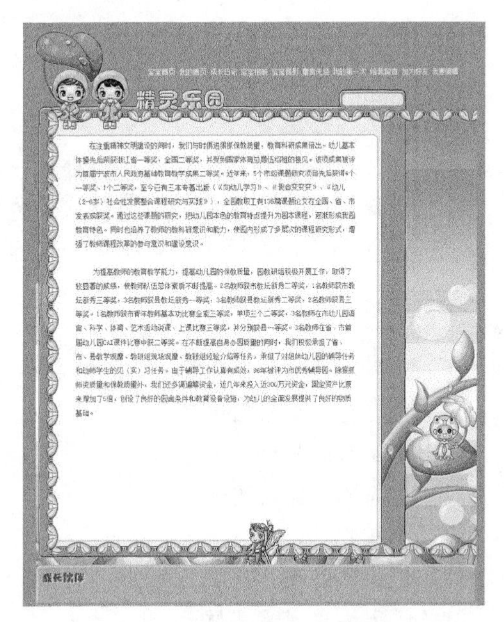

图 4-45　输入文本效果

第5章

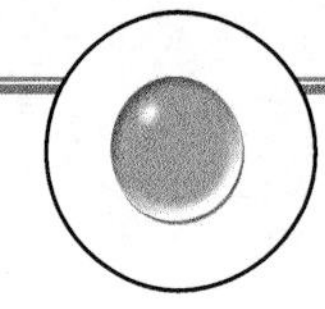

使用图像丰富网页内容

在网络上随意浏览一个页面，都会发现除了文字以外还有各种各样的其他元素，如图像、动画和声音。图像或多媒体是文本的解释和说明，在文档的适当位置上放置一些图像或多媒体文件，不仅可以使文本更加容易阅读，而且使得文档更有吸引力。本章主要讲述图像的基本使用、添加 Flash 影片和插入视频文件等。

学习目标

- 网页中常用的图像格式
- 在网页中插入图像
- 设置图像属性
- 在网页中编辑图像
- 插入 Flash
- 创建图文混排网页
- 创建翻转图像导航

5.1 网页中常用的图像格式

网页中图像的格式通常有三种，即 GIF、JPEG 和 PNG。目前 GIF 和 JPEG 文件格式的支持情况最好，大多数浏览器都可以识别它们。由于 PNG 文件具有较大的灵活性并且文件较小，所以它对于几乎任何类型的网页图形都是适合的。建议使用 GIF 或 JPEG 格式以满足更多人的需求。

5.1.1 GIF 格式

GIF 是英文单词 Graphic Interchange Format 的缩写，即图像交换格式，文件最多使用 256 种颜色，最适合显示色调不连续或具有大面积单一颜色的图像，例如导航条、按钮、图标、Logo 或其他具有统一色彩和色调的图像。

GIF 格式的最大优点就是制作动态图像，可以将数张静态文件作为动画帧串联起来，转换成一张动画文件。

GIF 格式的另一优点就是可以将图像以交错的方式在网页中呈现。所谓交错显示，就是当图像尚未下载完成时，浏览器会先以马赛克的形式将图像慢慢显示，让浏览者可以大略猜

出下载图像的雏形

5.1.2　JPEG 格式

JPEG 是英文单词 Joint Photographic Experts Group（联合图像专家组）的缩写，专门用来处理照片图像。JPEG 的图像为每一个像素提供了 24 位可用的颜色信息，从而可以生成上百万种颜色。为了使 JPEG 便于应用，大量的颜色信息必须压缩，通过删除那些运算法则认为是多余的色彩信息。JPEG 格式通常被归类为有损压缩，图像的压缩是以降低图像的质量为代价。

5.1.3　PNG 格式

PNG 是英文单词 Portable Network Graphic 的缩写，即便携网络图像，它是一种替代 GIF 格式的无专利权限制的格式，它支持索引色、灰度、真彩色图像以及 alpha 通道透明。PNG 文件可保留所有原始层、矢量、颜色和效果信息，并且在任何时候所有元素都是可以完全编辑的。文件必须具有.png 文件扩展名才能被 Dreamweaver 识别为 PNG 文件。

5.2　在网页中插入图像

图像是网页中最主要的元素之一，不但能美化网页，而且与文本相比能够更直观地说明问题，使所表达的意思一目了然。图像可以为网站增添生命力，同时也能加深用户对网站的印象。

5.2.1　插入普通图像

前面介绍了网页中常见的三种图像格式，下面就来学习如何在网页中使用图像。在使用图像前，一定要有目的地选择图像，最好运用图像处理软件美化一下图像，否则插入的图像可能会不美观，非常死板。在网页中插入图像的具体制作步骤如下。

原始文件	CH05/5.2.1/index.html
最终文件	CH05/5.2.1/index1.html
学习要点	插入普通图像

❶ 打开素材文件“CH05/5.2.1/index.html”，如图 5-1 所示。

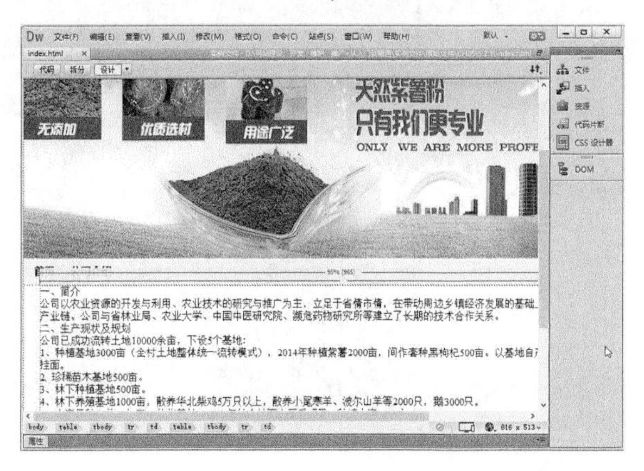

图 5-1　打开素材文件

❷ 将光标放置在要插入图像的位置，选择菜单中的【插入】|【图像】命令，如图 5-2 所示。

图 5-2 选择【图像】命令

提示

使用以下方法也可以插入图像。

- 选择菜单中的【窗口】|【资源】命令，打开【资源】面板，在【资源】面板中单击按钮，展开图像文件夹，选定图像文件，然后用鼠标拖动到网页中合适的位置。
- 单击【HTML】插入栏中的按钮，弹出【选择图像源文件】对话框，从中选择需要的图像文件。

❸ 选择命令后，弹出【选择图像源文件】对话框，在对话框中选择图像文件，如图 5-3 所示。

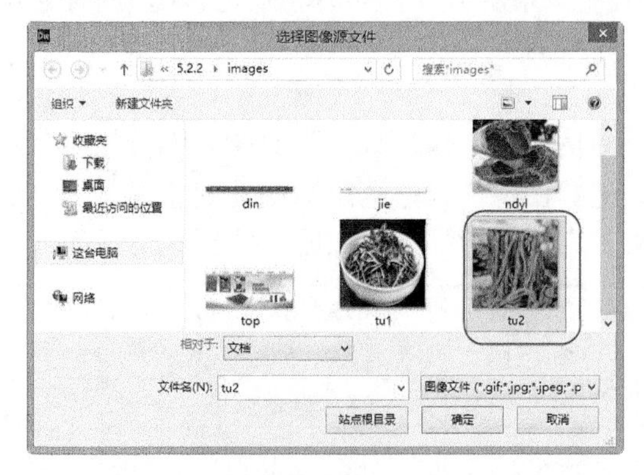

图 5-3 【选择图像源文件】对话框

❹ 单击【确定】按钮，图像就插入到网页中了，如图 5-4 所示。

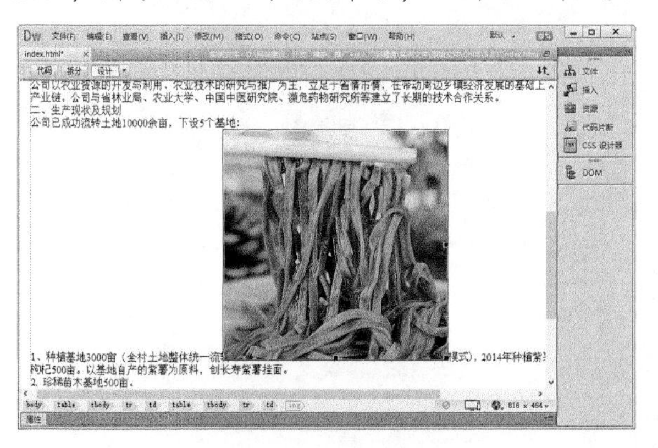

图 5-4 插入图像

❺ 保存文档，按 F12 键在浏览器中预览效果，如图 5-5 所示。

图 5-5 预览效果

5.2.2 插入鼠标经过图像

鼠标经过图像，就是当鼠标经过图像时，原图像会变成另外一张图像。鼠标经过图像其实是由两张图像组成的：原始图像和鼠标经过图像。组成鼠标经过图像的两张图像必须有相同的大小，如果两张图像的大小不同，Dreamweaver 会自动将第二张图像大小调整成第一张同样大小，具体操作步骤如下。

原始文件	CH05/5.2.2/index.html
最终文件	CH05/5.2.2/index1.html
学习要点	插入鼠标经过图像

❶ 打开素材文件“CH05/5.2.2/index.html”，将光标置于要插入鼠标经过图像的位置，如图 5-6 所示。

图 5-6 打开素材文件

❷ 选择菜单中的【插入】|【HTML】|【鼠标经过图像】命令，如图 5-7 所示。

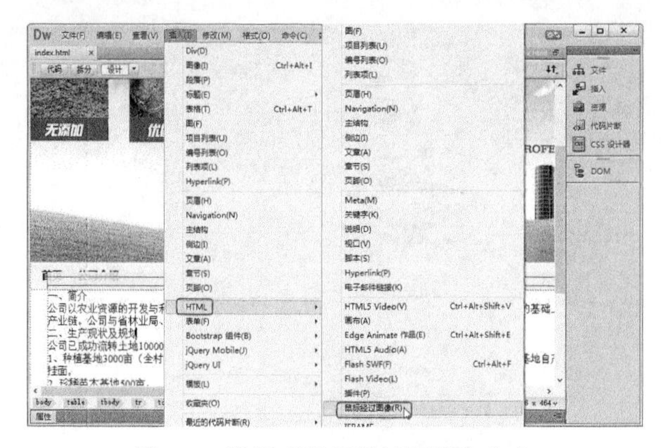

图 5-7　选择【鼠标经过图像】命令

❸ 选择命令后，弹出如图 5-8 所示的【插入鼠标经过图像】对话框。

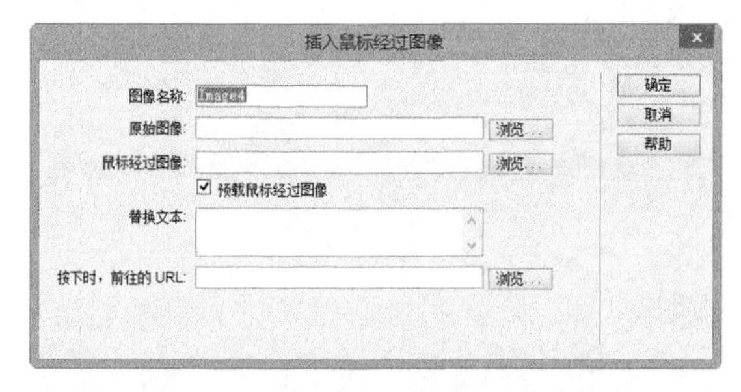

图 5-8　【插入鼠标经过图像】对话框

在【插入鼠标经过图像】对话框中可以设置以下参数。

- 【图像名称】：在文本框中输入图像名称。
- 【原始图像】：单击【浏览】按钮选择图像源文件，或直接在文本框中输入图像路径。
- 【鼠标经过图像】：单击【浏览】按钮选择图像文件，或直接在文本框中输入图像路径设置鼠标经过时显示的图像。
- 【预载鼠标经过图像】：让图像预先加载到浏览器的缓存中以便加快图像的显示速度。
- 【按下时，前往的 URL】：单击【浏览】按钮选择文件，或者直接在文框框中输入鼠标经过图像时打开的文件路径。如果没有设置链接，Dreamweaver 会自动在 HTML 代码中为鼠标经过图像加上一个空链接(#)。如果将这个空链接除去，鼠标经过图像就无法应用。

❹ 在对话框中单击【原始图像】文本框右边的【浏览】按钮，弹出【原始图像:】对话框，在对话框中选择图像文件，如图 5-9 所示。

图 5-9　【原始图像:】对话框

❺ 单击【确定】按钮，添加原始图像，单击【鼠标经过图像】文本框右边的【浏览】按钮，弹出【鼠标经过图像:】对话框，在对话框中选择图像文件，如图 5-10 所示。

图 5-10 【鼠标经过图像:】对话框

❻ 单击【确定】按钮，添加图像文件，如图 5-11 所示。

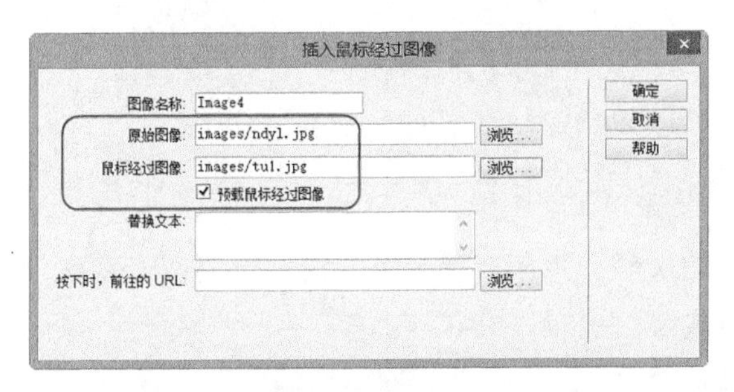

图 5-11 【插入鼠标经过图像】对话框

❼ 单击【确定】按钮，插入鼠标经过图像，如图 5-12 所示。

图 5-12　插入鼠标经过图像

❽ 保存网页文档，按 F12 键即可在浏览器中浏览效果。当鼠标指针没有经过图像时的效果如图 5-13 所示，当鼠标经过图像时的效果如图 5-14 所示。

图 5-13　鼠标经过图像前的效果

图 5-14　鼠标经过图像时的效果

5.3　设置图像属性

插入图像后，如果图像的大小和位置并不合适，还需要对图像的属性进行具体的调整，如大小、位置和对齐方式等。

5.3.1　调整图像大小

选中插入的图像，打开属性面板，在面板中的【宽】、【高】文本框中修改图像的大小，如图 5-15 所示。

图 5-15　修改图像大小

在图像属性面板中可以进行如下设置。

● 【宽】和【高】：以像素为单位设定图像的宽度和高度。当在网页中插入图像时，Dreamweaver 自动使用图像的原始尺寸。可以使用以下单位指定图像大小：点、英寸、毫米和厘米。在 HTML 源代码中，Dreamweaver 将这些值转换为以像素为单位。

● 【Src】：指定图像的具体路径。

● 【链接】：为图像设置超级链接。可以单击按钮浏览选择要链接的文件，或直接输入 URL 路径。

● 【目标】：链接时的目标窗口或框架，在其下拉列表中包括四个选项。

【_blank】：将链接的对象在一个未命名的新浏览器窗口中打开。

【_parent】：将链接的对象在含有该链接的框架的父框架集或父窗口中打开。

【_self】：将链接的对象在该链接所在的同一框架或窗口中打开。_self 是默认选项，通常不需要指定它。

【_top】：将链接的对象在整个浏览器窗口中打开，因而会替代所有框架。

● 【替换】：图片的注释。当浏览器不能正常显示图像时，便在图像的位置用这个注释代替图像。

● 【编辑】：启动【外部编辑器】首选参数中指定的图像编辑器并使用该图像编辑器打开选定的图像。

编辑：启动外部图像编辑器编辑选中的图像。

编辑图像设置：弹出【图像预览】对话框，在对话框中可以对图像进行设置。

重新取样：将【宽】和【高】的值重新设置为图像的原始大小。调整所选图像大小后，此按钮显示在【宽】和【高】文本框的右侧。如果没有调整过图像的大小，该按钮不会显示出来。

裁剪：修剪图像的大小，从所选图像中删除不需要的区域。

亮度和对比度：调整图像的亮度和对比度。

锐化：调整图像的清晰度。

● 【地图】：名称和【热点工具】标注以及创建客户端图像地图。

● 【原始】：指定在载入主图像之前应该载入的图像。

5.3.2　设置图像对齐方式

选择图像，单击鼠标右键，在弹出的菜单中将图像设置为【右对齐】，如图 5-16 所示。

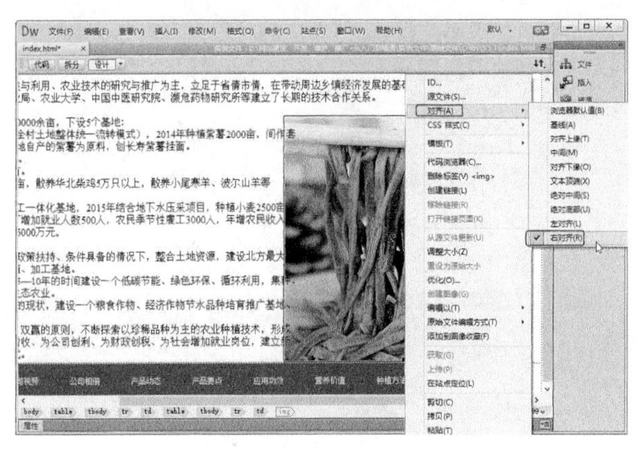

图 5-16　选择【右对齐】选项

5.4 在网页中编辑图像

裁剪、调整亮度/对比度和锐化等一些辅助性的图像编辑功能不用离开 Dreamweaver 就能够完成。编辑工具是内嵌的 Fireworks 技术。有了这些简单的图像处理工具，在编辑网页图像时就轻松多了，不需要打开其他图像处理工具进行处理，从而大大提高了工作效率。

5.4.1 裁剪图像

如果插入的图像太大，还可以在 Dreamweaver CC 中使用【裁剪】按钮来裁剪图像，裁剪图像的具体操作步骤如下。

❶ 单击并选中图像，在图像【属性】面板中，选中【编辑】右边的【裁剪】按钮，如图 5-17 所示。

❷ 单击此按钮后，弹出【Dreamweaver】提示对话框，如图 5-18 所示。

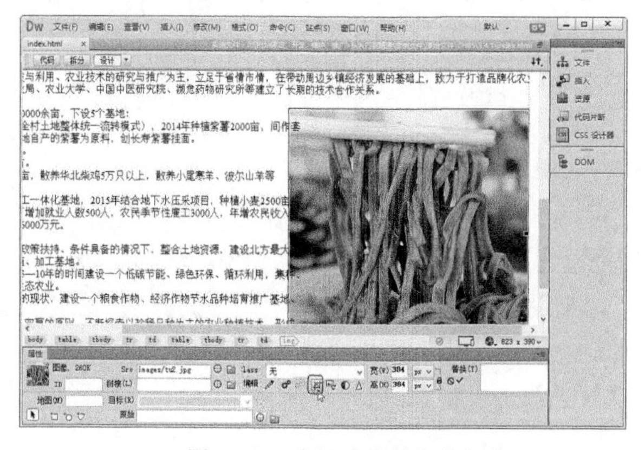

图 5-17 选择【裁剪】按钮

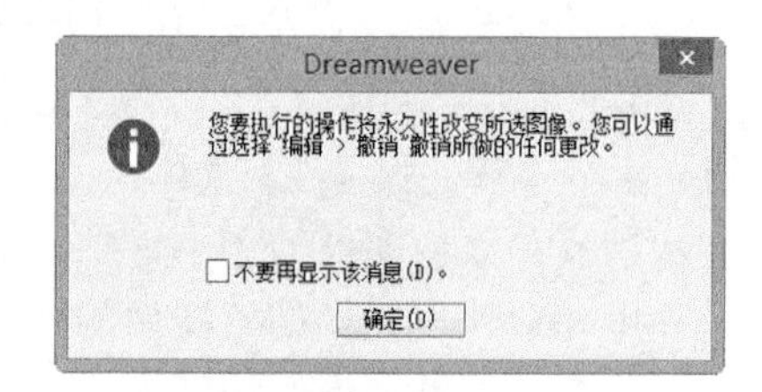

图 5-18 【Dreamweaver】提示对话框

提示　当使用 Dreamweaver 裁剪图像时，会直接更改磁盘上的源图像文件，因此可能需要备份图像文件，以便在需要恢复到原始图像时使用。

❸ 单击【确定】按钮，在图像上会显示裁剪的范围，如图 5-19 所示。调整裁剪图像范围的大小后，按 Enter 键即可裁剪图像。

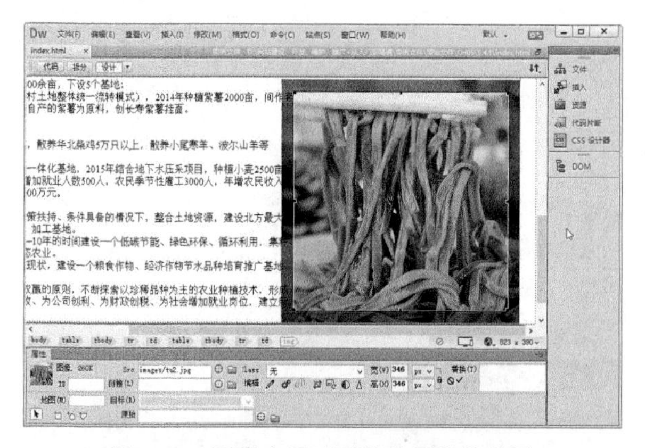

图 5-19 图像上显示了裁剪图像的范围

5.4.2　重新取样图像

在【属性】面板中单击【重新取样】按钮，图像将恢复原来的大小，如图 5-20 所示。

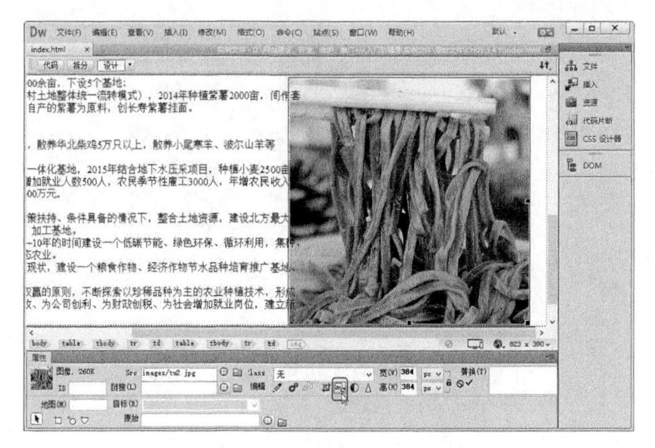

图 5-20　选择重新取样的效果

5.4.3　调整图像亮度和对比度

调整亮度和对比度的具体制作步骤如下。

❶ 单击并选中图像，在图像【属性】面板中，选中【编辑】右边的【亮度和对比度】按钮，如图 5-21 所示。

图 5-21　选择【亮度和对比度】按钮

❷ 弹出【亮度/对比度】对话框，在对话框中将【亮度】和【对比度】滑块拖动到合适的位置，如图 5-22 所示。

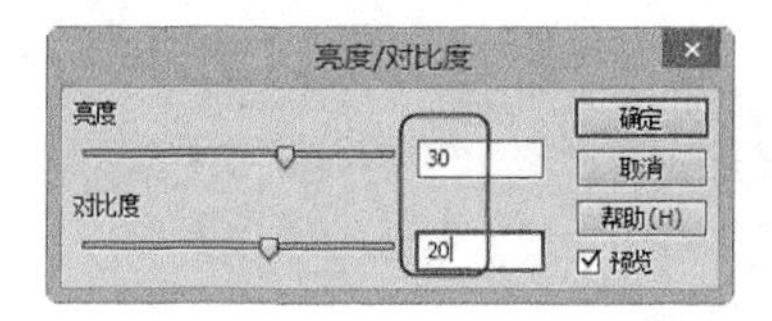

图 5-22 【亮度/对比度】对话框

❸ 单击【确定】按钮，设置图像的对比度和亮度，如图 5-23 所示。

图 5-23 设置亮度和对比度后的效果

提示 在【亮度/对比度】对话框中向左拖动滑块可以降低亮度和对比度，向右拖动滑块可以增加亮度和对比度，其取值范围为-100～+100，常用的取值是 0。

5.4.4 锐化图像

锐化将增加对象边缘像素的对比度，从而增加图像的清晰度或锐度，具体操作步骤如下。

❶ 单击并选中图像，在图像【属性】面板中，选中【编辑】右边的【锐化】按钮，弹出【锐化】对话框，在对话框中拖动【锐化】滑块到合适的位置，如图 5-24 所示。

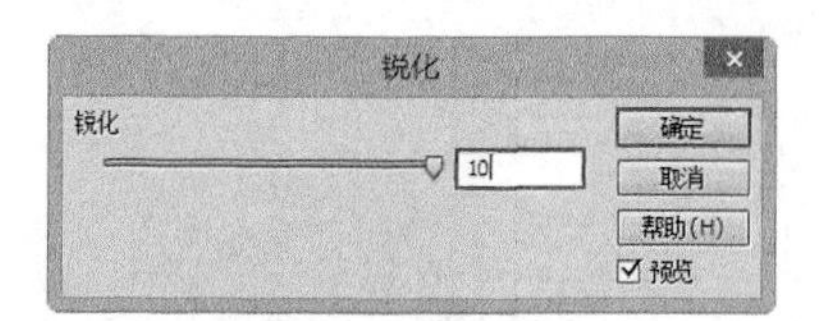

图 5-24 【锐化】对话框

❷ 单击【确定】按钮，锐化后的效果如图 5-25 所示。

图 5-25 锐化后的效果

提示 只能在保存包含图像的页面之前撤消【锐化】命令的效果，并恢复到原始图像文件。页面一旦保存，对图像所做更改即永久保存。

5.5 插入 Flash

在网页文档中插入 Flash 动画和 Flash 视频等，可以增加网页的动感，使网页更具吸引力，因此多媒体元素在网页中的应用越来越广泛。

5.5.1 插入 Flash 动画

SWF 动画是在 Flash 软件中完成的，在 Dreamweaver 中能将现有的 SWF 动画插入到文档中，具体操作步骤如下。

原始文件	CH05/5.5.1/index.html
最终文件	CH05/5.5.1/index1.html
学习要点	插入 Flash 动画

❶ 打开素材文件“CH05/5.5.1/index.html”，将光标置于要插入 SWF 影片的位置，如图 5-26 所示。

❷ 选择菜单中的【插入】|【HTML】|【Flash】命令，弹出【选择 SWF】对话框，在对话框中选择文件，如图 5-27 所示。

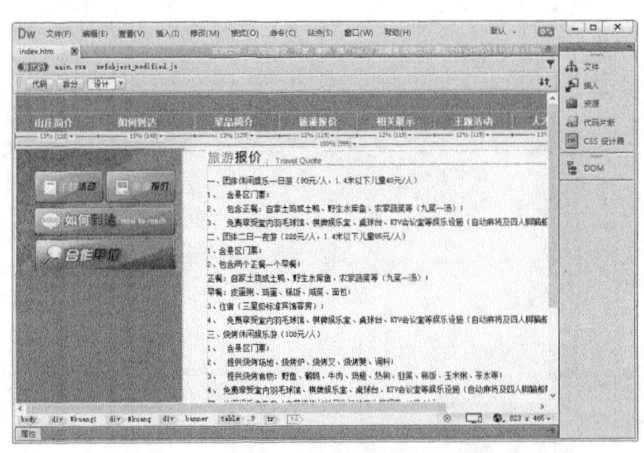

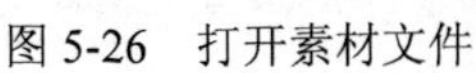

图 5-26 打开素材文件

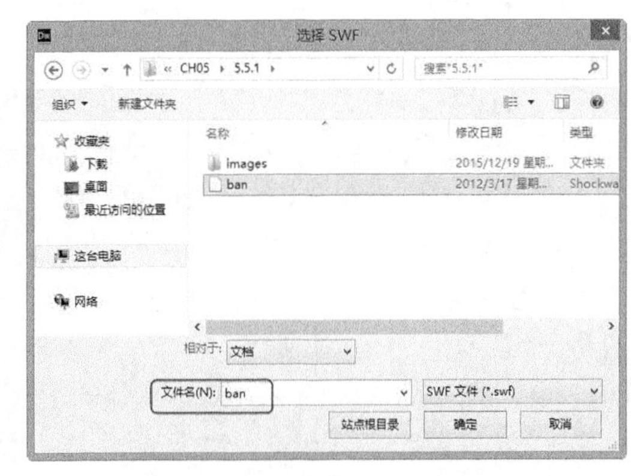

图 5-27 【选择 SWF】对话框

提示 单击【HTML】插入栏中的媒体按钮，在弹出的菜单中选择 SWF 选项，弹出【选择 SWF】对话框，插入 SWF 影片。

❸ 单击【确定】按钮，插入 SWF 影片，如图 5-28 所示。

SWF 属性面板的各项设置如下。

- SWF 文本框：输入 SWF 动画的名称。
- 【宽】和【高】：设置文档中 SWF 动画的尺寸，可以输入数值改变其大小，也可以在文档中拖动缩放手柄来改变其大小。
- 【文件】：指定 SWF 文件的路径。

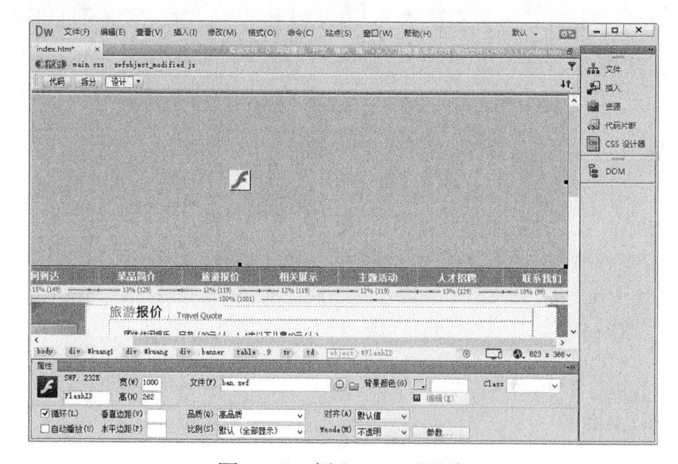

图 5-28　插入 SWF 影片

- 【背景颜色】：指定影片区域的背景颜色。在不播放影片时（在加载时和在播放后）也显示此颜色。
- 【Class】：可用于对影片应用 CSS 类。
- 【循环】：勾选此复选框可以重复播放 SWF 动画。
- 【自动播放】：勾选此复选框，当在浏览器中载入网页文档时，自动播放 SWF 动画。
- 【垂直边距和水平边距】：指定动画边框与网页上边界和左边界的距离。
- 【品质】：设置 SWF 动画在浏览器中的播放质量，包括【低品质】、【自动低品质】、【自动高品质】和【高品质】四个选项。
- 【比例】：设置显示比例，包括【全部显示】、【无边框】和【严格匹配】三个选项。
- 【对齐】：设置 SWF 在页面中的对齐方式。
- 【Wmode】：为 SWF 文件设置 Wmode 参数以避免与 DHTML 元素（例如 Spry 构件）相冲突。默认值是【不透明】，这样在浏览器中，DHTML 元素就可以显示在 SWF 文件的上面。如果 SWF 文件包括透明度，并且希望 DHTML 元素显示在它们的后面，则选择【透明】选项。
- 【参数】：打开一个对话框，可在其中输入传递给影片的附加参数。影片必须已设计好，才可以接收这些附加参数。

❹ 保存文档，按 F12 键即可在浏览器中预览效果，如图 5-29 所示。

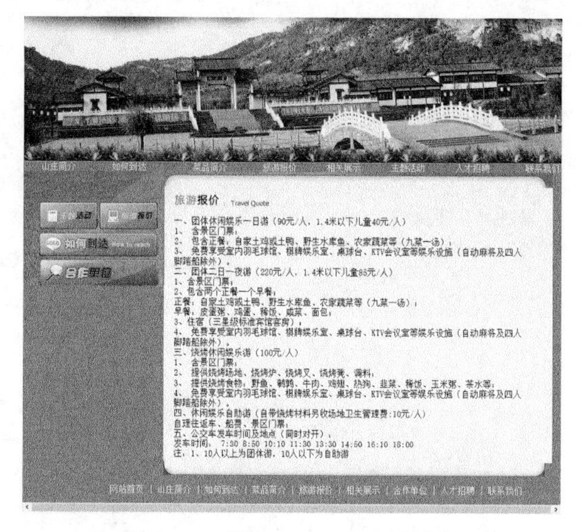

图 5-29　插入 SWF 影片的效果

5.5.2　插入 Flash 视频

随着宽带技术的发展和推广，出现了许多视频网站。越来越多的人选择观看在线视频，在网上还可以进行视频聊天、在线看电影等。插入 Flash 视频的具体操作步骤如下。

原始文件	CH05/5.5.2/index.html
最终文件	CH05/5.5.2/index1.html
学习要点	在网页中插入 Flash 视频

❶ 打开素材文件“CH05/5.5.2/index.html”，将光标置于要插入视频的位置，如图 5-30 所示。

图 5-30　打开素材文件

❷ 选择菜单中的【插入】|【HTML】|【Flash Video】命令，弹出【插入 FLV】对话框，如图 5-31 所示

❸ 在对话框中单击 URL 后面的【浏览】按钮，在弹出的对话框中选择视频文件，如图 5-32 所示。

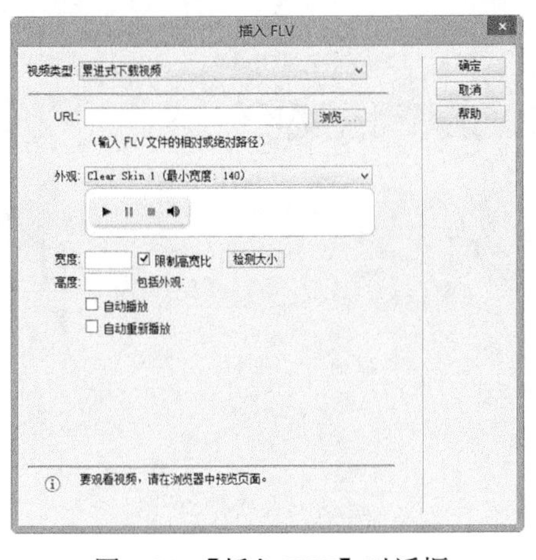

图 5-31 【插入 FLV】对话框

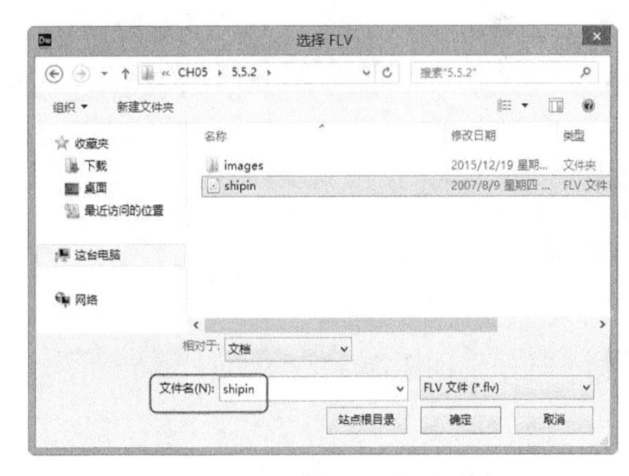

图 5-32 【选择 FLV】对话框

❹ 单击【确定】按钮，返回到【插入 FLV】对话框，在对话框中进行相应的设置，如图 5-33 所示。

❺ 单击【确定】按钮，插入视频，如图 5-34 所示。

❻ 保存文档，按 F12 键即可在浏览器中预览效果，如图 5-35 所示。

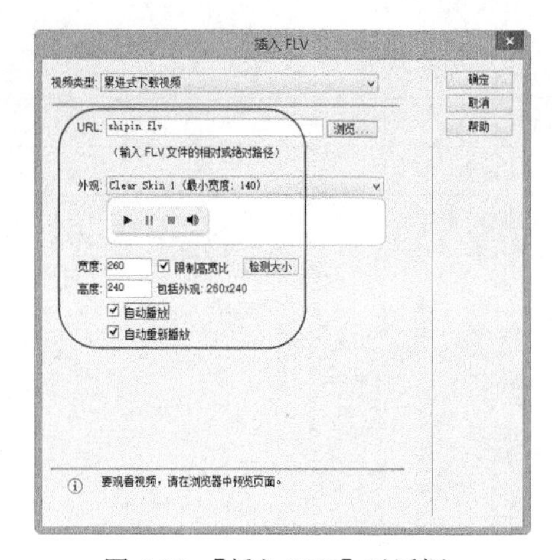

图 5-33 【插入 FLV】对话框

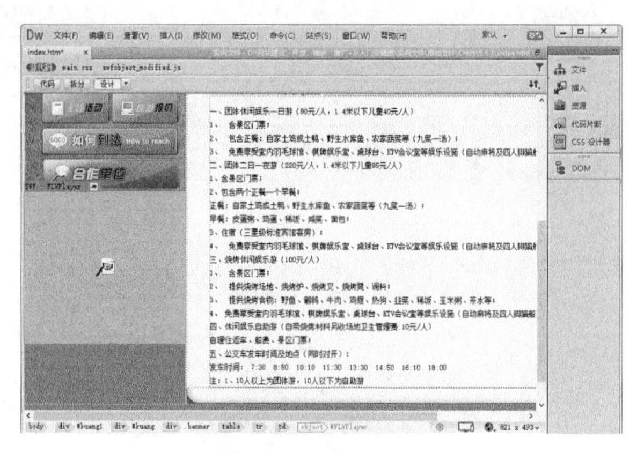

图 5-34 插入视频

图 5-35 插入视频的效果

5.6 实例

实例 1——创建图文混排网页

文字和图像是网页中最基本的元素，在网页中图像和文本的混和排版很常见，图文混排的方式包括图像左环绕、图像居右环绕等，具体操作步骤如下。

原始文件	CH05/实例 1/index.html
最终文件	CH05/实例 1/index1.html
学习要点	创建图文混排网页

❶ 打开素材文件“CH05/实例 1/index.html”，如图 5-36 所示。

图 5-36　打开素材文件

❷ 将光标置于页面中，输入文字，如图 5-37 所示。

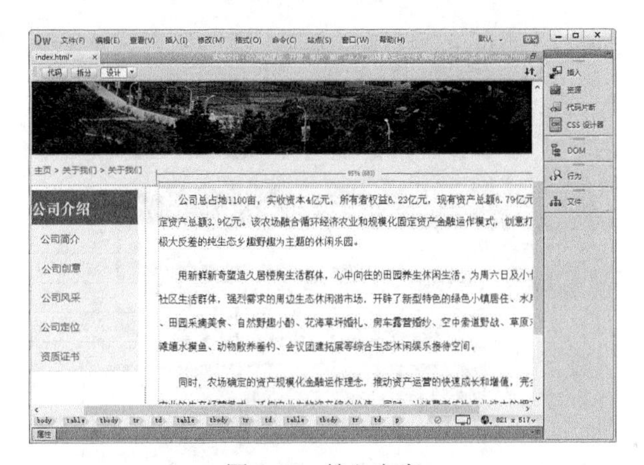

图 5-37　输入文字

❸ 选中文本，在【属性】面板中单击【大小】文本框右边的按钮，在弹出的列表中选择 12，如图 5-38 所示。

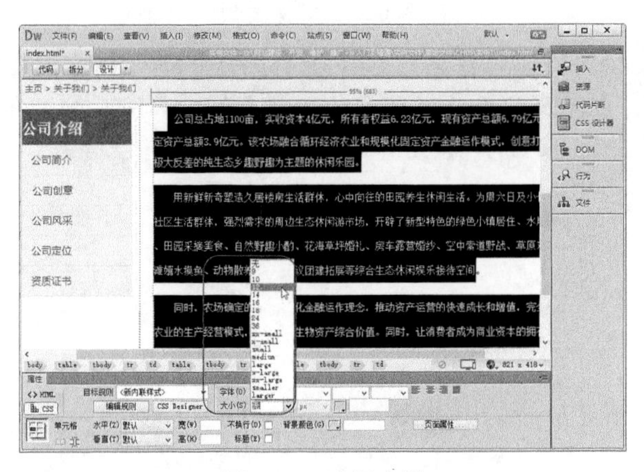

图 5-38　选择字号

❹ 选中文本，在【属性】面板中单击【字体】文本框右边的按钮，在弹出的列表中选择

字体，如图 5-39 所示。

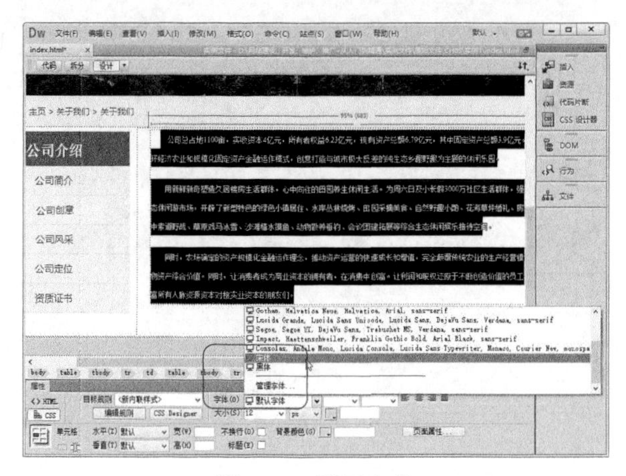

图 5-39 设置字体

❺ 选中文本，在【属性】面板中单击颜色按钮，在弹出的颜色拾色器中选择相应的颜色，如图 5-40 所示。

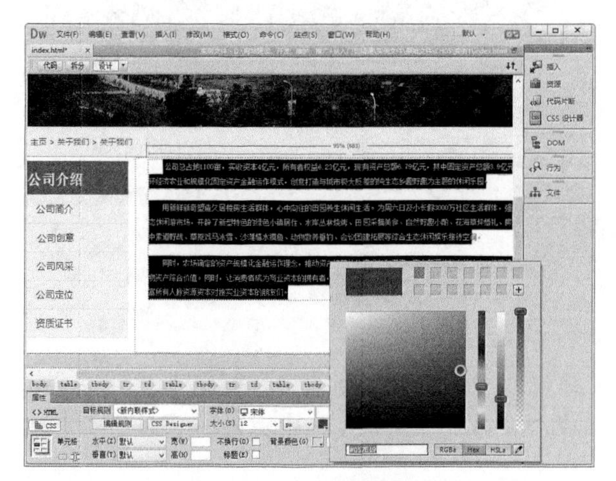

图 5-40 设置文本颜色

❻ 将光标置于要插入图像的位置，选择菜单中的【插入】|【图像】命令，弹出【选择图像源文件】对话框，在对话框中选择相应的图像文件，如图 5-41 所示。

图 5-41 【选择图像源文件】对话框

❼ 单击【确定】按钮，插入图像 images/tu.jpg，如图 5-42 所示。

❽ 将光标置于文字中，选择菜单中的【插入】|【图像】命令，插入图像 images/tu3.jpg，如图 5-43 所示。

图 5-42　插入图像

图 5-43　插入图像

❾ 保存文档，在浏览器中浏览网页效果，如图 5-44 所示。

图 5-44　创建图文混排网页的效果

实例 2——创建翻转图像导航

翻转图像是由两张图像组成的：原始图像和鼠标经过图像。这两张图像必须相同的大小，如果两张图像的大小不同，Dreamweaver 会自动将第二张图像大小调整成第一张同样大小，具体操作步骤如下。

原始文件	CH05/实例 2/index.html
最终文件	CH05/实例 2/index1.html
学习要点	创建翻转图像导航

❶ 打开素材文件“CH05/实例 2/index.html”，将光标置于要创建翻转图像导航的位置，如图 5-45 所示。

图 5-45　打开素材文件

❷ 选择菜单中的【插入】|【HTML】|【鼠标经过图像】命令，弹出【插入鼠标经过图像】对话框，如图 5-46 所示。

❸ 在对话框中单击【原始图像】文本框右边的【浏览】按钮，弹出【原始图像：】对话框，在对话框中选择图像文件，如图 5-47 所示。

图 5-46　【插入鼠标经过图像】对话框

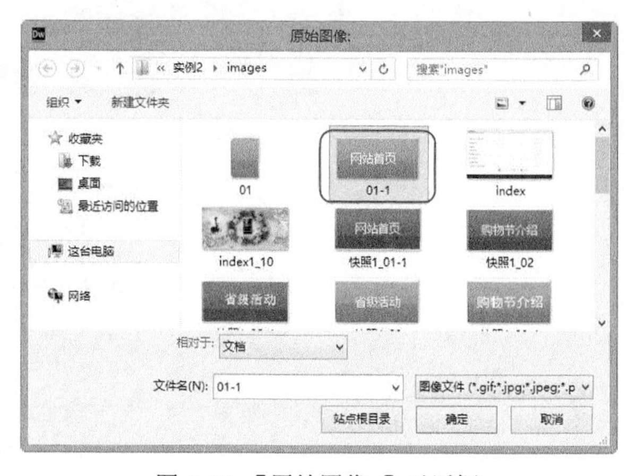

图 5-47　【原始图像：】对话框

❹ 单击【确定】按钮，添加原始图像，单击【鼠标经过图像】文本框右边的【浏览】按钮，弹出【鼠标经过图像：】对话框，在对话框中选择图像文件，如图 5-48 所示。

❺ 单击【确定】按钮，添加图像文件，如图 5-49 所示。

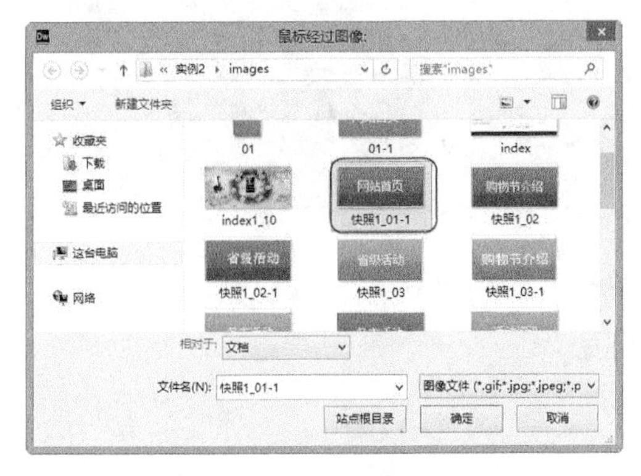

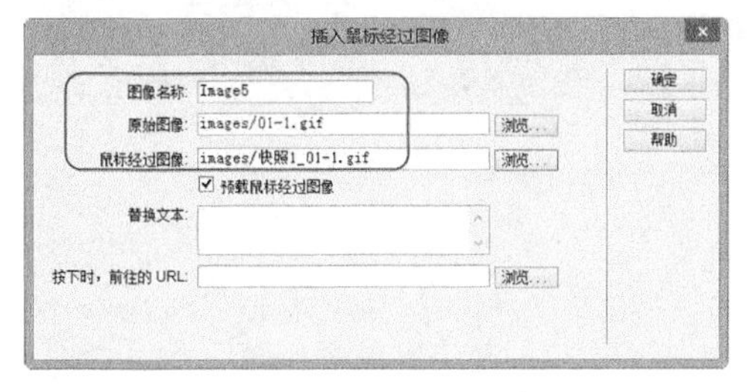

图 5-48 【鼠标经过图像:】对话框

图 5-49 【插入鼠标经过图像】对话框

❻ 单击【确定】按钮，插入翻转图像导航，如图 5-50 所示。

图 5-50 插入翻转图像导航

❼ 重复步骤 3～步骤 6，插入其他的翻转图像导航，如图 5-51 所示。

图 5-51 插入其他的翻转图像导航

❽ 保存网页文档，按 F12 键即可在浏览器中浏览效果。当鼠标指针没有经过图像时的效果如图 5-52 所示，当鼠标经过图像时的效果如图 5-53 所示。

图 5-52 鼠标经过图像前的效果

图 5-53 鼠标经过图像时的效果

5.7 经典习题与解答

1. 填空题

（1）网页中图像的格式通常有三种，即 GIF、JPEG 和 PNG。目前________和________文件格式的支持情况最好，使用大多数浏览器都可以查看。

（2）在网页文档中________和________等，可以增加网页的动感，使网页更具吸引力，因此多媒体元素在网页中的应用越来越广泛。

2. 操作题

在网页中插入图像。图 5-54 所示为原始文件，图 5-55 所示为插入图像效果。

原始文件	CH05/操作题/index.html
最终文件	CH05/操作题/index1.html
学习要点	插入图像

图 5-54 原始文件

图 5-55 插入图像效果

第6章

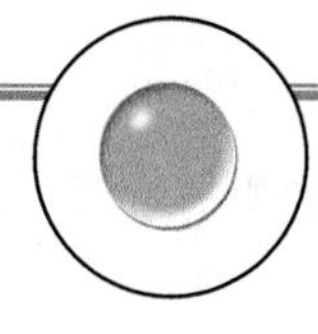

使用行为和 JavaScript 制作动感特效网页

行为是 Dreamweaver 预置的 JavaScript 程序库、是为响应某一具体事件而采取的一个或多个动作。行为由对象、事件和动作构成，当指定的事件被触发时，将运行相应的 JavaScript 程序，执行相应的动作。所以在创建行为时，必须先指定一个动作，再指定触发动作的事件。行为是 Dreamweaver CC 中最有特色的功能，用户可以不用编写 JavaScript 代码即可快速制作实现多种动感特效网页。

学习目标

- 行为概述
- 使用 Dreamweaver 内置行为
- 利用脚本制作特效网页

6.1 行为概述

为了更好地理解行为的概念，下面分别解释与行为相关的三个重要的概念：【对象】、【事件】和【动作】。

【对象】是产生行为的主体，很多网页元素都可以成为对象，如图片、文字或多媒体文件等。此外，网页本身有时也可作为对象。

【事件】是触发动态效果的原因，它可以被附加到各种页面元素上，也可以被附加到 HTML 标记中。一个事件总是针对页面元素或标记而言的，例如将鼠标指针移到图片上、把鼠标指针放在图片之外和单击鼠标左键，是与鼠标有关的三个最常见的事件（即 onMouseOver、onMouseOut 和 onClick）。不同的浏览器支持的事件种类和数量是不一样的，通常高版本的浏览器支持更多的事件。

【动作】是指最终需完成的动态效果，如交换图像、弹出信息、打开浏览器窗口及播放声音等都是动作。动作通常是一段 JavaScript 代码。在 Dreamweaver CC 中使用内置的行为时，系统会自动向页面中添加 JavaScript 代码，用户完全不必自己编写。

将事件和动作组合起来就构成了行为。例如，将 onMouseOver 行为事件与一段 JavaScript 代码相关联，当鼠标指针放在对象上时就可以执行相应的 JavaScript 代码（动作）。一个事件可以同多个动作相关联，即发生事件时可以执行多个动作。为了实现需要的效果，用户还可以指定和修改动作发生的顺序。

6.1.1 认识事件

所谓的动作就是设置交换图像、弹出信息等特殊的 JavaScript 效果。在设定的事件发生时执行动作。表 6-1 列出了 Dreamweaver 中默认提供的动作种类。

表 6-1 **Dreamweaver 中常见的动作**

动作种类	说明
弹出消息	设置的事件发生之后，显示警告信息
交换图像	发生设置的事件后，用其他图片来取代选定的图片
恢复交换图像	在运用交换图像动作之后，显示原来的图片
打开浏览器窗口	在新窗口中打开
拖动 AP 元素	允许在浏览器中自由拖动 AP 元素
转到 URL	可以转到特定的站点或者网页文档上
检查表单	检查表单文档有效性的时候使用
调用 JavaScript	调用 JavaScript 特定函数
改变属性	改变选定客体的属性
跳转菜单	可以建立若干个链接的跳转菜单
跳转菜单开始	在跳转菜单中选定要移动的站点之后，只有单击按钮才可以移动到链接的站点上
预先载入图像	为了在浏览器中快速显示图片，事先下载图片，之后显示出来
设置框架文本	在选定的框架上显示指定的内容
设置文本域文字	在文本字段区域显示指定的内容
设置容器中的文本	在选定的容器上显示指定的内容
设置状态栏文本	在状态栏中显示指定的内容
显示-隐藏 AP 元素	显示或隐藏特定的 AP 元素

6.1.2 动作类型

事件就是选择在特定情况下发生选定行为动作的功能。例如，如果单击图片之后转移到特定站点上的行为，这是因为事件被指定了 onClick，所以执行了在单击图片的一瞬间转移到其他站点的这一动作。表 6-2 所示的是 Dreamweaver 中常见的事件。

表 6-2 **Dreamweaver 中常见的事件**

事件	说明
onAbort	在浏览器窗口中停止加载网页文档的操作时发生的事件
onMove	移动窗口或者框架时发生的事件
onLoad	选定的对象出现在浏览器上时发生的事件
onResize	访问者改变窗口或帧的大小时发生的事件
onUnLoad	访问者退出网页文档时发生的事件

续表

事　件	说　明
onClick	用鼠标单击选定元素的一瞬间发生的事件
onBlur	鼠标指针移动到窗口或帧外部，即在这种非激活状态下发生的事件
onDragDrop	拖动并放置选定元素的一瞬间发生的事件
onDragStart	拖动选定元素的一瞬间发生的事件
onFocus	鼠标指针移动到窗口或帧上，即激活之后发生的事件
onMouseDown	单击鼠标右键一瞬间发生的事件
onMouseMove	鼠标指针指向字段并在字段内移动
onMouseOut	鼠标指针经过选定元素之外时发生的事件
onMouseOver	鼠标指针经过选定元素上方时发生的事件
onMouseUp	单击鼠标右键，然后释放时发生的事件
onScroll	访问者在浏览器上移动滚动条的时候发生的事件
onKeyDown	当访问者按下任意键时产生
onKeyPress	当访问者按下和释放任意键时产生
onKeyUp	在键盘上按下特定键并释放时发生的事件
onAfterUpdate	更新表单文档内容时发生的事件
onBeforeUpdate	改变表单文档项目时发生的事件
onChange	访问者修改表单文档的初始值时发生的事件
onReset	将表单文档重设置为初始值时发生的事件
onSubmit	访问者传送表单文档时发生的事件
onSelect	访问者选定文本字段中的内容时发生的事件
onError	在加载文档的过程中，发生错误时发生的事件
onFilterChange	运用于选定元素的字段发生变化时发生的事件
Onfinish Marquee	用功能来显示的内容结束时发生的事件
Onstart Marquee	开始应用功能时发生的事件

6.2 使用 Dreamweaver 内置行为

使用行为提高了网站的交互性。在 Dreamweaver 中插入行为，实际上是给网页添加了一些 JavaScript 代码，这些代码能实现动作效果。

6.2.1 交换图像

交换图像就是当鼠标指针经过图像时，原图像会变成另外一幅图像。一个交换图像其实是由两幅图像组成的：原始图像（当页面显示时候的图像）和交换图像（当鼠标指针经过原始图像时显示的图像）。组成图像交换的两幅图像必须有相同的尺寸；如果两幅图像的尺寸不同，Dreamweaver 会自动将第二幅图像尺寸调整成第一幅同样大小。具体操作步骤如下。

原始文件	CH06/6.2.1/index.html
最终文件	CH06/6.2.1/index1.html
学习要点	交换图像

❶ 打开素材文件“CH06/6.2.1/index.html”，如图 6-1 所示。

图 6-1　打开素材文件

❷ 选择菜单中的【窗口】|【行为】命令，打开【行为】面板，在面板中单击【添加行为】按钮，在弹出的菜单中选择【交换图像】选项，如图 6-2 所示。

❸ 选择后，弹出【交换图像】对话框，在对话框中单击【设定原始档为】文本框右边的【浏览】按钮，弹出【选择图像源文件】对话框，在对话框中选择相应的图像文件，如图 6-3 所示。

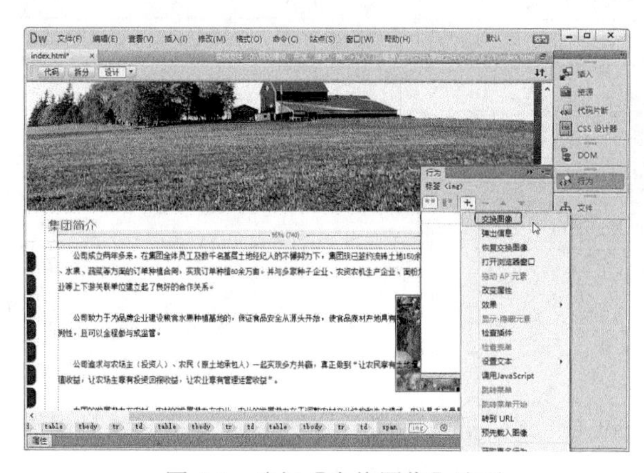

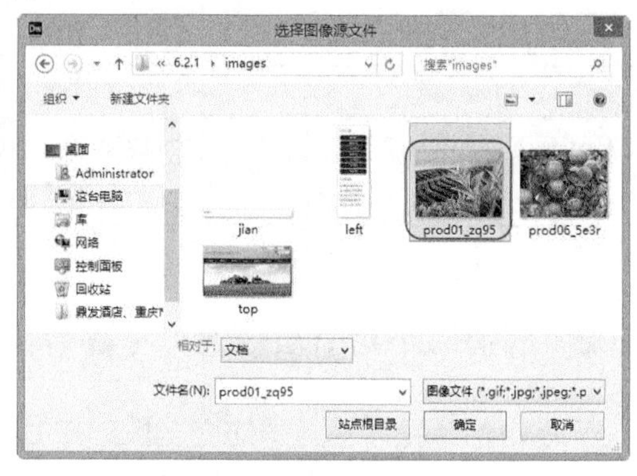

图 6-2　选择【交换图像】选项　　　　图 6-3　【选择图像源文件】对话框

❹ 单击【确定】按钮，输入新图像的路径和文件名，如图 6-4 所示。

在【交换图像】对话框中可以进行如下设置。

- 【图像】：在列表中选择要更改其来源的图像。
- 【设定原始档为】：单击【浏览】按钮选择新图像文件，文本框中显示新图像的路径和文件名。
- 【预先载入图像】：勾选该复选框，这样在载入网页时，新图像将载入到浏览器的缓冲中，防止当该图像出现时由于下载而导致的延迟。

● 【鼠标滑开时恢复图像】：选择该选项，则鼠标离开设定行为的图像对象时，恢复显示原始图像。

❺ 单击【确定】按钮，添加行为，如图 6-5 所示。

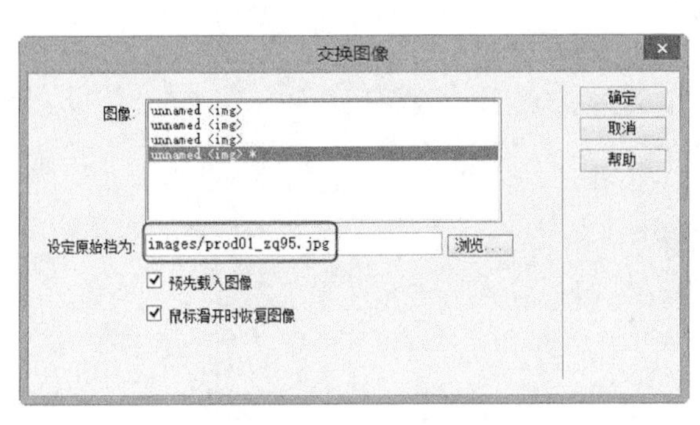

图 6-4 【交换图像】对话框

图 6-5 添加行为

❻ 保存文档，在浏览器中浏览效果。交换图像前的效果如图 6-6 所示，交换图像后的效果如图 6-7 所示。

图 6-6 交换图像前的效果

图 6-7 交换图像后的效果

6.2.2 转到 URL

【转到 URL】动作在当前窗口或指定的框架中打开一个新页。此操作尤其适用于通过一次单击更改两个或多个框架的内容，具体操作步骤如下。

原始文件	CH06/6.2.2/index.html
最终文件	CH06/6.2.2/index.html
学习要点	转到 URL

❶ 打开素材文件“CH06/6.2.2/index.html”，如图 6-8 所示。

图 6-8 打开素材文件

❷ 单击文档窗口左下角的<body>标签，选择菜单中的【窗口】|【行为】命令，打开【行为】面板，在面板中单击添加行为按钮，在弹出的菜单中选择【转到 URL】选项，如图 6-9 所示。

❸ 弹出【转到 URL】对话框，在对话框中单击【浏览】按钮，弹出【选择文件】对话框，在对话框中选择文件，如图 6-10 所示。

图 6-9 选择【转到 URL】选项

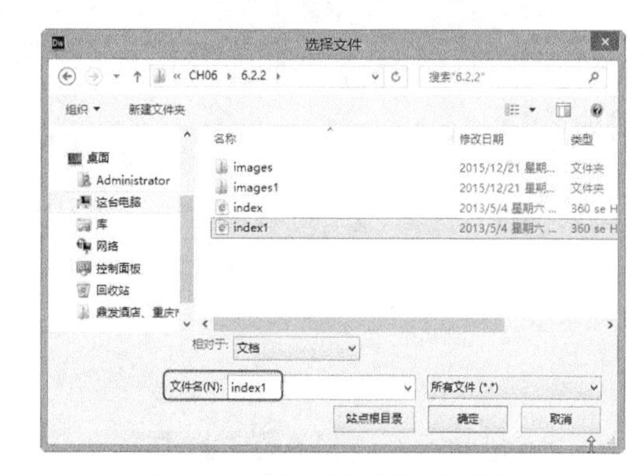

图 6-10 【选择文件】对话框

❹ 单击【确定】按钮，添加文件，如图 6-11 所示。

在【转到 URL】对话框中有如下参数。

- 【打开在】：选择要打开的网页。

- 【URL】：在文本框中输入网页的路径或者单击【浏览】按钮，在弹出的【选择文件】对话框中选择要打开的网页。

❺ 单击【确定】按钮，添加行为，如图 6-12 所示。

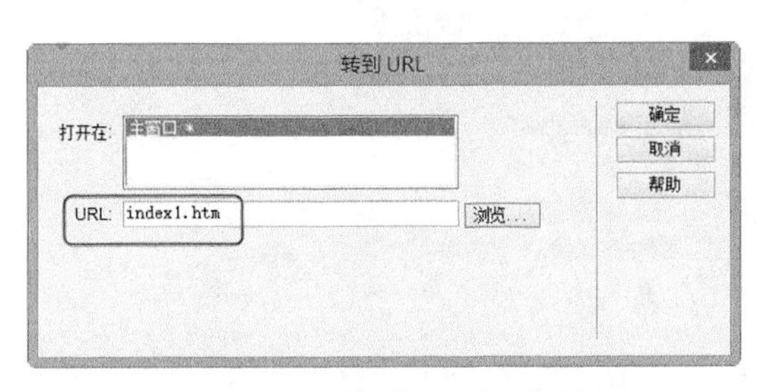

图 6-11 【转到 URL】对话框

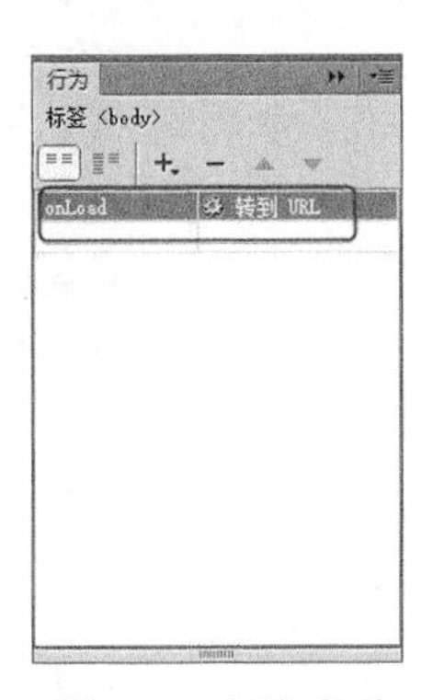

图 6-12 添加行为

❻ 保存文档，按 F12 键即可在浏览器中预览效果。跳转前的效果如图 6-13 所示，跳转后的效果如图 6-14 所示。

图 6-13 跳转前的效果

图 6-14 跳转后的效果

6.2.3 打开浏览器窗口

使用【打开浏览器窗口】动作在打开当前网页的同时，还可以再打开一个新的窗口。同时还可以编辑浏览窗口的大小、名称、状态栏菜单栏等属性，具体操作步骤如下。

原始文件	CH06/6.2.3/index.html
最终文件	CH06/6.2.3/index1.html
学习要点	打开浏览器窗口

❶ 打开素材文件“CH06/6.2.3/index.html”，如图 6-15 所示。

图 6-15　打开素材文件

❷ 单击文档窗口左下角的<body>标签，打开【行为】面板，单击【行为】面板中的添加行为按钮 ，在弹出菜单中选择【打开浏览器窗口】选项，如图 6-16 所示。

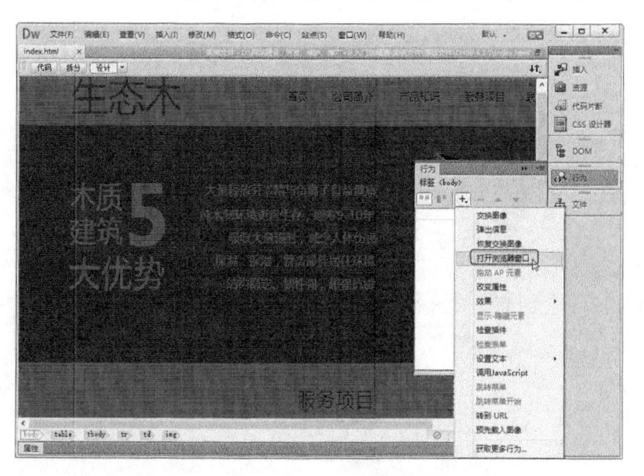

图 6-16　选择【打开浏览器窗口】选项

❸ 弹出【打开浏览器窗口】对话框，在对话框中单击【要显示的 URL】文本框右边的【浏览】按钮，在对话框中选择文件，如图 6-17 所示。

❹ 单击【确定】按钮，添加文件，在【打开浏览器窗口】对话框中将【窗口宽度】设置为 500，【窗口高度】设置为 380，勾选【需要时使用滚动条】复选框，如图 6-18 所示。

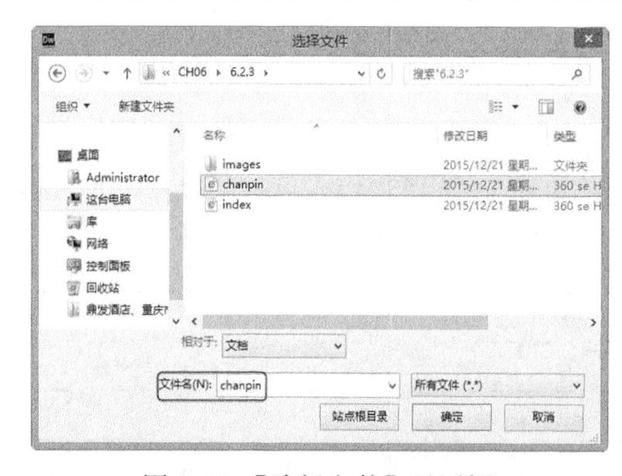

图 6-17　【选择文件】对话框

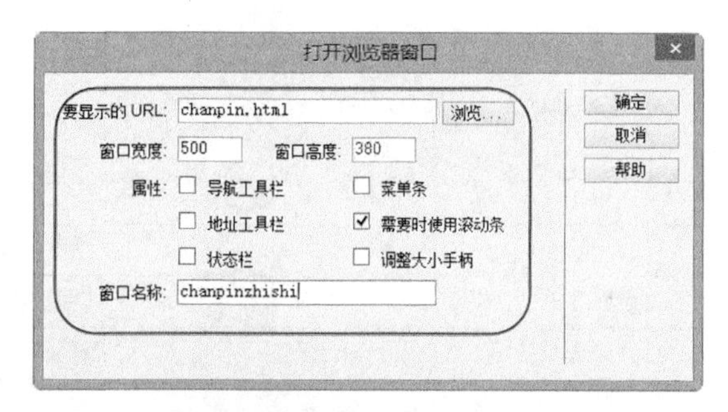

图 6-18　【打开浏览器窗口】对话框

在【打开浏览器窗口】对话框中可以设置以下参数。

- 【要显示的 URL】：要打开的新窗口名称。
- 【窗口宽度】：指定以像素为单位的窗口宽度。
- 【窗口高度】：指定以像素为单位的窗口高度。
- 【导航工具栏】：浏览器按钮包括前进、后退、主页和刷新。
- 【地址工具栏】：浏览器地址。
- 【状态栏】：浏览器窗口底部的区域，用于显示信息。
- 【菜单条】：浏览器窗口菜单。
- 【需要时使用滚动条】：指定如果内容超过可见区域时滚动条自动出现。
- 【调整大小手柄】：指定用户是否可以调整窗口大小。
- 【窗口名称】：新窗口的名称。

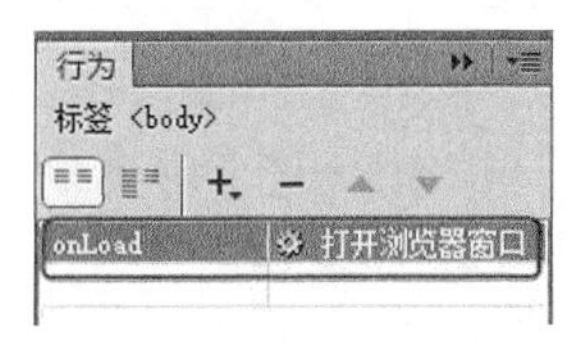

图 6-19 添加行为

❺ 单击【确定】按钮，添加行为，如图 6-19 所示。

❻ 单击【确定】按钮，按 F12 键即可预览效果，如图 6-20 所示。

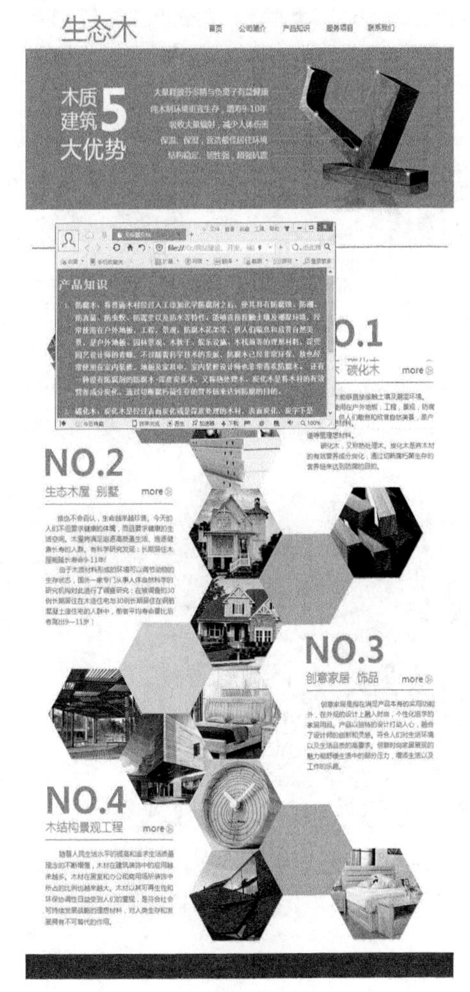

图 6-20 打开浏览器窗口网页的效果

提示 如果不指定该窗口的任何属性，在打开时，它的大小和属性与打开它的窗口相同。

6.2.4 弹出信息

弹出信息显示一个带有指定信息的警告窗口，因为该警告窗口只有一个【确定】按钮，所以使用此动作可以提供信息，而不能为用户提供选择。具体操作步骤如下。

原始文件	CH06/6.2.4/index.html
最终文件	CH06/6.2.4/index1.html
学习要点	弹出信息

❶ 打开素材文件“CH06/6.2.4/index.html”，如图 6-21 所示。

图 6-21 打开素材文件

❷ 单击文档窗口左下角中的<body>标签，打开【行为】面板，单击【行为】面板中的添加行为按钮 +，在弹出的菜单中选择【弹出信息】选项，如图 6-22 所示。

图 6-22 选择【弹出信息】选项

❸ 弹出【弹出信息】对话框，在对话框中输入文本“欢迎您，光临我们的网站”，如图 6-23 所示。

❹ 单击【确定】按钮，添加行为，如图 6-24 所示。

图 6-23 【弹出信息】对话框

图 6-24　添加行为

❺ 保存文档，按 F12 键即可在浏览器中看到弹出提示信息，如图 6-25 所示。

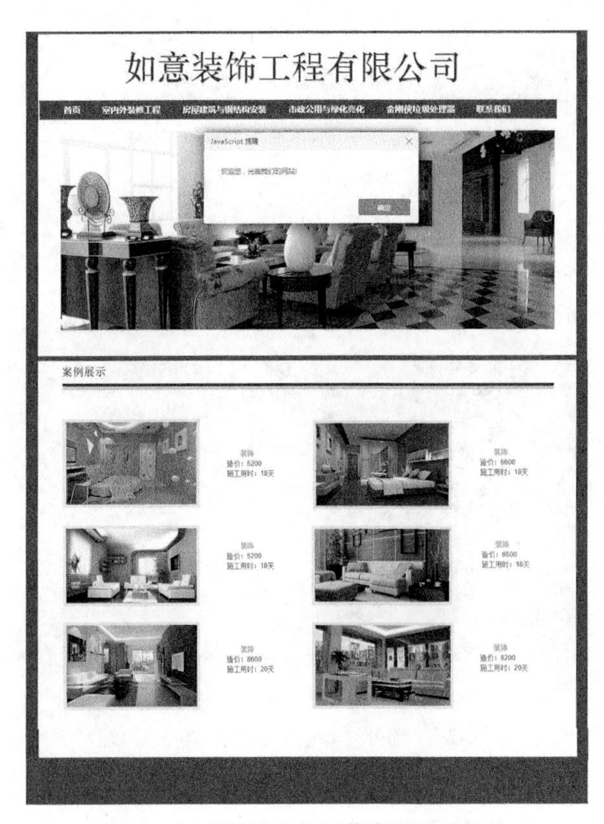

图 6-25　创建弹出提示信息网页的效果

提示　信息一定要简短，如果超出状态栏的大小，浏览器将自动截短该信息。

6.2.5　设置状态栏文本

【设置状态栏文本】动作在浏览器窗口底部左侧的状态栏中显示消息。可以使用此动作在状态栏中说明链接的目标而不是显示与之关联的 URL。具体操作步骤如下。

原始文件	CH06/6.2.5/index.html
最终文件	CH06/6.2.5/index1.html
学习要点	设置状态栏文本

❶ 打开素材文件“CH06/6.2.5/index.html”，如图 6-26 所示。

图 6-26　打开素材文件

❷ 单击文档窗口左下角的<body>标签，打开【行为】面板，在面板中单击添加行为按钮+，在弹出的菜单中选择【设置文本】|【设置状态栏文本】选项，如图 6-27 所示。

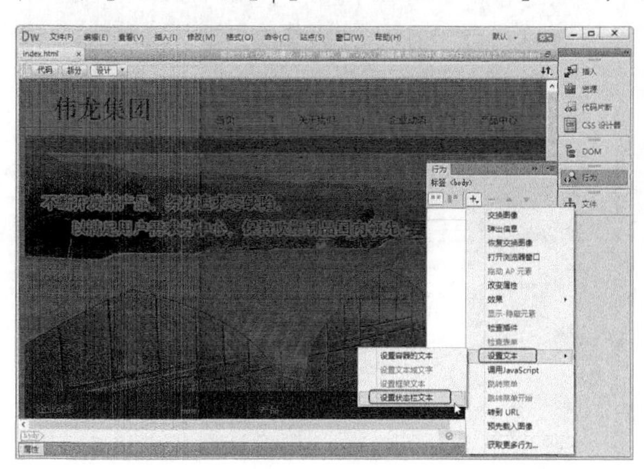

图 6-27　选择【设置状态栏文本】选项

❸ 选择选项后，弹出【设置状态栏文本】对话框，在对话框中的【消息】文本框中输入“伟龙集团欢迎您!”，如图 6-28 所示。

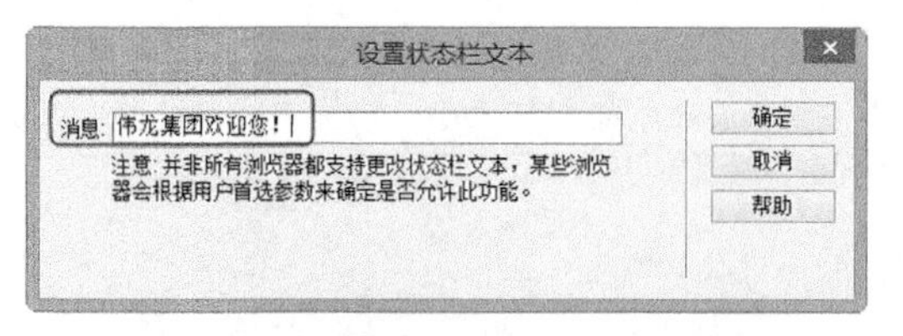

图 6-28　【设置状态栏文本】对话框

❹ 单击【确定】按钮，添加行为，将事件设置为 onMouseOver，如图 6-29 所示。

❺ 保存文档，按 F12 键即可在浏览器中预览效果，如图 6-30 所示。

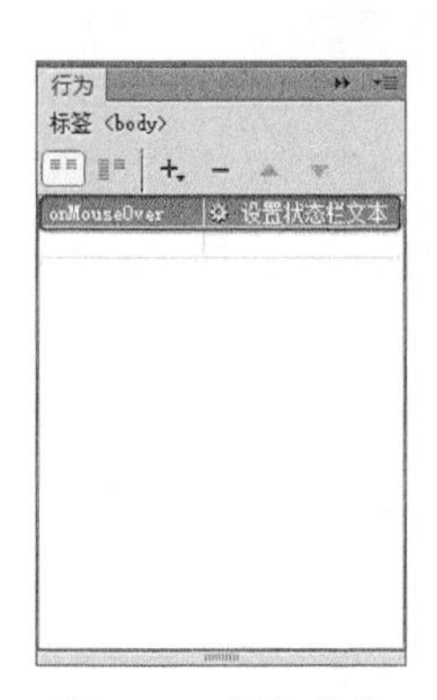

图 6-29　添加行为

图 6-30　预览效果

6.2.6　预先载入图像

当一个网页包含很多图像，但有些图像在下载时不能被同时下载，需要显示这些图像时，浏览器再次向服务器请求指令继续下载图像，这样会给网页的浏览造成一定程度的延迟。而使用【预先载入图像】动作就可以把那些不显示出来的图像预先载入浏览器的缓冲区内，这样就避免了在下载时出现的延迟。

原始文件	CH06/6.2.6/index.html
最终文件	CH06/6.2.6/index1.html
学习要点	预先载入图像

❶ 打开素材文件“CH06/6.2.6/index.html”，选择图像，如图 6-31 所示。

图 6-31　打开素材文件

❷ 打开【行为】面板，单击【行为】面板上的添加行为按钮 +，从弹出菜单中选择【预

先载入图像】选项，如图 6-32 所示。

图 6-32　选择【预先载入图像】选项

❸ 弹出【预先载入图像】对话框，在对话框中单击【图像源文件】文本框右边的【浏览】按钮，如图 6-33 所示。

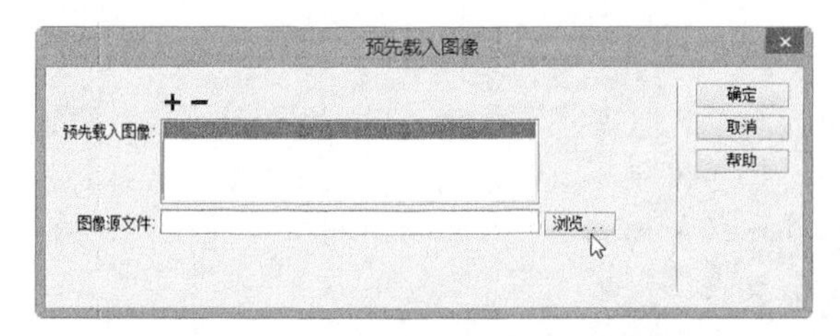

图 6-33　【预先载入图像】对话框

❹ 弹出【选择图像源文件】对话框，在对话框中选择文件，如图 6-34 所示。

图 6-34　【选择图像源文件】对话框

❺ 单击【确定】按钮，输入图像的名称和文件名，然后单击添加+按钮，将图像加载到【预先载入图像】列表中，如图 6-35 所示。

❻ 添加完毕后，单击【确定】按钮，添加行为，如图 6-36 所示。

图 6-35　添加文件

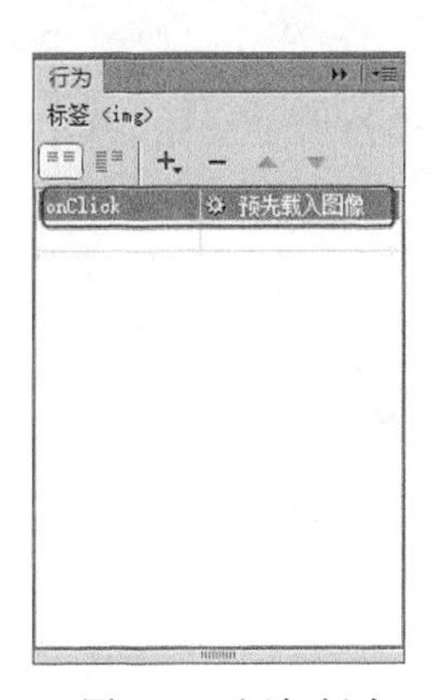

图 6-36　添加行为

提示　如果通过 Dreamweaver 向文档中添加交换图像，可以在添加时指定是否要对图像进行预载，因此不必使用这里的方法再次对图像进行预载。

❼ 保存网页，在浏览器中浏览网页效果，如图 6-37 所示。

图 6-37　预先载入图像的效果

6.2.7　检查表单

【检查表单】动作检查指定文本域的内容以确保用户输入了正确的数据类型。使用 onBlur

事件将此动作分别附加到各文本域，在用户填写表单时对文本域进行检查。或使用 onSubmit 事件将其附加到表单，在用户单击【提交】按钮时同时对多个文本域进行检查。将此动作附加到表单，防止表单提交到服务器后任何指定的文本域包含无效的数据。具体操作步骤如下。

原始文件	CH06/6.2.7/index.html
最终文件	CH06/6.2.7/index1.html
学习要点	检查表单

❶ 打开素材文件“CH06/6.2.7/index.html”，如图 6-38 所示。

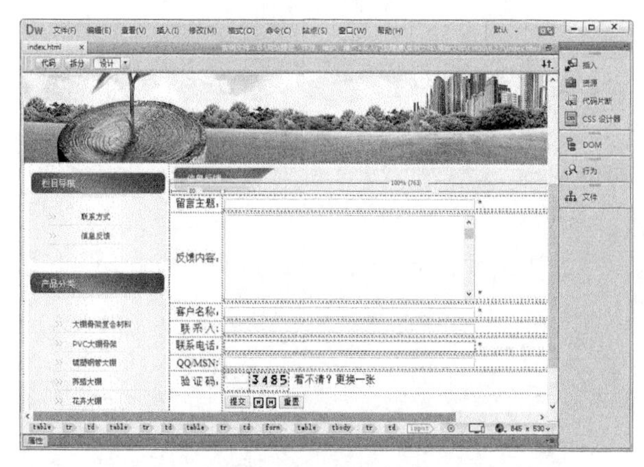

图 6-38　打开素材文件

❷ 选择文本域，打开【行为】面板，单击【行为】面板中的【添加行为】按钮+，从弹出的菜单中选择【检查表单】选项，如图 6-39 所示。

❸ 弹出【检查表单】对话框，如图 6-40 所示。

图 6-39　选择【检查表单】选项

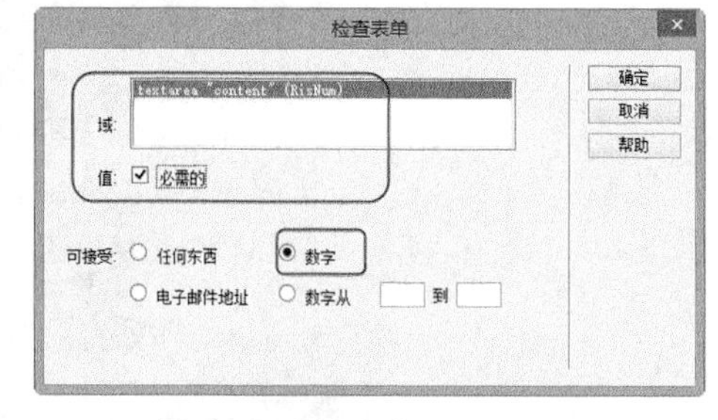

图 6-40　【检查表单】对话框

在【检查表单】对话框中可以设置以下参数。

- 在【域】中选择要检查的文本域对象。
- 在对话框中将【值】右边的【必需的】复选框选中。

【可接受】选区中有以下单选按钮设置。

◎【任何东西】：如果不指定任何特定数据类型（前提是【必需的】复选框没有被勾选），该单选按钮就没有意义了，也就是说等于表单没有应用【检查表单】动作。

◎【电子邮件地址】：检查文本域是否含有带@符号的电子邮件地址。

◎【数字】：检查文本域是否仅包含数字。

◎【数字从】：检查文本域是否仅包含特定数列的数字。

❹ 单击【确定】按钮，添加行为，如图 6-41 所示。

❺ 保存文档，按 F12 键即可在浏览器浏览效果，如图 6-42 所示。

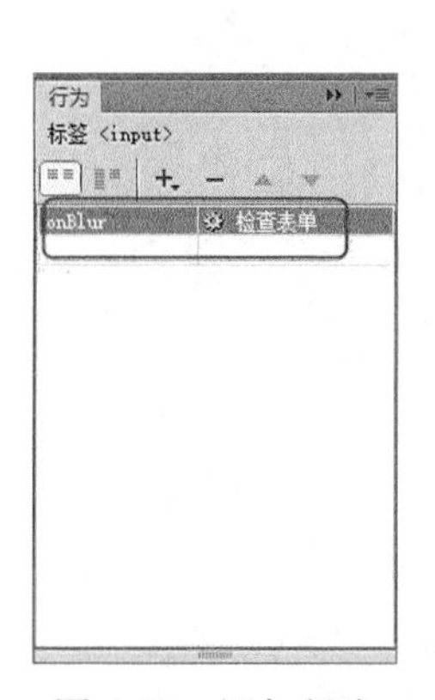

图 6-41　添加行为

图 6-42　预览效果

6.3　利用脚本制作特效网页

JavaScript 是因特网上最流行的脚本语言之一，它存在于全世界所有 Web 浏览器中，用于增强用户与网站之间的交互。可以使用自己编写 JavaScript 代码，或使用网络上免费的 JavaScript 库中提供的代码。

6.3.1　制作滚动公告网页

不少的网页上都有滚动公告栏，这不但使网页有限的空间显示更多内容，也使网页增加了动态效果。下面通过代码提示讲述在网页中插入<marquee>标签制作滚动公告栏，具体操作步骤如下。

原始文件	CH06/6.3.1/index.html
最终文件	CH06/6.3.1/index1.html
学习要点	制作滚动公告网页

❶ 打开素材文件“CH06/6.3.1/index.html”文件，选中文字，如图 6-43 所示。

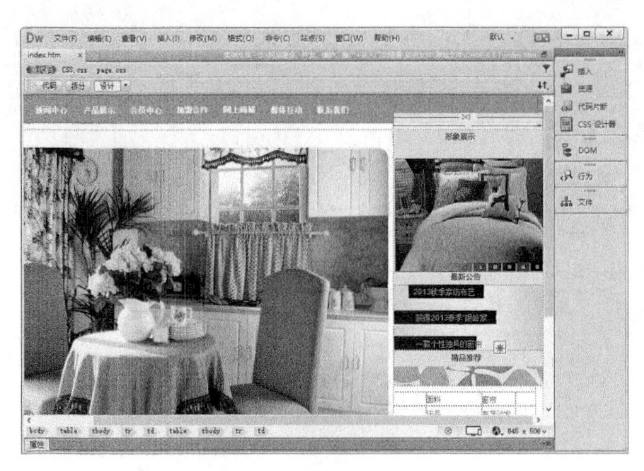

图 6-43　打开素材文件

❷ 打开【代码】视图状态，在文字的前面加上一段代码，如图 6-44 所示。

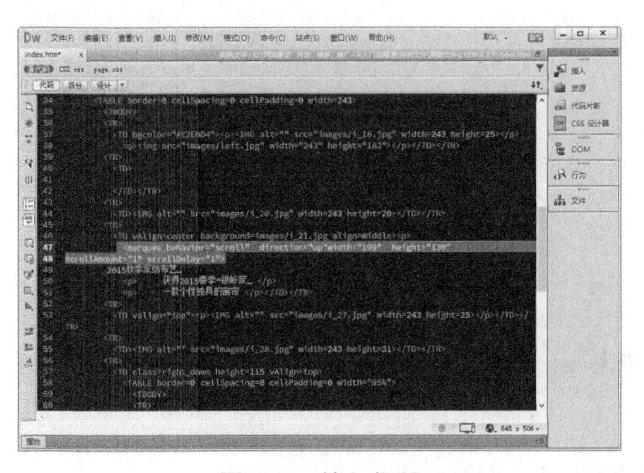

图 6-44　输入代码

```
<marquee behavior="scroll"  direction="up"width="199"  height="130"
scrollAmount="1" scrollDelay="1">
```

❸ 在文字的后边加上代码“</marquee>”，如图 6-45 所示。

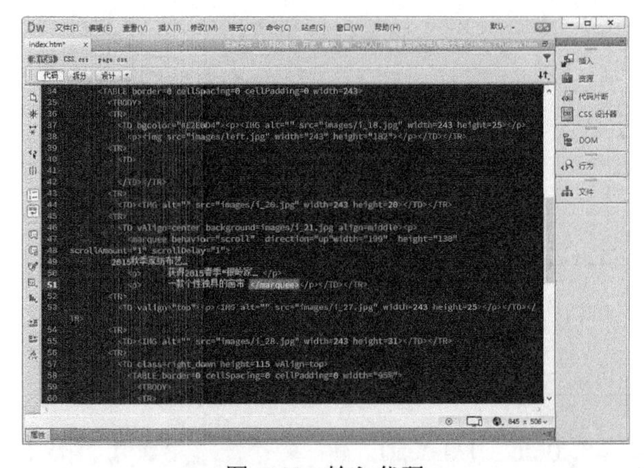

图 6-45　输入代码

提示

<marquee>主要有下列属性。

align：字幕文字对齐方式。

width：字幕宽度。

high：字幕高度。

direction：文字滚动方向，其值可取 right、left、up 和 down。

scrolldelay：滚动延迟时间，单位为毫秒。

scrollamount：滚动数量，单位为像素。

❹ 保存文档，按 F12 键在浏览器中预览效果，如图 6-46 所示。

图 6-46　滚动公告效果

6.3.2　制作自动关闭网页

【调用 JavaScript】动作允许使用【行为】面板指定一个自定义功能，或当发生某个事件时应该执行的一段 JavaScript 代码。可以自己编写或者使用各种免费获取的 JavaScript 代码。具体操作步骤如下。

原始文件	CH06/6.3.2/index.html
最终文件	CH06/6.3.2/index1.html
学习要点	制作自动关闭网页

❶ 打开素材文件“CH06/6.3.2/index.html”，如图 6-47 所示。

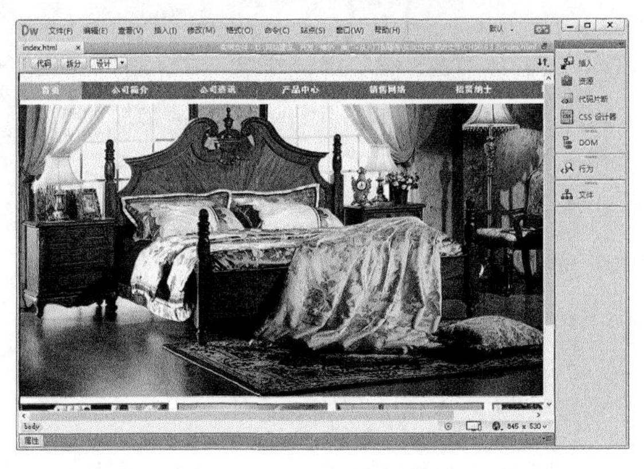

图 6-47　打开素材文件

❷ 选择菜单中的【窗口】|【行为】命令，打开【行为】面板，单击添加行为按钮 +，在弹出菜单中选择【调用 JavaScript】选项，如图 6-48 所示。

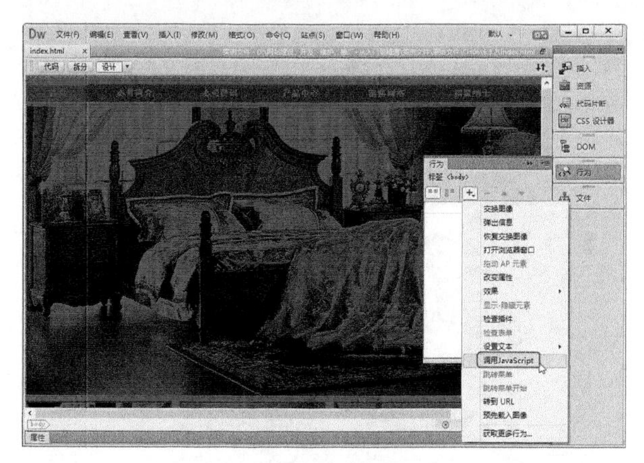

图 6-48　选择【调用 JavaScript】选项

❸ 弹出【调用 JavaScript】对话框，在对话框中输入 window.close()，如图 6-49 所示。

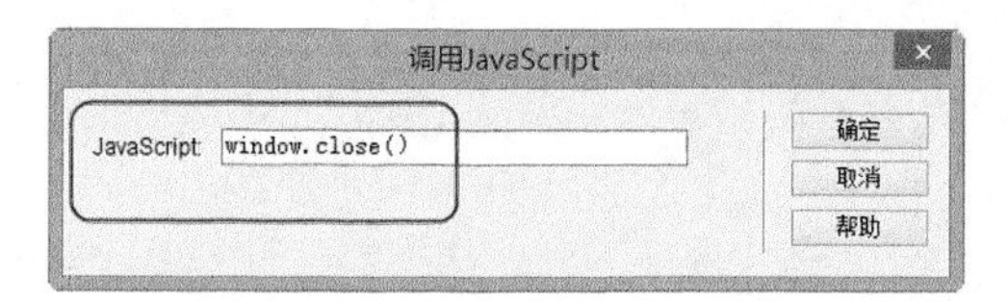

图 6-49　【调用 JavaScript】对话框

❹ 单击【确定】按钮，添加行为，如图 6-50 所示。

❺ 保存文档，按 F12 键在浏览器中预览效果，如图 6-51 所示。

图 6-50　添加行为

图 6-51　预览效果

6.3.3　利用 JavaScript 函数实现打印功能

下面制作调用 JavaScript 打印当前页面，制作时先定义一个打印当前页函数 printPage()，然后在<body>中添加代码 OnLoad="printPage()"，当打开网页时调用打印当前页函数 printPage()。具体操作步骤如下。

原始文件	CH06/6.3.3/index.html
最终文件	CH06/6.3.3/index1.html
学习要点	利用 JavaScript 函数实现打印功能

❶ 打开素材文件“CH06/6.3.3/index.html”文件，如图 6-52 所示。

图 6-52　打开素材文件

❷ 切换到代码视图，在<body>和</body>之间输入相应的代码，如图 6-53 所示。

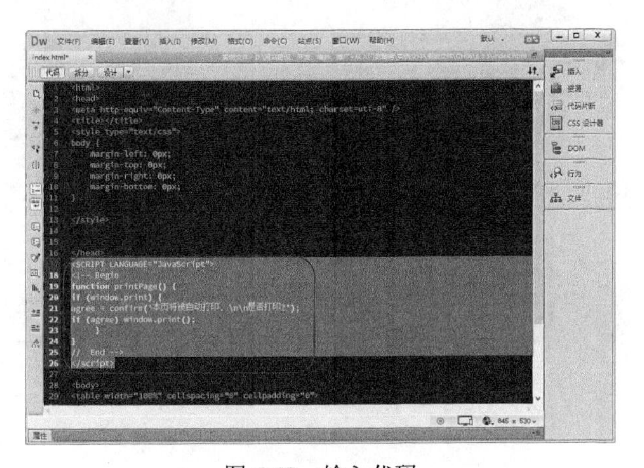

图 6-53　输入代码

```
<SCRIPT LANGUAGE="JavaScript">
<!-- Begin
function printPage() {
if (window.print) {
agree = confirm('本页将被自动打印. \n\n 是否打印?');
if (agree) window.print();
     }
}
```

```
// End -->
</script>
```

❸ 切换到拆分视图，在<body>语句中输入代码 OnLoad="printPage()"，如图 6-54 所示。

图 6-54 输入代码

❹ 保存文档，按 F12 键在浏览器中预览效果，如图 6-55 所示。

图 6-55 预览效果

6.4 经典习题与解答

1. 填空题

（1）在 Dreamweaver 中，行为是________和________的组合。________是特定的时间或是用户在某时所发出的指令后紧接着发生的，而________是事件发生后网页所要做出的反应。

（2）使用________动作在打开当前网页的同时，还可以再打开一个新的窗口。同时还可以编辑浏览窗口的大小、名称、状态栏菜单栏等属性。

2. 操作题

给网页添加提示信息特效，添加前后的效果如图 6-56 和图 6-57 所示。

原始文件	CH06/操作题/index.html
最终文件	CH06/操作题/index1.html
学习要点	给网页添加提示信息

图 6-56　起始文件

图 6-57　弹出提示信息效果

第7章

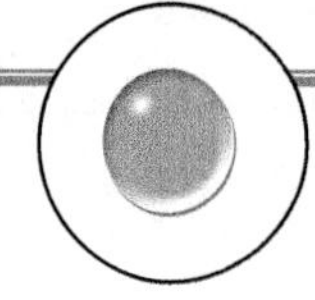

使用表格排列网页数据

表格是网页设计中非常重要的元素，它的作用是，将文本、图片、表单等有序地显示在网页中。这是因为表格在内容的组织、页面中文本和图形的位置控制方面都有很强的能力。灵活、熟练地使用表格，在网页制作中会有如虎添翼的感觉。

学习目标

- 网页的基本构成
- 网页布局方法
- 常见的网页布局类型
- 基本的表格布局方法
- 利用表格排列网页实例

7.1 网页的基本构成

不同性质的网站，构成网页的基本元素是不同的。一般网页的构成包括网页标题、网页标志、网页 Banner、导航栏、主内容区及页脚版权信息等，如图 7-1 所示。

1. 网页标题

网站中的每一个页面都有标题，用来提示该页面的主要内容。标题出现在浏览器的标题栏中，而不是出现在页面布局中。它还有一个比较重要的作用就是使访问者清楚地知道所要浏览网站的内容，不至于迷失方向。实现页面标题很容易，一般的网页编辑软件都提供这项设置。有些网页编辑软件有一个默认的页面标题，如在 Dreamweaver 中将默认为“无标题文档”。

2. 网页导航栏

导航栏既是网页设计中的重要部分，又是整个网站设计中较独立的部分。一般来说，网站中的导航在各个页面中出现的位置是比较固定的，而且风格也较为一致。

导航的位置一般有四种：在页面的左侧、右侧、顶部和底部。有时候在同一个页面中运用了多种导航，比如在顶部设置了主菜单，而在页面的左侧设置了折叠式的折叠菜单，同时又在页面的底部设置了多种链接，这样便增强了网站的可访问性。当然，并不是导航在页面中出现的次数越多越好，而是要合理地运用，达到页面总体的协调一致。

图 7-1 网页的基本构成

3．网页标志

网页标志是一个站点的象征，也是衡量一个站点是否正规的特征之一。一个好的标志可以很好地树立公司形象。网页标志一般放在网站的左上角，访问者一眼就能看到它。网页标志通常有三种尺寸：88×31 像素、120×60 像素和 120×90 像素。

4．网页 Banner

Banner 横幅广告，是互联网广告中最基本的广告形式。Banner 可以位于网页顶部、中部或底部任意一处，一般横向贯穿整个或者大半个页面。常见的尺寸是 480×60 像素或 233×30 像素。使用 GIF 格式的图像文件，可以使用静态图形，也可以使用动画图像。除普通的 GIF 格式外，Flash 能赋予 Banner 更强的表现力和交互内容。

5．主内容区

网页的主内容区是网页的主要内容显示区域。

6. 页脚版权信息

页脚是放置网站版权信息的地方，可以放置一些联系方式或其他的导航栏目。

7.2 网页布局方法

在制作网页前，可以先布局出网页的草图。网页布局的方法有两种，一种为纸上布局，另一种为软件布局。下面分别进行介绍。

7.2.1 纸上布局法

许多网页设计人员喜欢先画出页面布局的草图，然后在网页编辑工具里根据草图进行布局。

新建的页面就像一张白纸，没有任何表格、框架和约定组成的东西，设计者可尽可能地发挥想象力，将想到的“景象”画上去。这属于创造阶段，不必讲究细腻工整，也不必考虑细节功能，只用粗旷的线条勾画出创意的轮廓即可。尽可能多画几张草图，最后选定一个满意的再进行创作。

7.2.2 软件布局法

如果不喜欢用纸来画出布局示意图，那么可以利用 Photoshop、Fireworks 等软件来完成这些工作。这样可以方便地使用颜色、图形，并且可以利用图层功能设计出用纸张无法实现的布局意念。图 7-2 所示为使用软件布局的网页草图。

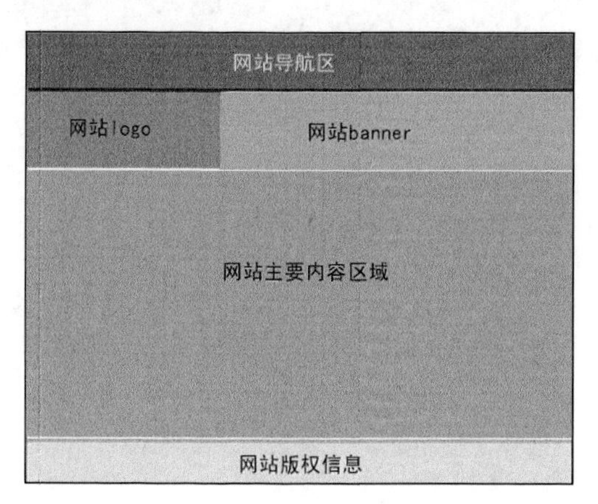

图 7-2　使用软件布局网页

7.3 常见的网页布局类型

网页的版面布局主要指网站主页的版面布局，其他网页应该与主页风格基本一致。为了达到最佳的视觉效果，设计者应考虑布局的合理性，使浏览者有一个流畅的视觉体验。

设计版面布局前先画出版面的布局草图，接着对版面布局进行细化和调整，反复调整后确定最终的布局方案。常见的网页布局形式有国字型、厂字型、框架型、封面型和 Flash

型等。

7.3.1 国字型布局

国字型布局如图 7-3 所示。最上面是网站的标志、广告以及导航栏，接下来是网站的主要内容，左右分别列出一些栏目，中间是主要部分，最下部是网站的一些基本信息。这种结构是国内一些大中型网站常见的布局方式。其优点是充分利用版面、信息量大，缺点是页面显得拥挤、不够灵活。

图 7-3 国字型布局

7.3.2 厂字型布局

厂字型结构布局，是指页面顶部为标志和广告条，下方左侧为主菜单，右侧显示正文信息，整体效果类似厂字，所以称之为厂字型布局，如图 7-4 所示。这是网页设计中使用广泛的一种布局方式，一般应用于企业网站中的二级页面。这种布局的优点是页面结构清晰、主次分明，是初学者最容易上手的布局方法。缺点是规矩呆板，如果色彩搭配不当，很容易让人厌烦。

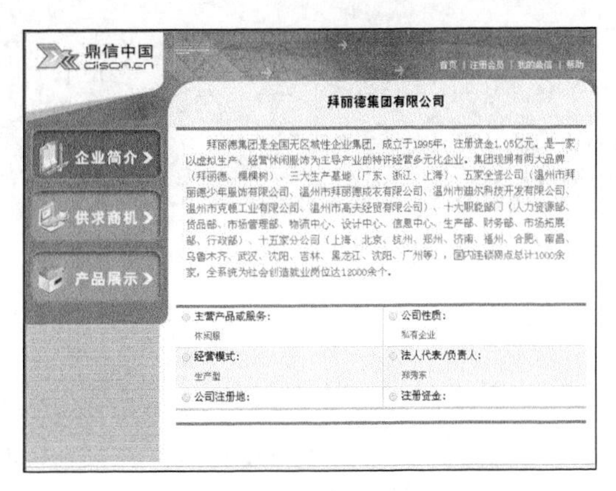

图 7-4 厂字型布局

7.3.3 框架型布局

框架型布局一般分成上下或左右布局，一栏是导航栏目，一栏是正文信息。复杂的框架结构可以将页面分成许多部分，常见的是三栏布局，如图 7-5 所示。上边一栏放置图片广告，左边一栏显示导航栏，右边显示正文信息。

图 7-5 框架型布局

7.3.4 封面型布局

封面型布局一般应用在网站主页或广告宣传页上，为精美的图片加上简单的文字链接，指向网页中的主要栏目，或通过链接到下一个页面。图 7-6 所示为封面型布局的网页。

图 7-6 封面型布局

7.3.5 Flash 型布局

这种布局跟封面型的布局结构类似，不同的是页面采用了 Flash 技术，动感十足，大大增强了页面的视觉效果。图 7-7 所示的页面就是 Flash 型网页布局。

图 7-7 Flash 型布局

7.4 基本的表格布局方法

表格是在页面布局中极为有用的工具。在设计页面时，往往利用表格定位页面元素。Dreamweaver CC 为网页制作提供了强大的表格处理功能。

7.4.1 插入表格

使用插入菜单或常用工具栏可以方便地插入表格，具体操作步骤如下。

原始文件	CH07/7.4.1/index.html
最终文件	CH07/7.4.1/index1.html
学习要点	插入表格

❶ 打开素材文件“CH07/7.4.1/index.html”，将光标放置在要插入表格的位置，如图 7-8 所示。

❷ 选择菜单中的【插入】|【表格】命令，弹出【Table】对话框，在对话框中将【行数】设置为 5，【列数】设置为 4，【表格宽度】设置为 500 像素，其他保持默认设置，如图 7-9 所示。

图 7-8 打开素材文件

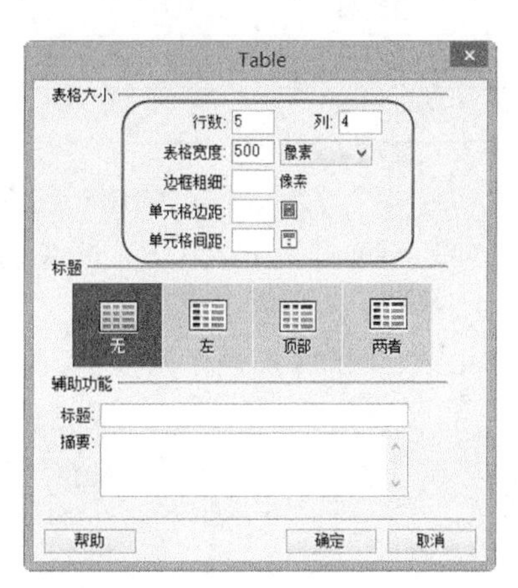

图 7-9 【Table】对话框

在【表格】对话框中可以进行如下设置。

- 【行数】：在文本框中输入新建表格的行数。
- 【列数】：在文本框中输入新建表格的列数。
- 【表格宽度】：用于设置表格的宽度，其中右边的下拉列表中包含百分比和像素。
- 【边框粗细】：用于设置表格边框的宽度，如果设置为0，在浏览时则看不到表格的边框。
- 【单元格边距】：单元格内容和单元格边界之间的像素数。
- 【单元格间距】：单元格之间的像素数。
- 【标题】：可以定义表头样式，四种样式可以任选一种。
- 【辅助功能】：定义表格的标题。
- 【对齐标题】：定义表格标题的对齐方式。
- 【摘要】：对表格进行注释。

❸ 单击【确定】按钮，即可插入表格，如图7-10所示。

图7-10 插入表格

提示

还可以用以下任意一个方法插入表格。

- 单击【HTML】插入栏中的【插入表格】按钮，弹出【表格】对话框，在弹出的对话框中设置表格尺寸。
- 拖曳【常用】插入栏中的表格按钮弹出【表格】对话框。
- 按Ctrl+Alt+T快捷键，同样也可以弹出【表格】对话框。

7.4.2 设置表格属性

为了使创建的表格更加美观、醒目，需要对表格的属性（如表格的颜色、单元格的背景图像及背景颜色等）进行设置。要设置表格的属性，首先要选定整个表格，然后利用属性面板进行设置，具体操作步骤如下。

原始文件	CH07/7.4.2/index.html
最终文件	CH07/7.4.2/index1.html
学习要点	设置表格属性

❶ 打开素材文件“CH07/7.4.2/index.html”，单击表格边框选中表格。

❷ 在【属性】面板中，将【Collpad】设置为5，【CellSpace】设置为1，【Border】设置为1，如图7-12所示。

在表格的【属性】面板中可以设置以下参数。

- 表格文本框：输入表格的ID。
- 【行】和【Cols】：表格中行和列的数量。
- 【宽】：以像素为单位或表示为占浏览器窗口宽度的百分比。
- 【Collpad】：单元格内容和单元格边界之间的像素数。
- 【CellSpace】：相邻的表格单元格间的像素数。

图 7-11　选中表格

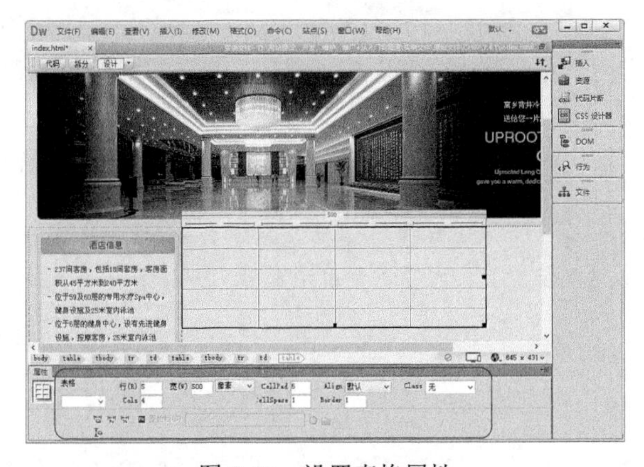

图 7-12　设置表格属性

- 【Align】：设置表格的对齐方式，该下拉列表框中共包含四个选项，即【默认】、【左对齐】、【居中对齐】和【右对齐】。
- 【Border】：用来设置表格边框的宽度。
- 【Class】：对该表格设置一个 CSS 类。
- ：用于清除列宽。
- ：用于清除行高。
- ：将表格的宽由百分比转换为像素。
- ：将表格的宽由像素转换为百分比。

7.4.3　合并单元格

只要选择的单元格形成一行或一个矩形，便可以合并任意数目的相邻的单元格，以生成一个跨多个列或行的单元格。

原始文件	CH07/7.4.3/index.html
最终文件	CH07/7.4.3/index1.html
学习要点	合并单元格

❶ 打开素材文件“CH07/7.4.3/index.html”，将光标置于第1行第1列单元格中，按住鼠标左键向右拖动至第1行第2列单元格中，选中要合并的单元格，如图7-13所示。

❷ 单击【属性】面板中的（合并所选单元格，使用跨度）图标□，就可以将单元格合并，如图7-14所示。

图7-13　选中表格

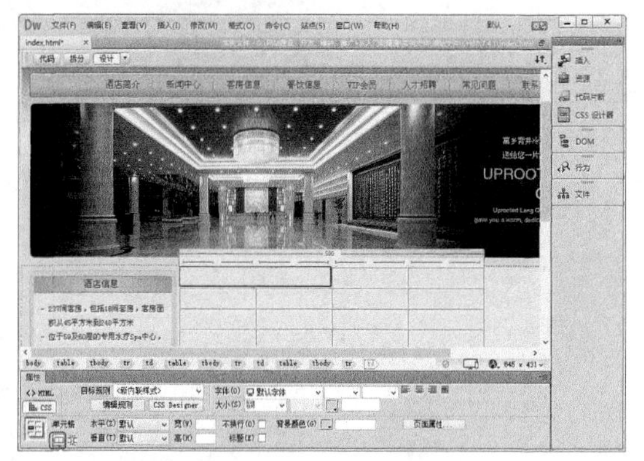

图7-14　合并所选单元格

提示　选择菜单中的【修改】|【表格】|【合并单元格】命令，将单元格合并。还可以在合并的单元格上，单击鼠标右键，在弹出菜单中选择【表格】|【合并单元格】命令，将单元格合并。

7.4.4　选取表格对象

用户可以一次选择整个表格、行或列，也可以选择一个或多个单独的单元格。当鼠标指针移动到表格、行、列或单元格上时，Dreamweaver将以高亮显示选择区域中的所有单元格，以便于确切地显示选中了哪些单元格。

可以使用以下方法选择整个表格。

- 单击表格线的任意位置。
- 将光标置于表格内的任意位置，选择菜单中的【修改】|【表格】|【选择表格】命令。
- 将光标放置到表格的左上角，按住鼠标左键不放并拖曳指针到表格的右下角，将整个表格选中，单击鼠标右键，从弹出菜单中选择【表格】|【选择表格】选项。
- 将光标放置到表格的任意位置，单击文档窗口左下角的标签选择器中的<table>标签，选中表格后选项控柄就出现在表格的四周，如图7-15所示。

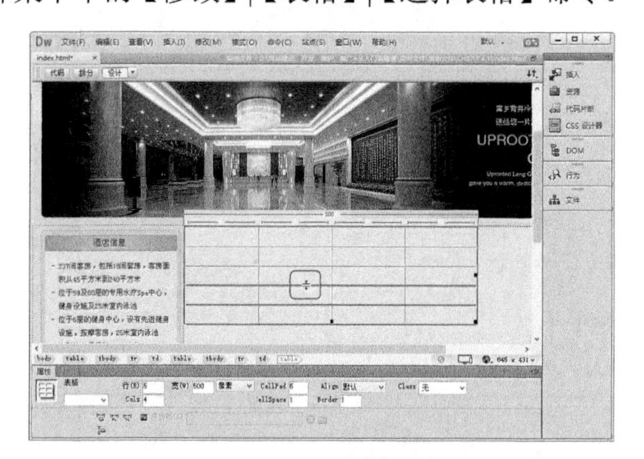

图7-15　选择表格

选择表格的行与列有以下两种方法。

- 将光标置于要选择的行首或列顶，当光标变成了➜箭头形状或↓箭头形状时，单击鼠标左键即可选中该行或该列，如图7-16所示。

◎ 按住鼠标左键不放并从左至右或者从上至下拖曳指针，即可选中该行或该列，如图 7-17 所示。

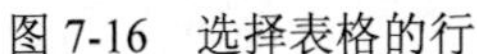

图 7-16 选择表格的行

图 7-17 选择表格的列

提示 有一种方法可以只选中行，将光标放置在要选中的行中，然后单击窗口左下角的<tr>标签。这种方法只能选择行，而不能选择列。

7.5 实例——利用表格布局网页

常用的创建网页布局的方法是使用表格。表格在网页定位上，除了精准控制的特点外，还具有规范、灵活的特点。正是因为这些原因，表格在网页布局中扮演着重要的角色。下面通过实例讲述利用表格布局网页。

7.5.1 实例 1——利用表格排列数据

在实际工作中，有时需要把用应用程序（Microsoft Excel）建立的表格数据发布到网上。其实现的方法是，使用应用程序的导出命令或另存为命令，把表格式数据保存为带分隔符号（如制表符、逗号、冒号或其他字符）格式的数据。

原始文件	CH07/7.5.1/index.html
最终文件	CH07/7.5.1/index1.html
学习要点	利用表格排列数据

❶ 打开素材文件“CH07/7.5.1/index.html”，选中要排序的表格，如图 7-18 所示。

❷ 选择菜单中的【命令】|【排序表格】命令，弹出【排序表格】对话框，在对话框中进行相应的设置，如图 7-19 所示。

【排序表格】对话框主要有以下选项。

◎ 排序按：可以确定哪个列的值将用于对表格的行进行排序。

◎ 顺序：确定是按字母还是按数字顺序以及是以升序（A 到 Z，小数字到大数字）还是降序对列进行排序。

◎ 再按/顺序：确定在不同列上第二种排序方法的排序顺序。在【再按】下拉列表中指定应用第二种排序方法的列，并在【顺序】下拉菜单中指定第二种排序方法的排序顺序。

图 7-18　打开素材文件

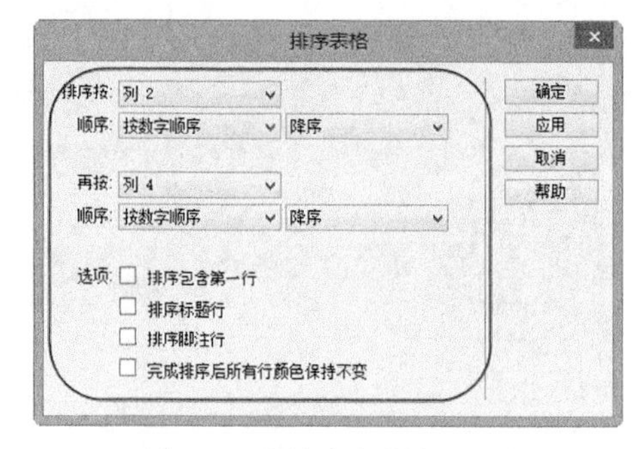

图 7-19　【排序表格】对话框

- 排序包含第一行：指定表格的第一行应该包括在排序中。如果第一行是不应移动的标题，则不选择此选项。
- 排序标题行：指定使用与 body 行相同的条件对表格 thead 部分中的所有行进行排序。
- 排序脚注行：指定使用与 body 行相同的条件对表格 tfoot 部分（如果存在）中的所有行进行排序。
- 完成排序后所有行颜色保持不变：指定排序之后表格行属性（如颜色）应该与同一内容保持关联。如果表格行使用两种交替的颜色，则不要选择此选项。如果行属性特定于每行的内容，则选择此选项以确保这些属性保持与排序后表格中正确的行关联在一起。

❸ 单击【确定】按钮，即可将表格内的数据数排列，如图 7-20 所示。

❹ 保存文档，按 F12 键在浏览器中预览效果，如图 7-21 所示。

图 7-20　排序表格

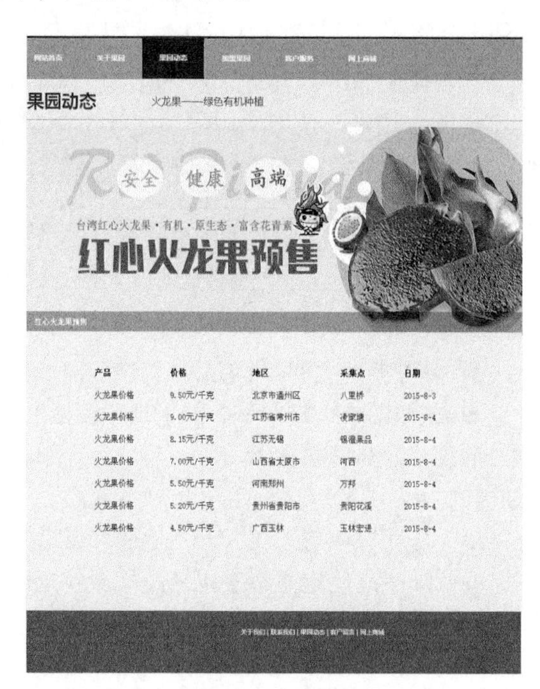

图 7-21　预览效果

提示 如果表格中含有合并单元格或拆分单元格，则无法使用表格排序功能。

7.5.2 实例 2——拐角型布局

拐角型布局是网页中基本的布局类型，下面通过实例讲述此类布局。

最终文件	CH07/7.5.2/index1.html
学习要点	制作拐角型布局页面

❶ 选择菜单中的【文件】|【新建】命令，弹出【新建文档】对话框，在对话框中选择【新建文档】|【HTML】|【无】选项，如图 7-22 所示。

❷ 单击【创建】按钮，创建空白文档，如图 7-23 所示。

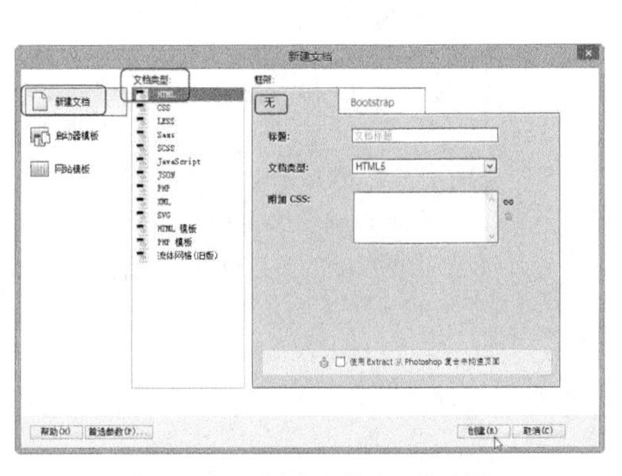

图 7-22 【新建文档】对话框

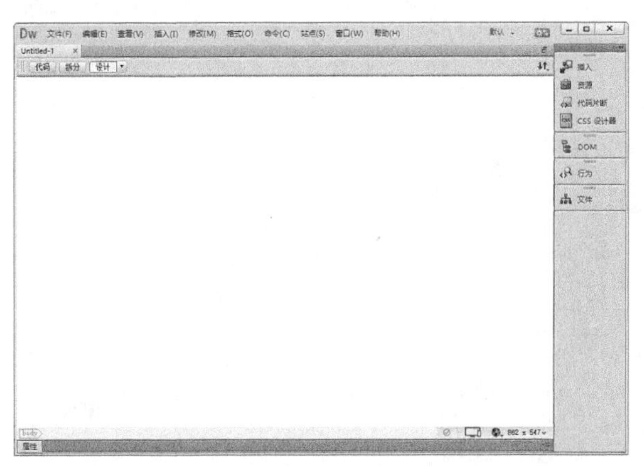

图 7-23 新建文档

❸ 选择菜单中的【文件】|【另存为】命令，弹出【另存为】对话框，在对话框中的【文件名】文本框中输入 index1.html，如图 7-24 所示。

❹ 单击【保存】按钮，保存文档，如将光标放置在页面中，单击【属性】面板中的【页面属性】按钮，弹出【页面属性】对话框，在对话框中的【外观】选项中，【左边距】和【右边距】分别设置为 0，如图 7-25 所示。

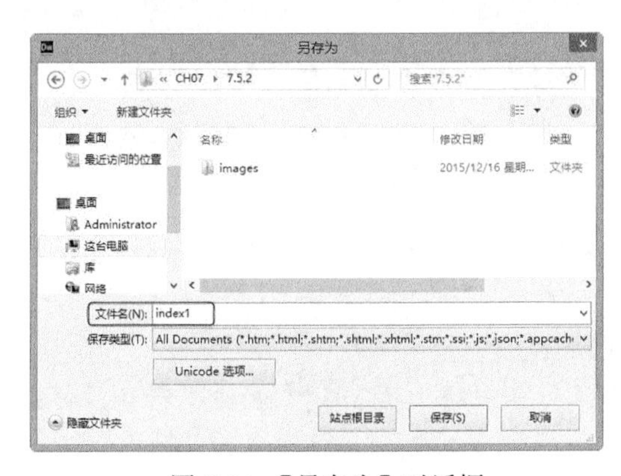

图 7-24 【另存为】对话框

图 7-25 【页面属性】对话框

提示　在修改页面属性时，选择菜单中的【修改】|【页面属性】命令，弹出【页面属性】对话框，也可以修改页面属性。

❺ 单击【确定】按钮，将光标放置在页面中，选择菜单中的【插入】|【表格】命令，如图 7-26 所示。

❻ 弹出【Table】对话框，在对话框中将【行数】设置为 3，【列数】设置为 1，【表格宽度】设置为 1000 像素，如图 7-27 所示。

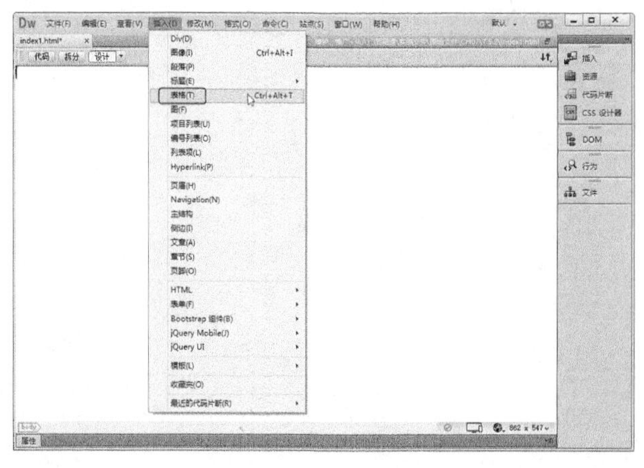

图 7-26　选择【表格】命令

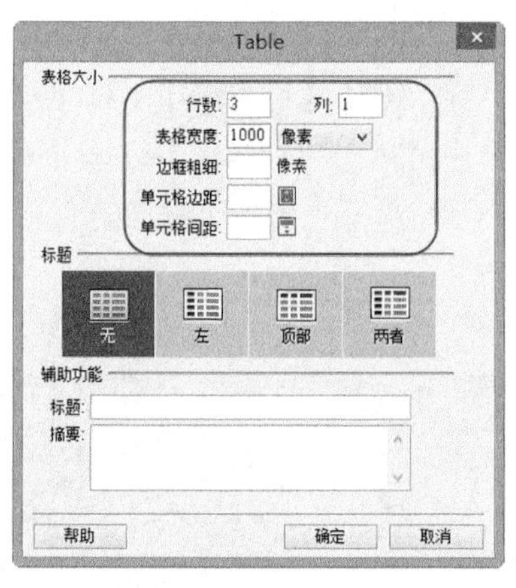

图 7-27 【Table】对话框

❼ 单击【确定】按钮，插入表格 1，如图 7-28 所示。

❽ 选中表格，在【属性】面板中将【填充】设置为 0，【间距】设置为 0，【边框】设置为 0，如图 7-29 所示。

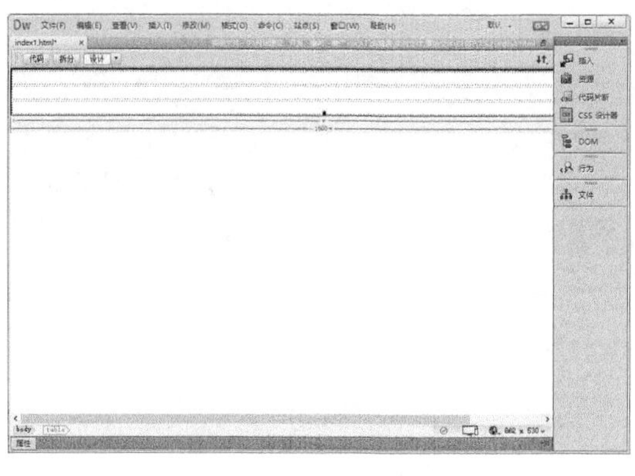

图 7-28　插入表格 1

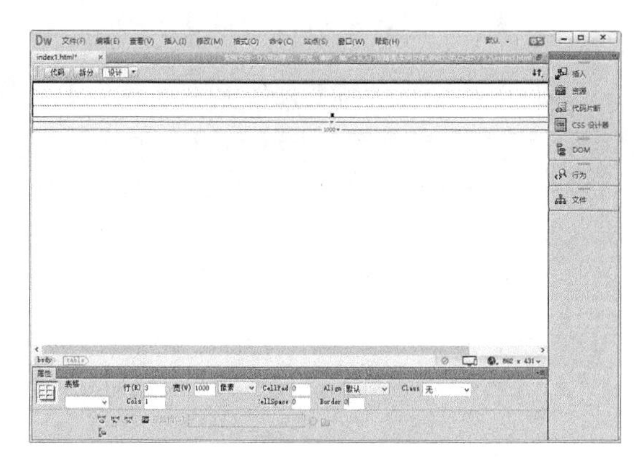

图 7-29　设置属性

❾ 将光标放置在单元格中，选择菜单中的【插入】|【图像】命令，弹出【选择图像源文件】对话框，在对话框中选择“images/top.jpg”文件，如图 7-30 所示。

❿ 单击【确定】按钮，插入图像，如图 7-31 所示。

⓫ 将光标放置在表格的第 2 行单元格中，选择菜单中的【插入】|【表格】命令，弹出【Table】对话框，在对话框中将【行数】设置为 1，【列】设置为 2，【表格宽度】设置为 100%，如图 7-32 所示。

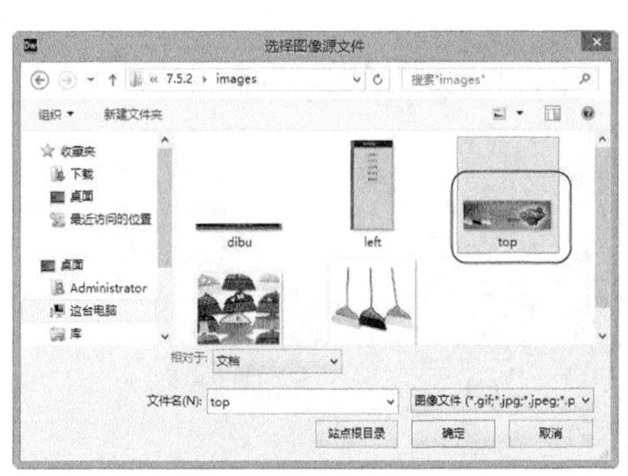
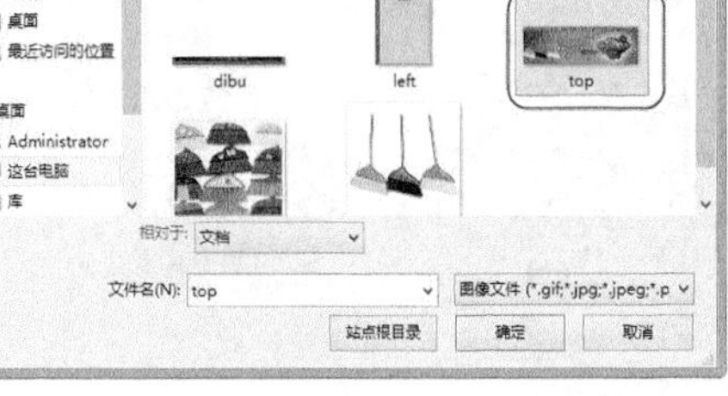

图 7-30 【选择图像源文件】对话框

图 7-31 插入图像

⓬ 单击【确定】按钮，插入 1 行 2 列的表格。此表格记为表格 2，如图 7-33 所示。

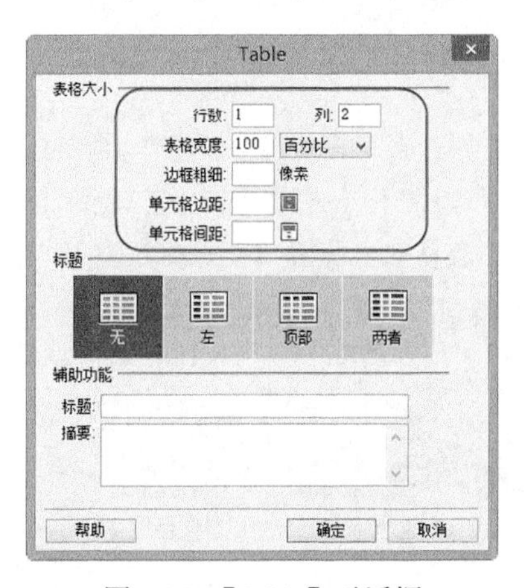

图 7-32 【Table】对话框

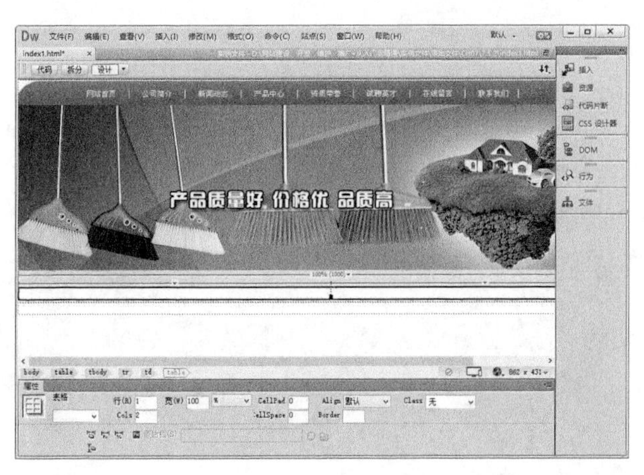

图 7-33 插入表格 2

⓭ 将光标置于表格 2 的第 1 列单元格中，选择菜单中的【插入】|【图像】命令，弹出【选择图像源文件】对话框，在对话框中选择图像“images/left.jpg”文件，如图 7-34 所示。

⓮ 单击【确定】按钮，插入图像，如图 7-35 所示。

图 7-34 【选择图像源文件】对话框

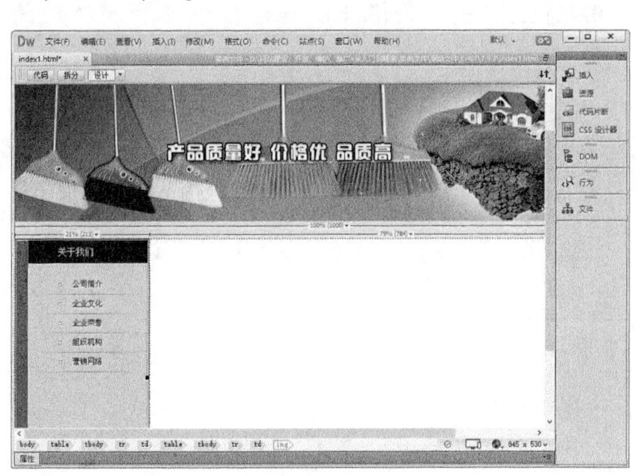

图 7-35 插入图像

⓯ 将光标置于表格 2 的第 2 列单元格中，插入 2 行 1 列的表格，此表格记为表格 3，如图 7-36 所示。

⓰ 将光标置于表格 3 的第 1 行单元格中，将单元格的【背景颜色】设置为#CEDAB2，【高】设置为 35，如图 7-37 所示。

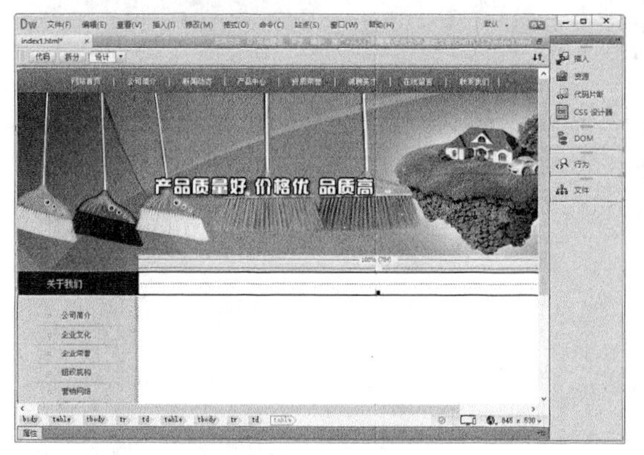

图 7-36　插入表格 3

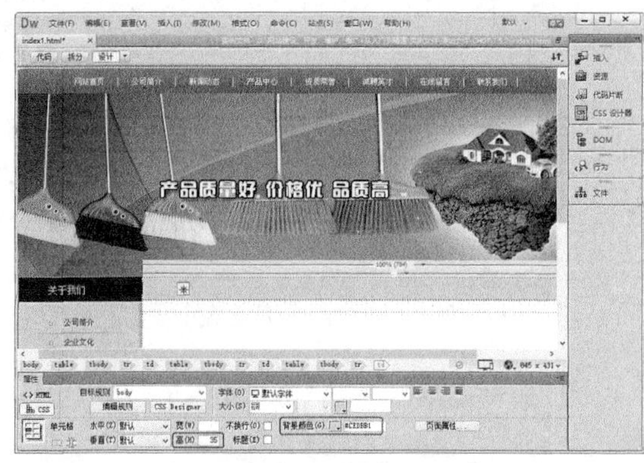

图 7-37　设置单元格属性

⓱ 将光标置于表格 3 的第 1 行单元格中，输入相应的文字【公司简介】，如图 7-38 所示。

⓲ 将光标置于表格 3 的第 2 行单元格中，选择菜单中的【插入】|【表格】命令，插入 1 行 1 列的表格。在【属性】面板中将【对齐】设置为居中对齐，此表格记为表格 4，如图 7-39 所示。

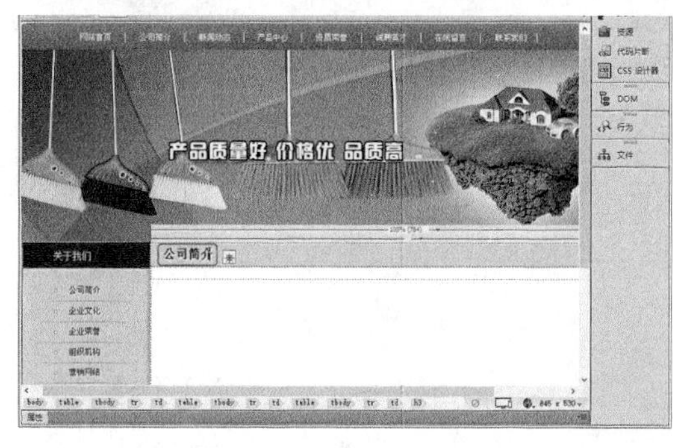

图 7-38　输入文字

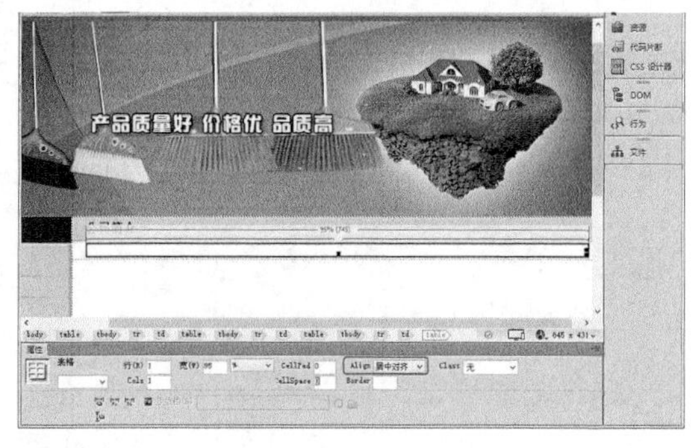

图 7-39　插入表格 4

⓳ 将光标置于表格 4 的单元格中，输入相应的文字，如图 7-40 所示。

⓴ 将光标置于文字中，选择菜单中的【插入】|【图像】命令，插入图像 “images/tu1.jpg” 文件，将图像的【对齐】设置为右对齐，如图 7-41 所示。

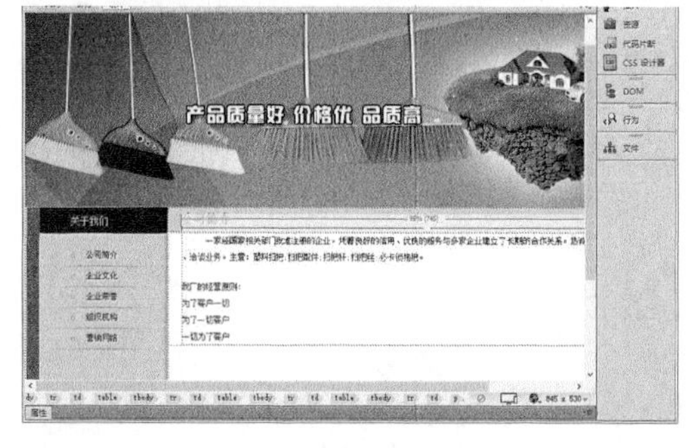

图 7-40　输入文字

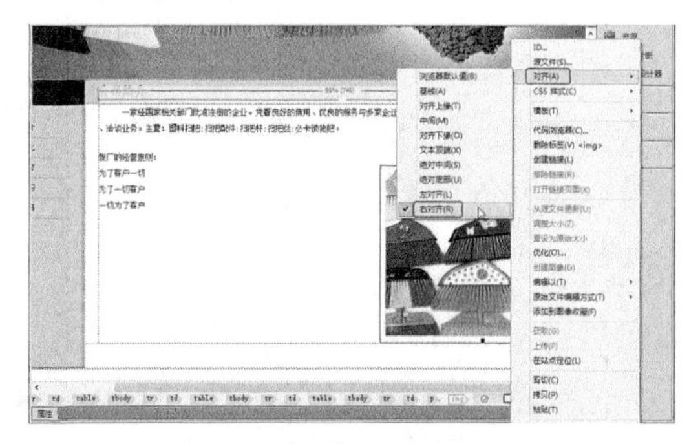

图 7-41　选择【右对齐】选项

㉑ 将光标置于表格 1 的第 3 行单元格中，选择菜单中的【插入】|【图像】命令，插入图像“images/dibu.jpg”文件，如图 7-42 所示。

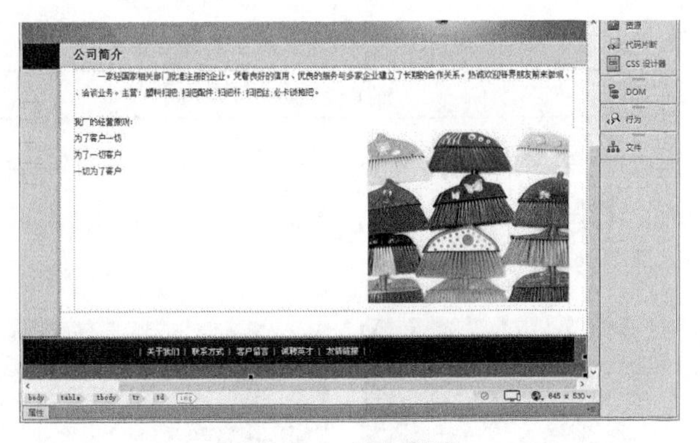

图 7-42 插入图像

㉒ 保存文档，按 F12 键在浏览器中预览效果，如图 7-43 所示。

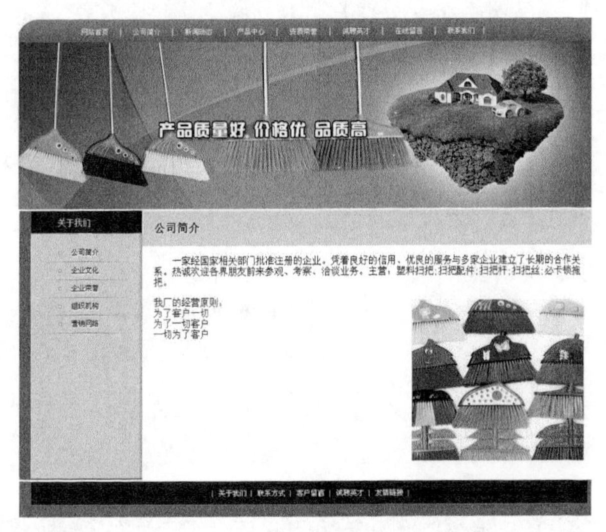

图 7-43 拐角型效果

提示

1. 在插入表格时，如果没有明确指定【填充】项，则浏览器默认【填充】项为 1。

2. 一般情况下【页面属性】对话框中的【外观】选项卡中的【左边距】和【右边距】分别设置为 0，这样浏览网页时左边和顶部才不会有空白。

3. 背景和图像都是做网页以前准备好的素材。如果插入背景，可以在上面插入内容；如果插入图像，就不能在上面输入内容。

7.5.3 实例 3——封面型布局

网站首页往往采用一整幅图片来布局网页，但这样做的弊端就是使页面加载速度慢了许多。为了加快速度，就要对图片使用切片技术，也就是把一整张图切割成若干小块，并以表格的形式加以定位和保存。几乎所有的图像处理软件都包括切片功能，并能方便地输出切片和包括切片的 HTML 文件。所以，当使用大图制作网页，需要把它们切成多个切片时，用户可以借助 Photoshop 软件而无须用插入表格的方法。

原始文件	CH07/7.5.3/index.jpg
最终文件	CH07/7.5.3/index.html
学习要点	制作封面型布局页面

❶ 启动 Photoshop CC，打开图像文件“index.jpg”。在工具箱中选择切片工具，如图 7-44 所示。

❷ 选中切片工具后，在图像相应的位置，按住鼠标左键不放，向右下方拖动鼠标，绘制一个矩形切片区域，如图 7-45 所示。

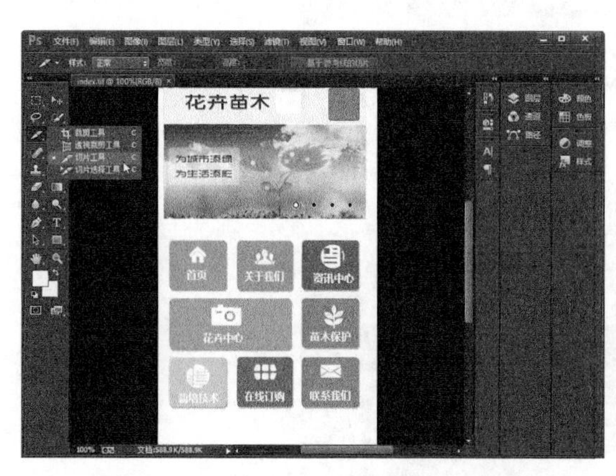

图 7-44　打开图像

图 7-45　绘制矩形切片区域

❸ 按照步骤 2，分别切割其他图像，如图 7-46 所示。

❹ 切割完毕后，选择菜单中的【文件】|【存储为 Web 所用格式】命令，如图 7-47 所示。

提示　在切割时注意，每个栏目下的空白部分作为一个单独的切片，这样切割完成后，这些空白部分位置图像就作为背景。

图 7-46　切割图像

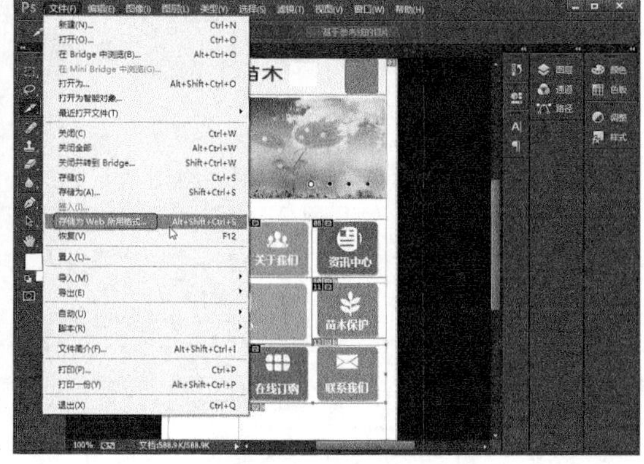

图 7-47　选择命令

❺ 弹出【存储为 Web 所用格式】对话框，在对话框中选择图像格式为 JPEG，如图 7-48 所示。

❻ 单击【存储】按钮，弹出【将优化结果存储为】对话框，如图 7-49 所示。

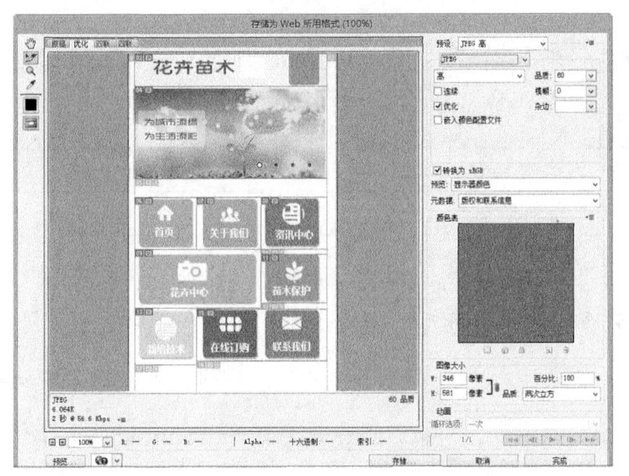

图 7-48 【存储为 Web 所用格式】对话框

图 7-49 【将优化结果存储为】对话框

❼ 在对话框中的【文件名】文本框中输入名称 index，【文件类型】保存为 HTML，单击【保存】按钮，保存为网页文档。保存后的网页文档，如图 7-50 所示。

图 7-50 网页文档

提示

1. 如果在拖动鼠标的同时按住 Shift 键，则可以产生正方形的切片；如果按住 Alt 键，则可以以单击的位置为中心向外产生矩形切片；如果要以固定大小或限制高宽比例来画出切片，可以在切片的工具【样式】下拉列表框中选择【固定长宽高】或【固定大小】选项。
2. 若按住 Ctrl 键，可在【切片选择工具】和【切片工具】之间转换。
3. 切割完毕后保存网页时，只有将网页【存储为 Web 所用格式】的【保存类型】选项设置为 HTML，才能将图像切割成的若干片显示出来，并且以网页的形式输出。

7.5.4 实例 4——国字型布局网页

国字型布局常用于主页布局，下面通过实例讲述国字型布局网页的制作，具体操作步骤如下。

最终文件	CH7/7.5.4/index1.html
学习要点	制作国字型布局网页

❶ 选择菜单中的【文件】|【新建】命令，创建一空白文档，如图 7-51 所示。

❷ 选择菜单中的【文件】|【另存为】命令，弹出【另存为】对话框，在对话框中的【名称】文本框中输入 index1，如图 7-52 所示。

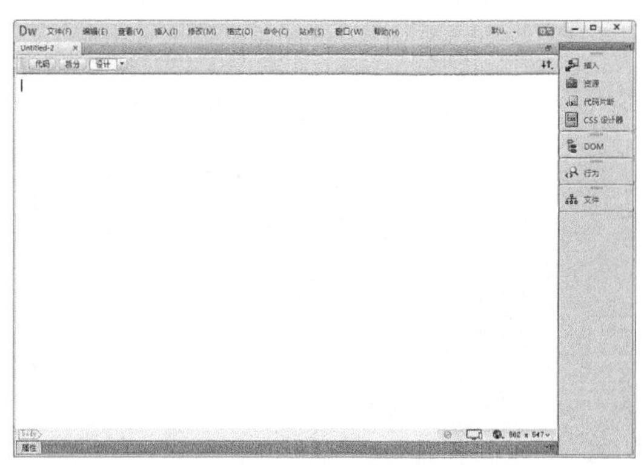

图 7-51 新建文档

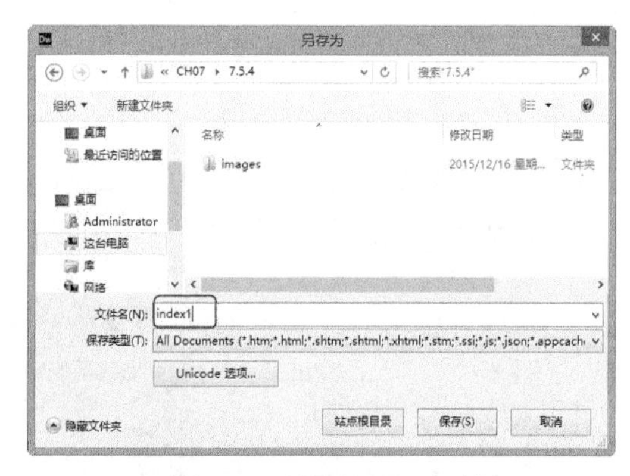

图 7-52 【另存为】对话框

❸ 单击【保存】按钮，保存文档。选择菜单中的【插入】|【表格】命令，弹出【Table】对话框，如图 7-53 所示。

❹ 在对话框中将【行数】设置为 1，【列数】设置为 1，【表格宽度】设置为 780 像素，单击【确定】按钮，插入表格，此表格设置为表格 1，如图 7-54 所示。

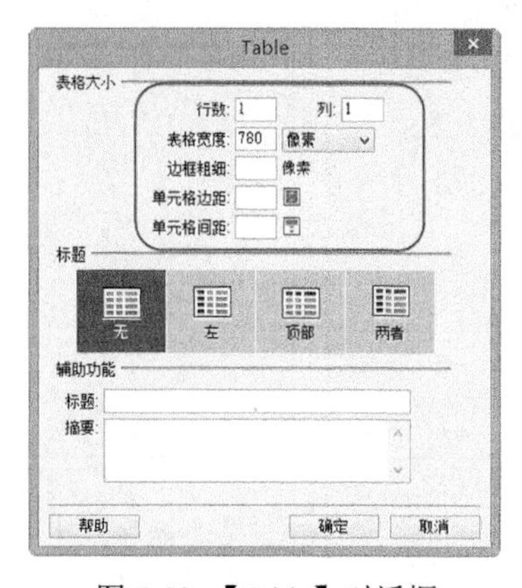

图 7-53 【Table】对话框

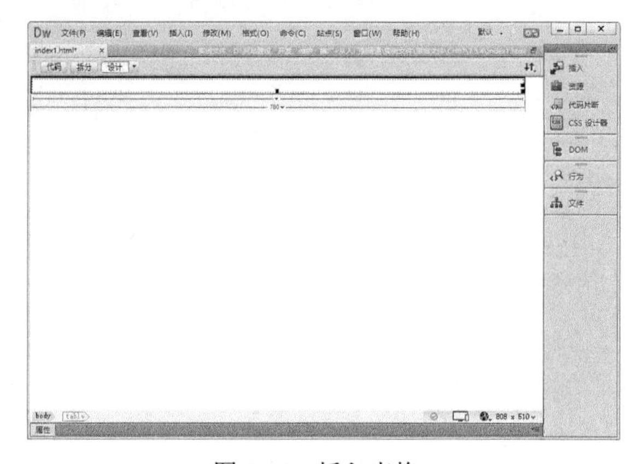

图 7-54 插入表格 1

❺ 将光标放置在单元格中，选择菜单中的【插入】|【图像】命令，弹出【选择图像源文件】对话框，在对话框中选择“images/banner.jpg”文件，如图 7-55 所示。

❻ 单击【确定】按钮，插入图像，如图 7-56 所示。

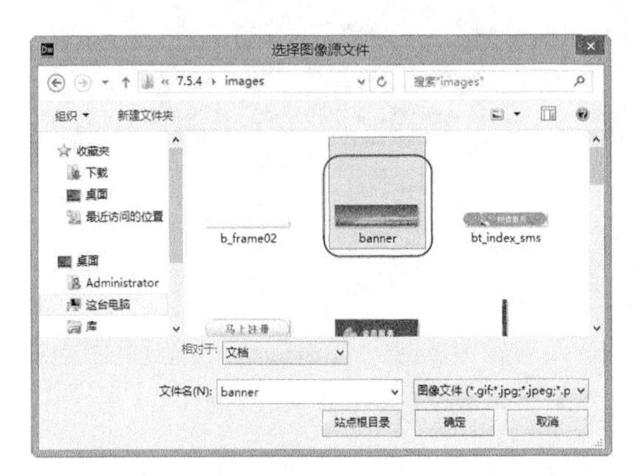

图 7-55 【选择图像源文件】对话框

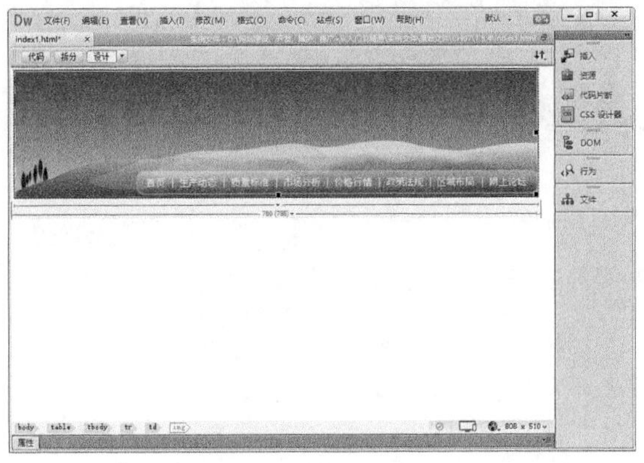

图 7-56 插入图像

❼ 将光标置于表格 1 的右边，选择菜单中的【插入】|【表格】命令，插入 2 行 1 列的表格，此表格设置为表格 2，如图 7-57 所示。

❽ 将光标放置在表格 2 的第 1 行单元格中，选择菜单中的【插入】|【图像】命令，弹出【选择图像源文件】对话框，在对话框中选择“images/topbj.jpg”文件，单击【确定】按钮，插入图像，如图 7-58 所示。

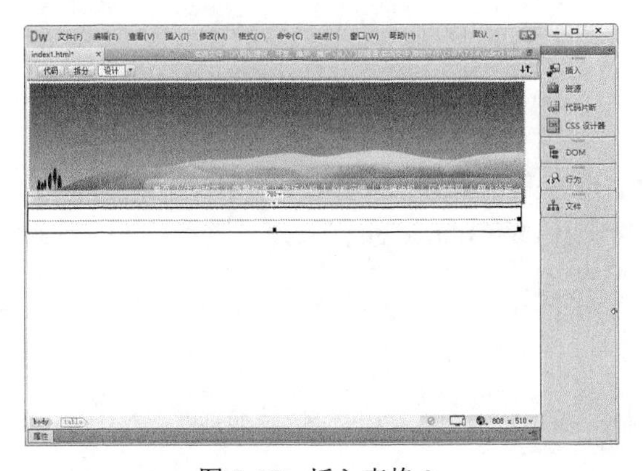

图 7-57 插入表格 2

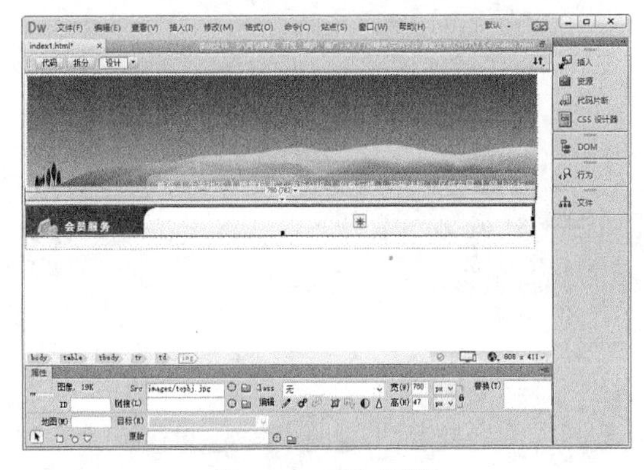

图 7-58 插入图像

❾ 将光标放置在表格 2 的第 2 行单元格中，选择菜单中的【插入】|【表格】命令，插入 1 行 5 列的表格，此表格设置为表格 3，如图 7-59 所示。

❿ 将光标放置在表格 3 的第 1 列单元格中，在【属性】面板中将【宽】设置为 7，【背景颜色】设置为#198402，如图 7-60 所示。

⓫ 将光标放置在表格 3 的第 2 列单元格中，选择菜单中的【插入】|【表格】命令，插入 5 行 1 列的表格，此表格设置为表格 4，如图 7-61 所示。

⓬ 将光标放置在表格 4 的第 1 行单元格中，输入文字，如图 7-62 所示。

⓭ 将光标放置在表格 4 的第 2 行单元格中，在【属性】面板中将【高】设置为 15，如图 7-63 所示。

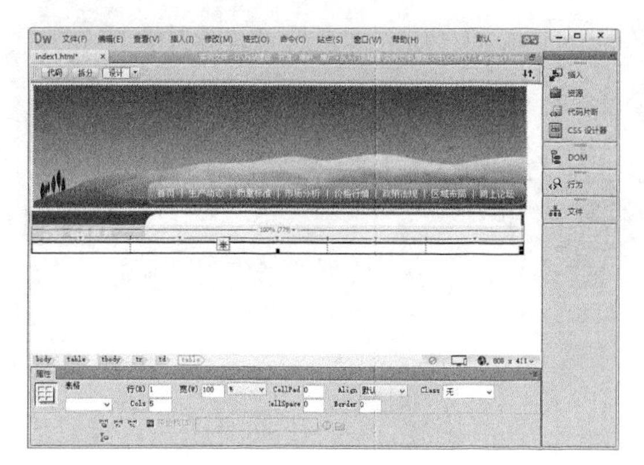

图 7-59　插入表格 3

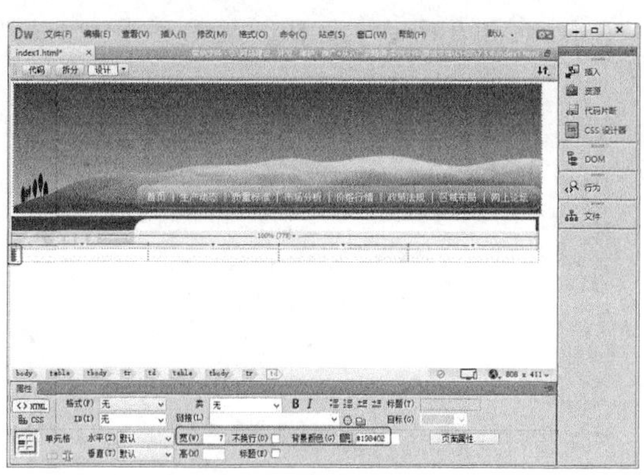

图 7-60　设置单元格属性

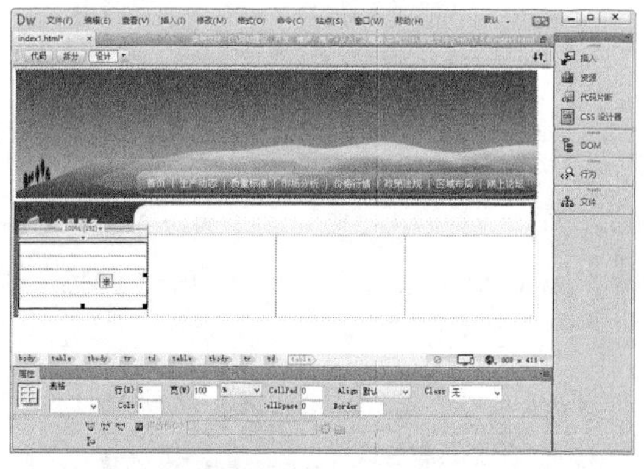

图 7-61　插入表格 4

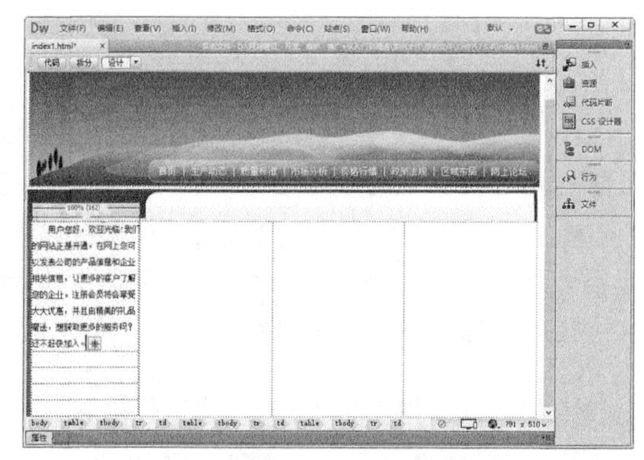

图 7-62　输入文字

⑭ 将光标放置在表格 4 的第 3 行单元格中，选择菜单中的【插入】|【图像】命令，弹出【选择图像源文件】对话框，在对话框中选择“images/btn_zhuce.gif”文件，单击【确定】按钮，插入图像。如图 7-64 所示。

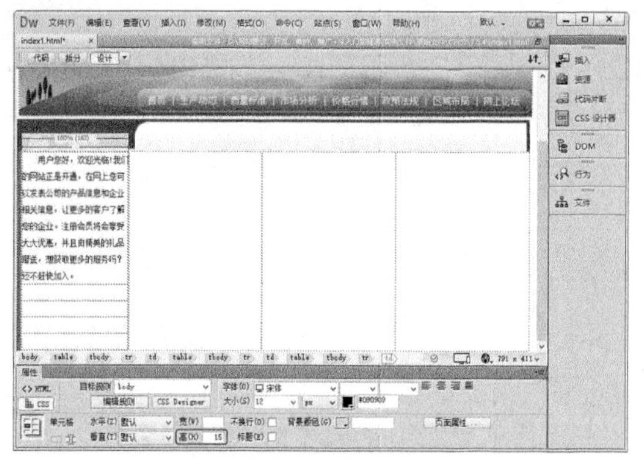

图 7-63　设置单元格属性

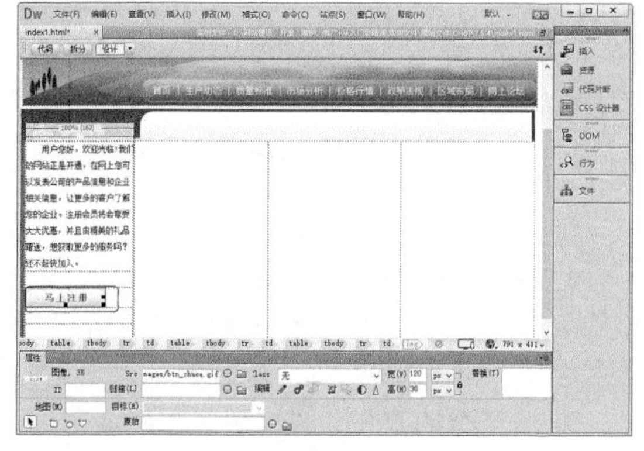

图 7-64　插入图像

⑮ 将光标放置在表格 4 的第 4 行单元格中，选择菜单中的【插入】|【图像】命令，弹出【选择图像源文件】对话框，在对话框中选择“images/bt_index_sms.gif”文件，单击【确定】按钮，插入图像，如图 7-65 所示。

⑯ 将光标放置在表格 4 的第 5 行单元格中，选择菜单中的【插入】|【表格】命令，插入 3 行 2 列的表格，此表格设置为表格 5，如图 7-66 所示。

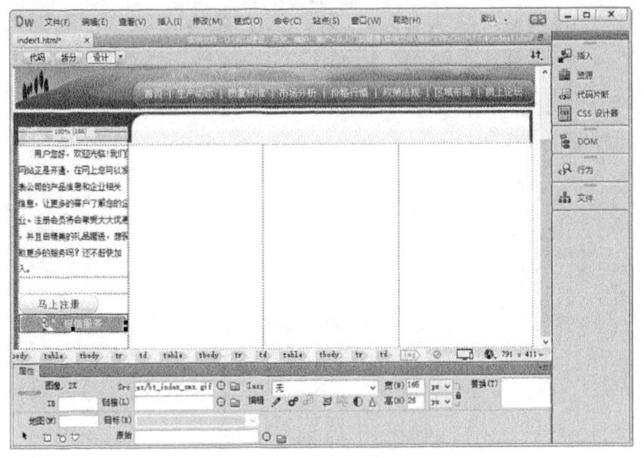

图 7-65 插入图像

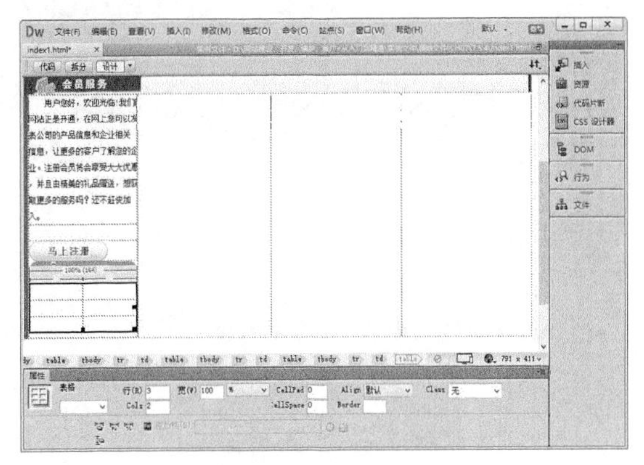

图 7-66 插入表格 5

⑰ 分别在表格 5 的单元格中输入相应的文字，如图 7-67 所示。

⑱ 将光标放置在表格 3 的第 3 列单元格中，选择菜单中的【插入】|【表格】命令，插入 6 行 1 列的表格，此表格设置为表格 6，如图 7-68 所示。

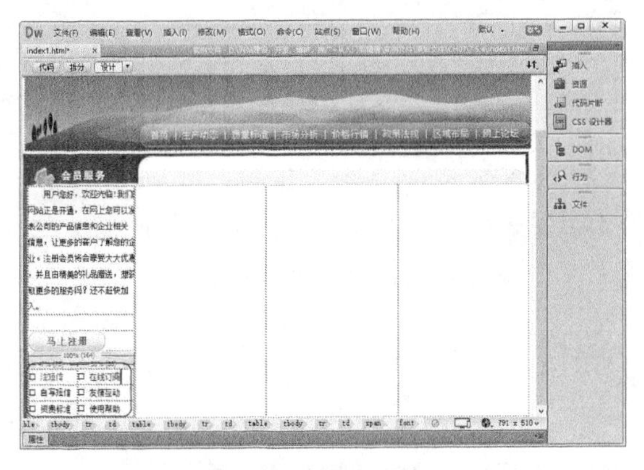

图 7-67 输入文字

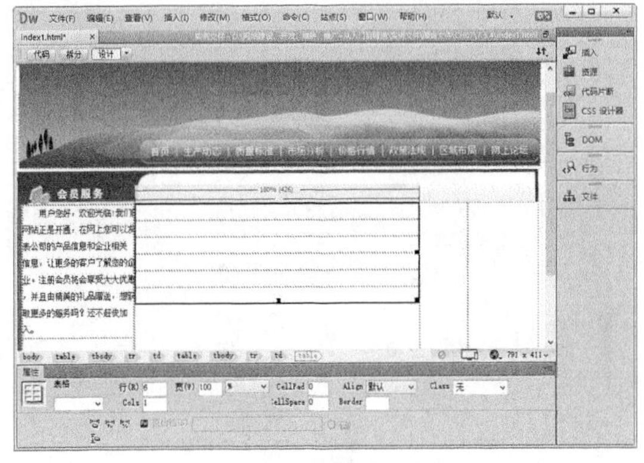

图 7-68 插入表格 6

⑲ 将光标置于表格 6 的第 1 行单元格中，选择菜单中的【插入】|【图像】命令，弹出【选择图像源文件】对话框，在对话框中选择“images/m_index_product01.gif”文件，单击【确定】按钮，插入图像，如图 7-69 所示。

⑳ 将光标置于表格 6 的第 2 行单元格中，选择菜单中的【插入】|【表格】命令，插入 2 行 2 列的表格 7，在【属性】面板中将【填充】和【间距】设置为 5，如图 7-70 所示。

㉑ 将光标放置在表格 7 的第 1 行第 1 列单元格中，选择菜单中的【插入】|【图像】命令，弹出【选择图像源文件】对话框，在对话框中选择“images/photo02.gif”文件，单击【确定】按钮，插入图像，如图 7-71 所示。

㉒ 将光标放置在表格 7 的第 1 行第 2 列单元格中，输入相应的文字，如图 7-72 所示。

㉓ 将光标放置在表格 7 的第 2 行第 1 列单元格中，选择菜单中的【插入】|【图像】命令，弹出【选择图像源文件】对话框，在对话框中选择“images/photo02.gif”文件，单击【确定】

按钮，插入图像，如图 7-73 所示。

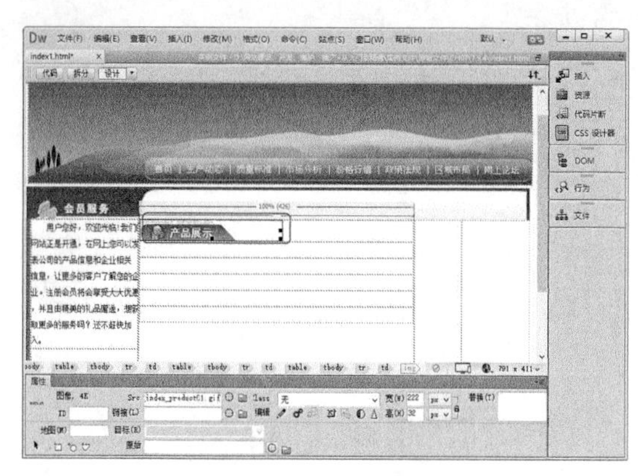

图 7-69　插入图像

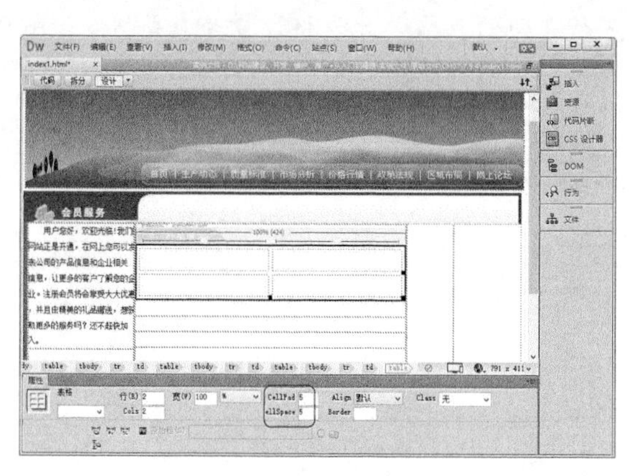

图 7-70　插入表格 7

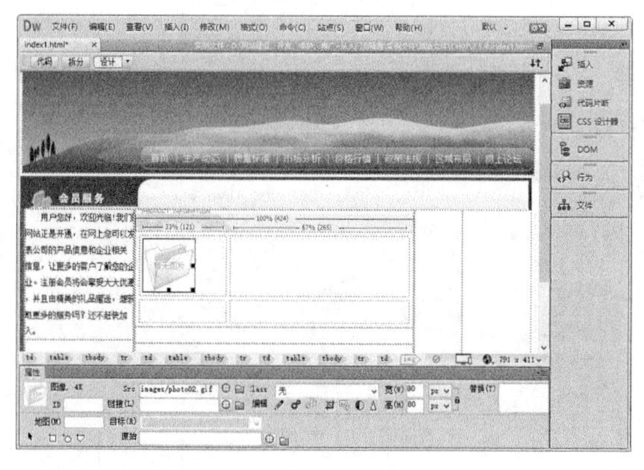

图 7-71　插入图像

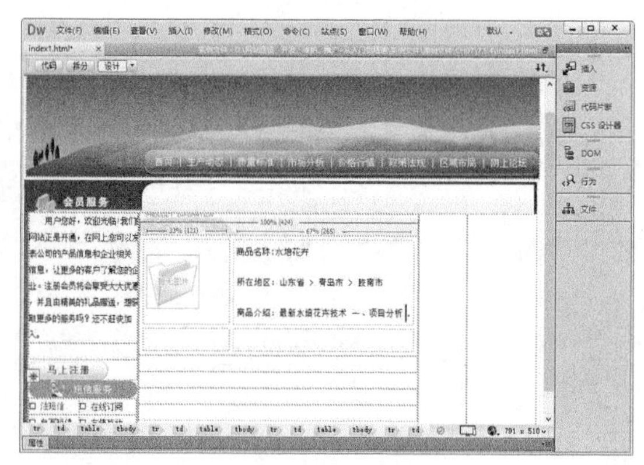

图 7-72　输入文字

㉔ 将光标放置在表格 7 的第 2 行第 2 列单元格中，输入相应的文字，如图 7-74 所示。

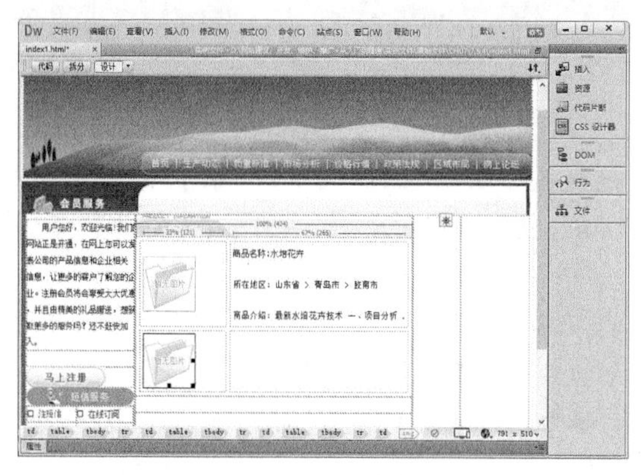

图 7-73　插入图像

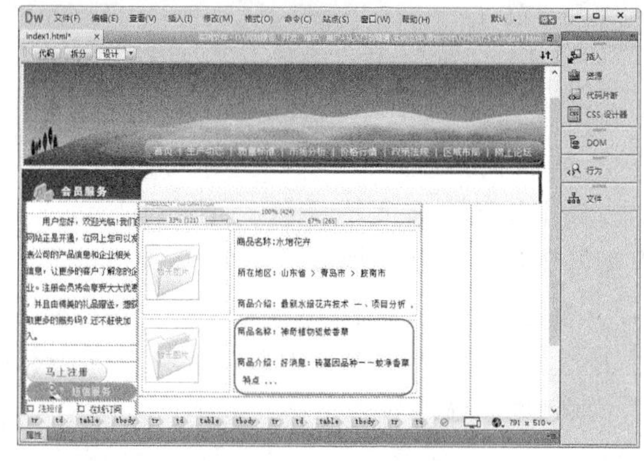

图 7-74　输入文字

㉕ 重复步骤 19～24，在表格 6 的其他单元格中也输入相应的内容，如图 7-75 所示。

㉖ 将光标放置在表格 3 的第 4 列单元格中，选择菜单中的【插入】|【表格】命令，插入 6 行 1 列的表格，此表格设置为表格 8，如图 7-76 所示。

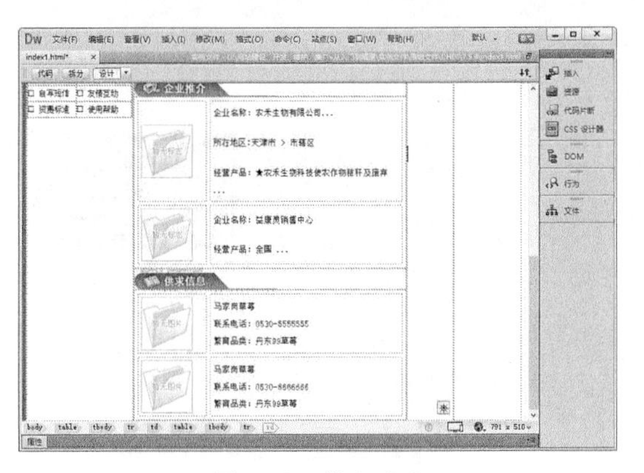

图 7-75 输入内容

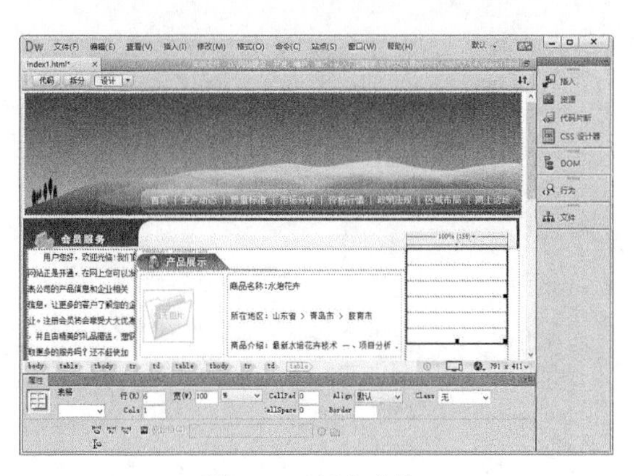

图 7-76 插入表格 8

㉗ 将光标放置在表格 8 的单元格中，分别插入相应的图像，如图 7-77 所示。

㉘ 将光标放置在表格 3 的第 5 列单元格中，在【属性】面板中将【宽】设置为 7，【背景颜色】设置为#198402，如图 7-78 所示。

图 7-77 插入图像

图 7-78 设置单元格属性

㉙ 将光标置于表格 3 的右边，选择菜单中的【插入】|【表格】命令，插入 1 行 1 列的表格，此表格记为表格 9，如图 7-79 所示。

㉚ 将光标置于表格 9 的单元格中，在【属性】面板中将【高】设置为 30，【背景颜色】设置为#198402，如图 7-80 所示。

图 7-79 插入表格 9

图 7-80 设置单元格属性

㉛ 将光标放置在表格 9 的单元格中，输入文字，如图 7-81 所示。

㉜ 保存文档，按 F12 键在浏览器中预览效果，如图 7-82 所示。

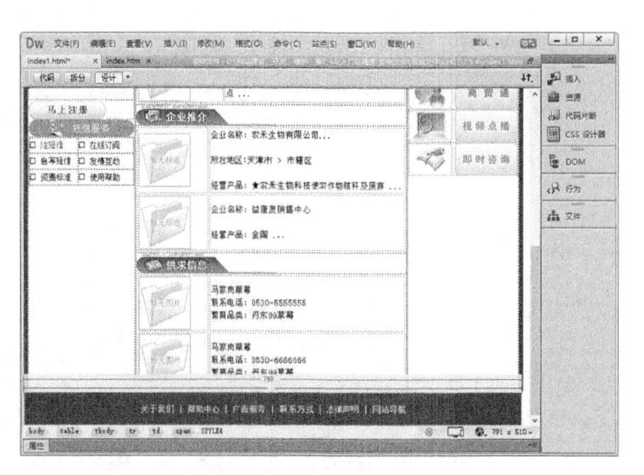

图 7-81　输入文字

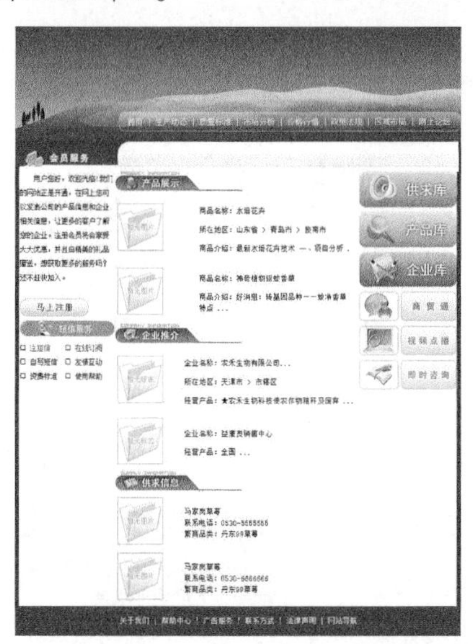

图 7-82　国字型网页效果

7.6　经典习题与解答

1. 填空题

（1）不同性质的网站，构成网页的基本元素是不同的。一般网页的构成包括网页标题、________、________、导航栏、主内容区及________等。

（2）常在制作网页前，可以先布局出网页的草图。网页布局的方法有两种，一种为________，另一种为________。

2. 操作题

使用表格布局制作一个音乐下载网页，效果如图 7-83 所示。

编　号	名　　称	价格	赠送	订制	试听
850300001035	隐形的翅膀	2元			
850300000929	香水百合	2元			
850300001040	比我幸福	2元			
850300001039	嘻唰唰	2元			
850300001037	老地方	2元			
850300001036	化蝶飞	2元			
850300001034	童话生死恋	2元			
850300001033	想飞	2元			
850300001038	夜曲	2元			

图 7-83　音乐下载网页

第8章

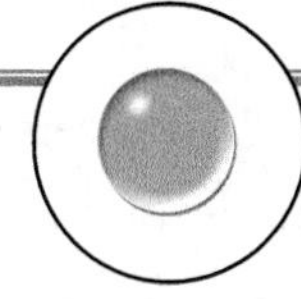

创建超级链接

超级链接（后文简称为超链接）是构成网站最为重要的部分之一，单击网页中的超级链接，即可跳转到相应的网页，因此可以非常方便地从一个网页到达另一个网页。在网页上创建超链接，就可以把因特网上众多的网站和网页联系起来，构成一个有机的整体。本章主要讲述超级链接的基本概念、各种类型的超链接的创建。

学习目标

- 超链接的基本概念
- 创建超链接的方法
- 创建各种类型的链接
- 管理超链接
- 创建锚点链接网页
- 创建图像热点链接

8.1 关于超链接的基本概念

网络中的一个个网页是通过超链接的形式关联在一起的。可以说超链接是网页中最重要、最根本的元素之一。超级链接的作用是在因特网上建立从一个位置到另一个位置的链接。超链接由源地址文件和目标地址文件构成，当访问者单击超链接时，浏览器会从相应的目标地址检索网页并显示在浏览器中。如果目标地址不是网页而是其他类型的文件，浏览器会自动调用本机上的相关程序打开所访问的文件。

8.1.1 绝对路径

绝对路径是包括服务器规范在内的完全路径，绝对路径不管源文件在什么位置，都可以非常精确地找到，除非目标文档的位置发生变化。

采用绝对路径的好处是，它同链接的源端点无关，只要网站的地址不变，则无论文档在站点中如何移动，都可以正常实现跳转而不会发生错误。另外，如果希望链接到其他的站点上的文件，就必须用绝对路径。

采用绝对路径的缺点在于，这种方式的链接不利于测试，如果在站点中使用绝对地址，要想测试链接是否有效，就必须在 Internet 服务器端对链接进行测试。它的另一个缺点是不利于站点的移植。

8.1.2 相对路径

相对路径对于大多数的本地链接来说是最适用的路径。在当前文档与所链接的文档处于同一文件夹内，文档相对路径特别有用。文档相对路径还可用来链接到其他的文件夹中的文档，方法是利用文件夹层次结构，指定从当前文档到所链接的文档的路径。文档相对路径省略掉对于当前文档和所链接的文档都相同的绝对 URL 部分，而只提供不同的路径部分。

使用相对路径的好处在于，可以将整个网站移植到另一个地址的网站中，而不需要修改文档中的链接路径。

8.2 创建超链接的方法

使用 Dreamweaver 创建链接既简单又方便，只要选中要设置成超链接的文字或图像，然后应用以下几种方法添加相应的 URL 即可。

8.2.1 使用属性面板创建链接

利用【属性】面板创建链接的方法很简单，选择要创建链接的对象，选择菜单中的【窗口】|【属性】命令，打开【属性】面板，在【链接】文本框中输入要链接的路径，即可创建链接，如图 8-1 所示。

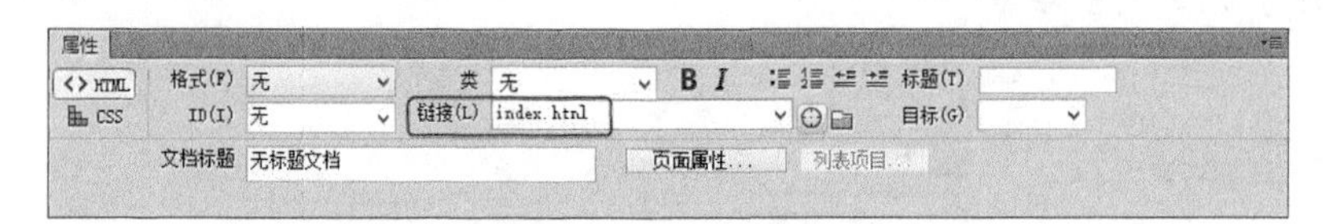

图 8-1　在【属性】面板中设置链接

8.2.2 使用指向文件图标创建链接

利用直接拖动的方法创建链接时，要先建立一个站点，选择菜单中【窗口】|【属性】命令，打开【属性】面板，选中要创建链接的对象，在面板中单击【指向文件】按钮，按住鼠标左键不放并将该按扭拖动到站点窗口中的目标文件上，释放鼠标左键即可创建链接，如图 8-2 所示。

8.2.3 使用菜单创建链接

使用菜单命令创建链接也非常简单。选中创建超链接的文本，选择菜单中的【插入】|【Hyperlink】命令，弹出【Hyperlink】对话框，如图 8-3 所示。在对话框中的【链接】文本框中输入链接的目标，或单击【链接】文本框右边的【浏览文件】按钮，选择相应的链接目标，单击【确定】按钮，即可创建链接。

图 8-2 指向文件图标创建链接

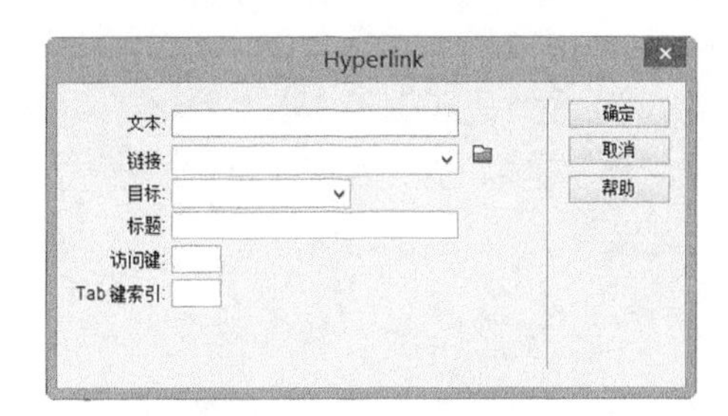

图 8-3 【Hyperlink】对话框

8.3 创建各种类型的链接

前面介绍了超级链接的基本概念及创建链接的几种方法，下面通过几个实例来巩固所学的知识。

8.3.1 创建文本链接

当浏览网页时，鼠标经过某些文本，会出现一个手形图标，同时文本也会发生相应的变化，提示浏览者这是带链接的文本。此时单击鼠标，会打开所链接的网页，这就是文本超级链接，具体操作步骤如下。

原始文件	CH08/8.3.1/index.html
最终文件	CH08/8.3.1/index1.html
学习要点	创建文本链接

❶ 打开素材文件“CH08/8.3.1/index.html”，选中要创建链接的文本，如图 8-4 所示。

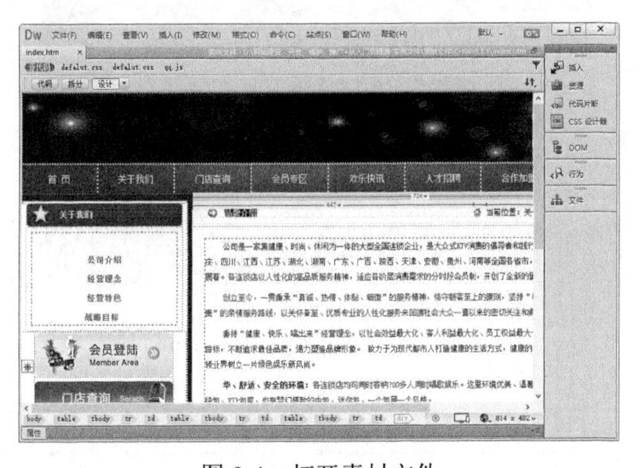

图 8-4 打开素材文件

❷ 打开【属性】面板，单击【链接】文本框右边的浏览按钮图标，弹出【选择文件】对话框，在对话框中选择链接的文件，如图 8-5 所示。

❸ 单击【确定】按钮，文件即可被添加到【链接】文本框中，如图 8-6 所示。

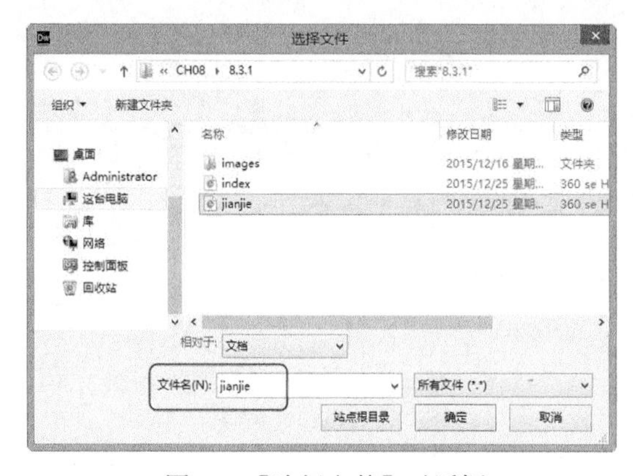

图 8-5 【选择文件】对话框

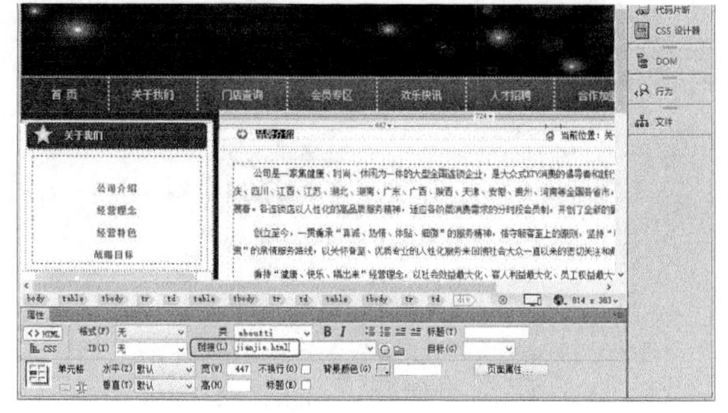

图 8-6 添加链接文件

❹ 保存网页文档，按 F12 键即可在浏览器中预览效果，如图 8-7 所示。

图 8-7 创建文本链接的效果

8.3.2 创建图像热点链接

在网页中，超链接可以是文字，也可以是图像。图像整体可以是一个超链接的载体，而且图像中的一部分或多个部分也可以分别成为不同的链接，具体操作步骤如下。

原始文件	CH08/8.3.2/index.html
最终文件	CH08/8.3.2/index1.html
学习要点	创建图像热点链接

❶ 打开素材文件“CH08/8.3.2/index.html”，如图 8-8 所示。

❷ 选中创建图像热点链接的图像，打开【属性】面板，单击【圆形热点工具】按钮，如图 8-9 所示。

图 8-8　打开素材文件

图 8-9 【属性】面板

> **提示**　在【属性】面板中有三种热点工具，分别是【矩形热点工具】、【圆形热点工具】和【多边形热点工具】，可以根据图像的形状来选择热点工具。

❸ 将光标移动到要绘制热点图像【产品展示】的上方，按住鼠标左键不放，拖动鼠标左键绘制一个圆形热点，如图 8-10 所示。

❹ 选中圆形热点，在【属性】面板的【链接】文本框中输入地址，如图 8-11 所示。

图 8-10　绘制一个矩圆形热点

图 8-11　输入链接

❺ 同理绘制其他的图像热点链接，并输入相应的链接，如图 8-12 所示。

❻ 保存文档，按 F12 键即可在浏览器中预览效果，如图 8-13 所示。

图 8-12　绘制其他的热点

图 8-13　创建图像热点链接的效果

8.3.3　创建 E-mail 链接

E-mail 链接也叫电子邮件链接，在制作网页时，有些内容需要创建电子邮件链接。当单击此链接时，将启动相关的邮件程序发送 E-mail 信息。在 Dreamweaver 中，创建 E-mail 链接可以在【属性】面板中进行设置，也可以使用菜单命令进行设置，具体操作步骤如下。

原始文件	CH08/8.3.3/index.html
最终文件	CH08/8.3.3/index1.html
学习要点	创建 E-mail 链接

❶ 打开素材文件“CH08/8.3.2/index.html”，如图 8-14 所示。

❷ 将光标放置在页面中相应的位置，选择菜单中的【插入】|【HTML】|【电子邮件链接】命令，弹出【电子邮件链接】对话框，在对话框中的【文本】文本框中输入“联系我们”，在【电子邮件】文本框中输入“mailto：sdhzwey@163.com”，如图 8-15 所示。

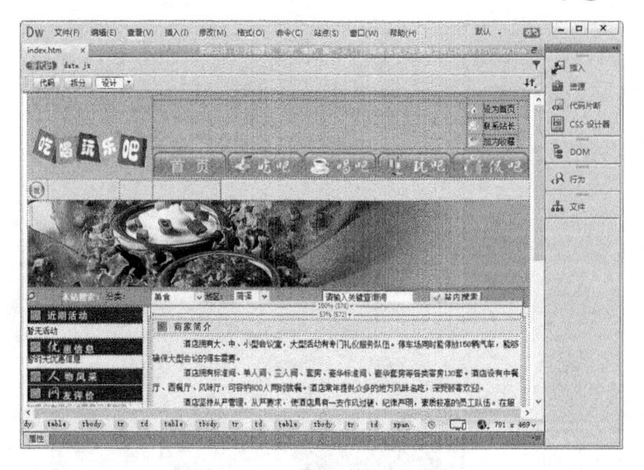

图 8-14 打开素材文件

图 8-15 【电子邮件链接】对话框

❸ 单击【确定】按钮，创建 E-mail 链接，如图 8-16 所示。

❹ 保存文档，按 F12 键即可在浏览器中预览效果，单击 E-mail 链接，可以看到【新邮件】对话框，如图 8-17 所示。

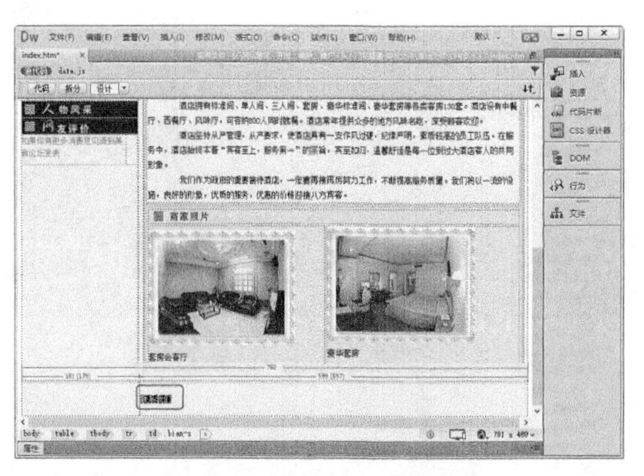

图 8-16 创建 E-mail 链接

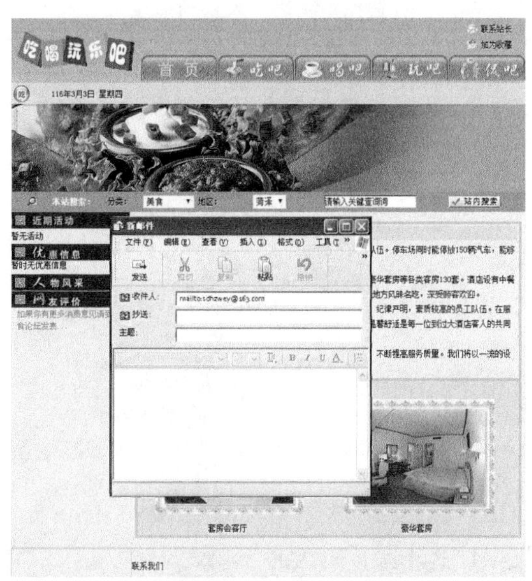

图 8-17 E-mail 链接

8.3.4 创建下载文件链接

如果要在网站中提供下载资料，就需要为文件提供下载链接，如果超级链接指向的不是一个网页文件，而是其他文件，如 ZIP、MP3、EXE 文件等，单击链接的时候就会下载文件，具体操作步骤如下。

原始文件	CH08/8.3.4/index.html
最终文件	CH08/8.3.4/index1.html
学习要点	创建下载文件链接

❶ 打开素材文件“CH08/8.3.4/index.html”，选中要创建下载链接的文字，如图 8-18 所示。

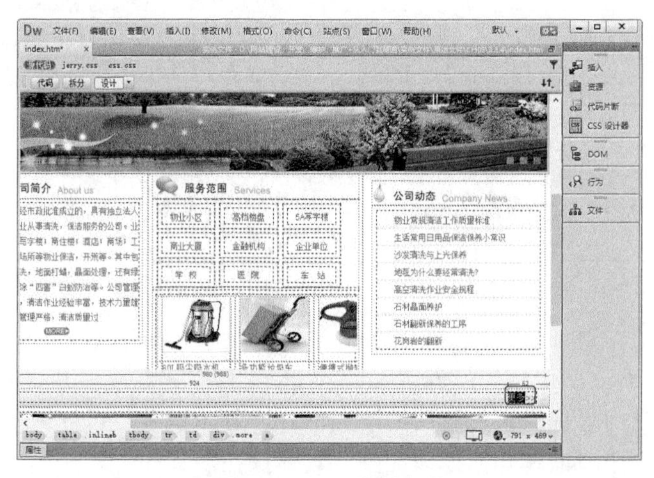

图 8-18　打开素材文件

❷ 在【属性】面板中单击【链接】文本框右边的浏览文件夹图标，如图 8-19 所示。

❸ 弹出【选择文件】对话框，在对话框中选择文件，如图 8-20 所示。

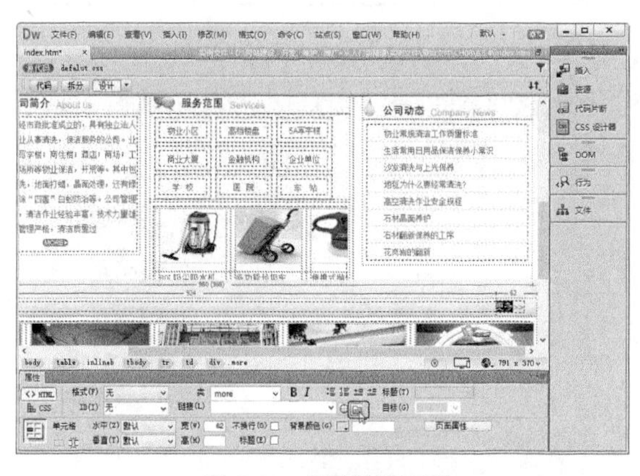

图 8-19 【属性】面板

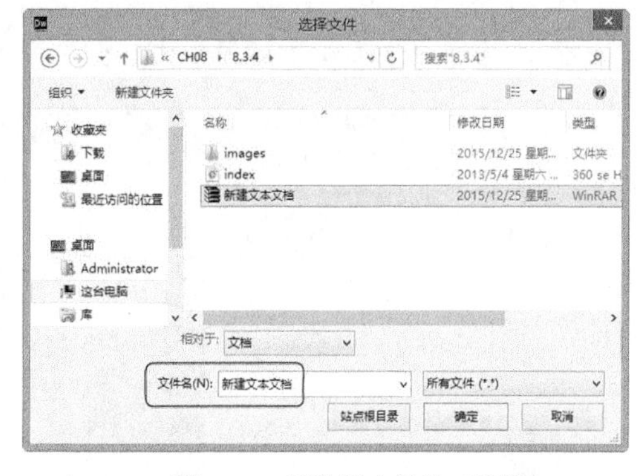

图 8-20 【选择文件】对话框

❹ 单击【确定】按钮，添加文件，如图 8-21 所示。

❺ 保存文档，按 F12 键即可浏览效果，单击【更多】，效果如图 8-22 所示。

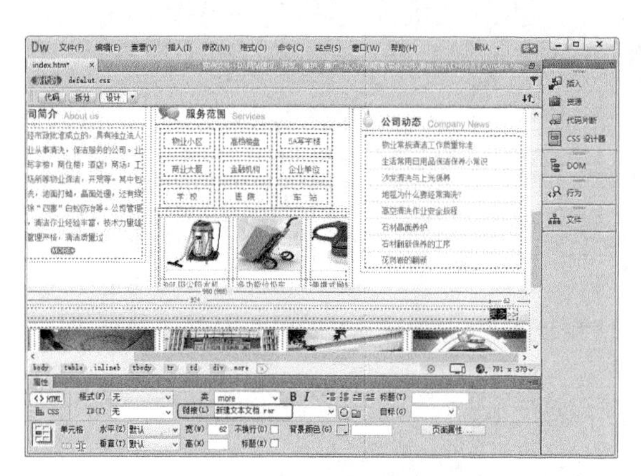

图 8-21 添加链接文件

图 8-22 预览效果

提示 网站中的每个下载文件必须对应一个下载链接，而不能为多个文件或文件夹建立下载链接。如果需要对多个文件或文件夹提供下载，只能利用压缩软件将这些文件或文件夹压缩为一个文件。

8.3.5 创建脚本链接

脚本链接执行 JavaScript 代码或调用 JavaScript 函数，它非常有用，能够在不离开当前网页文档的情况下为访问者提供有关某项的附加信息。脚本链接还可以用于在访问者单击特定项时，执行计算、表单验证和其他处理任务，具体操作步骤如下。

原始文件	CH08/8.3.5/index.html
最终文件	CH08/8.3.5/index1.html
学习要点	创建脚本链接

❶ 打开素材文件“CH08/8.3.5/index.html”，选中文本“关闭网页”，如图 8-23 所示。

❷ 在【属性】面板【链接】文本框中输入“javascript:window.close()”，如图 8-24 所示。

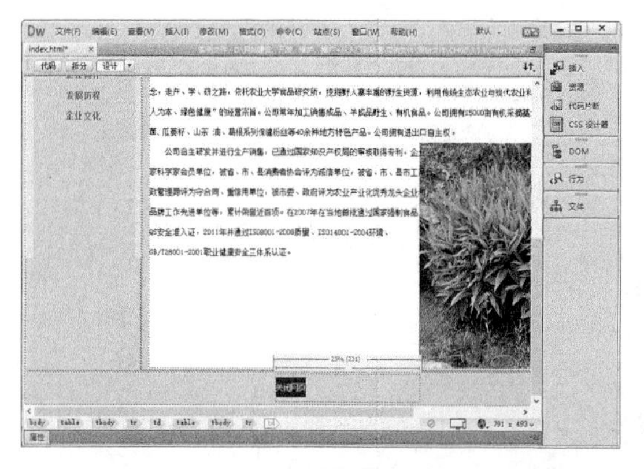

图 8-23 打开素材文件

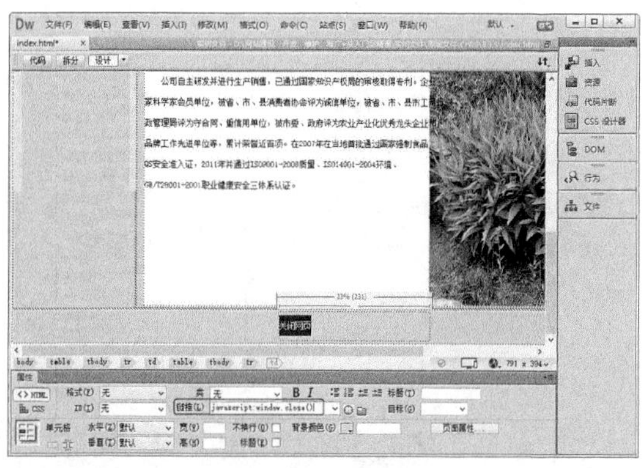

图 8-24 输入链接

❸ 保存文档，按 F12 键在浏览器中预览效果。单击“关闭网页”超文本链接，会自动弹出一个提示对话框，询问是否关闭窗口，单击【是】按钮，即可关闭网页，如图 8-25 所示。

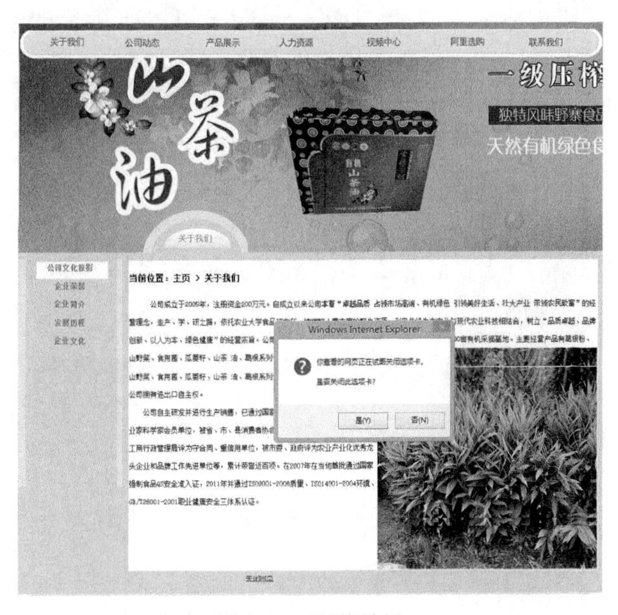

图 8-25　预览效果

8.3.6　创建空链接

空链接用于向页面上的对象或文本附加行为，打开要创建空链接的文件，选中文字，在【属性】面板的【链接】文本框中输入#，如图 8-26 所示。

图 8-26　输入空链接

8.4　管理超级链接

超级链接是网页中不可缺少的一部分，通过超级链接可以使各个网页链接在一起，使网站中众多的网页构成一个有机整体。通过管理网页中的超级链接，也可以对网页进行相应的管理。

8.4.1 自动更新链接

每当在站点内移动或重命名文档时，Dreamweaver 可更新其指向该文档的链接。当将整个站点存储在本地硬盘上时，自动更新链接功能最适合用 Dreamweaver 更改远程文件夹中的文件。为了加快更新过程，Dreamweaver 可创建一个缓存文件，用以存储有关本地文件夹所有链接的信息，在添加、更改或删除指向本地站点上的文件的链接时，该缓存文件以可见的方式进行更新。

设置自动更新链接的方法如下。

选择菜单中的【编辑】|【首选项】命令，在打开的对话框的【分类】列表框中选择【常规】选项，如图 8-27 所示。

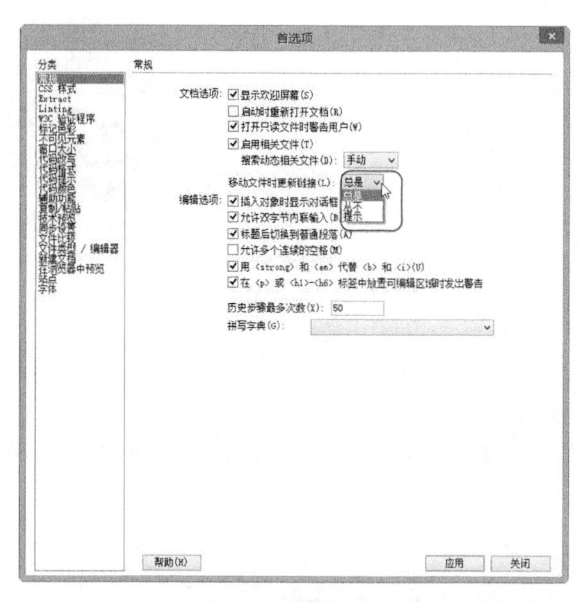

图 8-27 【首选参数】对话框

在【文档选项】区域中，从【移动文件时更新链接】下拉表中可以选择【总是】或【提示】。若选择【总是】，则每当移动或重命名选定的文档时，Dreamweaver 将自动更新其指向该文档的所有链接；如果选择【提示】，在移动文档时，Dreamweaver 将显示一个对话框，在对话框中列出此更改影响到所有文件，提示是否更新文件，单击【更新】按钮将更新这些文件中的链接。

8.4.2 在站点范围内更改链接

除了每当移动或重命名文件时让 Dreamweaver 自动更新链接外，还可以手动更改所有链接，以指向其他位置，具体操作步骤如下。

❶ 打开已创建的站点地图，选中一个文件，选择菜单中【站点】|【改变站点链接范围的链接】命令，选择命令后，弹出【更改整个站点链接】对话框，如图 8-28 所示。

❷ 在【变成新链接】文本框中输入链接的文件，单击【确定】按钮，弹出【更新文件】对话框，如图 8-29 所示。

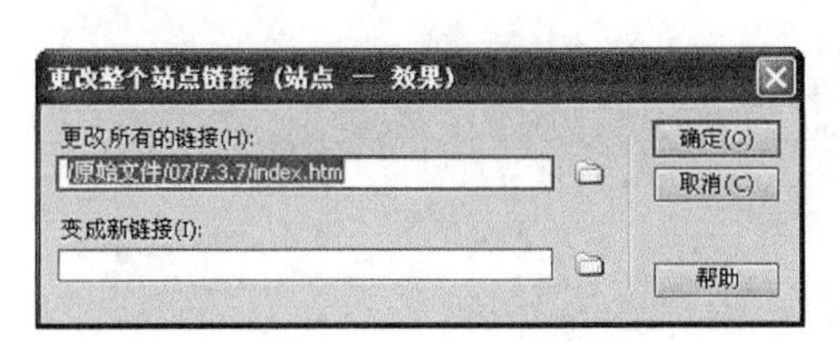

图 8-28 【更改整个站点链接】对话框

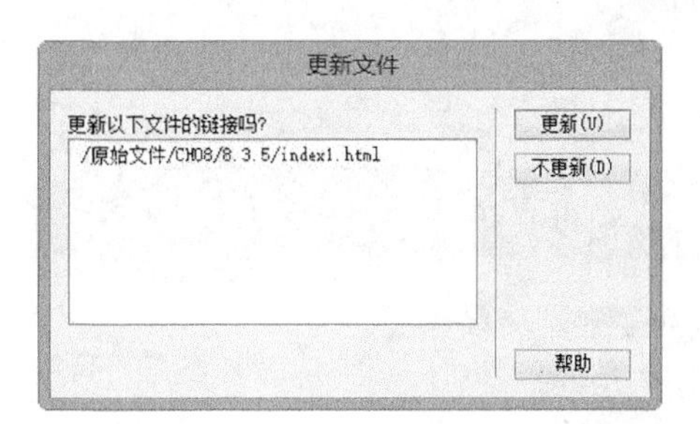

图 8-29 【更新文件】对话框

❸ 单击【更新】按钮，完成更改整个站点范围内的链接。

8.4.3 检查站点中的链接错误

检查站点中链接错误的具体操作步骤如下。

❶ 选择菜单中的【站点】|【检查站点范围的链接】命令，打开【链接检查器】面板，在【显示】选项中选择【断掉的链接】，如图 8-30 所示。单击最右边的【浏览文件夹】图标选择正确的文件，可以修改无效链接。

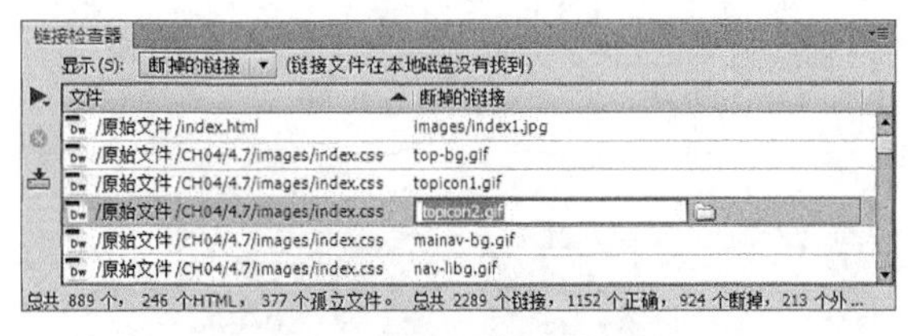

图 8-30 选择【断掉的链接】

❷ 在【显示】下拉表中选择【外部链接】可以检查与外部网站链接的全部信息，如图 8-31 所示。

❸ 在【显示】下拉表中选择【孤立的文件】，检查出来的孤立文件用 Delete 键即可删除，如图 8-32 所示。

图 8-31 选择【外部链接】

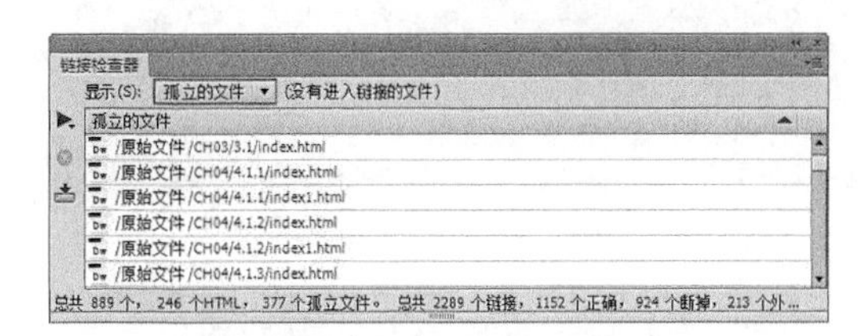

图 8-32 选择【孤立的文件】

8.5 实例——创建图像热点链接

本章主要讲述了关于超级链接的基本概念、创建超链接的方法、创建各种类型的链接以及如何管理超级链接等。下面通过实例具体讲述和概括本章所学的知识，具体操作步骤如下。

原始文件	CH08/8.5/index.html
最终文件	CH08/8.5/index1.html
学习要点	创建图像热点链接

❶ 打开素材文件“CH08/8.5/index.html”，如图 8-33 所示。

❷ 选中图像，打开【属性】面板，在面板中选择矩形热点工具，如图 8-34 所示。

图 8-33 打开素材文件

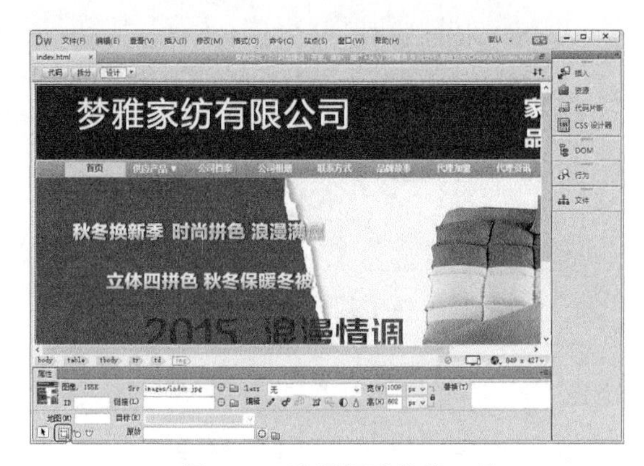

图 8-34 选择矩形热点工具

❸ 将光标置于图像上，绘制矩形热点，如图 8-35 所示。

❹ 在【属性】面板中单击【链接】文本框右边的浏览文件夹图标，在弹出的对话框中选择链接文件，如图 8-36 所示。

图 8-35 绘制矩形热点

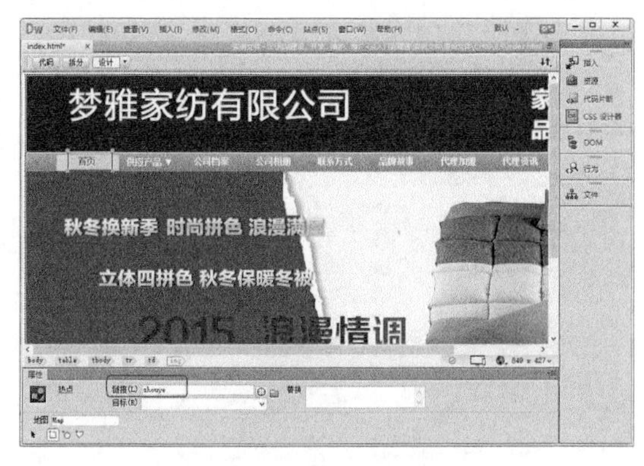

图 8-36 输入链接

❺ 重复以上步骤，在其他的图像上绘制热点，并输入相应链接，如图 8-37 所示。

❻ 保存文档，按 F12 键即可在浏览器中预览效果，如图 8-38 所示。

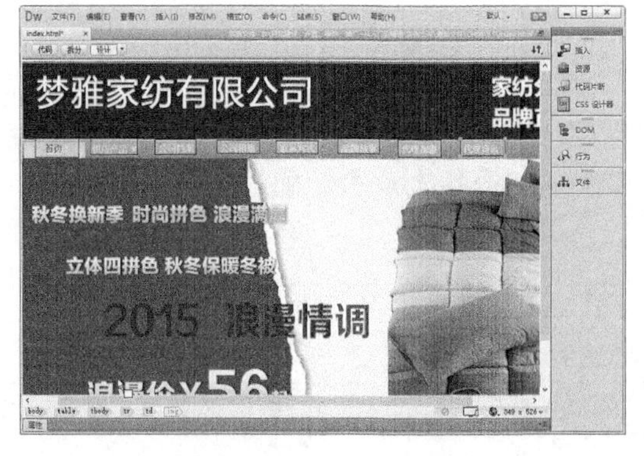

图 8-37 绘制矩形热点

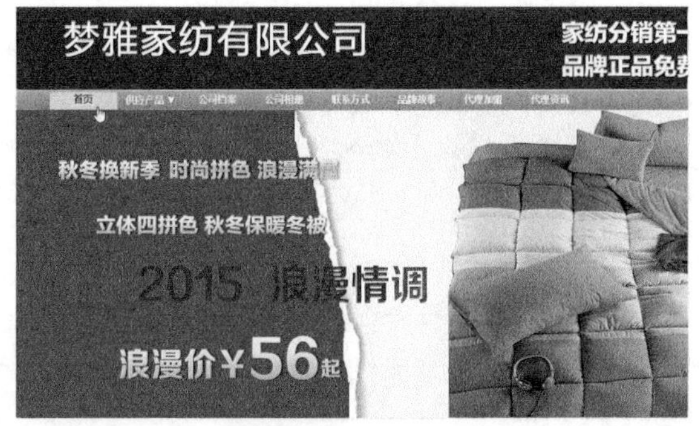

图 8-38 预览效果

8.6 经典习题与解答

1. 填空题

（1）采用________的好处是，它同链接的源端点无关，只要网站的地址不变，则无论文档在站点中如何移动，都可以正常实现跳转而不会发生错误。

（2）当浏览网页时，鼠标经过某些文本，会出现一个________，同时文本也会发生相应的变化，提示浏览者这是带链接的文本。此时单击鼠标，会打开所链接的网页，这就是________。

2. 操作题

创建图像的热点链接。

原始文件	CH08/操作题/index.html
最终文件	CH08/操作题/index1.html
学习要点	创建图像的热点链接

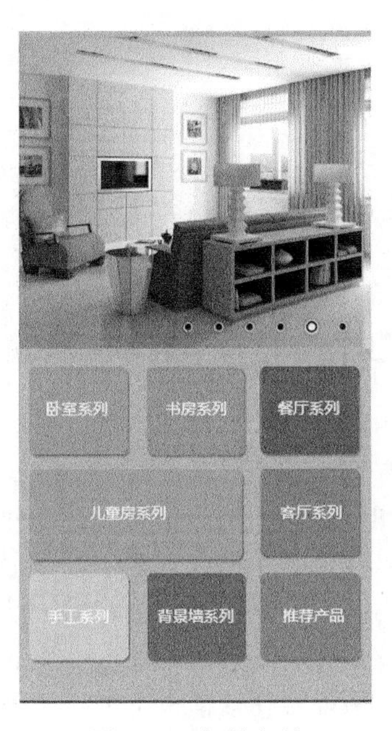

图 8-39 起始文件

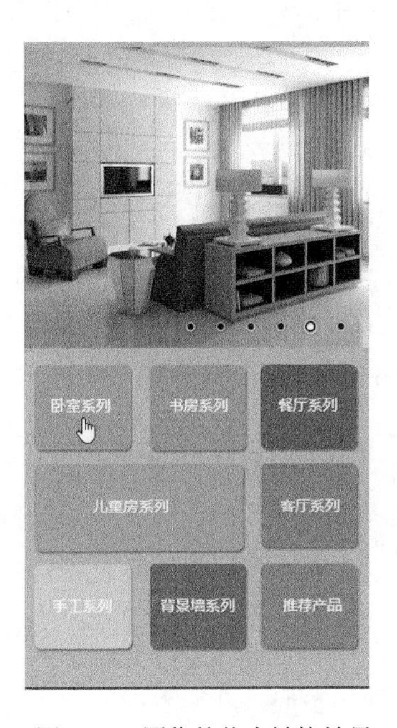

图 8-40 图像的热点链接效果

第9章

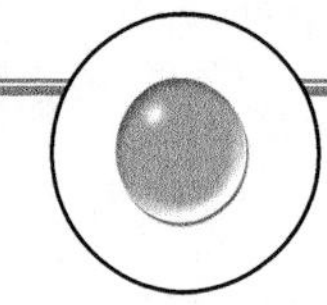

使用模板和库提高网页制作效率

如果想让站点保持统一的风格或站点中多个文档包含相同的内容，逐一对其进行编辑未免过于麻烦。为了提高制作网站的效率，Dreamweaver 提供了模板和库，可以使整个网站的页面设计风格一致，使网站维护更轻松。只要改变模板，就能自动更改所有基于这个模板创建的网页。

学习目标

- 创建模板网页
- 使用模板
- 管理模板
- 创建与应用库项目
- 创建网站模板
- 利用模板创建网页

9.1 创建模板网页

Dreamweaver CC 模板是一种特殊类型的文档，用于设计“固定的”页面布局。设计师可以基于模板创建文档，从而使创建的文档继承模板的页面布局。设计模板时，可以指定在基于模板的文档中的编辑区域。

使用模板能够帮助设计师快速制作出一系列具有相同风格的网页。制作模板与制作普通网页相同，只是不把网页的所有部分都制作完成，而只是把导航栏和标题栏等各个网页的公有部分制作出来，把中间部分留给各个网页安排具体内容。在模板中，可编辑区域是基于该模板的页面中可以修改的部分，不可编辑（锁定）区域是在所有页面中保持不变的页面布局部分。创建模板时，新模板中的所有区域都是锁定的，所以要使该模板可用，必须定义一些可编辑区域。在基于模板的文档中，只能对文档的可编辑区域进行修改，文档的锁定区域是不能修改的。

9.1.1 直接创建模板

直接创建模板的具体操作步骤如下。

❶ 选择菜单中的【文件】|【新建】命令，弹出【新建文档】对话框，在对话框中选择

【新建文档】选项卡中的【文档类型】|【HTML 模板】|【无】选项，如图 9-1 所示。

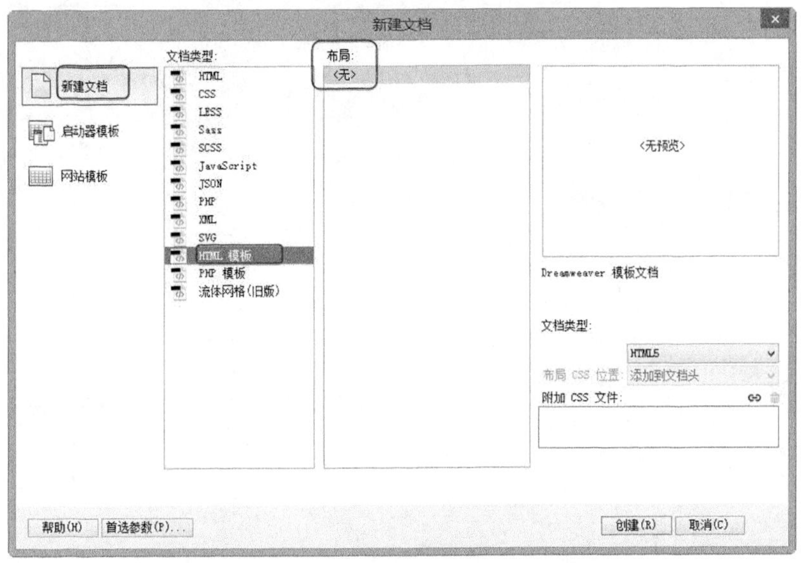

图 9-1 【新建文档】对话框

❷ 单击【创建】按钮，即可创建一个模板网页，如图 9-2 所示。

❸ 选择菜单中的【文件】|【保存】命令，弹出【Dreamweaver】提示对话框，如图 9-3 所示。

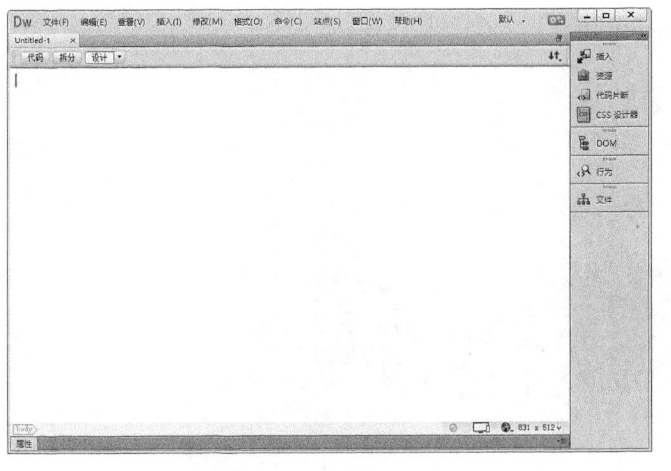

图 9-2 创建模板网页

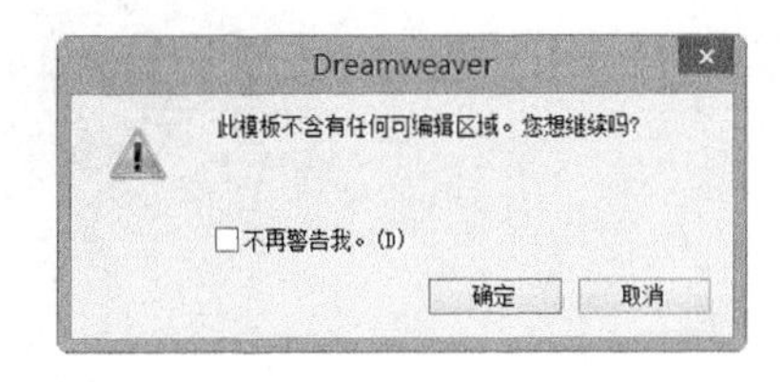

图 9-3 【Dreamweaver】提示对话框

❹ 单击【确定】按钮，弹出【另存模板】对话框，在【另存为】文本框中输入名称，如图 9-4 所示。

❺ 单击【保存】按钮，将文档另存为模板文档，如图 9-5 所示。

提示　不能将 Templates 文件移动到本地根文件夹之外，这样做将在模板的路径中引起错误。此外，也不要将模板移动到 Templates 文件夹之外或者将任何非模板文件放在 Templates 文件夹中。

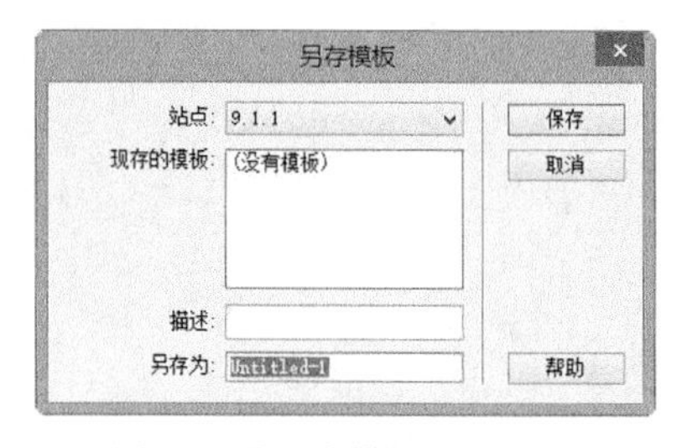

图 9-4 【另存模板】对话框

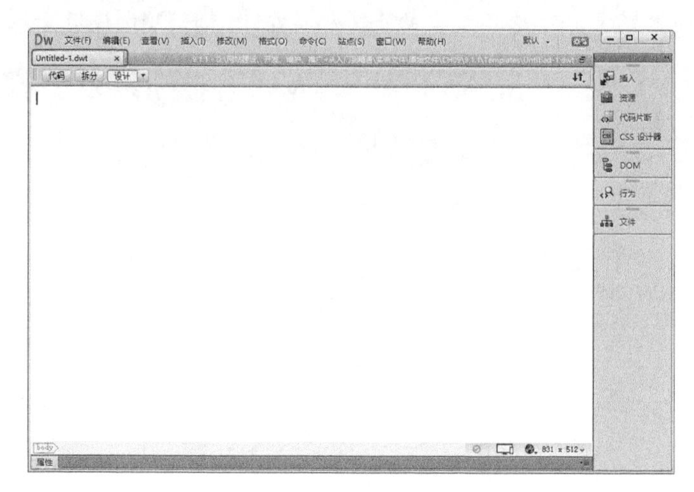

图 9-5 另存为模板文档

9.1.2 从现有文档创建模板

从现有文档创建模板的具体操作步骤如下。

原始文件	CH09/9.1.2/index. html
最终文件	CH09/9.1.2/Templates/moban.dwt
学习要点	从现有文档创建模板

❶ 打开素材文件“CH09/9.1.2/index.html”，如图 9-6 所示。

图 9-6 打开素材文件

❷ 选择菜单中的【文件】|【另存为模板】命令，弹出【另存模板】对话框，在对话框中的【站点】下拉列表中选择保存模板的站点，在【另存为】文本框中输入 moban，如图 9-7 所示。

❸ 单击【保存】按钮，即可将文档另存为模板，如图 9-8 所示。

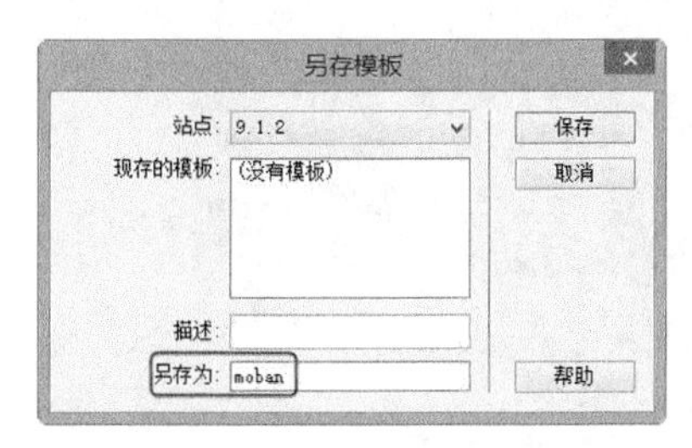

图 9-7 【另存为模板】对话框

图 9-8 另存模板

9.2 使用模板

模板实际上就是具有固定格式和内容的文件，文件扩展名为.dwt。模板的功能很强大，通过定义和锁定可编辑区域可以保护模板的格式和内容不被修改，只有在可编辑区域中才能输入新的内容。模板最大的作用就是可以创建统一风格的网页文件，在模板内容发生变化后，可以同时更新站点中所有使用到该模板的网页文件，不需要逐一修改。

9.2.1 定义可编辑区

在模板中，可编辑区域是页面的一部分，对于基于模板的页面，能够改变可编辑区域中的内容。默认情况下，新创建的模板所有区域都处于锁定状态，因此，要使用模板，必须将模板中的某些区域设置为可编辑区域。创建可编辑区域的具体操作步骤如下。

❶ 打开上节创建的模板网页，如图 9-9 所示。

图 9-9 打开模板网页

❷ 将光标放置在要插入可编辑区域的位置，选择菜单中的【插入】|【模板】|【可编辑区域】命令，弹出【新建可编辑区域】对话框，如图 9-10 所示。

❸ 单击【确定】按钮，插入可编辑区域，如图 9-11 所示。

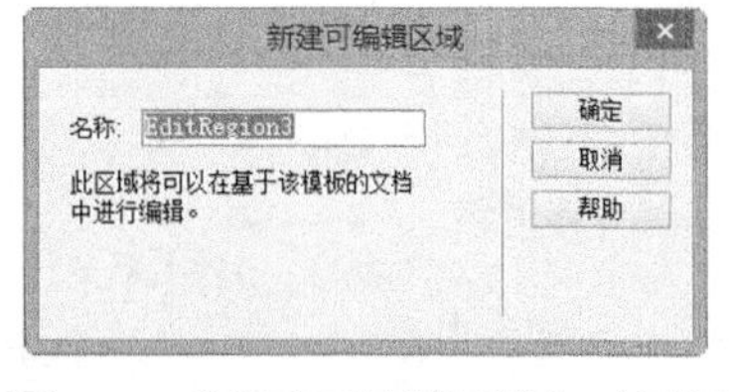

图 9-10 【新建可编辑区域】对话框

图 9-11 插入可编辑区域

提示 单击【模板】插入栏中的可编辑区域按钮，弹出【新建可编辑区域】对话框，插入可编辑区域。

9.2.2 定义新的可选区域

可选区域是设计师在模板中定义为可选的部分，用于保存有可能在基于模板的文档中出现的内容。定义新的可选区域的具体操作步骤如下。

❶ 选择菜单中【插入】|【模板】|【可选区域】命令，或者单击【模板】插入栏中的可选区域按钮，弹出【新建可选区域】对话框，如图 9-12 所示。

❷ 在【新建可选区域】对话框的【名称】文本框中输入这个可选区域的名称，如果选中【默认显示】复选框，单击【确定】按钮，即可创建一个可选区域。

❸ 单击【高级】选项卡，打开【高级】选项，在其中进行设置，如图 9-13 所示。

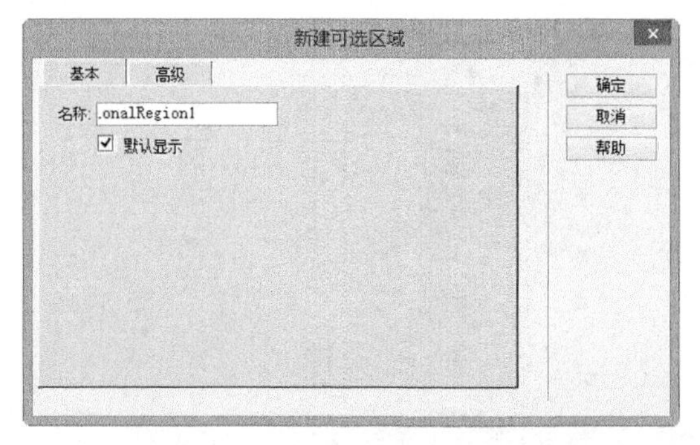

图 9-12 【新建可选区域】对话框

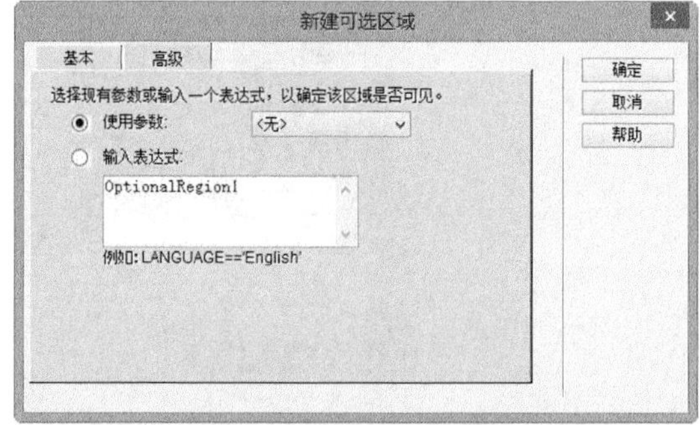

图 9-13 【高级】选项

提示 可选区域并不是可编辑区域，它仍然是被锁定的。当然也可以将可选区域设置为可编辑区域，两者并不冲突。

9.2.3 定义重复区域

重复区域指的是在文档中可能会重复出现的区域，对于经常从事动态页面设置的用户来说，这个概念很熟悉。在静态页面中，重复区域的概念在模板中常被用到，如果不使用模板创建页面，很少在静态页面中用到这一概念。

定义重复区域的具体步骤如下。

❶ 选择菜单中的【插入】|【模板】|【重复区域】命令，或者单击【模板】插入栏中的重复区域按钮，打开【新建重复区域】对话框，如图 9-14 所示。

❷【名称】文本框中输入名称，单击【确定】按钮，即可创建重复区域。

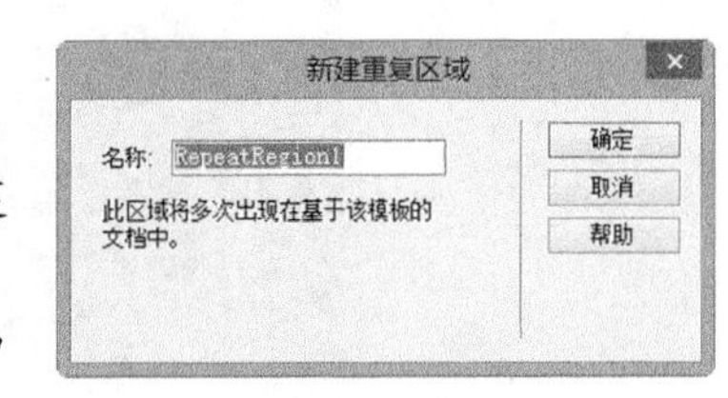

图 9-14 【新建重复区域】对话框

9.2.4 基于模板创建网页

模板最强大的用途之一在于一次更新多个页面。从模板创建的文档与该模板保持连接状态。可以修改模板并立即更新基于该模板的所有文档中的设计。使用模板可以快速创建大量风格一致的网页，具体操作步骤如下。

原始文件	CH09/9.2.4/Templates/moban.dwt
最终文件	CH09/9.2.4/index1.html
学习要点	基于模板创建网页

❶ 选择菜单中的【文件】|【新建】命令，弹出【新建文档】对话框，在对话框中选择【网站模板】选项卡中的【站点 9.2.4】|【站点"9.2.4":的模板】|【moban】选项，如图 9-15 所示。

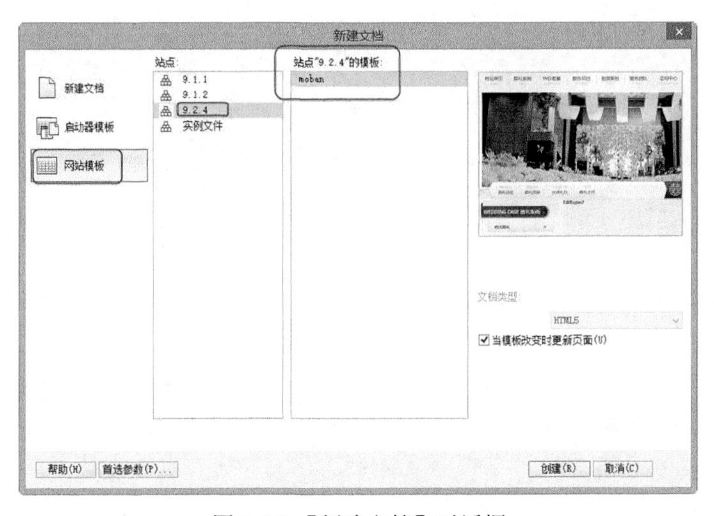

图 9-15 【新建文档】对话框

❷ 单击【创建】按钮，创建一个模板网页，如图 9-16 所示。

❸ 选择菜单中的【文件】|【保存】命令，弹出【另存为】对话框，在【文件名】文本框中输入 index1.htm，如图 9-17 所示。

图 9-16　创建模板网页

图 9-17　【另存为】对话框

❹ 单击【保存】按钮，保存文档，将光标放置在可编辑区域中，选择菜单中的【插入】|【表格】命令，插入 2 行 1 列的表格，此表格记为表格 1，如图 9-18 所示。

❺ 将光标置于表格 1 的第 1 行单元格，输入文字“关于我们”，将文字的【颜色】设置为#930D88，【大小】设置为 16 像素，【字体】设置为黑体，如图 9-19 所示。

❻ 将光标放置在表格 1 的第 2 行单元格中，插入 1 行 1 列的表格，将【表格宽度】设置为 95%，此表格记为表格 2，如图 9-20 所示。

图 9-18　插入表格 1

图 9-19　输入文字

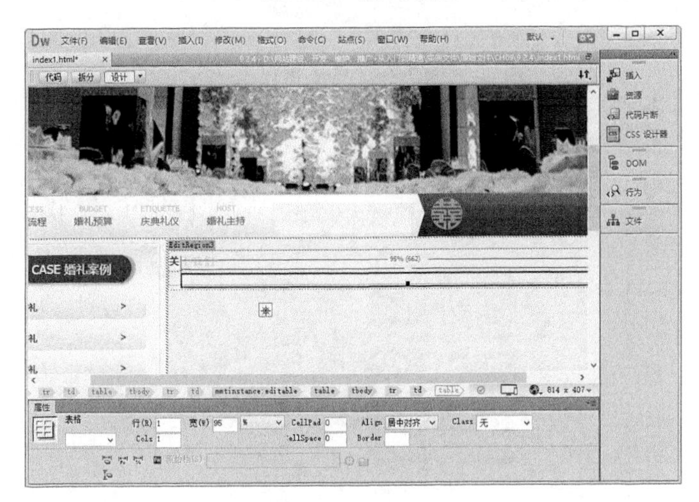

图 9-20　插入表格 2

❼ 将光标放置在表格 2 的单元格中，输入相应的文字，如图 9-21 所示。

❽ 将光标置于文字中，选择菜单中的【插入】|【图像】命令，插入图像，如图 9-22 所示。

❾ 选中插入的图像，单击鼠标右键，在弹出菜单中选择【对齐】|【右对齐】选项，如图 9-23 所示。

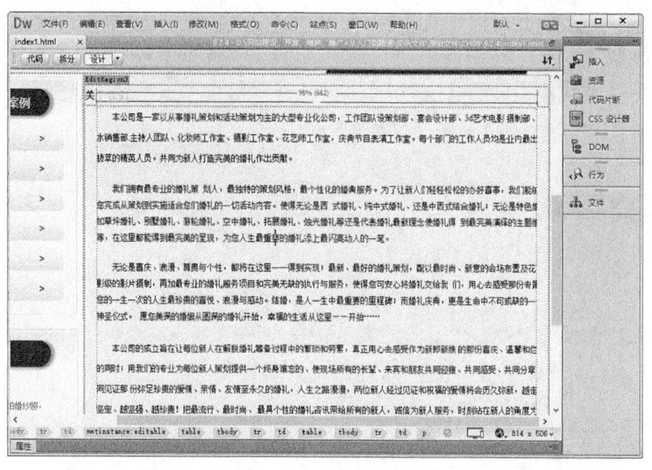

图 9-21 输入文字

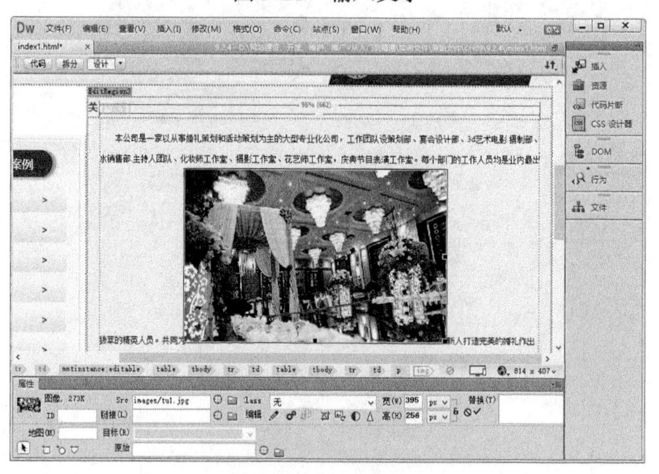

图 9-22 插入图像

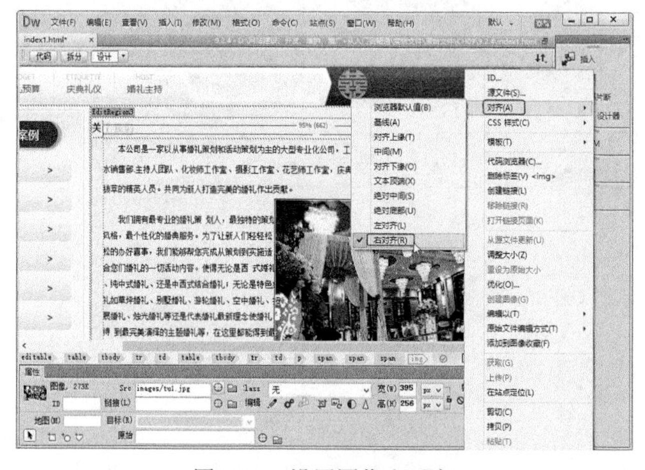

图 9-23 设置图像右对齐

❿ 选择菜单中的【文件】|【保存】命令，保存文档，按 F12 键即可在浏览器中预览效果，如图 9-24 所示。

图 9-24 预览效果

9.3 管理模板

在 Dreamweaver 中，可以对模板文件进行各种管理操作，如重命名、删除等。

9.3.1 更新模板

在通过模板创建文档后，文档就同模板密不可分了。以后每次修改模板后，都可以利用 Dreamweaver 的站点管理特性，自动对这些文档进行更新，从而改变文档的风格。

❶ 打开模板文档，选中图像，在【属性】面板中【链接】中选择矩形热点工具，如图 9-25 所示。

❷ 在图像上绘制矩形热点，并输入相应的链接，如图 9-26 所示。

❸ 选择菜单中的【文件】|【保存】命令，弹出【更新模板文件】对话框，在该对话框中显示要更新的网页文档，如图 9-27 所示。

❹ 单击【更新】按钮，弹出【更新页面】对话框，如图 9-28 所示。

图 9-25　打开模板文档

图 9-26　绘制热点

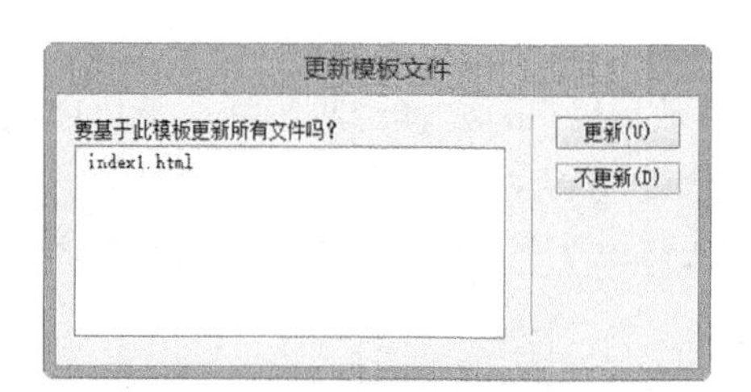

图 9-27 【更新模板文件】对话框

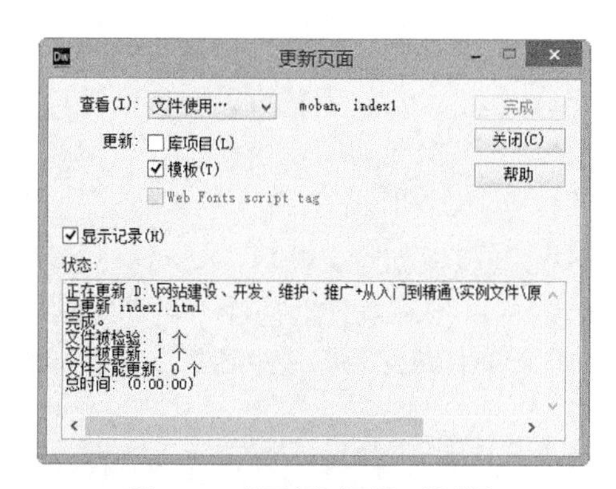

图 9-28 【更新页面】对话框

❺ 打开利用模板创建的文档，可以看到文档已经更新的效果，如图 9-29 所示。

图 9-29 更新文档

9.3.2 从模板中脱离

若要更改基于模板的文档的锁定区域，必须将该文档从模板中分离。将文档分离之后，整个文档都将变为可编辑的。

原始文件	CH09/9.3.2/index1.html
最终文件	CH09/9.3.2/index2.html
学习要点	从模板中脱离

❶ 打开模板网页文档，选择菜单中的【修改】|【模板】|【从模板中分离】命令，如图 9-30 所示。

图 9-30 选择【从模板中分离】命令

❷ 选择命令后，即可从模板中分离出来，如图 9-31 所示。

图 9-31 从模板中分离出来

9.4 创建与应用库项目

在 Dreamweaver 中，另一种维护文档风格的方法是使用库项目。如果说模板从整体上控制了文档风格的话，库项目则从局部上维护了文档的风格。

9.4.1 关于库项目

库是一种用来存储想要在整个网站上经常重复使用或更新的页面元素（如图像、文本和其他对象）的方法，这些元素称为库项目。

使用 Dreamweaver 的库，就可以通过改动库更新所有采用库的网页，不用一个一个地修改网页元素或者重新制作网页。使用库比使用模板具有更大的灵活性。

9.4.2 创建库项目

可以先创建新的库项目，然后再编辑其中的内容，也可以将文档中选中的内容作为库项目保存。创建库项目的具体操作步骤如下。

最终文件	CH09/9.4.2/top.lbi
学习要点	创建库项目

❶ 选择菜单中【文件】|【新建】命令，弹出【新建文档】对话框，在对话框中选择【新建文档】中的【文档类型】|【HTML】|【无】选项，如图 9-32 所示。

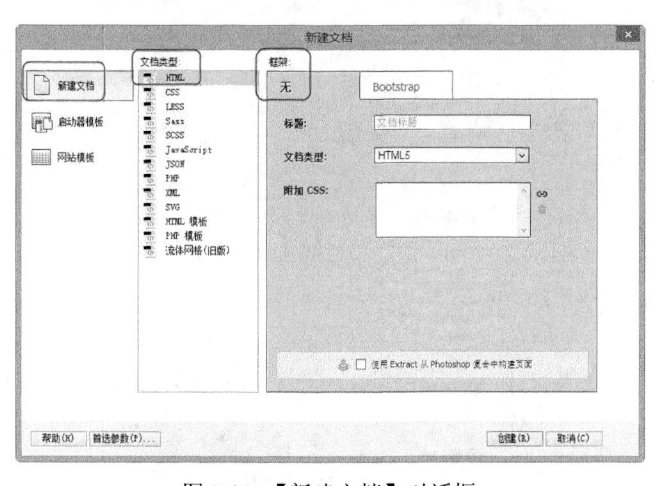

图 9-32 【新建文档】对话框

❷ 单击【创建】按钮，创建一个文档，如图 9-33 所示。

❸ 选择菜单中的【文件】|【保存】命令，弹出【另存为】对话框，在【文件名】文本框中输入 top，在【保存类型】中选择【库文件*.lbi】，如图 9-34 所示。

❹ 单击【创建】按钮，创建一个库文档，如图 9-35 所示。

图 9-33 创建库文档

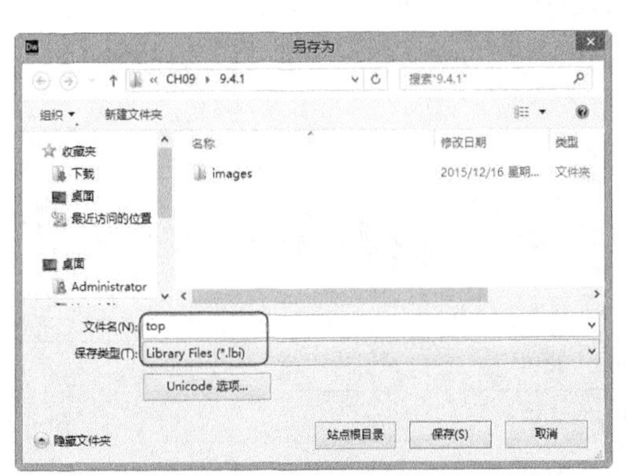

图 9-34 【另存为】对话框

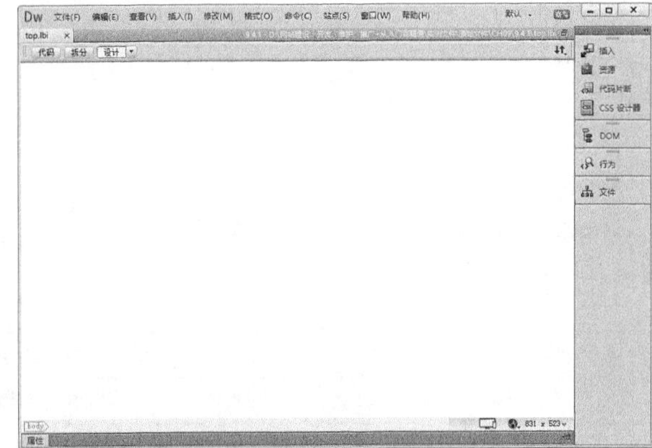

图 9-35 创建库文档

❺ 将光标置于页面中，选择菜单中的【插入】|【表格】命令，插入 1 行 1 列的表格，如图 9-36 所示。

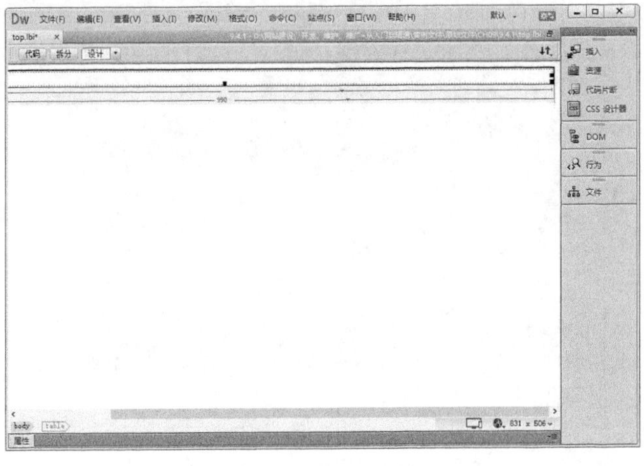

图 9-36 插入表格

❻ 将光标置于表格的单元格中，选择菜单中的【插入】|【图像】命令，插入图像文件“images/top.jpg”，如图 9-37 所示。

❼ 选择菜单中的【文件】|【保存】命令，保存库文件。

图 9-37 插入图像

9.4.3 应用库项目

将库项目应用到文档，实际内容以及对项目的引用就会被插入到文档中。在文档中应用库项目的具体操作步骤如下。

原始文件	CH09/9.4.3/index.html
最终文件	CH09/9.4.3/index1.html
学习要点	应用库项目

❶ 打开素材文件“CH09/9.4.3/index.html”，如图 9-38 所示。

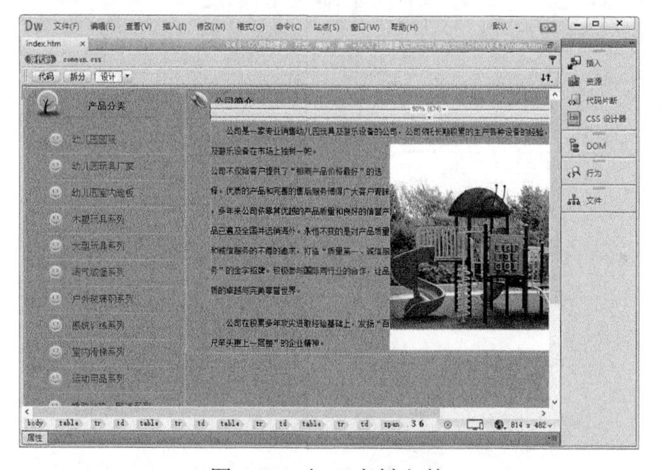

图 9-38 打开素材文件

❷ 打开【资源】面板，在该面板中选择创建好的库文件，单击【插入】按钮 插入 ，

如图 9-39 所示。

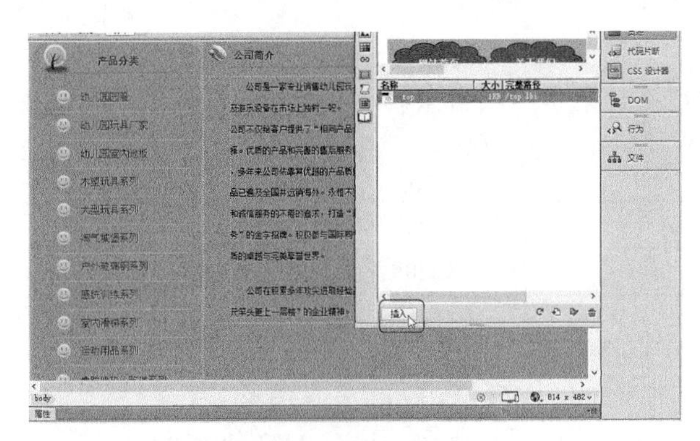

图 9-39 选择库文件

❸ 将库文件插入到文档中，如图 9-40 所示。

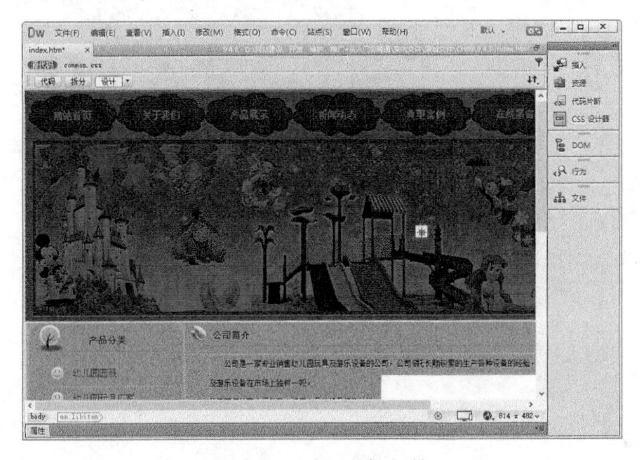

图 9-40 插入库文件

❹ 保存文档，在浏览器中预览效果，如图 9-41 所示。

图 9-41 预览效果

9.4.4 修改库项目

和模板一样，通过修改某个库项目来修改整个站点中所有应用该库项目的文档，实现统一更新文档风格。

原始文件	CH09/9.4.4/index.html
最终文件	CH09/9.4.4/index1.html
学习要点	修改库项目

❶ 打开素材文件“CH09/9.4.4/index.html”，在图像“关于我们”上绘制矩形热区，在【属性】面板中的【链接】文本框中输入链接，如图 9-42 所示。

图 9-42　输入链接

❷ 保存库文件，选择菜单中的【修改】|【库】|【更新页面】命令，打开【更新页面】对话框，如图 9-43 所示。

❸ 单击【开始】按钮，即可按照指示更新文件，如图 9-44 所示。

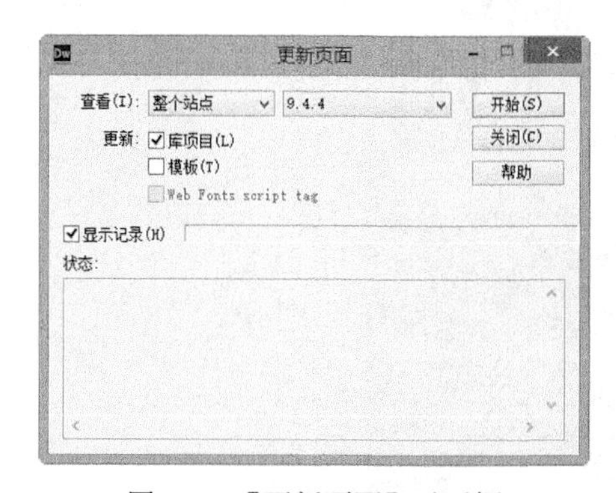

图 9-43 【更新页面】对话框

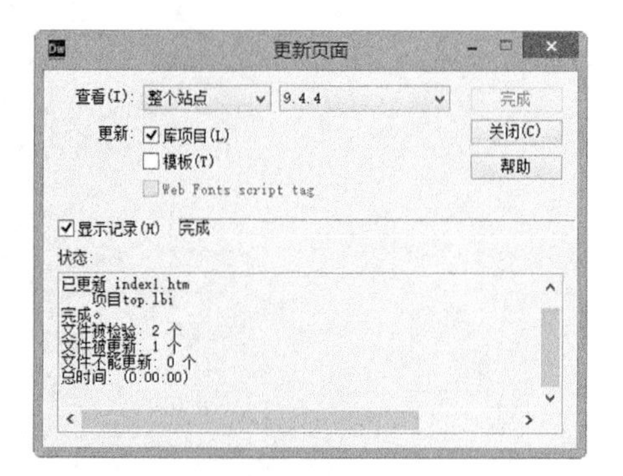

图 9-44　更新文件

❹ 打开应用库项目的文件，可以看到文件已经被更新，如图 9-45 所示。

图 9-45 文件更新

9.5 实例——模板应用

本章主要讲述了模板和库的创建、管理和应用，通过本章的学习，读者基本可以学会创建模板和库。下面通过两个实例来具体讲述创建完整的模板网页。

9.5.1 实例 1——创建网站模板

下面利用实例讲述模板的创建，具体操作步骤如下。

最终文件	CH09/9.5.1/Templates/moban.dwt
学习要点	创建网站模板

❶ 选择菜单中的【文件】|【新建】命令，弹出【新建文档】对话框，在对话框中选择【新建文档】选项，选择【文档类型】选项中的【HTML 模板】，在【布局】中选择【无】选项，如图 9-46 所示。

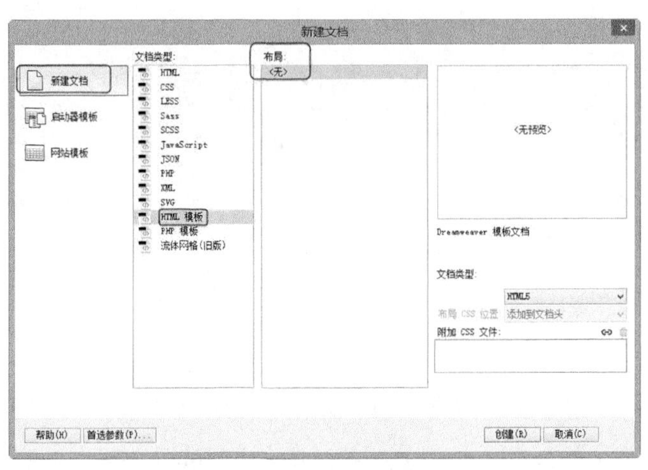

图 9-46 【新建文档】对话框

❷ 单击【创建】按钮，创建一个网页文档，如图 9-47 所示。

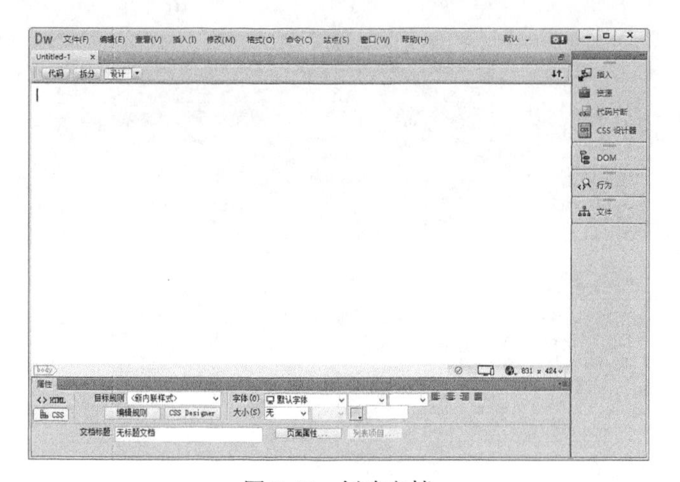

图 9-47　创建文档

❸ 选择菜单中的【文件】|【保存】命令，弹出提示对话框，如图 9-48 所示。

❹ 单击【确定】按钮，弹出【另存模板】对话框，在【文件名】文本框中输入 moban，如图 9-49 所示。

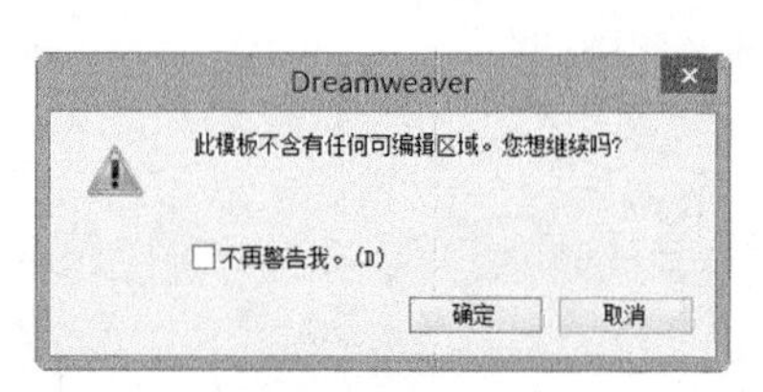

图 9-48　【Dreamweaver】提示对话框

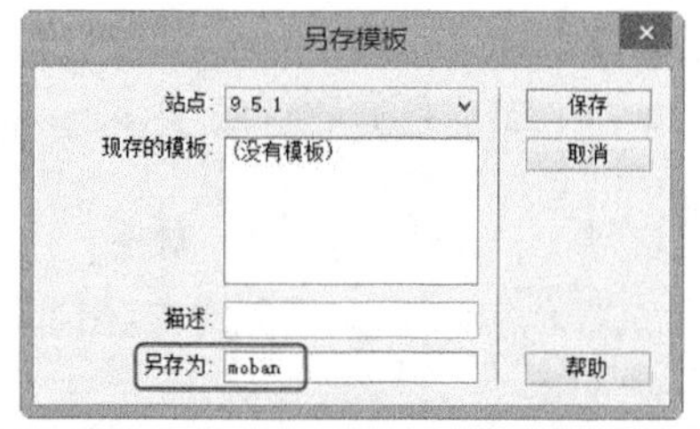

图 9-49　【另存模板】对话框

❺ 单击【保存】按钮，将文件保存为模板，将光标置于文档中，选择菜单中的【修改】|【页面属性】命令，弹出【页面属性】对话框，在对话框中将【左边距】、【上边距】、【下边距】、【右边距】分别设置为 0，如图 9-50 所示。单击【确定】按钮，修改页面属性。

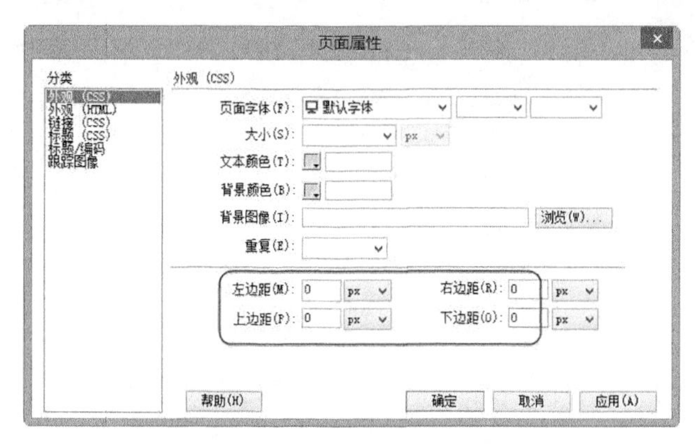

图 9-50　【页面属性】对话框

❻ 选择菜单中的【插入】|【表格】命令，弹出【Table】对话框，在对话框中将【行数】设置为 4，【列数】设置为 1，【表格宽度】设置为 1005 像素，如图 9-51 所示。

❼ 单击【确定】按钮，插入表格，此表格记为表格 1，如图 9-52 所示。

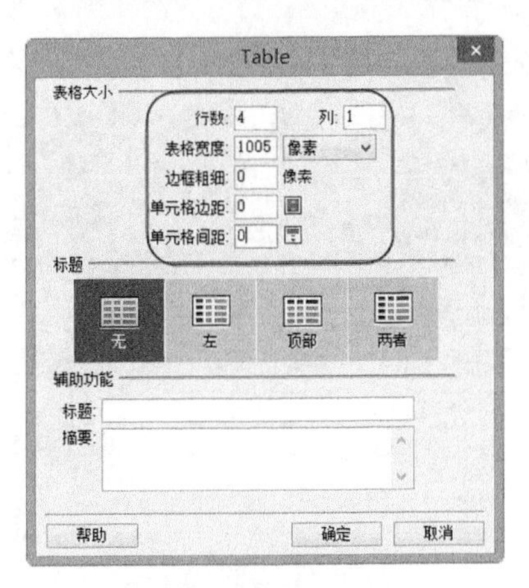

图 9-51 【表格】对话框

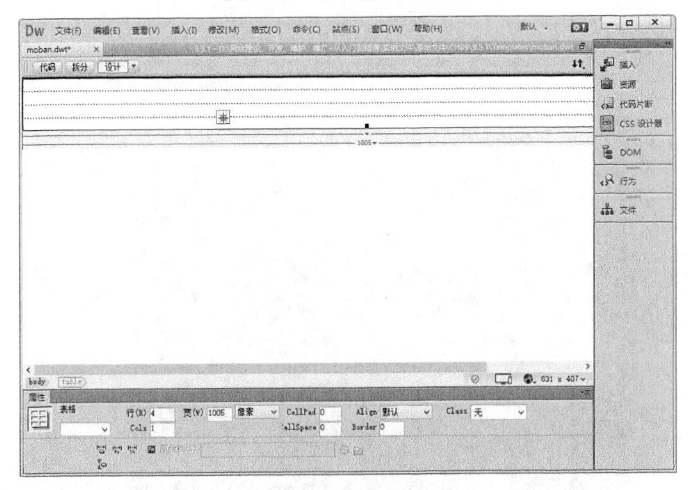

图 9-52 插入表格 1

❽ 将光标置于表格 1 的第 1 行单元格中，选择菜单中的【插入】|【图像】命令，弹出【选择图像源文件】对话框，在对话框中选择图像文件“images/top.jpg”，如图 9-53 所示。

图 9-53 【选择图像源文件】对话框

❾ 单击【确定】按钮，插入图像文件“images/top.jpg”，如图 9-54 所示。

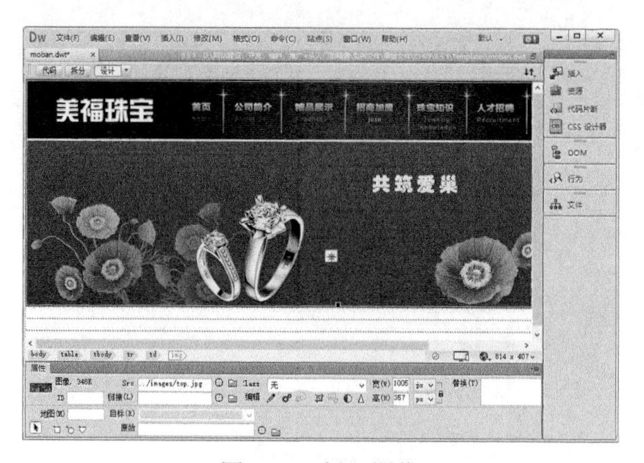

图 9-54　插入图像

⑩ 将光标置于表格 1 的第 2 行单元格中，输入背景图像代码 background=../images/bg_2.jpg，如图 9-55 所示。

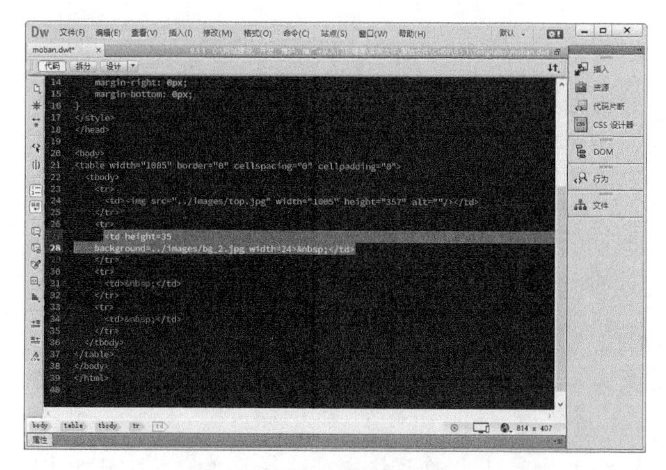

图 9-55　输入背景图像代码

⑪ 返回设计视图，可以看到插入的背景图像，如图 9-56 所示。

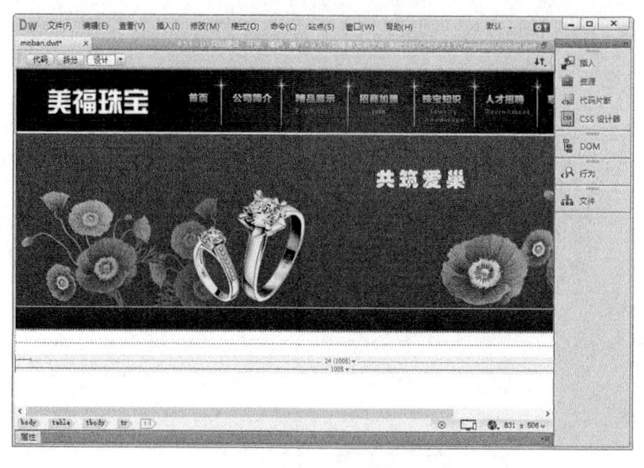

图 9-56　输入背景图像

⑫ 将光标置于背景图像上，输入相应的文字，【大小】设置为 12 像素，【颜色】设置为

#DF7E03，如图 9-57 所示。

图 9-57　输入文字

⓭ 打开代码视图，将光标置于文字的前面，输入代码<MARQUEE onmouseover=this.stop() onmouseout=this.start()　scrollAmount=2>，如图 9-58 所示。

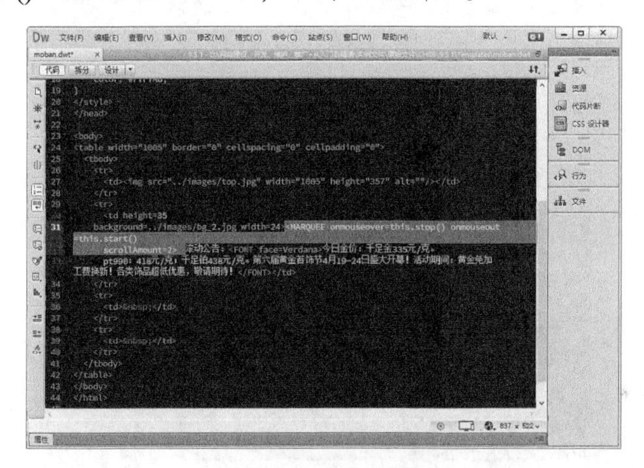

图 9-58　输入代码

⓮ 将光标置于文字的后面，输入代码</MARQUEE>，如图 9-59 所示。

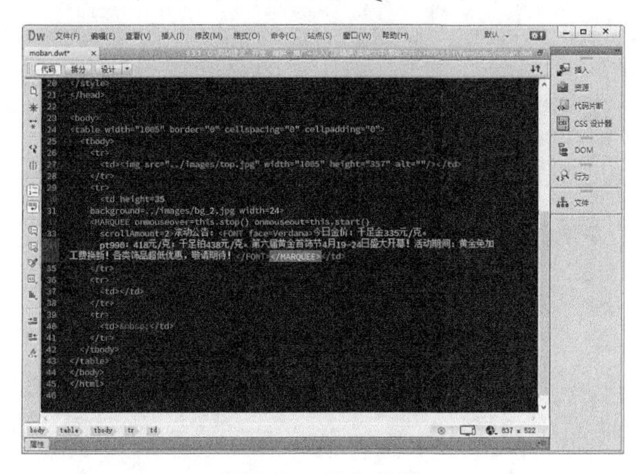

图 9-59　输入代码

⓯ 返回设计视图，将光标置于表格 1 的第 3 行单元格中，选择菜单中的【插入】|【表格】

命令，插入 1 行 5 列的表格，此表格记为表格 2，如图 9-60 所示。

图 9-60　插入表格 2

⑯ 将光标置于在表格 2 的第 1 列单元格中，打开代码视图，在代码中输入背景图像代码 background=../images/bg_6.jpg width=25，如图 9-61 所示。

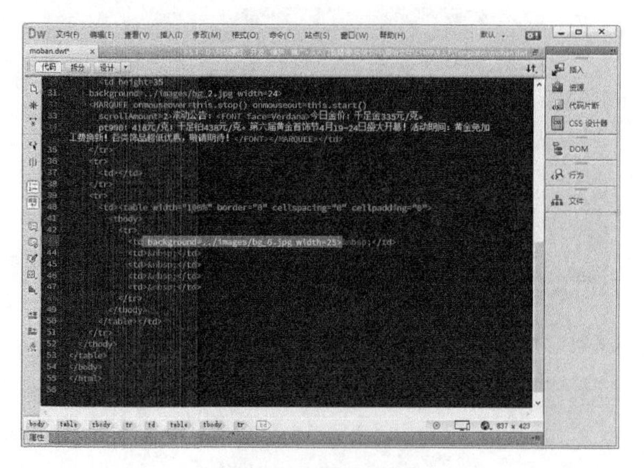

图 9-61　输入代码

⑰ 返回设计视图，可以看到插入的背景图像，如图 9-62 所示。

图 9-62　输入背景图像

⑱ 将光标置于表格 2 的第 2 列单元格中，选择菜单中的【插入】|【表格】命令，插入 3

行 1 列的表格，此表格记为表格 3，如图 9-63 所示。

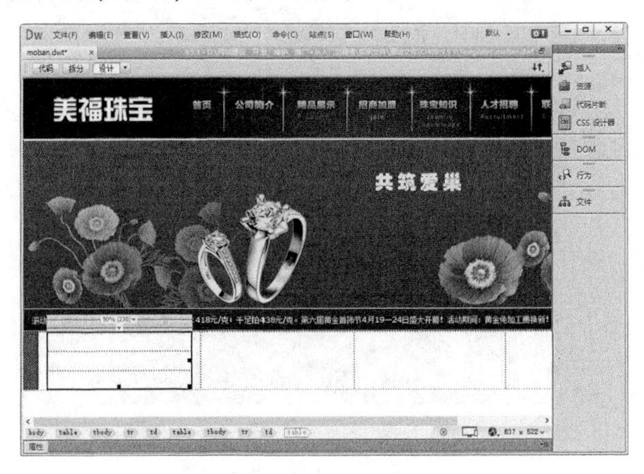

图 9-63 插入表格 3

⑲ 将光标置于表格 3 的第 1 行单元格中，选择菜单中的【插入】|【图像】命令，插入图像文件“images/t_3_4.jpg”，如图 9-64 所示。

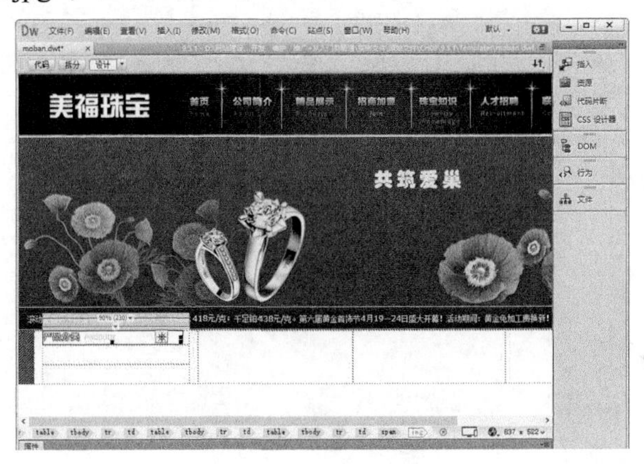

图 9-64 插入图像

⑳ 将光标置于表格 3 的第 2 行单元格中，选择菜单中的【插入】|【表格】命令，插入 14 行 1 列的表格，此表格记为表格 4，如图 9-65 所示。

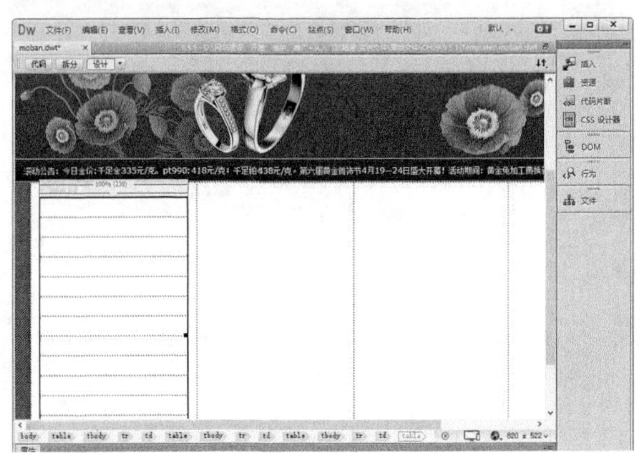

图 9-65 插入表格 4

㉑ 光标置于表格 4 的第 1 行单元格中，打开代码视图，在代码中输入背景图像代码 background=../images/bg_10.jpg，如图 9-66 所示。

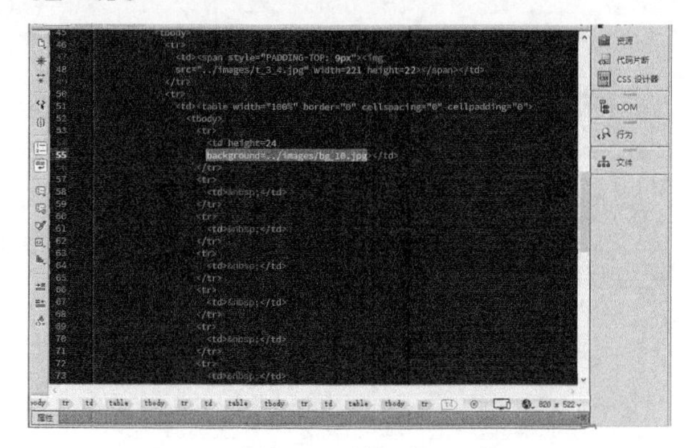

图 9-66　输入代码

㉒ 返回设计视图，可以看到插入的背景图像，如图 9-67 所示。

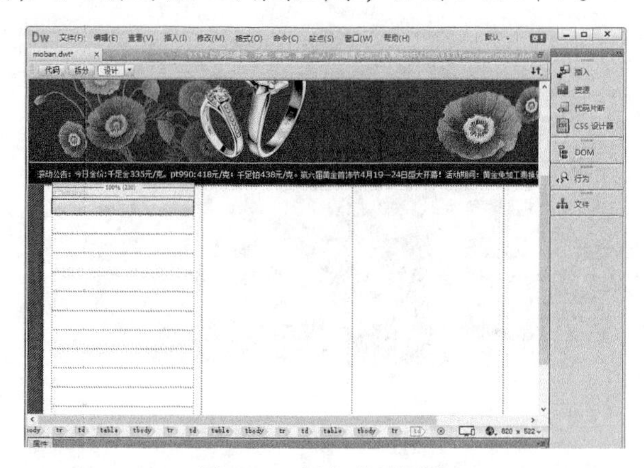

图 9-67　插入背景图像

㉓ 将光标置于背景图像上，输入相应的文字，如图 9-68 所示。

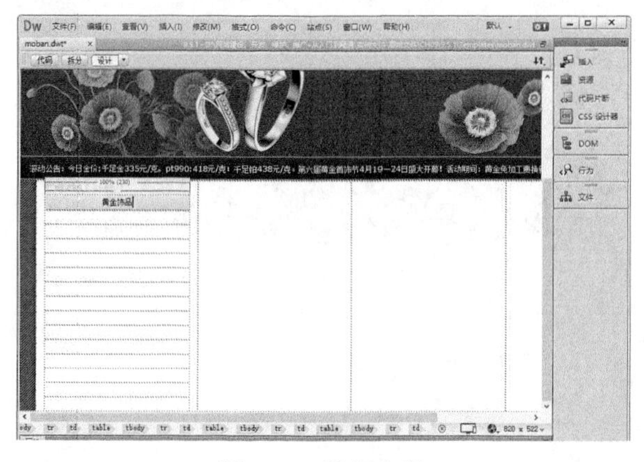

图 9-68　输入文字

㉔ 将光标置于表格 4 的第 2 行单元格中，打开代码视图，在代码中输入背景图像代码

height=1 background=../images/d_1.jpg，如图 9-69 所示。

图 9-69 输入代码

㉕ 返回设计视图，重复步骤 21～24，在表格 4 的其他单元格中也输入相应的内容，如图 9-70 所示。

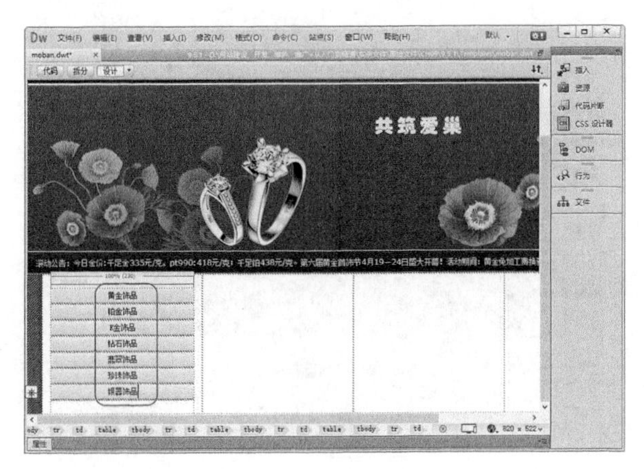

图 9-70 输入内容

㉖ 将光标置于表格 3 的第 3 行单元格中，选择菜单中的【插入】|【表格】命令，插入 2 行 1 列的表格，此表格记为表格 5，如图 9-71 所示。

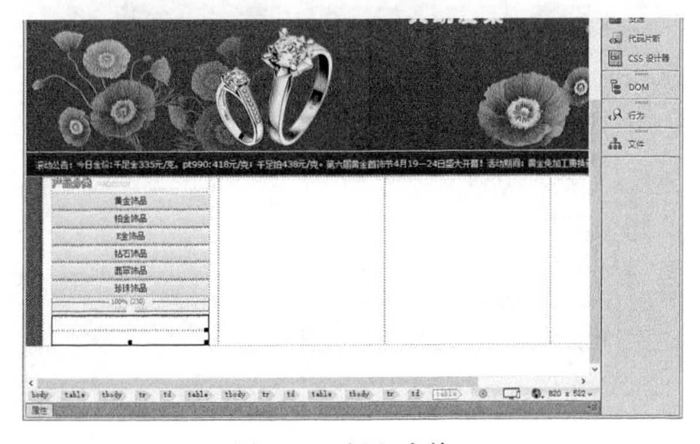

图 9-71 插入表格 5

㉗ 在表格 5 的单元格中，分别插入相应的图像，如图 9-72 所示。

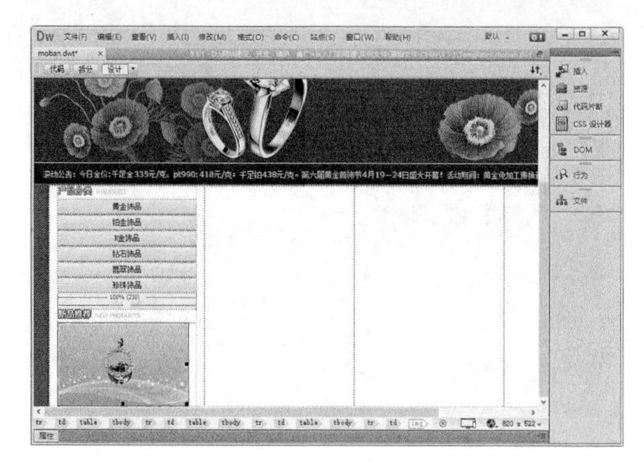

图 9-72　插入图像

㉘ 将光标置于表格 2 的第 3 列单元格中，打开代码视图，在代码中输入背景图像代码 background=../images/bg_7.jpg width=4，如图 9-73 所示。

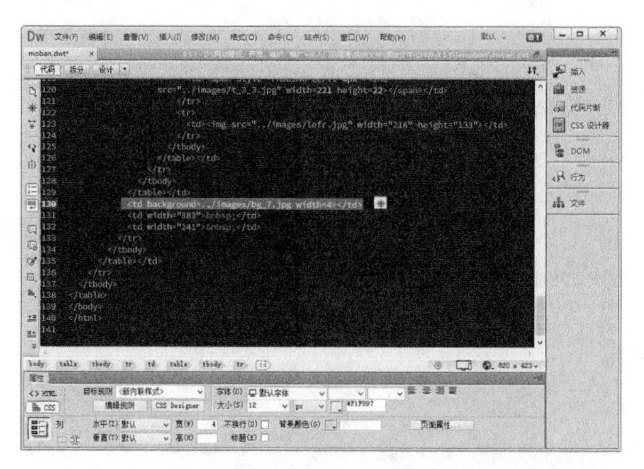

图 9-73　输入代码

㉙ 返回设计视图，可以看到插入的背景图像，如图 9-74 所示。

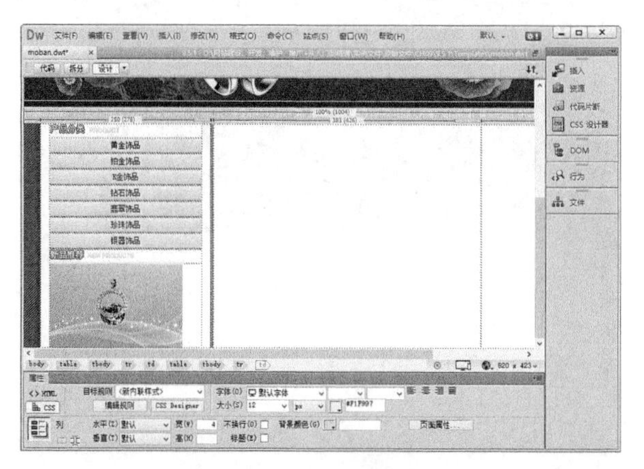

图 9-74　插入背景图像

㉚ 将光标置于表格 2 的第 4 列单元格中，选择菜单中的【插入】|【模板】|【可编辑区域】命令，弹出【新建可编辑区域】对话框，如图 9-75 所示。

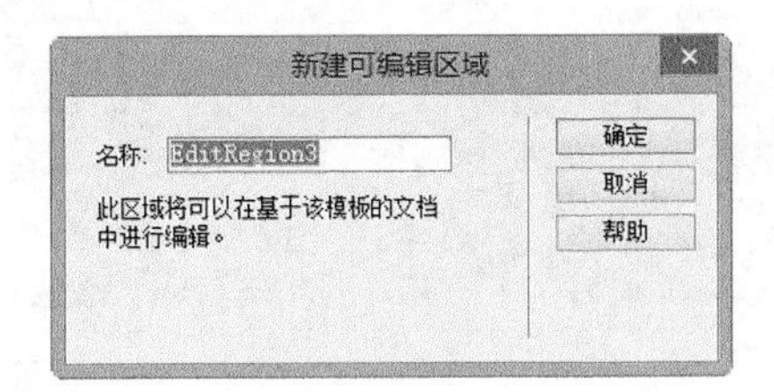

图 9-75 【新建可编辑区域】对话框

㉛ 单击【确定】按钮，创建可编辑区域，如图 9-76 所示。

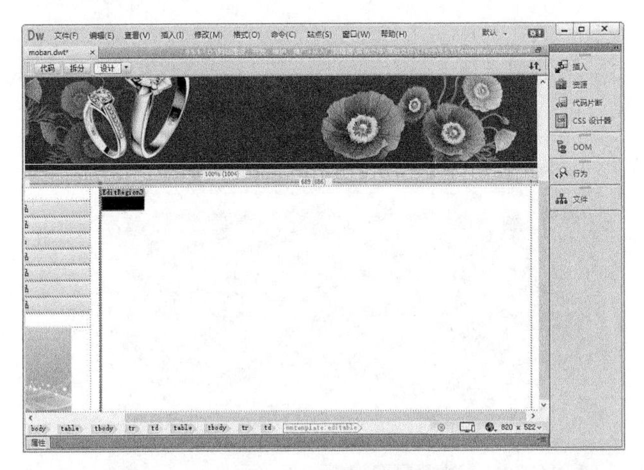

图 9-76 创建可编辑区域

㉜ 将光标置于表格 2 的第 5 列单元格中，打开代码视图，在代码中输入背景图像代码 background=../images/bg_8.jpg, width=24，如图 9-77 所示。

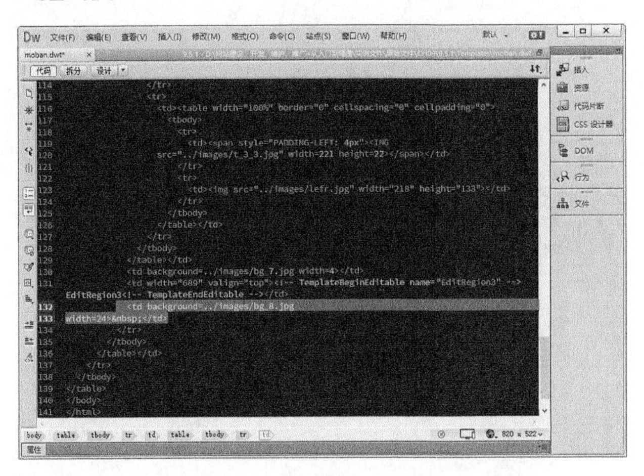

图 9-77 输入代码

㉝ 返回设计视图，可以看到插入的背景图像，如图 9-78 所示。

㉞ 将光标至于表格 1 的第 4 行单元格中，打开代码视图，在代码中输入背景图像代码

height="60" background=../images/bg_3.jpg，如图 9-79 所示。

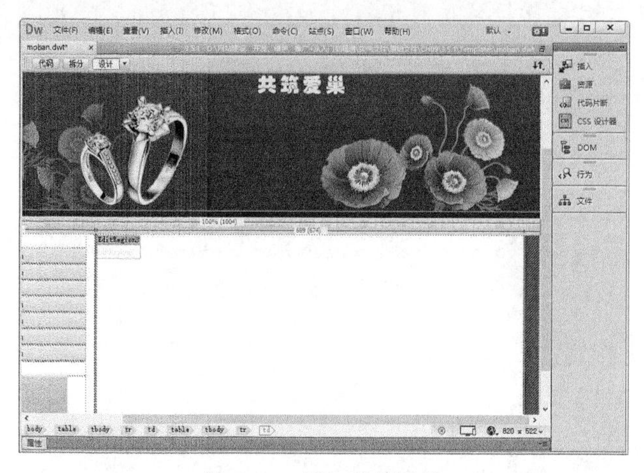

图 9-78　插入背景图像

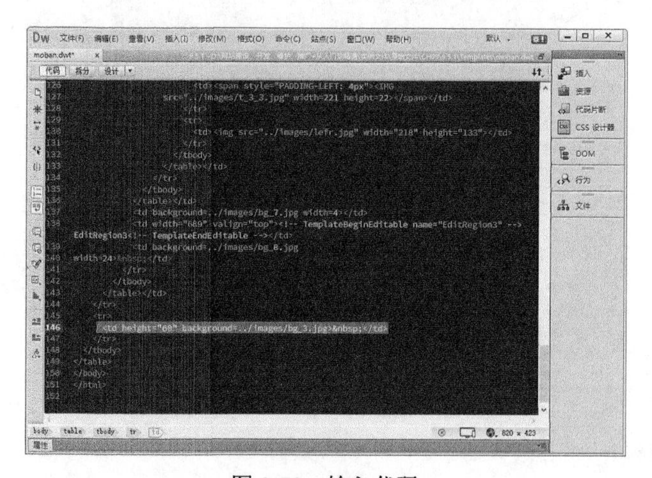

图 9-79　输入代码

㉟ 返回设计视图，可以看到插入的背景图像，如图 9-80 所示。

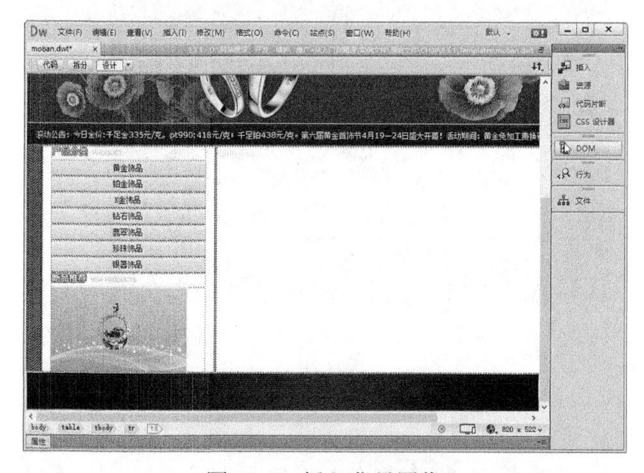

图 9-80　插入背景图像

㊱ 选择菜单中的【文件】|【保存】命令，保存模板，如图 9-81 所示。

图 9-81　预览效果

9.5.2　实例 2——利用模板创建网页

模板创建好以后，就可以将其应用到网页中，具体操作步骤如下。

原始文件	CH09/9.5.2/Templates/moban. dwt
最终文件	CH09/9.5.2/index1. html
学习要点	利用模板创建网页

❶ 选择菜单中的【文件】|【新建】命令，弹出【新建文档】对话框，在对话框中选择【网站模板】选项，选择【站点 9.5.2】选项中的【moban】，如图 9-82 所示。

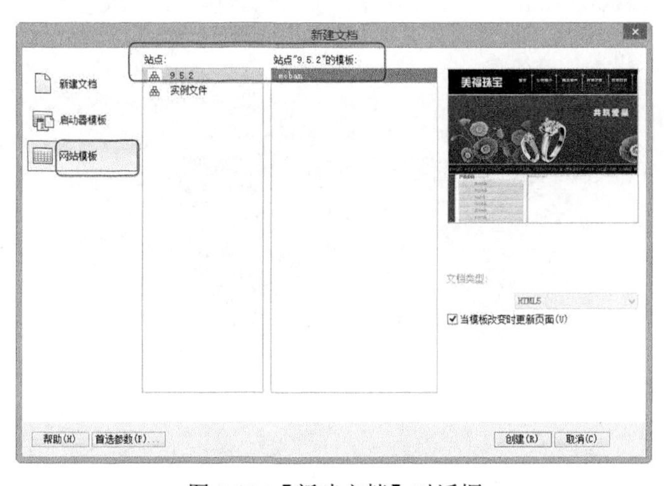

图 9-82　【新建文档】对话框

❷ 单击【创建】按钮，创建一个网页文档，如图 9-83 所示。

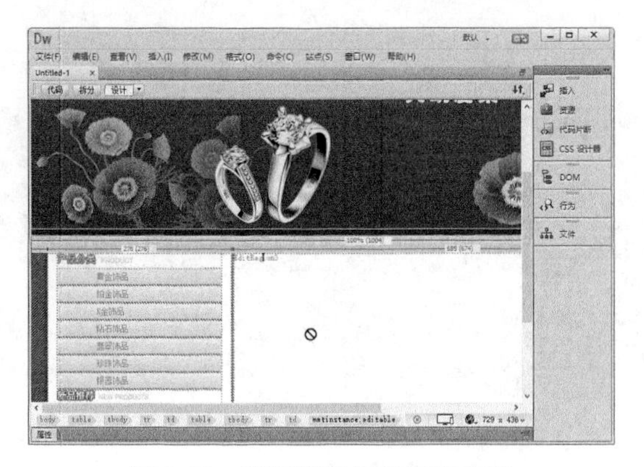

图 9-83　利用模板创建网页文档

❸ 选择菜单中的【文件】|【保存】命令，弹出【另存为】对话框，将文件保存为 index1，如图 9-84 所示。

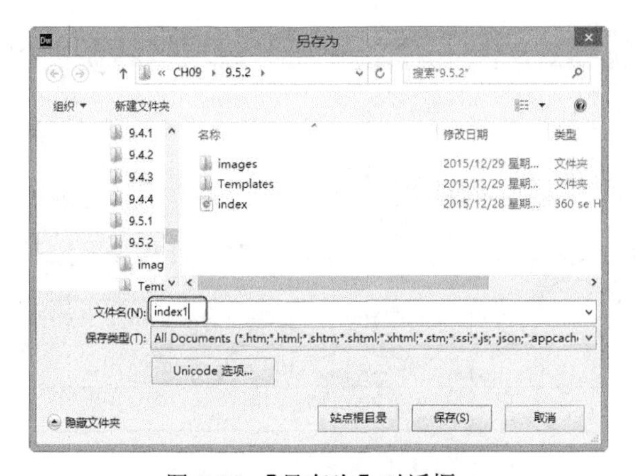

图 9-84　【另存为】对话框

❹ 单击【确定】按钮，保存文档，将光标置于可编辑区中，插入 1 行 1 列的表格，如图 9-85 所示。

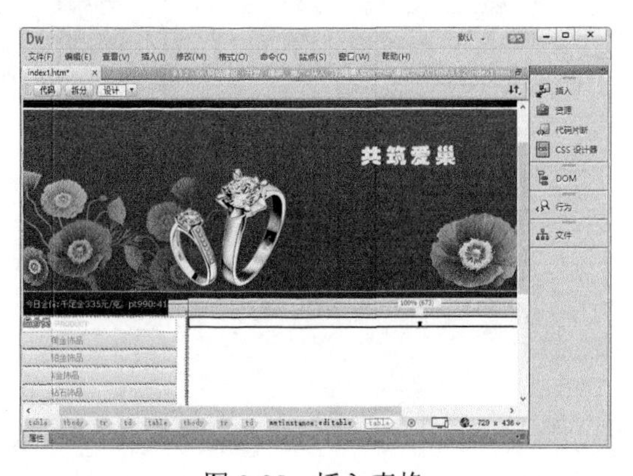

图 9-85　插入表格

❺ 将光标置于表格的单元格中，打开代码视图，在代码中输入背景图像代码 background=

images/bg_5.jpg，如图 9-86 所示。

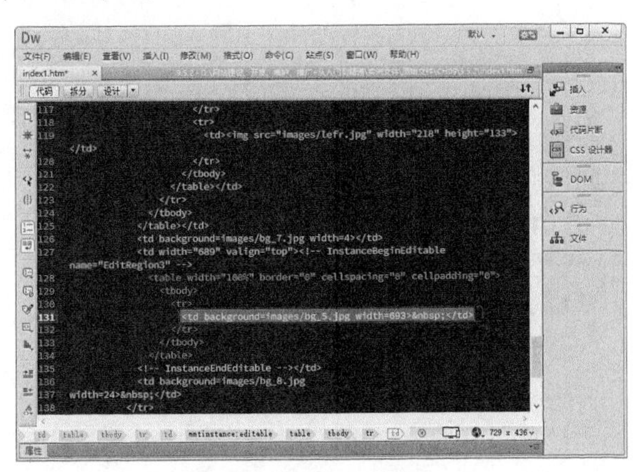

图 9-86 输入代码

❻ 返回设计视图，可以看到插入的背景图像，如图 9-87 所示。

图 9-87 插入背景图像

❼ 将光标置于背景图像上，选择菜单中的【插入】|【图像】命令，插入图像文件“images/l_1_1.jpg”，如图 9-88 所示。

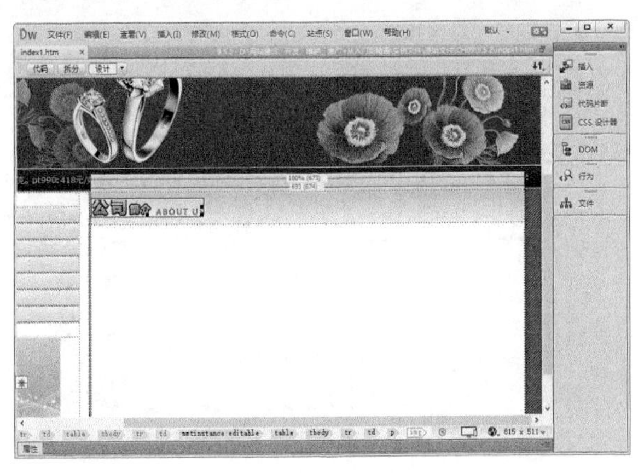

图 9-88 插入图像

❽ 将光标置于表格的右边，选择菜单中的【插入】|【表格】命令，插入 1 行 1 列的表格，如图 9-89 所示。

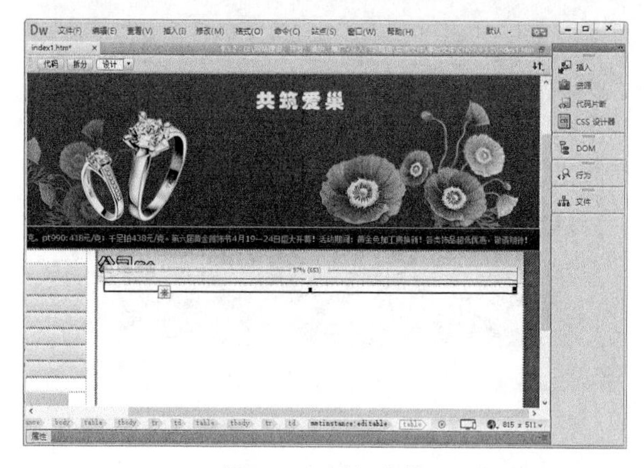

图 9-89　插入表格

❾ 将光标置于表格的单元格中，输入相应的文字，如图 9-90 所示。

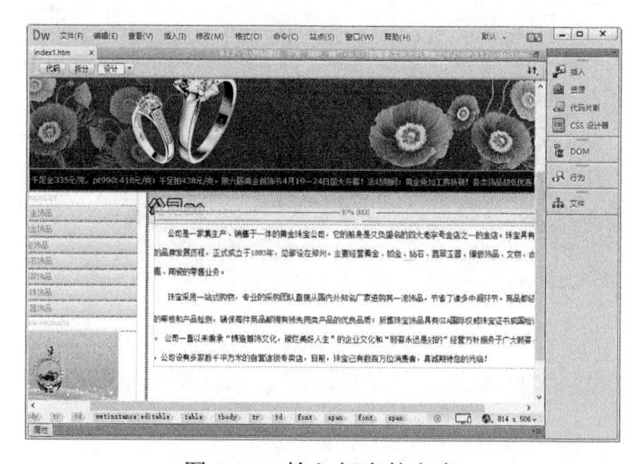

图 9-90　输入相应的文字

❿ 将光标置于文字中，选择菜单中的【插入】|【图像】命令，插入图像，如图 9-91 所示。

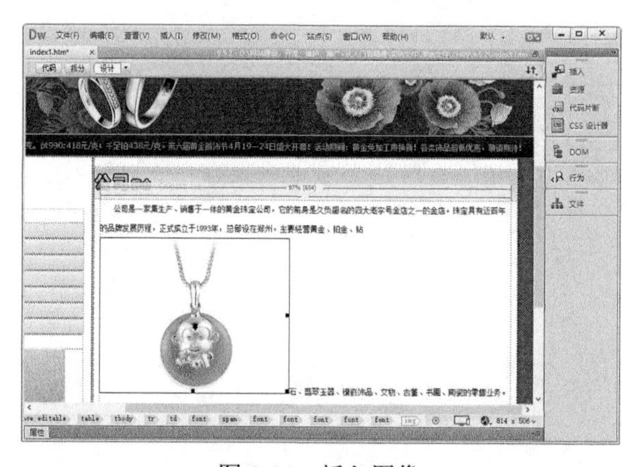

图 9-91　插入图像

⓫ 选中插入的图像，单击鼠标右键，在弹出菜单中选择【对齐】|【右对齐】选项，如图 9-92 所示。

图 9-92 设置图像的对齐方式

⓬ 保存模板文档，按 F12 键即可在浏览器中预览效果，如图 9-93 所示。

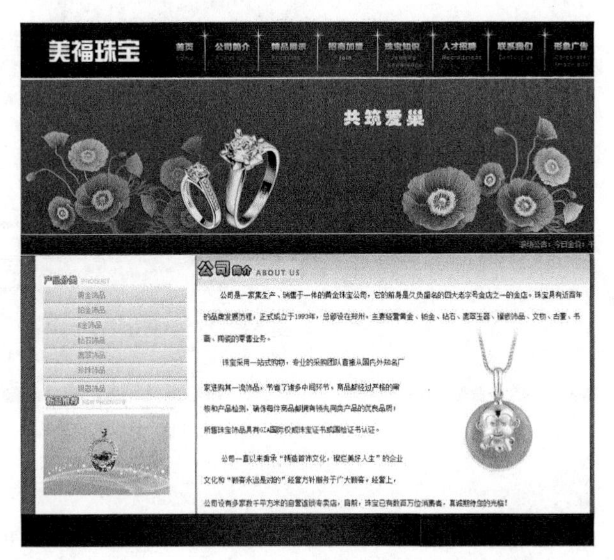

图 9-93 预览效果

9.6 经典习题与解答

9.6.1 填空题

1．在 Dreamweaver 中，可以将现有的________保存为模板，然后根据需要加以修改，或创建一个________模板，在其中输入需要的文档内容。模板实际上也是文档，它的扩展名为________，并存放在根目录的模板文件夹中。

2．模板实际上就是具有固定格式和内容的文件，模板的功能很强大，通过定义和锁定

________可以保护模板的格式和内容不会被修改，只有在________中才能输入新的内容。

9.6.2 操作题

利用模板创建网页文档，如下图所示。

原始文件	CH09/操作题/Templates/moban. dwt
最终文件	CH09/操作题/index1. html
学习要点	利用模板创建网页

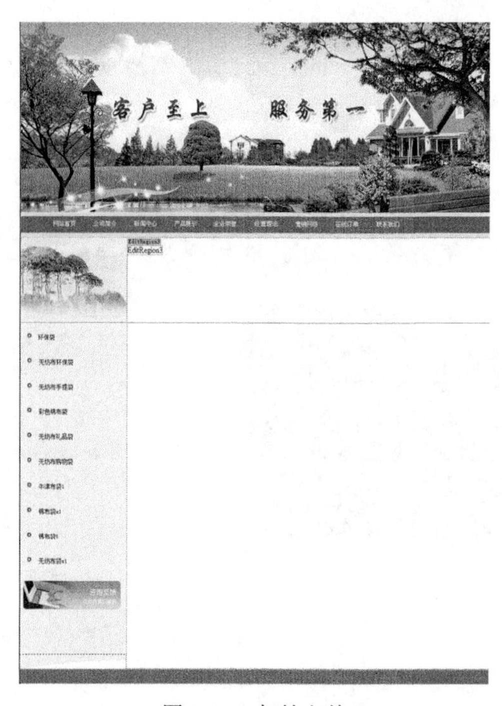

图 9-94 起始文件

图 9-95 利用模板创建文档

第10章

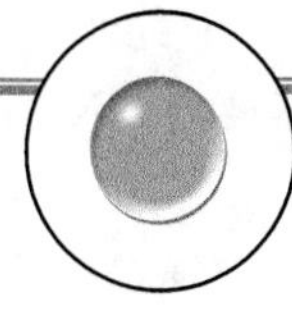

CSS+Div 布局网页

CSS + Div 是网站标准中常用的术语之一，CSS 和 Div 的结构被越来越多的人采用，很多人都抛弃了表格而使用 CSS 来布局页面。它的好处很多，如结构简洁、定位更灵活。CSS 布局的最终目的是搭建完善的页面架构。通常在 XHTML 网站设计标准中，不再使用表格定位技术，而是采用 CSS+Div 的方式实现各种定位。

学习目标

- 初识 Div
- CSS 定位
- CSS 布局理念
- 常见的布局类型

10.1 初识 Div

在 CSS 布局的网页中，<div>与<span>都是常用的标记，利用这两个标记，加上 CSS 对其样式的控制，可以很方便地实现网页的布局。

10.1.1 Div 概述

过去最常用的网页布局工具是<table>标签，它本是用来创建电子数据表的。由于<table>标签本来不是要用于布局的，因此设计师们不得不经常以各种不寻常的方式来使用这个标签——如把一个表格放在另一个表格的单元里面。这种方法的工作量很大，增加了大量额外的 HTML 代码，并使得后面要修改设计很难。

而 CSS 的出现使得网页布局有了新的曙光。利用 CSS 属性，可以精确地设定元素的位置，还能将定位的元素叠放在彼此之上。当使用 CSS 布局时，主要把它用在 Div 标签上，<div>与</div>之间相当于一个容器，可以放置段落、表格和图片等各种 HTML 元素。Div 用来为 HTML 文档内大块的内容提供结构和背景的元素。Div 的起始标签和结束标签之间的所有内容都是用来构成这个块的，其中所包含元素的特性由 Div 标签的属性或通过使用 CSS 来控制的。

10.1.2 Div 与 span 的区别

Div 标记早在 HTML3.0 时代就已经出现，但那时并不常用，直到 CSS 的出现，才逐渐发挥出它的优势。而 span 标记直到 HTML 4.0 时才被引入，它是专门针对样式表而设计的标记。Div 简单而言是一个区块容器标记，即<div>与</div>之间相当于一个容器，可以容纳段落、标题、表格、图片，乃至章节、摘要和备注等各种 HTML 元素。因此，可以把<div>与</div>中的内容视为一个独立的对象，用于 CSS 的控制。声明时只需要对 Div 进行相应的控制，其中的各标记元素都会因此而改变。

span 是行内元素，span 的前后是不会换行的，它没有结构的意义，纯粹是应用样式，当其他行内元素都不合适时，可以使用 span。

下面通过一个实例说明 Div 与 span 的区别，代码如下。

```
<html>
<head>
<meta http-equiv="Content-Type" content="text/html; charset=gb2312" />
<title>Div 与 span 的区别</title>
<style type="text/css">
.t {
font-weight: bold;
font-size: 16px;
}
.t {
font-size: 14px;
font-weight: bold;
}
</style>
</head>
<body>
<p class="t">Div 标记不同行：</p>
<div><img src="tu1.jpg" vspace="1" border="0"></div>
<div><img src="tu2.jpg" vspace="1" border="0"></div>
<div><img src="tu3.jpg" vspace="1" border="0"></div>
<p class="t">span 标记同一行：</p>
<span><img src="tu1.jpg" border="0"></span>
<span><img src="tu2.jpg" border="0"></span>
<span><img src="tu3.jpg" border="0"></span>
</body>
</html>
```

在浏览器中浏览效果如图 10-1 所示。

正是由于两个对象不同的显示模式，因此在实际使用过程中决定了两个对象的不同用途。Div 对象是一个大的块状内容，如一大段文本、一个导航区域、一个页脚区域等显示为块状的内容。而作为内联对象的 span，用途是对行内元素进行结构编码以方便样式设计，例如在一大段文本中，需要改变其中一段文本的颜色，可以将这一小部分文本使用 span 对象，并进行样式设计，这将不会改变这一整段文本的显示方式。

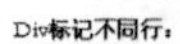

span标记同一行：

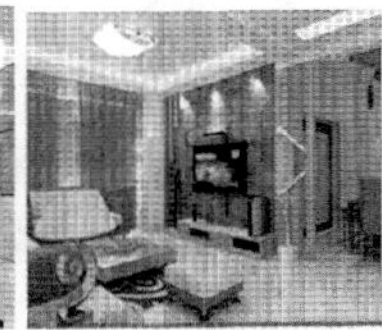

图 10-1 Div 与 span 的区别

10.1.3 Div 与 CSS 布局优势

掌握基于 CSS 的网页布局方式，是实现 Web 标准的基础。采用 CSS 技术，可以有效地对页面的布局、字体、颜色、背景和其他效果实现更加精确的控制。只要对相应的代码做一些简单的修改，就可以改变网页的外观和格式。采用 CSS 布局有以下优点。

- 大大缩减页面代码，提高页面加载速度，缩减带宽成本。
- 结构清晰，容易被搜索引擎搜索到。
- 缩短改版时间，只要简单地修改几个 CSS 文件就可以重新设计一个拥有成百上千页面的站点。
- 强大的字体控制和排版能力。
- CSS 非常容易编写，可以像写 HTML 代码一样轻松编写 CSS。
- 提高易用性，使用 CSS 可以结构化 HTML，如<p>标记只用来控制段落，heading 标记只用来控制标题，table 标记只用来表现格式化的数据等。
- 表现和内容相分离，将设计部分分离出来放在一个独立样式文件中。
- 更方便搜索引擎的搜索，用只包含结构化内容的 HTML 代替嵌套的标记，搜索引擎将更有效地搜索到内容。
- table 布局灵活性不大，只能遵循 table、tr、td 的格式，而 Div 可以有各种格式。
- 在 table 布局中，垃圾代码会很多，一些修饰的样式及布局的代码混合在一起，很不直观。而 Div 更能体现样式和结构相分离，结构的重构性强。

- 在几乎所有的浏览器上都可以使用。
- 以前一些必须通过图片转换实现的功能，现在只要用 CSS 就可以轻松实现，从而更快地下载页面。
- 使页面的字体变得更漂亮，更容易编排，使页面真正赏心悦目。
- 可以轻松地控制页面的布局。
- 可以将许多网页的风格格式同时更新，不用再一页一页地更新了。可以将站点上所有的网页风格都使用一个 CSS 文件进行控制，只要修改这个 CSS 文件中相应的行，那么整个站点的所有页面都会随之发生变动。

10.2 CSS 定位

CSS 对元素的定位包括相对定位和绝对定位，同时，还可以把相对定位和绝对定位结合起来，形成混合定位。

10.2.1 盒子模型的概念

如果想熟练掌握 Div 和 CSS 的布局方法，首先要对盒模型有足够的了解。盒子模型是 CSS 布局网页时非常重要的概念，只有很好地掌握了盒子模型以及其中每个元素的使用方法，才能真正地布局网页中各个元素的位置。

所有页面中的元素都可以看作一个装了东西的盒子，盒子里面的内容到盒子的边框之间的距离即填充（padding），盒子本身有边框（border），而盒子边框外和其他盒子之间，还有边界（margin）。

一个盒子由四个独立部分组成，如图 10-2 所示。

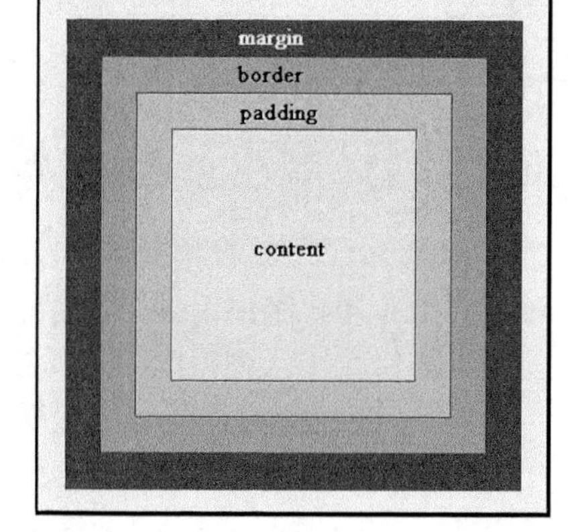

图 10-2　盒子模型图

最外面的是边界（margin）；第二部分是边框（border），边框可以有不同的样式；第三部分是填充（padding），填充用来定义内容区域与边框（border）之间的空白；第四部分是内容区域。

填充、边框和边界都分为【上、右、下、左】四个方向，既可以分别定义，也可以统一定义。当使用 CSS 定义盒子的 width 和 height 时，定义的并不是内容区域、填充、边框和边界所占的总区域，而是内容区域 content 的 width 和 height。为了计算盒子所占的实际区域必须加上 padding、border 和 margin。

实际宽度=左边界+左边框+左填充+内容宽度（width）+右填充+右边框+右边界

实际高度=上边界+上边框+上填充+内容高度（height）+下填充+下边框+下边界

10.2.2 float 定位

float 属性定义元素在哪个方向浮动。以往这个属性应用于图像，使文本围绕在图像周围，不过在 CSS 中，任何元素都可以浮动。浮动元素会生成一个块级框，而不论它本身是何种元素。float 是相对定位的，会随着浏览器的大小和分辨率的变化而改变。float 浮动属性是元素定位中非常重要的属性，常常通过对 Div 元素应用 float 浮动来进行定位。

语法：

```
float:none|left|right
```

说明：

none 是默认值，表示对象不浮动；left 表示对象浮在左边；right 表示对象浮在右边。CSS 允许任何元素浮动 float，不论是图像、段落还是列表。无论先前元素是什么状态，浮动后都成为块级元素。浮动元素的宽度默认为 auto。如果 float 取值为 none，或没有设置 float 时，不会发生任何浮动。块元素独占一行，紧随其后的块元素将在新行中显示。其代码如下所示，在浏览器中浏览如图 10-3 所示的网页时，可以看到由于没有设置 Div 的 float 属性，因此每个 Div 都单独占一行，两个 Div 分两行显示。

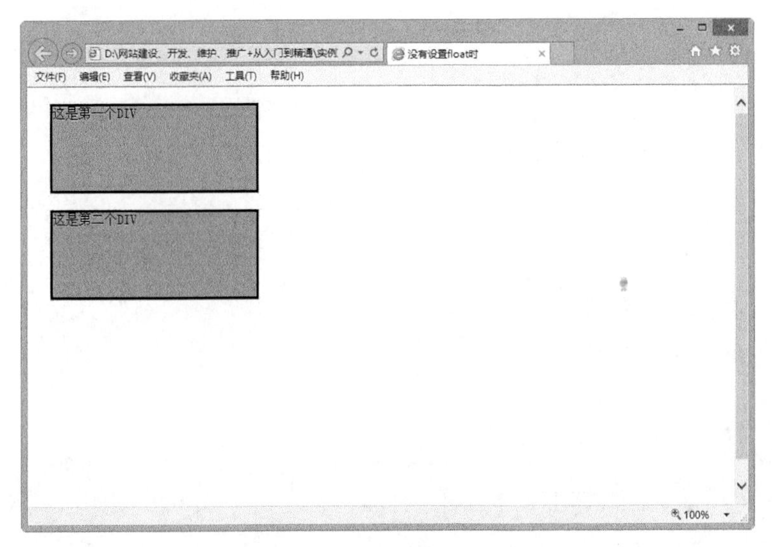

图 10-3　没有设置 float 属性

```
<html xmlns="http://www.w3.org/1999/xhtml">
<head>
<meta http-equiv="Content-Type" content="text/html; charset=gb2312" />
 <title>没有设置 float 时</title>
 <style type="text/css">
  #content_a {width:250px; height:100px; border:3px solid #000000; margin:20px;
background: #F90;}
  #content_b {width:250px; height:100px; border:3px solid #000000; margin:20px;
background: #6C6;}    </style>
</head>
<body>
  <div id="content_a">这是第一个 DIV</div>
  <div id="content_b">这是第二个 DIV</div>
</body>
</html>
```

下面修改一下代码，使用 float:left 对 content_a 应用向左的浮动，而 float:right 对 content_b 应用向右浮动。其代码如下所示，在浏览器中浏览效果如图 10-4 所示，可以看到 content_a

向左的浮动，content_b 向右浮动，content_b 在水平方向紧跟着它的后面。两个 DIV 占一行，在一行上并列显示。

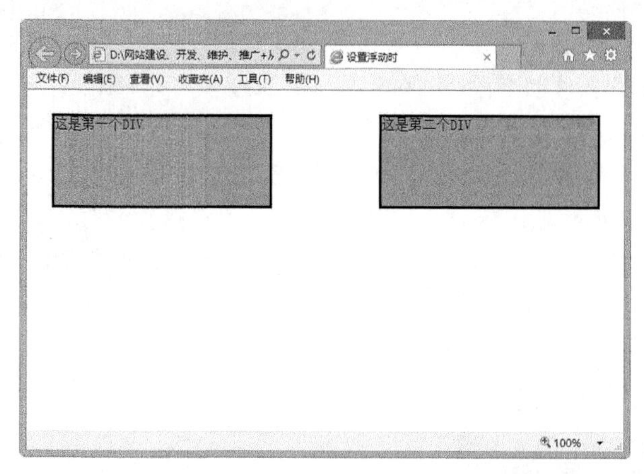

图 10-4　设置 float 属性时，使两个 DIV 并列显示

```
<html>
<head>
<meta http-equiv="Content-Type" content="text/html; charset=gb2312" />
 <title>设置浮动时</title>
 <style type="text/css">
  #content_a {width:250px; height:100px; float:left; border:3px solid #000000;
margin:20px; background: #F90;}
  #content_b {width:250px; height:100px; float:right;border:3px solid #000000;
margin:20px; background: #6C6;}    </style>
</head>
<body>
<div id="content_a">这是第一个 Div</div>
<div id="content_b"> 这是第二个 Div</div>
</body>
</html>
```

10.2.3　position 定位

position 的原意为位置、状态、安置。在 CSS 布局中，position 属性非常重要，很多特殊容器的定位必须用 position 来完成。position 属性有四个值，分别是 static、absolute、fixed、relative。static 是默认值，代表无定位。

定位（position）允许用户精确定义元素框出现的相对位置，可以相对于它通常出现的位置、相对于其上级元素、相对于另一个元素，或者相对于浏览器视窗本身。每个显示元素都可以用定位的方法来描述，而其位置是由此元素的包含块来决定的。

语法：

```
Position: static | absolute | fixed | relative
```

static 表示默认值，无特殊定位，对象遵循 HTML 定位规则；absolute 表示采用绝对定位，需要同时使用 left、right、top 和 bottom 等属性进行绝对定位。而其层叠通过 z-index 属性定义，此时对象不具有边框，但仍有填充和边框；fixed 表示当页面滚动时，元素保持在浏览器视区内，其行为类似 absolute；relative 表示采用相对定位，对象不可层叠，但将依据 left、right、top 和 bottom 等属性设置在页面中的偏移位置。

10.3 CSS 布局理念

无论使用表格还是 CSS，网页布局都是把大块的内容放进网页的不同区域里面。有了 CSS，最常用来组织内容的元素就是<div>标签。CSS 排版是一种很新的排版理念，首先要将页面使用<div>整体划分为几个模块，然后对各个模块进行 CSS 定位，最后在各个板块中添加相应的内容。

10.3.1 将页面用 Div 分块

在利用 CSS 布局页面时，首先要有一个整体的规划，包括整个页面分成哪些模块，各个模块之间的父子关系等。以最简单的框架为例，页面由 banner、主体内容（content）、菜单导航（links）和脚注（footer）几个部分组成，各个部分分别用自己的 id 来标识，如图 10-5 所示。

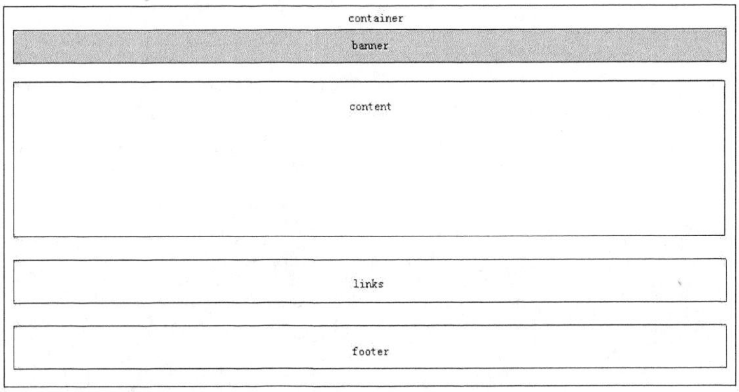

container
banner
content
links
footer

图 10-5　页面内容框架

页面中的 HTML 框架代码如下所示。

```
  <div id="container">container
  <div id="banner">banner</div>
    <div id="content">content</div>
    <div id="links">links</div>
    <div id="footer">footer</div>
</div>
```

实例中每个模块都是一个 Div，这里直接使用 CSS 中的 id 来表示各个模块，页面的所有 Div 块都属于 container，一般的 Div 排版都会在最外面加上这个父 Div，便于对页面的整体进行调整。对于每个 Div 块，还可以再加入各种元素或行内元素。

10.3.2 设计各块的位置

当页面的内容已经确定后，则需要根据内容本身考虑整体的页面布局类型，如是单栏、双栏还是三栏等，这里采用的布局如图 10-6 所示。

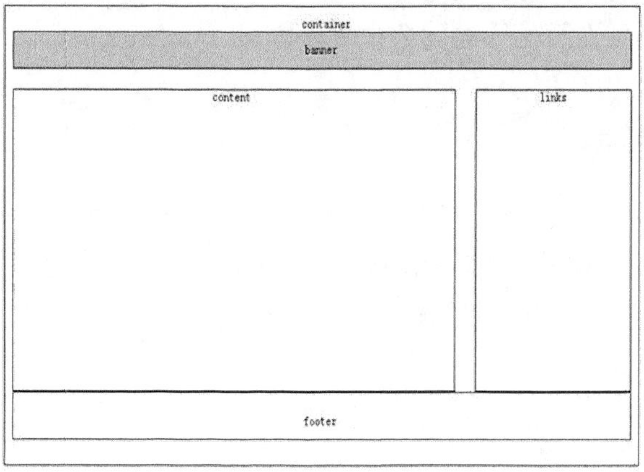

图 10-6　简单的页面框架

由图 10-6 可以看出，在页面外部有一个整体的框架 container，banner 位于页面整体框架的最上方，content 与 links 位于页面的中部，其中 content 占据着页面的绝大部分。最下面是页面的脚注 footer。

10.3.3　用 CSS 定位

整理好页面的框架后，就可以利用 CSS 对各个模块进行定位，实现对页面的整体规划，然后再往各个模块中添加内容。

下面首先对 body 标记与 container 父块进行设置，CSS 代码如下所示。

```
body{
    margin:10px;
    text-align:center;
}
#container{
    width:900px;
    border:2px solid #000000;
    padding:10px;
}
```

上面代码设置了页面的边界、页面文本的对齐方式，以及将父块的宽度设置为 900px。下面来设置 banner 板块，其 CSS 代码如下所示。

```
#banner{
    margin-bottom:5px;
    padding:10px;
    background-color:#a2d9ff;
    border:2px solid #000000;
    text-align:center;
}
```

这里设置了 banner 板块的边界、填充、背景颜色等。

下面利用 float 方法将 content 移动到左侧，links 移动到页面右侧，这里分别设置了这两个模块的宽度和高度，读者可以根据需要自己调整。

```
#content{
    float:left;
    width:600px;
    height:300px;
    border:2px solid #000000;
    text-align:center;
}
#links{
    float:right;
    width:290px;
    height:300px;
    border:2px solid #000000;
    text-align:center;
}
```

由于 content 和 links 对象都设置了浮动属性，因此 footer 需要设置 clear 属性，使其不受浮动的影响，代码如下所示。

```
#footer{
    clear:both;    /* 不受 float 影响 */
    padding:10px;
    border:2px solid #000000;
    text-align:center;
}
```

这样，页面的整体框架便搭建好了，这里需要指出的是，content 块中不能放置宽度过长的元素，如很长的图片或不换行的英文等，否则 links 将再次被挤到 content 下方。

如果后期维护时希望 content 的位置与 links 对调，仅仅需要将 content 和 links 属性中的 left 和 right 改变。这是传统的排版方式所不可能简单实现的，也正是 CSS 排版的魅力之一。

另外，如果 links 的内容比 content 的长，在 IE 浏览器上 footer 就会贴在 content 下方而与 links 出现重合。

10.4 常见的布局类型

现在一些比较知名的网页设计全部采用 Div+CSS 来排版布局，Div+CSS 的好处可以使 HTML 代码更整齐，更容易使人理解，而且页面加载速度也比传统的布局方式快。最重要的是，它的可控性要比表格强得多。下面介绍常见的布局类型。

10.4.1 一列固定宽度

一列式布局是所有布局的基础，也是最简单的布局形式。一列固定宽度中，宽度的属性值是固定像素。下面举例说明一列固定宽度的布局方法，具体步骤如下。

❶ 在 HTML 文档的<head>与</head>之间相应的位置输入定义的 CSS 样式代码，如下所示。

```
<style>
#Layer{
    background-color:#00cc33;
```

```
    border:3px solid #ff3399;
    width:500px;
    height:350px;
}
</style>
```

提示 使用 background-color:#00cc33;将 Div 设定为绿色背景，并使用 border:3 solid #ff3399;将 Div 设置粉红色的 3px 宽度边框，使用 width:500px;设置宽度为 500 像素固定宽度，使用 height:350px;设置高度为 350 像素。

❷ 然后在 HTML 文档的<body>与<body>之间的正文中输入以下代码，给 Div 使用了 Layer 作为 id 名称。

```
<div id="Layer">1 列固定宽度</div>
```

❸ 在浏览器中浏览，由于是固定宽度，无论怎样改变浏览器窗口大小，Div 的宽度都不改变，如图 10-7 和图 10-8 所示。

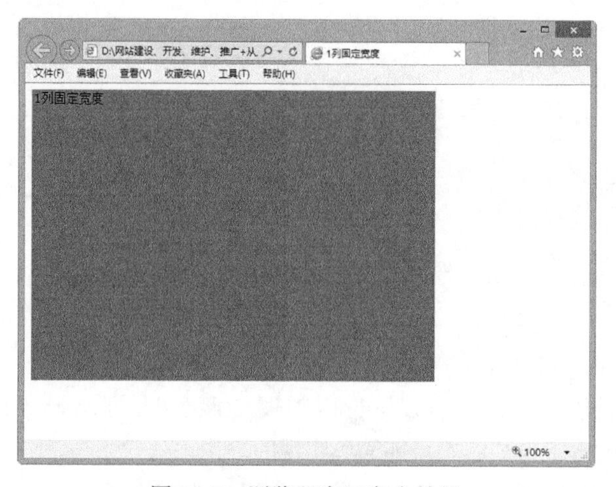

图 10-7 浏览器窗口变小效果

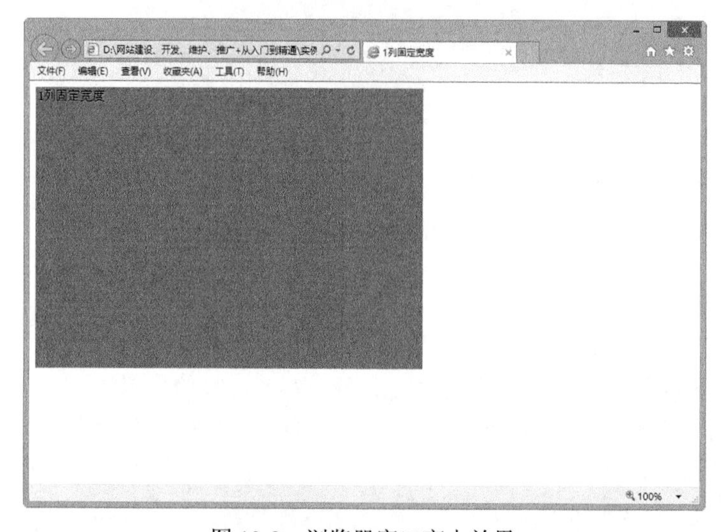

图 10-8 浏览器窗口变大效果

10.4.2 一列自适应

自适应布局是在网页设计中常见的一种布局形式，自适应布局能够根据浏览器窗口的大小，自动改变其宽度或高度值，是一种非常灵活的布局形式，良好的自适应布局网站对不同分辨率的显示器都能提供最好的显示效果。自适应布局需要将宽度由固定值改为百分比。下面是自适应布局的 CSS 代码。

```
<style>
#Layer{
    background-color:#00cc33;
    border:3px solid #ff3399;
    width:60%;
    height:60%;
}
</style>
<body>
<div id="Layer">1 列自适应</div>
</body>
</html>
```

这里将宽度和高度值都设置为 60%，从浏览效果中可以看到，Div 的宽度已经变为浏览器宽度 60%的值，当扩大或缩小浏览器窗口大小时，其宽度和高度还将维持在浏览器当前宽度比例的 60%，如图 10-9 所示。

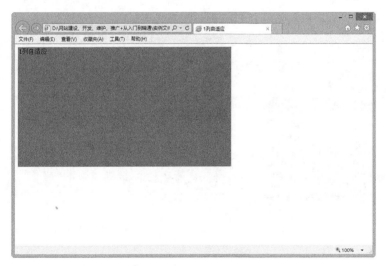

图 10-9 一列自适应布局

10.4.3 两列固定宽度

两列固定宽度的布局需要用到两个 Div，分别为两个 Div 的 id 设置为 left 与 right，表示两个 Div 的名称。首先为它们指定宽度，然后让两个 Div 在水平线中并排显示，从而形成两列式布局，具体步骤如下。

❶ 在 HTML 文档的<head>与</head>之间相应的位置输入定义的 CSS 样式代码，如下所示。

```
<style>
#left{
    background-color:#00cc33;
    border:1px solid #ff3399;
    width:250px;
    height:250px;
    float:left;
    }
#right{
    background-color:#ffcc33;
    border:1px solid #ff3399;
    width:250px;
    height:250px;
    float:left;
}
</style>
```

提示 left 与 right 两个 Div 的代码与前面类似，两个 Div 使用相同宽度实现两列式布局。float 属性是 CSS 布局中非常重要的属性，用于控制对象的浮动布局方式，大部分 Div 布局基本上都是通过 float 的控制来实现的。

❷ 然后在 HTML 文档的<body>与<body>之间的正文中输入以下代码，给 Div 使用 left 和 right 作为 id 名称。

```
<div id="left">左列</div>
<div id="right">右列</div>
```

❸ 在浏览器中预览效果，如图 10-10 所示的是两列固定宽度布局。

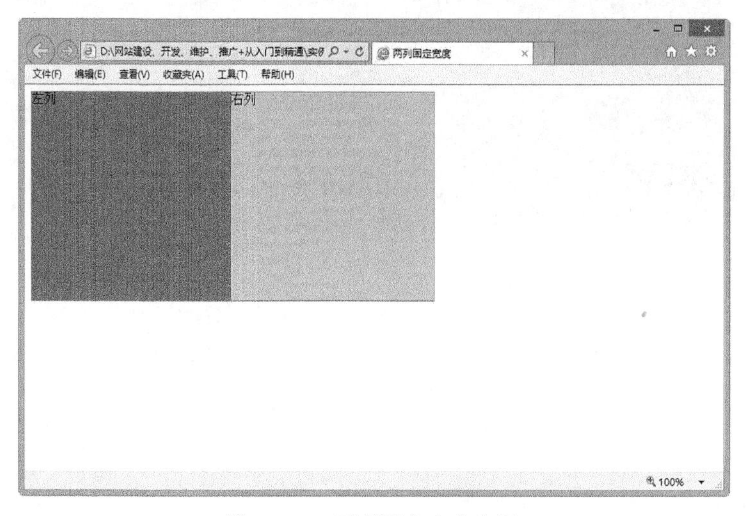

图 10-10 两列固定宽度布局

10.4.4 两列宽度自适应

下面使用两列宽度自适应性，以实现左右列宽度能够做到自动适应，设置自适应主要通过宽度的百分比值设置，CSS 代码修改为如下。

```
<style>
#left{
    background-color:#00cc33;
    border:1px solid #ff3399;
    width:60%;
    height:250px;
    float:left; }
#right{
    background-color:#ffcc33;
    border:1px solid #ff3399;
    width:30%;
    height:250px;
    float:left; }
</style>
```

这里主要修改了左列宽度为60%，右列宽度为30%。在浏览器中浏览效果，如图10-11和图10-12所示。无论怎样改变浏览器窗口大小，左右两列的宽度与浏览器窗口的百分比都不改变。

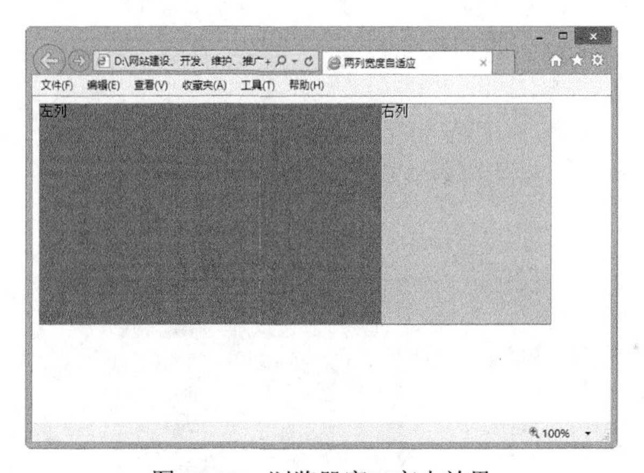

图 10-11　浏览器窗口变小效果

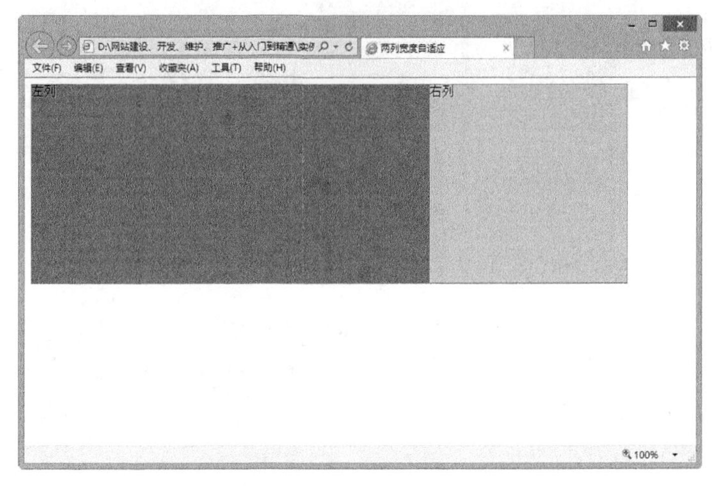

图 10-12　浏览器窗口变大效果

10.4.5 两列右列宽度自适应

右列根据浏览器窗口大小自动适应，在 CSS 中只要设置左列的宽度即可，如上例中左右列都采用了百分比实现了宽度自适应，这里只要将左列宽度设定为固定值，右列不设置任何宽度值，并且右列不浮动，代码如下。

```
<style>
#left{
    background-color:#00cc33;
    border:1px solid #ff3399;
    width:200px;
    height:250px;
    float:left;
    }
#right{
    background-color:#ffcc33;
    border:1px solid #ff3399;
    height:250px;
}
</style>
```

这样，左列将呈现 200px 的宽度，而右列将根据浏览器窗口大小自动适应，如图 10-13 和图 10-14 所示。

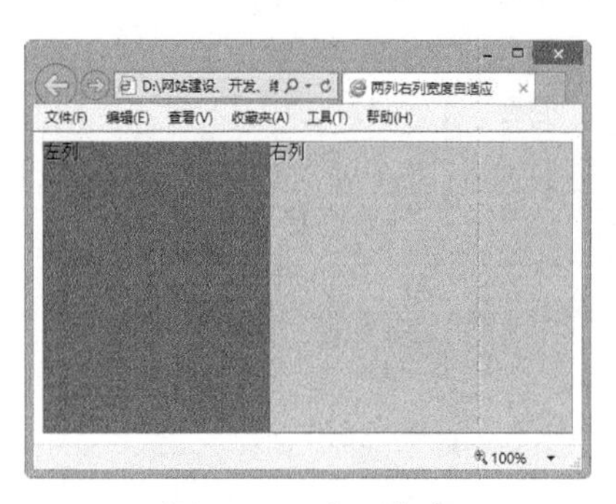

图 10-13 右列宽度

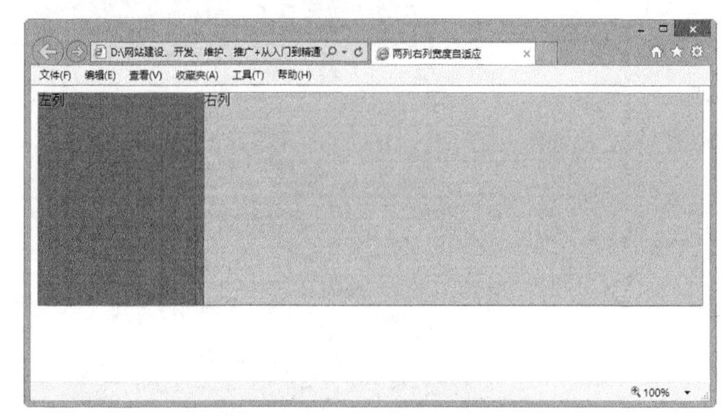

图 10-14 右列宽度

10.4.6 三列浮动中间宽度自适应

使用浮动定位方式，从一列到多列的固定宽度及自适应，基本上可以简单完成，包括三列的固定宽度。而在这里给我们提出了一个新的要求，希望有一个三列式布局，基中左列要求固定宽度，并居左显示，右列要求固定宽度并居右显示，而中间列需要在左列和右列的中间，根据左右列的间距变化自动适应。

在开始这样的三列布局之前，有必要了解一个新的定位方式——绝对定位。前面的浮动定位方式主要由浏览器根据对象的内容自动进行浮动方向的调整，但是当这种方式不能满足定位需求时，就需要新的方法来实现。CSS 提供的除去浮动定位之外的另一种定位方式就是绝对定位，绝对定位使用 position 属性来实现。

下面讲述三列浮动中间宽度自适应布局的创建，具体操作步骤如下。

❶ 在 HTML 文档的<head>与</head>之间相应的位置输入定义的 CSS 样式代码，如下所示。

```
<style>
body{
    margin:0px;
}
#left{
    background-color:#00cc00;
    border:2px solid #333333;
    width:100px;
    height:250px;
    position:absolute;
    top:0px;
    left:0px;
}
#center{
    background-color:#ccffcc;
    border:2px solid #333333;
    height:250px;
    margin-left:100px;
    margin-right:100px;
}
#right{
    background-color:#00cc00;
    border:2px solid #333333;
    width:100px;
    height:250px;
    position:absolute;
    right:0px;
    top:0px;
}
</style>
```

❷ 然后在 HTML 文档的<body>与<body>之间的正文中输入以下代码，给 Div 使用 left、right 和 center 作为 id 名称。

```
<div id="left">左列</div>
<div id="center">右列</div>
<div id="right">右列</div>
```

❸ 在浏览器中浏览效果，如图 10-15 所示。随着浏览器窗口的改变，中间宽度是变化的。

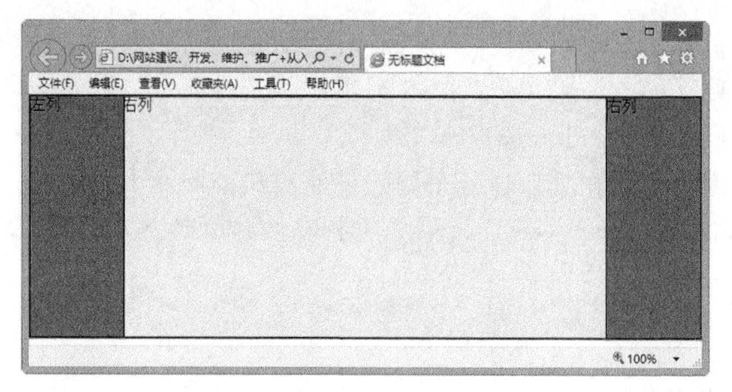

图 10-15　三列浮动中间宽度自适应

10.5　经典习题与解答

填空题

（1）过去最常用的网页布局工具是________标签，它本是用来创建电子数据表的。利用 CSS 属性，可以精确地设定元素的位置，还能将定位的元素叠放在彼此之上。当使用 CSS 布局时，主要把它用在________标签上。

（2）CSS 对元素的定位包括________定位和________定位，同时，还可以把相对定位和绝对定位结合起来，形成混合定位。

（3）________属性定义元素在哪个方向浮动。以往这个属性应用于图像，使文本围绕在图像周围，不过在 CSS 中，任何元素都可以浮动。

第11章

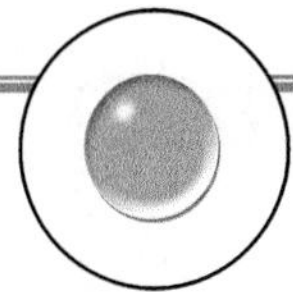

处理与优化网页中的图片

设计师经常需要在网页中插入一些图片，但这些图片往往不符合要求，这时就要对这些图片进行适当的处理。图片的处理是网页设计中一个重要的方面，Photoshop 以其简单的制作方法和强大的功能，成为全世界众多图形图像制作人员的首选，并成为图形图像制作和设计领域的标准软件。Photoshop 主要用于图形图像的处理、加工、修改、设计和制作。在网页图像设计方面，利用它多姿多彩的滤镜和图层功能可以做出各种各样的图像效果。

学习目标

- 了解 Photoshop CC 工作环境
- 调整图像大小
- 网页图像的色彩调整
- 处理产品图像

11.1 Photoshop CC 工作环境简介

启动 Photoshop CC 后，将出现如图 11-1 所示的画面。从图中可以看出 Photoshop CC 的窗口由以下几个部分组成。

图 11-1　Photoshop CC 工作界面

1．菜单栏

Photoshop CC 提供的菜单栏共有 10 个，如图 11-2 所示。

Ps 文件(F) 编辑(E) 图像(I) 图层(L) 类型(Y) 选择(S) 滤镜(T) 视图(V) 窗口(W) 帮助(H)

图 11-2 菜单栏

Photoshop CC 的菜单根据图像处理的各种需求，分类存放在菜单栏的 10 个菜单中。

- 【文件】菜单：包括打开、保存、输入、输出以及打印设置等功能。
- 【编辑】菜单：主要用于对操作对象进行各种变化，可以说使用编辑菜单是 Photoshop 中的最基本的操作。
- 【图像】菜单：设计者在制作或处理图像时如果对色彩不满意，可通过图像菜单将其调整到最佳效果。
- 【图层】菜单：Photoshop 中用得最频繁的操作是对图层的操作。通过建立多个图层，然后在每个图层中分别编辑图像，最后将所有图层组合在一起，就可产生丰富多彩的效果。
- 【类型】菜单：用于设置文本的相关属性。
- 【选择】菜单：可以对选区中的图像添加各种效果或进行各种变化而不改变选区外的图像。Photoshop 还提供了各种控制和变换选区的命令。读者通过对选择菜单的学习，可以更好、更迅速地创建和变换选区。
- 【滤镜】菜单：应用滤镜菜单可以改进图像或使其产生特殊的效果。
- 【视图】菜单：主要是一些辅助工具，利用这些命令可以更准确、方便、快捷地完成工作。
- 【窗口】菜单：用来管理工作环境（控制各种窗口、工具栏和调板）。
- 【帮助】菜单：用于查找帮助信息。

2．工具箱

启动 Photoshop CC 后，工具箱出现在屏幕的左侧。工具箱中一些工具的选项显示在与上下文相关的工具选项栏内。

工具箱中所包含的工具不仅有默认的两列工具，在工具图标的右下角有一个三角形的按钮，用鼠标右键单击此按钮会弹出更多的隐藏工具。这些工具可用于创建文字、选区、绘画、绘图、取样、编辑、移动、注释和查看图像。工具箱内的其他工具还允许更改前景色和背景色、使用不同的模式等。

选框工具（M）：可选择矩形、椭圆、单行和单列选区（切换用 Shift+M 键），直接用鼠标拖拉即可选定相应的区域。

套索工具（L）：包括自由套索、多边形套索、磁性套索，这三种工具存在同一按钮中（用 Shift+L 键切换），它一般是选择不规则选区时常用的工具。自由套索工具适合建立简单选区；多边形套索适合建立棱角比较分明但不规则的选区，如多边形、建筑楼房等；磁性套索是用于选择图形颜色反差较大的图像，颜色反差越大选取的图形越准确。

裁切工具（C）：它可以通过拖动选框，选取要保留的范围并对其进行裁切。选取后可以按回车键完成操作，取消则按 Esc 键。可以拖动选框调节选区大小。

魔棒工具（w）：以点取的颜色为起点选取跟它颜色相近或相同的颜色。图像颜色反差越大选取的范围越广，容差越大选取的范围越广。

移动工具（V）：用来移动图层中的整个画面或图层中由选框工具锁定的区域。

提示 要对物体进行移动，首先必须建立选区。在选区建立的情况下，单击鼠标并拖动可对选区进行移动。上、下、左、右移动键用于移动单个像素；Shift+上、下、左、右移动键可移动 10 个像素。若选择移动工具移动则是对选区内的物体进行移动，上、下、左、右移动键可移动单个像素；Shift+上、下、左、右移动键可移动 10 个像素。

- 切片工具（K）：用来制作网页的热区（超链接的设定），结合【文件】菜单中的【存储为 Web 所用的格式】制作简单的网页。
- 仿制图章工具（S）：【仿制图章工具】可以把其他区域的图像纹理轻易地复制到选定的区域，而【图案图章工具】所选的是图案库中的样本。
- 缩放工具（Z）：可放大或缩小图像的视图。
- 抓手工具（H）：利用【抓手工具】可在图像窗口内移动图像。
- 画笔工具（B）：可用于柔边、描边的绘制。
- 历史记录画笔工具（V）：用于恢复图像的操作，可以一步一步地恢复，也可以直接按 F11 键全部恢复，而【艺术历史画笔】根据所选择的画笔和样式创造出意想不到的效果。
- 橡皮擦工具（E）：【橡皮擦工具】可以清除像素或者恢复背景色。【背景橡皮擦工具】可通过拖移将区域抹为透明区域，而【魔术橡皮擦工具】则是通过单击图标使纯色区变为透明区域。
- 模糊工具（R）：模糊图像。
- 锐化工具（R）：锐化图像。
- 涂抹工具（R）：以涂抹的方式修饰图像。
- 减淡工具（O）：使图像变亮。
- 加深工具（O）：使图像变暗。
- 海绵工具（O）：调整图像饱和度。
- 路径选择工具（A）：选择整个路径。
- 直接选择工具（A）：调整路径节点。
- 横排文字工具（T）：在图像中创建文字。
- 钢笔工具（P）：绘制路径。
- 矩形工具（U）：绘制矩形。
- 圆角矩形工具（U）：绘制圆角矩形。
- 椭圆工具（U）：绘制椭圆形。
- 多边形工具（U）：绘制多边形。
- 直线工具（U）：绘制线段。
- 自定形状工具（U）：绘制自定义的形状，
- 注释工具（I）：添加文字注释。
- 吸管工具（I）：选取颜色。
- 颜色取样器工具（I）：用于颜色取样。
- 标尺工具（I）：测量两点之间的距离。
- 抓手工具（H）：移动图像窗口。
- 缩放工具（Z）：缩放图像窗口。
- 前景色，背景色：用于选取前景色和背景色。

3. 文档窗口

文档窗口显示当前图片大小及其他功能的信息，显示在应用程序视窗的底部。单击应用程序视窗底部边缘的三角形，就出现如图 11-3 所示的情形。

图 11-3　文档窗口

- Adobe Drive：显示文档的 Adobe Drive 工作组状态，如已打开、未纳入管理和未存储等。只有在启用了 Adobe Drive 时，此选项才可用。
- 文档大小：有关图像中的数据量的信息。左边的数字表示图像的打印大小，它近似于以 Adobe Photoshop 格式拼合并存储的文件大小。右边的数字指明文件的近似大小，其中包括图层和通道。
- 文档配置文件：图像所使用颜色配置文件的名称。
- 文档尺寸：图像的尺寸。
- 暂存盘大小：有关用于处理图像的内存量和暂存盘的信息。左边的数字表示当前程序用来显示所有打开的图像的内存量。右边的数字表示可用于处理图像的总内存量。
- 效率：执行操作实际所花时间的百分比，而非读写暂存盘所花时间的百分比。如果此值低于 100%，则 Photoshop 正在使用暂存盘，因此操作速度会较慢。
- 计时：完成上一次操作所花的时间。
- 当前工具：现用工具的名称。
- 32 位曝光：用于调整预览图像，以便在计算机显示器上查看 32 位/通道高动态范围（HDR）图像的选项。只有当文档窗口显示 HDR 图像时，该滑块才可用。

4. 浮动调板

- 显示一个浮动调板：当 Windows 下面的选项被选中的时候，调板显示出来。
- 如果要显示或隐藏所有开启的浮动调板、选项列和工具箱，按 Tab 键。
- 如果要显示或隐藏所有浮动调板，按 Shift+Tab 键。
- 要使某个调板出现在它所在组的前面，单击该调板的选项卡。
- 要移动整个调板组，拖移其标题栏。
- 要重新排列或者分开调板组，拖移调板的选项卡。如果将调板拖移到现有组的外面，则会创建一个新调板窗口。

- 要将调板移到另一个组，将调板的选项卡拖移到该组内。
- 要停放调板以使它们一起移动，将一个调板的选项卡拖移到另一个调板的底部。
- 要移动整个停放的调板组，拖移其标题栏。

5．工具选项栏

可以使用选项栏中的【工具预设】拾色器、【工具预设】调板和【预设管理器】载入、编辑和创建工具预设库，图 11-4 所示为渐变工具选项栏。

图 11-4　工具选项栏

11.2　调整图像大小

1．调整图像和画布大小

导入图像后，可能需要调整其大小。在 Photoshop 中，可以使用【图像大小】对话框来调整图像的像素大小、打印尺寸和分辨率。

原始文件	CH11/调整图像.jpg
最终文件	CH11/调整图像.jpg
学习要点	调整图像

提示　在调整图像大小时，位图数据和矢量数据会产生不同的结果。位图数据与分辨率有关，因此，更改位图图像的像素大小可能会使图像品质和锐化程度下降。相反，矢量数据与分辨率无关，调整其大小而不会降低边缘的清晰度。

❶ 打开图像文件，如图 11-5 所示。

❷ 选择菜单中的【图像】|【图像大小】命令，弹出如图 11-6 所示的【图像大小】对话框，设置图像的【高度】和【宽度】。

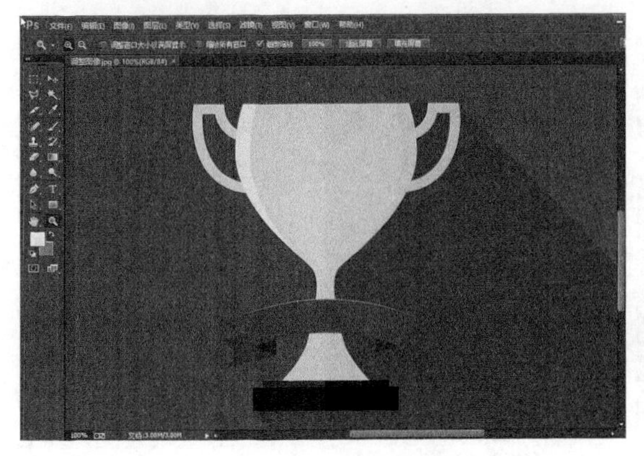

图 11-5　打开图像

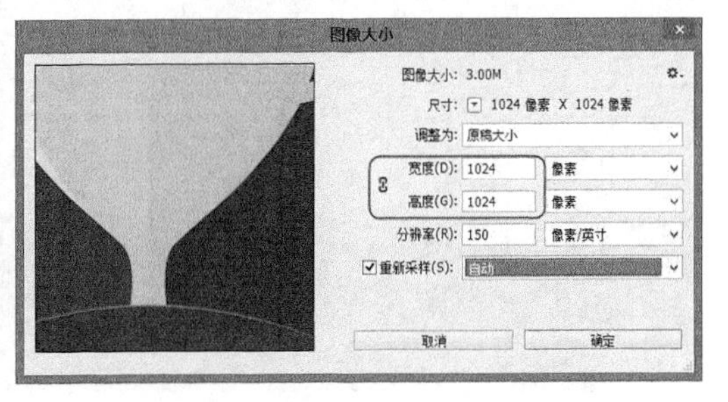

图 11-6　【图像大小】对话框

【图像大小】对话框中可以设置如下内容。

- 【像素大小】：用于显示图像的宽度和高度的像素值，在文本框中可以直接进行设置。
- 【文档大小】：用于设置更改图像的宽度、高度和分辨率，可以在文本框中直接输入数字进行更改。
- 【缩放样式】：图像带有应用了样式的图层，选择缩放样式。
- 【约束比例】：保持当前的像素宽度和高度的比例。
- 【重定图像像素】：一定要选中【重定图像像素】，然后选取插值方法。

❸ 设置好以后单击【确定】按钮，即可修改图像大小，如图 11-7 所示。

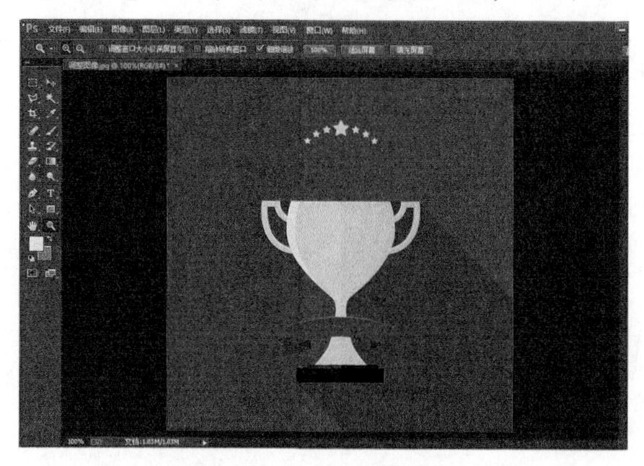

图 11-7　控制裁切范围

提示　在【图像大小】对话框中，若按住 Alt 键，则【取消】按钮会变成【复位】按钮，单击可以使对话框各选项的内容恢复为打开对话框之前的设置。

2. 裁切图像

原始文件	CH11/裁切图像.jpg
最终文件	CH11/裁切图像.jpg
学习要点	裁切图像

❶ 打开图像文件，在工具箱中选择裁剪工具，如图 11-8 所示。

❷ 移动鼠标指针到图像窗口中并拖动，释放鼠标后，即出现一个四周有 8 个控制点的裁切范围，如图 11-9 所示。

图 11-8　打开图像

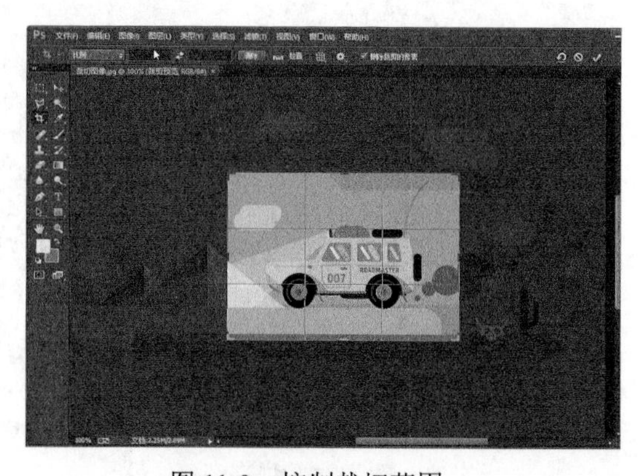

图 11-9　控制裁切范围

提示　若按下 Shift 键拖动，则可选取正方形；若按下 Alt 键拖动，则可选取以开始点为中心的裁剪范围；若按下 Shift+Alt 组合键拖动，则可选取以开始点为中心的正方形裁剪范围。

❸ 选择好裁切范围后，在裁切区域内双击鼠标左键或者按下回车键即可完成裁切操作，裁切后的效果如图 11-10 所示。

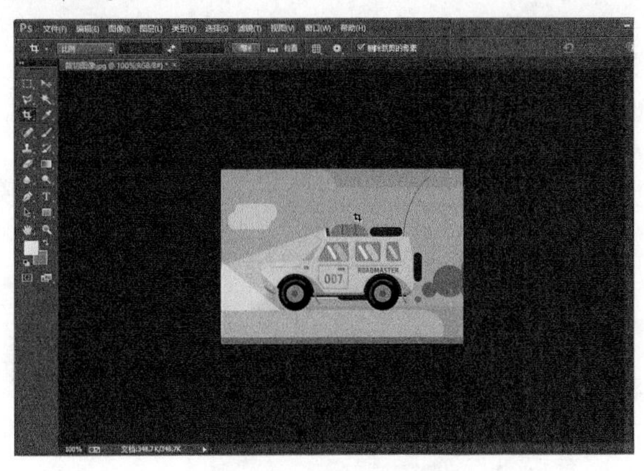

图 11-10　裁切后的效果

11.3　网页图像的色彩调整

对图像的色彩进行控制主要是对图像的明暗度的调整，比如当一幅图像颜色比较暗时，可以通过该命令将它变亮，或是将一个颜色比较亮的图像变暗。

11.3.1　使用【色阶】命令优化网页图像

【色阶】对话框允许通过调整图像的阴影、中间调和高光的强度级别的方法来校正图像的色调范围和色彩平衡。

原始文件	CH11/色阶.jpg
最终文件	CH11/色阶.jpg
学习要点	使用【色阶】命令优化网页图像

❶ 打开图像文件，如图 11-11 所示。

图 11-11　打开图像

❷ 选择菜单中的【图像】|【调整】|【色阶】命令，如图 11-12 所示。打开【色阶】对话框，如图 11-13 所示。

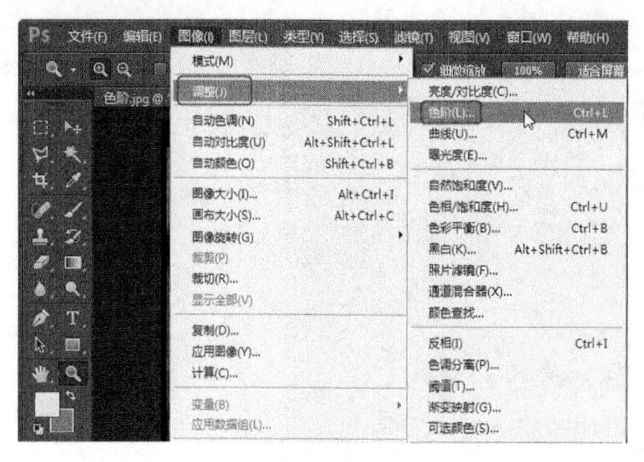

图 11-12 选择【色阶】命令

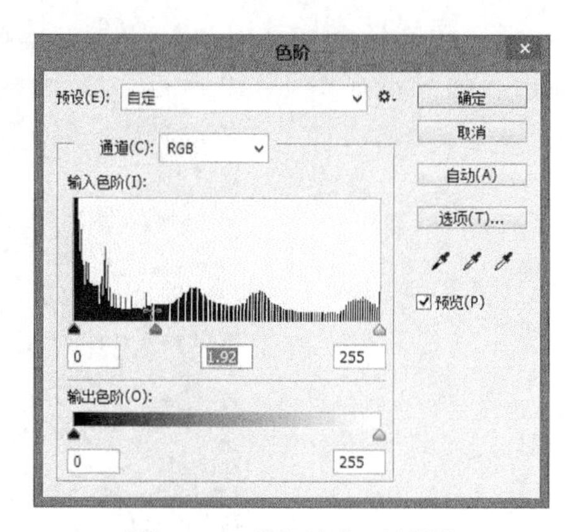

图 11-13 【色阶】对话框

【色阶】对话框中主要有以下选项。

- 若要调整特定颜色通道的色调，需从【通道】下拉列表中选取选项。
- 要手动调整阴影和高光，将黑色和白色【输入色阶】滑块拖移到直方图的任意一端的第一组像素的边缘即可。
- 要调整中间调，需使用中间的【输入】滑块来调整灰度系数。

❸ 调整完毕后，单击【确定】按钮，效果如图 11-14 所示。

图 11-14 调整【色阶】后的效果

11.3.2 使用【曲线】命令优化网页图像

与【色阶】对话框一样，【曲线】对话框也允许调整图像的整个色调范围。但与只有三个调整功能（白场、黑场、灰度系数）的【色阶】不同，【曲线】功能允许在图像的整个色调范围（从阴影到高光）内最多调整 14 个不同的点。也可以使用【曲线】功能对图像中的个别颜色通道进行精确的调整。

原始文件	CH11/曲线.jpg
最终文件	CH11/曲线.jpg
学习要点	使用【曲线】命令优化网页图像

❶ 打开图像文件，如图 11-15 所示。

图 11-15 打开图像

❷ 选择菜单中的【图像】|【调整】|【曲线】命令，如图 11-16 所示。打开【曲线】对话框，如图 11-17 所示。

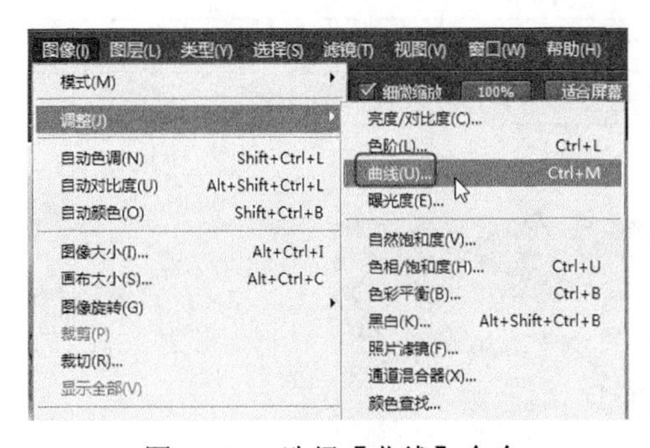

图 11-16 选择【曲线】命令

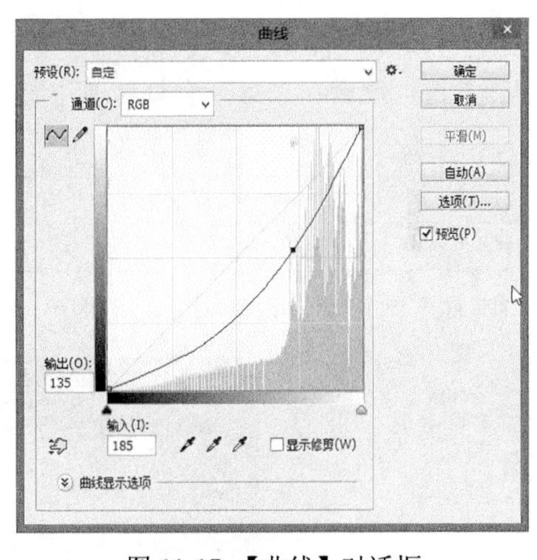

图 11-17 【曲线】对话框

在【曲线】对话框中更改曲线的形状可改变图像的色调和颜色。将曲线向上或向下弯曲将会使图像变亮或变暗，具体情况取决于对话框是设置为显示色阶还是百分比。曲线上比较陡直的部分代表图像对比度较高的部分。相反，曲线上比较平缓的部分代表对比度较低的区域。

如果将【曲线】对话框设置为显示色阶而不是百分比，则会在图形的右上角呈现高光。移动曲线顶部的点将主要调整高光；移动曲线中心的点将主要调整中间调；而移动曲线底部的点则主要调整阴影。将点向下或向右移动会将【输入】值映射到较小的【输出】值，并会使图像变暗。相反，将点向上或向左移动会将较小的【输入】值映射到较大的【输出】值，并会使图像变亮。因此，如果希望使阴影变亮，便向上移动靠近曲线底部的点；希望使高光变暗，便向下移动靠近曲线顶部的点。

❸ 调整完后，单击【确定】按钮，效果如图 11-18 所示。

图 11-18　调整【曲线】效果图

提示　通常，在对大多数图像进行色调和色彩校正时只需进行较小的曲线调整。

11.3.3　使用【色彩平衡】命令优化网页图像

对于普通的色彩校正，【色彩平衡】命令将更改图像的总体颜色混合。确保在通道调板中选择了复合通道，只有查看复合通道时，此命令才可用。

原始文件	CH11/色彩平衡.jpg
最终文件	CH11/色彩平衡.jpg
学习要点	使用【色彩平衡】命令优化网页图像

❶ 打开图像文件，如图 11-19 所示。

图 11-19　打开图像

❷ 选择菜单中的【图像】|【调整】|【色彩平衡】命令，弹出【色彩平衡】对话框，在对话框中设置相应的参数，如图 11-20 所示。

- 将滑块拖向要在图像中增加的颜色，或将滑块拖离要在图像中减少的颜色。
- 选择【阴影】、【中间调】或【高光】项，以便选择要着重更改的色调范围。
- 选择【保持亮度】项以防止图像的亮度值随颜色的更改而改变。该选项可以保持图像的色调平衡。

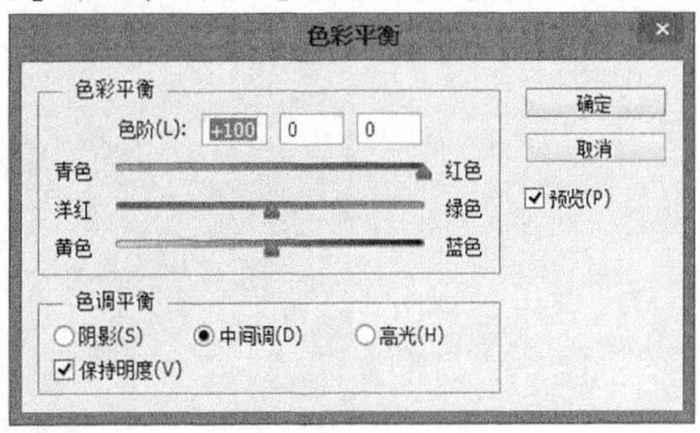

图 11-20 【色彩平衡】对话框

- 将滑块拖向要在图像中增加的颜色，或将滑块拖离要在图像中减少的颜色。

颜色条上方的值显示红色、绿色和蓝色通道的颜色变化。（对于 Lab 图像，这些值代表 a 和 b 通道。）值的范围可以从−100 到+100。

❸ 调整完后，单击【确定】按钮，效果如图 11-21 所示。

图 11-21 效果图

11.3.4 使用【亮度/对比度】命令优化网页图像

【亮度/对比度】命令可以对图像的色调范围进行简单的调整。与对图像中的像素应用按比例（非线性）调整的【曲线】和【色阶】不同，【亮度/对比度】命令会对每个像素进行相同程度的调整（线性调整）。对于高端输出，不建议使用【亮度/对比度】命令，因为它可能导致图像丢失细节。

原始文件	CH11/亮度对比度.jpg
最终文件	CH11/亮度对比度.jpg
学习要点	使用【亮度/对比度】命令优化网页图像

❶ 打开图像文件，如图 11-22 所示。选择菜单中的【图像】|【调整】|【亮度/对比度】命令。

❷ 拖移滑块调整亮度和对比度。向左拖移降低亮度和对比度，向右拖移增加亮度和对比度，如图 11-23 所示，每个滑块值右边的数值反映亮度或对比度值。值的范围从−100 到+100。单击【确定】按钮，效果如图 11-24 所示。

图 11-22　打开图像

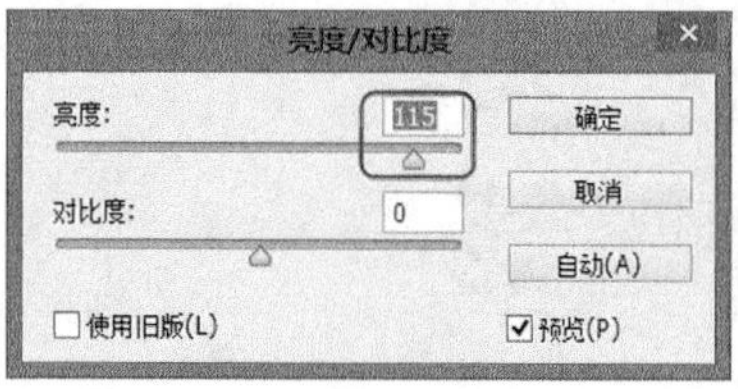

图 11-23 【亮度/对比度】对话框

图 11-24　效果图

11.3.5　使用【色相/饱和度】命令优化网页图像

【色相/饱和度】命令可以调整图像中特定颜色分量的色相、饱和度和亮度，或者同时调整图像中的所有颜色。在 Photoshop 中，此命令尤其适用于微调 CMYK 图像中的颜色，以便它们处在输出设备的色域内。

原始文件	CH11/色相饱和度.jpg
最终文件	CH11/色相饱和度.jpg
学习要点	使用【色相/饱和度】命令优化网页图像

❶ 打开图像文件，如图 11-25 所示。

❷ 选择菜单中的【图像】|【调整】|【色相/饱和度】命令，弹出【色相/饱和度】对话框，在对话框中进行设置，如图 11-26 所示。

图 11-25 打开图像

图 11-26 【色相/饱和度】对话框

❸ 单击【确定】按钮，效果如图 11-27 所示。

图 11-27 效果图

11.4 处理产品图像

有时设计师对图像不太满意，这时就需要对图像进行调整，比如调整大小、色彩以及对图像应用样式等，具体操作步骤如下。

处理产品图像效果如图 11-28 所示。

原始文件	CH11/处理图像.jpg
最终文件	CH11/处理图像.jpg
学习要点	处理产品图像

❶ 打开图像文件，如图 11-29 所示。

❷ 选择菜单中的【图像】|【图像大小】命令，弹出【图像大小】对话框，在对话框中取消【约束比例】项，将【宽度】设置为 500 像素，【高度】设置为 434 像素，如图 11-30 所示。

❸ 单击【确定】按钮，修改图像大小，如图 11-31 所示。

图 11-28　处理产品图像效果图

图 11-29　打开素材

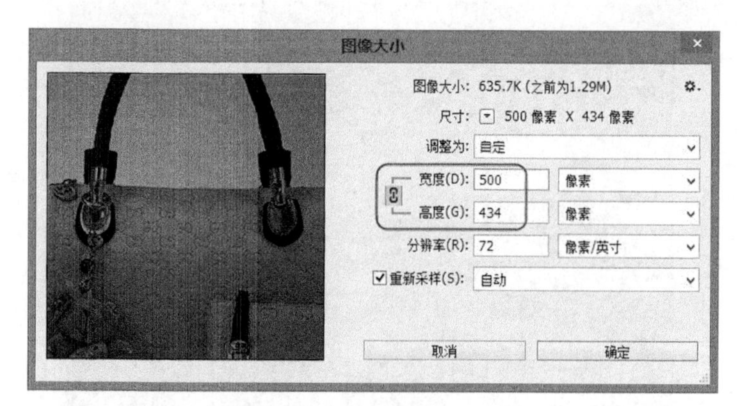

图 11-30　【图像大小】对话框

图 11-31　调整图像大小

❹ 选择菜单中的【图像】|【调整】|【色阶】命令，如图 11-32 所示。

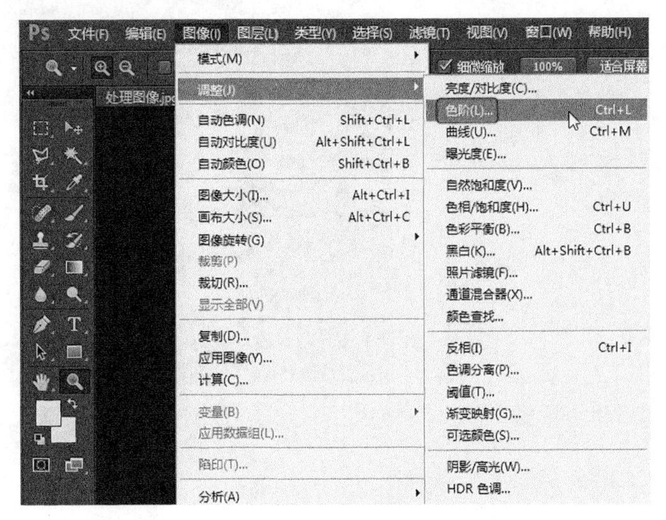

图 11-32　选择【色阶】命令

❺ 弹出【色阶】对话框，在对话框中将【输入色阶】设置为 2.37，如图 11-33 所示。

❻ 单击【确定】按钮，调整色阶后的效果如图 11-34 所示。

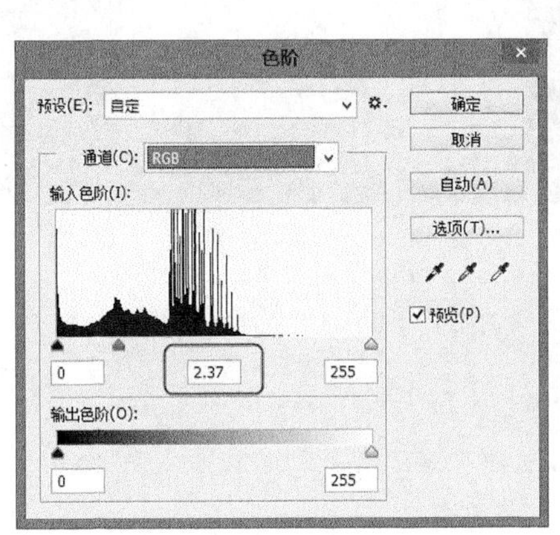

图 11-33　【色阶】对话框

图 11-34　调整色阶效果

❼ 选择菜单中的【图像】|【调整】|【曝光度】命令，弹出【曝光度】对话框，将曝光度设置为 0.63，如图 11-35 所示。

❽ 单击【确定】按钮，设置曝光度效果，如图 11-36 所示。

❾ 选择菜单中的【图像】|【调整】|【曲线】命令，弹出【曲线】对话框，设置曲线如图 11-37 所示。

❿ 单击【确定】按钮，效果如图 11-38 所示。

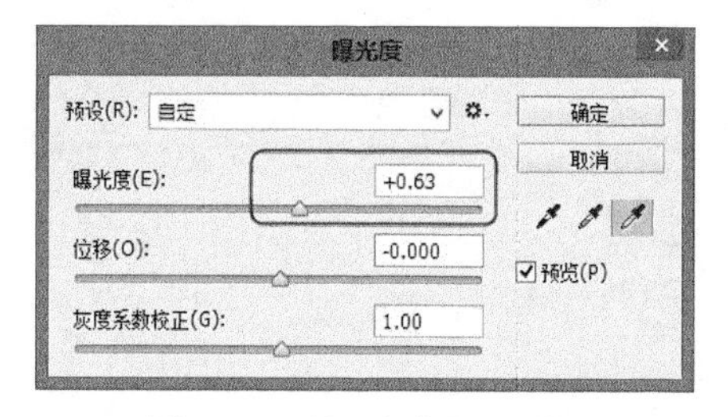

图 11-35 【曝光度】对话框

图 11-36 设置曝光度效果

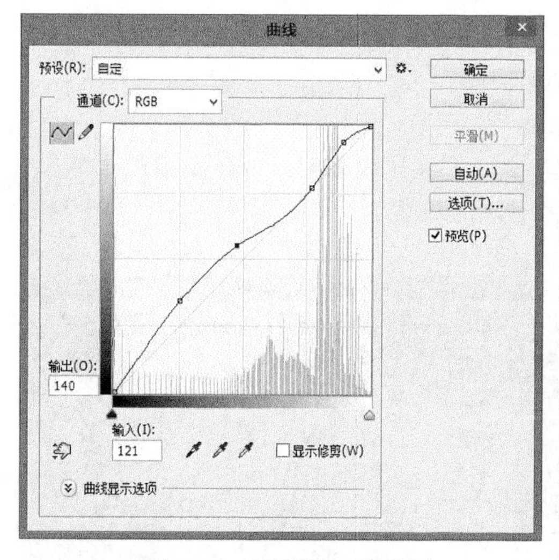

图 11-37 【曲线】对话框

图 11-38 设置曲线效果

11.5 经典习题与解答

1. 填空题

（1）导入图像后，可能需要调整其大小。在 Photoshop 中，可以使用【________】对话框来调整图像的像素大小、打印尺寸和分辨率。

（2）与【色阶】对话框一样，【曲线】对话框也允许调整图像的整个色调范围。但与只有三个调整功能（白场、黑场、灰度系数）的【色阶】不同，【曲线】允许在图像的整个色调范围（从阴影到高光）内最多调整________个不同的点。

2. 操作题

使用【曲线】命令优化网页图像，优化前效果如图 11-39 所示，优化后如图 11-40 所示。

原始文件	CH11/优化图像.jpg
最终文件	CH11/优化图像.jpg
学习要点	优化图像

图 11-39　优化前

图 11-40　优化后

第12章

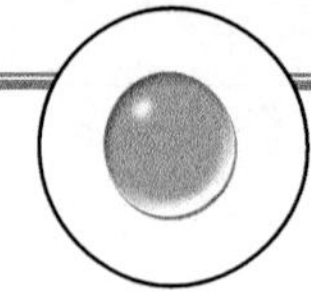

设计网站 Logo 和按钮

Logo 和按钮是网页中比较重要的一环。Logo 是标志的意思，它是网站形象的重要体现，是互联网上各个网站用来与其他网站链接的图形标志。网页按钮其实就是网站导航，为网站的访问者提供一定的途径，使其可以方便地访问到所需的内容。

学习目标

- VI 简介
- 网站标识设计概述
- 按钮设计

12.1 VI 简介

VI 设计来源于英文中的 Visual Indentity System，即视觉识别系统。网站上看到的所有图片、文字、动画、版面布局以及色彩搭配等都是 VI 设计的一部分。

12.1.1 VI 设计的概念

在讲述 VI 概念之前，先了解一下什么是企业 CI。企业 CI 是企业形象识别之意，是指社会公众和企业职员对企业的整体印象和评价，它是企业的表现与特征在公众心目中的反映。它主要体现在产品形象、环境形象、职工形象、企业家形象、公共关系形象、社会形象和总体形象等方面。

企业 VI 视觉设计，是企业 VI 形象设计的重要组成部分。社会的现代化、工业化、自动化的发展，加速了优化组合的进程，其规模不断扩大，组织机构日趋繁杂，产品快速更新，市场竞争也变得更加激烈。另外，各种媒体的急速膨胀，传播途径不一而从，受众面对大量繁杂的信息，变得无所适从。企业比以往任何时候都需要统一的、集中的 VI 设计传播，因此个性和身份的识别显得尤为重要。

企业 VI 系统以建立企业的理念识别为基础，它能将企业的经营理念、经营方针、企业价值观、企业文化、运行机制、企业特点以及未来发展方向演绎为视觉符号或符号系统，即通过静态、具体化、视觉化传播系统，将其有组织、有计划且准确、快捷地传达出去，并贯穿在企业的经营行为之中，使企业的精神、思想、经营方针和经营策略等主体性内容，通过视觉传达的方式得以外形化，使其统一地、有控制地应用在企业行为的方方面面，达到建立企业形象之目的。图 12-1 所示为企业的 VI 设计。

图 12-1 企业的 VI 设计

12.1.2 VI 在网站设计中的意义

网站的内容固然重要，但是如果没有一个好看并且吸引人的 VI 设计，即使有着再好的内容、再好的结构，整个网站的浏览效果也会大打折扣，浏览者的阅读兴致也会大减。人们称互联网经济为注意力经济，如何吸引大众的注意力，除了内容是一个重要的因素外，外观也同样起着举足轻重的作用。因此，网站的 VI 设计也非常重要。下面是网站 VI 设计的一些注意事项。

- 整个页面的颜色要协调，千万不可给人刺眼的感觉。
- 网页上的文字要易于阅读，文字太细、颜色太浅、页面太长或超出屏幕宽度，都不便于阅读。
- 不要使用太大、太多、太模糊的图片，这样会引起浏览者的反感。
- 动与静要配合恰当。大量滥用 Flash 动画、网页脚本特效等都会影响网速，而且让人感觉眼花缭乱，找不到重点。死气沉沉、毫无生气的页面也会让人感到乏味。
- 整个网站的所有页面风格要协调一致。每个页面都使用相同的排版方式、相同的背景色及近似的按钮都能增加网页的一致性，树立统一的风格。如图 12-2 和图 12-3 所示，网站中的产品展示页和产品详细介绍页面风格协调一致，具有相同的色彩、顶部导航、左侧导航等。

图 12-2 产品展示页面

图 12-3 产品详细介绍页面

12.2 网站标识设计概述

Logo 是与其他网站链接的标志和门户，是网站形象的重要体现。一个好的 Logo 往往会反映网站的基本信息，特别是对一个商业网站来说，浏览者可以从中基本了解到这个网站的类型或者主题内容。

12.2.1 网站 Logo 设计标准

网站 Logo 就是网站标志，它的设计要能够充分体现该公司的核心理念，并且设计上要求动感、活力、简约、大气、高品位、色彩搭配合理、美观，以便令人印象深刻。网站 Logo 的设计有以下标准。

- 符合企业的 VI 总体设计要求。

网站的 Logo 设计要与企业的 VI 设计一致。

- 要有良好的造型。

企业标志设计的题材和形式丰富多彩，如中外文字体具备图案、抽象符号、几何图形等，因此标志造型变化就显得格外活泼生动。

- 设计要符合传播对象的直观接受能力、习惯以及社会心理、习俗与禁忌。
- 构图需美观、适当、简练、讲究艺术效果。
- 色彩最好单纯、强烈、醒目，力求色彩的感性印象与企业的形象风格相符。
- 标志设计一定要注意其识别性，识别性是企业标志的基本功能。通过整体规划和设计的视觉符号，必须具有独特的个性和强烈的冲击力。

12.2.2 网站 Logo 的标准尺寸

为了方便因特网上信息的传播，Logo 实际上已经有一整套标准，其中关于网站的 Logo，目前有三种规格。

- 88×31 像素：这是互联网上最普遍的友情链接 Logo，因为这个 Logo 主要是放在别人的网站显示的，让别的网站的用户单击这个 Logo 进入网站，几乎所有网站的友情链接都使用这个统一的规格。图 12-4 所示为友情链接中的 88×31 像素的 Logo。

图 12-4　88×31 像素的 Logo

◎ 120×60 像素：这种规格是一般大小的 Logo，一般用在首页上的 Logo 广告。图 12-5 所示为 120×60 像素的 Logo。

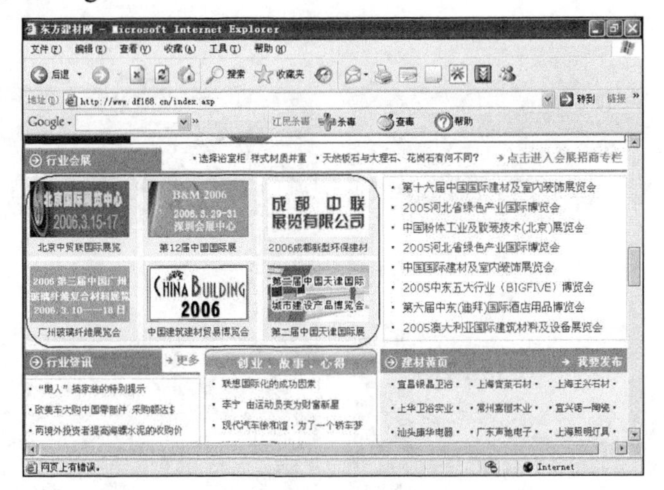

图 12-5　120×60 像素的 Logo

◎ 120×90 像素：这种规格用于大型 Logo。

12.3　按钮设计

漂亮的按钮可以修饰网页，能够使得网页图像更加美观、更富立体感。下面讲述几款最常用的网页按钮设计方法。

12.3.1　制作导航按钮

制作如图 12-6 所示的网站导航按钮，具体操作步骤如下。

原始文件	CH12/导航.jpg
最终文件	CH12/导航.psd
学习要点	制作导航按钮

图 12-6　导航按钮

❶ 打开素材文件，如图 12-7 所示。

❷ 选择工具箱中的圆角矩形工具，将【半径】设置为 10 像素，按住鼠标左键的同时拖动鼠标，绘制一个圆角矩形，如图 12-8 所示。

图 12-7　打开素材文件

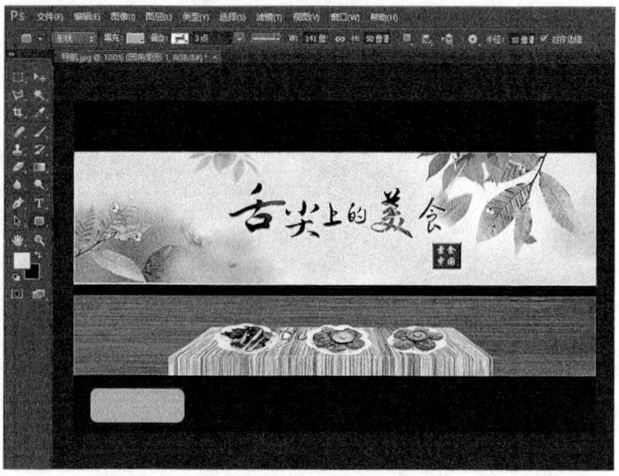

图 12-8　绘制圆角矩形

❸ 选择菜单中的【图层】|【图层样式】|【渐变叠加】命令，如图 12-9 所示。

❹ 弹出【图层样式】对话框，单击渐变后面的颜色框按钮，如图 12-10 所示。

图 12-9　选择【渐变叠加】命令

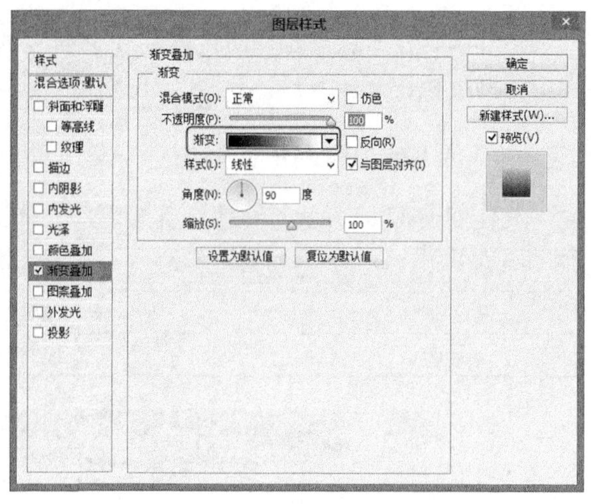

图 12-10　单击颜色框按钮

❺ 打开【渐变编辑器】对话框，设置渐变颜色，如图 12-11 所示。

❻ 在对话框中选择【斜面和浮雕】选项，设置【高光模式】和【阴影模式】的颜色，如图 12-12 所示。

❼ 在对话框中选择【内发光】选项，将其参数设置为如图 12-13 所示。

❽ 在对话框中选择【斜面和浮雕】选项，将其参数设置为如图 12-14 所示。

❾ 单击【确定】按钮，此时圆角矩形按钮效果如图 12-15 所示。

❿ 选择工具箱中的文本工具 T，在按钮上输入文本“首页”，如图 12-16 所示。

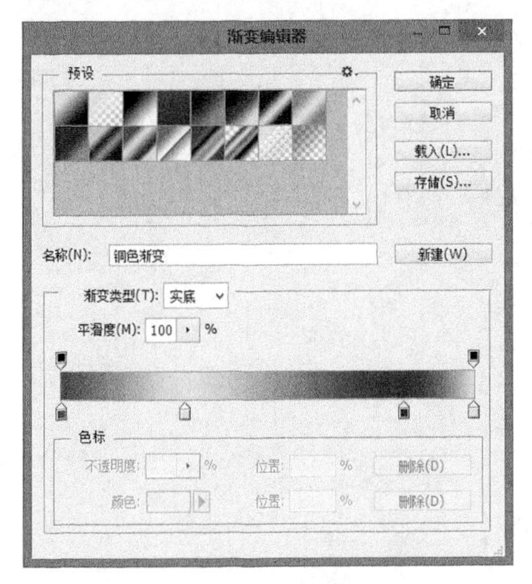

图 12-11 【渐变编辑器】对话框

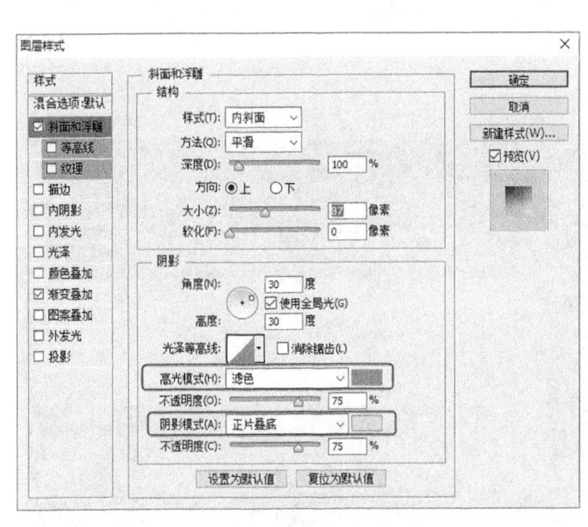

图 12-12 设置【斜面和浮雕】选项

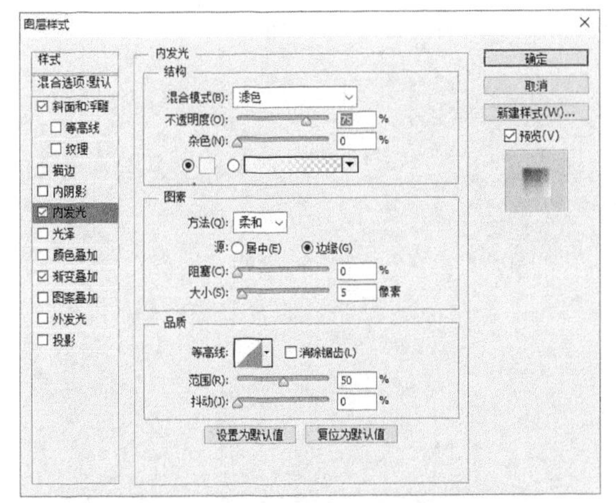

图 12-13 设置【内发光】选项

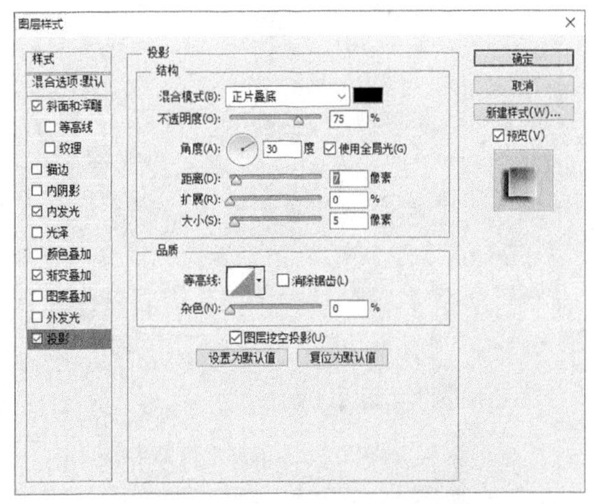

图 12-14 设置【斜面和浮雕】选项

图 12-15 圆角矩形按钮

图 12-16 输入文本

⓫ 重复步骤 18，复制几个图层，设置阴影，并输入文本，如图 12-17 所示。

⓬ 选择菜单中的【文件】|【存储为】命令，弹出【存储为】对话框，如图 12-18 所示。

单击【保存】按钮，保存文档。至此导航按钮制作完成，如图 12-6 所示。

图 12-17　绘制矩形和输入文本

图 12-18　【存储为】对话框

★ 指点迷津 ★

1. 当使用圆角矩形工具绘制时，如果按住 Shift 键，则绘制的是正圆形。

2. 图像样式在制作特效文本以及各种形状按钮时非常有用。方法是，先建立一个文本图层或形状图层，然后添加图层样式即可。

3. 在【图层样式】对话框中设置投影效果和内阴影效果时，阴影颜色、混合模式、不透明度、角度和距离的设置是否合理、适当，将对产生的图像效果起着决定性的作用。

12.3.2　制作发光按钮

下面制作如图 12-19 所示的发光按钮。

原始文件	CH12/发光按钮.jpg
最终文件	CH12/发光按钮.psd
学习要点	制作发光按钮

图 12-19　发光按钮

❶ 打开素材文件，如图 12-20 所示。

❷ 在工具箱中选择椭圆工具◯，按住鼠标左键的同时拖动鼠标绘制一个椭圆，如图 12-21 所示。

图 12-20　打开素材

图 12-21　绘制椭圆

❸ 选择菜单中的【窗口】|【样式】命令，打开【样式】面板，如图 12-22 所示。

❹ 在【样式】面板中选择一种样式，对椭圆按钮应用该样式，如图 12-23 所示。

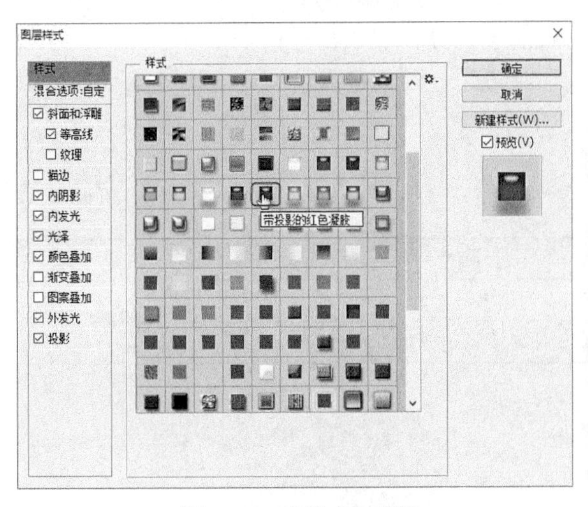

图 12-22 【样式】面板

图 12-23　应用样式

❺ 选择工具箱中的横排文字工具T，在椭圆上输入文字，在工具栏中将【字体】设置为【华文新魏】,【大小】设置为 24 点，如图 12-24 所示。

❻ 选择菜单中的【文件】|【存储为】命令，保存文档。至此发光按钮制作完成。

图 12-24　输入文本

12.4　经典习题与解答

1. 填空题

（1）________以建立企业的理念识别为基础，能将企业的经营理念、经营方针、企业价值观、企业文化、运行机制、企业特点以及未来发展方向演绎为视觉符号或符号系统。

（2）网站 Logo 就是________，它的设计要能够充分体现该公司的核心理念，并且在设计上要求动感、活力、简约、大气、高品位，色彩搭配合理、美观，以令人印象深刻。

2. 操作题

设计一个网站导航，如图 12-25 所示。

原始文件	CH12/习题.jpg
最终文件	CH12/习题.psd
学习要点	制作网站导航

图 12-25　网站导航

第13章

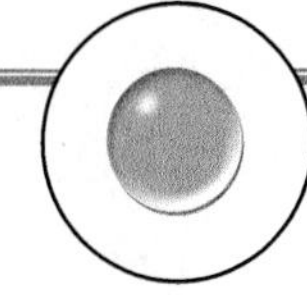

设计网站动画和网络广告

Flash是一款多媒体动画制作软件，它是一种交互式动画设计工具，用它可以将音乐、声效、动画以及富有新意的界面融合在一起，以制作出高品质的Flash动画。Flash动画节省了文件的大小，提高了网络传送的速度，大大增强了网站的视觉冲击力，从而可以吸引越来越多的浏览者访问网站。

学习目标

- 了解Flash工作环境
- 网站广告设计指南
- 制作网页广告实例

13.1 Flash工作环境简介

Adobe Flash Professional CC是Adobe公司出品的一款专业动画制作、多媒体创作以及交互式网站设计的顶级创作平台，全新一代的Flash内置了强大的工具集，具有排版精确、版面保真和丰富的动画编辑功能，能帮助您清晰地传达创作构思。高质量视频导出、增强的HTML发布、简化的用户界面、USB调试、无限制剪贴板大小等功能，广泛应用于产品广告、娱乐短片、小游戏、网络应用程序等商业领域。

Flash的工作界面由菜单栏、工具箱、时间轴、舞台和面板等组成，如图13-1所示。

1. 菜单栏

菜单栏是任何应用程序中使用最频繁的地方，几乎所有的操作都可以在这里实现。点击不同的菜单可以出现不同的下拉内容，选择菜单项可以进行相应的操作。

- 【文件】菜单：用于文件操作，如创建、打开和保存文件等。
- 【编辑】菜单：用于动画内容的编辑操作，如复制、剪切和粘贴等。
- 【视图】菜单：用于对开发环境进行外观和版式设置，包括放大、缩小、显示网格及辅助线等。
- 【插入】菜单：用于插入性质的操作，如新建元件、插入场景和图层等。
- 【修改】菜单：用于修改动画中的对象、场景甚至动画本身的特性，主要用于修改动画中各种对象的属性，如帧、图层、场景以及动画本身等。

- 【文本】菜单：用于对文本的属性进行设置。
- 【命令】菜单：用于对命令进行管理。
- 【控制】菜单：用于对动画进行播放、控制和测试。
- 【调试】菜单：用于对动画进行调试。
- 【窗口】菜单：用于打开、关闭、组织和切换各种窗口面板。
- 【帮助】菜单：用于快速获得帮助信息。

图 13-1　Flash 工作界面

2．工具箱

Flash 具有强大的工具箱，在默认状态下工具箱在窗口的左侧单列竖排放置。用户可以通过拖动鼠标将它放在桌面上任何位置。编辑操作中频繁使用的命令都可以在工具箱中找到，这里每一个图标代表一种工具。

- 选择工具：用于选择文字和图像等对象。
- 部分选取工具：用于选取对象的描点和路径。
- 任意变形工具 ：对选取的对象进行变形。
- 3D 旋转工具：3D 旋转功能只能对影片剪辑发生作用。
- “套索”工具：选择一个不规则的图形区域，并且还可以处理位图图形。
- 钢笔工具：可以使用此工具绘制曲线。
- T文本工具：在舞台上添加文本，编辑现有的文本。
- 线条工具：使用此工具可以绘制各种形式的线条。
- 矩形工具：用于绘制矩形，也可以绘制正方形。
- 铅笔工具：用于绘制折线、直线等。
- 刷子工具：用于绘制填充图形。
- ：Deco 工具添加了许多新脚本，用于创建出吸引眼球的新效果。
- 墨水瓶工具：用于编辑线条的属性。

- 颜料桶工具：用于编辑填充区域的颜色。
- 滴管工具：用于将图形的填充颜色或线条属性复制到别的图形线条上，还可以采集位图作为填充内容。
- 橡皮擦工具：用于擦除舞台上的内容。
- 手形工具：当舞台上的内容较多时，可以用该工具平移舞台以及各个部分的内容。
- 缩放工具：用于缩放舞台中的图形。
- 笔触颜色工具：用于设置线条的颜色。
- 填充颜色工具：用于设置图形的填充区域。
- 【骨骼】工具，可以像 3D 软件一样，为动画角色添加上骨骼，可以很轻松地制作各种动作的动画。

3. 时间轴

在【时间轴】面板中，其左边的上方和下方的几个按钮用于调整图层的状态和创建图层。在帧区域中，其顶部的标题指示了帧编号，动画播放头指示了舞台中当前显示的帧。

时间轴状态显示在【时间轴】面板的底部，它包括若干用于改变帧显示的按钮，指示当前帧编号、帧频和到当前帧为止的播放时间等。其中，帧频直接影响动画的播放效果，其单位是“帧/秒（fps）”，默认值是 12 帧/秒。

4. 舞台

舞台是创建 Flash 文档时放置图形内容的矩形区域，这些图形内容包括矢量插图、文本框、按钮、导入的位图图形或影片剪辑。用户可以在工作时将其放大和缩小以更改舞台的视图。

5. 浮动面板

【浮动】面板可以帮助用户观察、编排、组织或者更改 Flash 影片中的元素。在使用它的过程中，可以使面板保持显示、修改或组合状态，可根据工作的需要任意改变。

显示浮动面板的方法是，选择相应的窗口命令，即可打开面板。如果再次选中该窗口命令即可隐藏面板。

组合浮动面板的方法是，拖曳浮动面板标签到同一窗口中。分离不同浮动面板的方法是，拖曳浮动面板标签到窗口之外。

13.2 网站广告设计指南

网站广告设计，重在传达一定的形象与信息，真正吸引目光的，不是网站广告图像，而是其背后的信息。网站广告设计跟传统设计有着很多的相通性，但由于网络本身的限制以及浏览习惯的不同，还带有许多不同的特点。如网站广告一般要求简单醒目，在少量的方寸之地，除了表达出一定的形象与信息外，还得兼顾美观与协调。

13.2.1 网站广告设计基本原则

网页上的广告条又称为 Banner，是网站用来盈利或者发布一些重要信息的工具。网页上的广告条的主要特点是突出、醒目，能吸引浏览者的注意力。网站广告设计有以下一些基本原则。

首先就是要美观。这个小的区域要设计得非常漂亮，让人看上去很舒服，即使不是浏览者所要看的东西，或者是一些他们可看可不看的东西，他们也会很有兴趣的去看看，点击就是顺理成章的事情了。图 13-2 所示为美观的网站广告。

图 13-2　美观的网站广告

让广告中的文字从左到右、从上到下排列，这样做会更有效。因为视觉习惯是从左到右地看，不要认为浏览者会再看广告条内容。如图 13-3 所示，Banner 中的文字从左到右排列。

图 13-3　Banner 中的文字从左到右排列

从功能上来考虑就是要便于点击，设计师要考虑到在位置编排上要适合于点击，如通常把它设计在网页的上部和右边，使浏览者随便移动鼠标就可以点击到。如图 13-4 所示，Banner 位于上部便于点击。

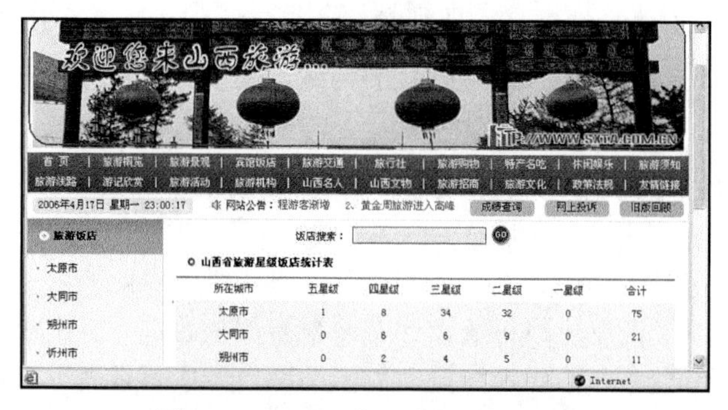

图 13-4　Banner 位于上部便于点击

文字紧靠边缘的广告条让人看起来不专业，广告条的边缘要留有一定的空间，这样才能使它们更明显，避免广告条中布满密密麻麻的文字。图 13-5 所示的广告条的边缘留有一定的空间。

图 13-5 广告条的边缘要留有一定的空间

网页广告条要与整个网页的协调，同时又要突出、醒目，用色要同页面的主色相搭配，比如主色是浅黄，广告条的用色就可以用一些浅的其他颜色，切忌用一些对比色。如图 13-6 所示，网页 Banner 广告与整个网页协调搭配。

图 13-6 网页 banner 广告与整个网页协调搭配

13.2.2 网站广告的类型

网站广告设计更多的时候是通过繁琐的工作与多次的尝试完成的。在实际的设计中没有非得做什么的限制，更没有一个固定的标准，但也有一些比较普遍存在的问题值得注意。通常网站广告的类型分为以下几种，如图 13-7 所示。

- 旗帜广告

广告尺寸：468×60 像素；文件格式：SWF、GIF、JPG；大小：<20K

广告位置：网站首页第一屏

- 对联广告

广告尺寸：105×300 像素；文件格式：SWF、GIF、JPG；大小：<20K

广告位置：网站首页第一屏

- 首页右侧广告

广告尺寸：543×133 像素；文件格式：SWF、GIF、JPG；大小：<30K

广告位置：网站首页第一屏

- 通栏广告

广告尺寸：775×110 像素；文件格式：SWF、GIF、JPG；大小：<25K

广告位置：网站首页第一屏

- 弹出窗口广告

广告尺寸：360×300 像素；文件格式：SWF、GIF、JPG；大小：<25K

广告位置：网站首页第一屏

- 浮动广告

广告尺寸：80×80 像素；文件格式：SWF、GIF、JPG；大小：<25K
广告位置：网站首页

- 通栏广告

广告尺寸：775×110 像素；文件格式：SWF、GIF、JPG；大小：<25K
广告位置：网站首页第二屏

图 13-7 网站广告的类型

13.3 制作网页广告实例

网页中的广告大部分都是 Flash 动画，下面就通过几个例子讲述网页广告的制作。

13.3.1 设计 Banner 宣传广告实例

下面讲述 Banner 宣传广告的制作过程，具体操作步骤如下。

原始文件	CH13/g1.jpg, g2.jpg
最终文件	CH13/banner.html
学习要点	设计 Banner 宣传广告实例

❶ 启动 Flash，选择菜单中的【文件】|【新建】命令，弹出【新建文档】对话框，如图 13-8 所示。

❷ 在对话框中将尺寸【宽】设置为 890 像素，【高】设置为 310 像素，【帧频】设置为 10fps，单击【确定】按钮，新建文档，如图 13-9 所示。

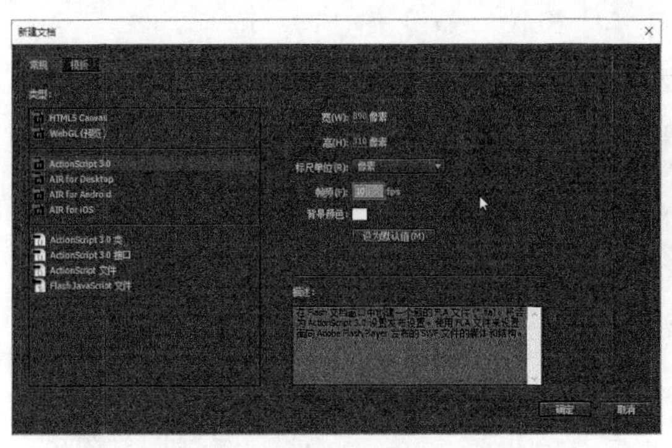

图 13-8　【新建文档】对话框

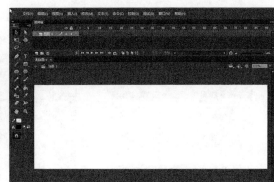

图 13-9　选择【文档】命令

❸ 选择菜单中的【文件】|【保存】命令，弹出【另存为】对话框，如图 13-10 所示。

❹ 在对话框中的【文件名】文本框中输入名称 banner，单击【保存】按钮，保存文档，如图 13-11 所示。

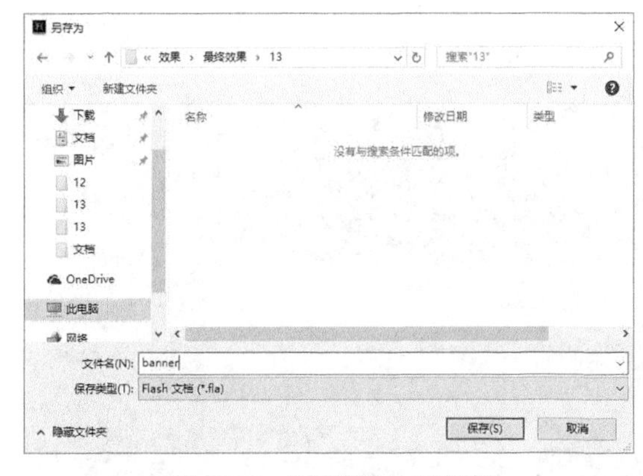

图 13-10　【另存为】对话框

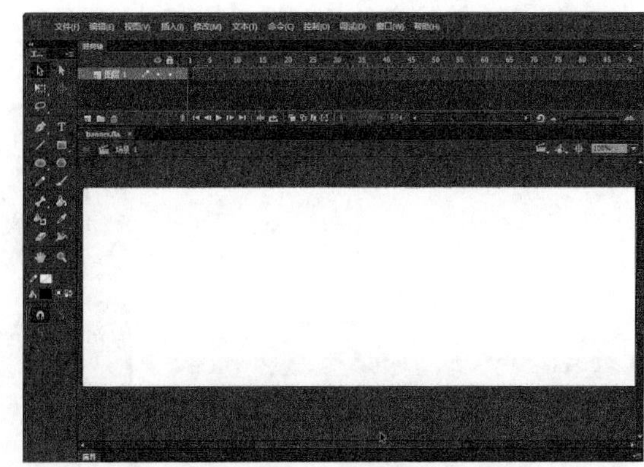

图 13-11　保存文档

❺ 选择菜单中的【文件】|【导入】|【导入到库】命令，如图 13-12 所示。

❻ 弹出【导入到库】对话框，在对话框中选择导入的图像文件“g1.jpg”和“g2.jpg”，如图 13-13 所示。

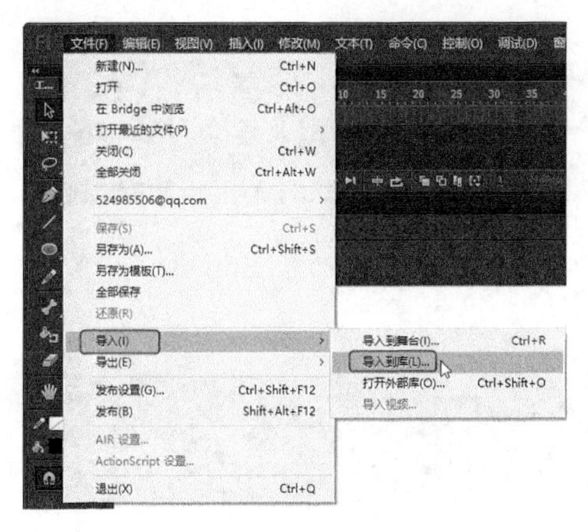

图 13-12　选择【导入到库】命令

图 13-13　【导入到库】对话框

❼ 单击【打开】按钮，将图像文件导入到【库】面板，如图 13-13 所示。

❽ 选中图层 1 的第 1 帧，将【库】面板中的图像“g1.jpg”拖入到舞台，如图 13-15 所示。

图 13-13　导入到库

图 13-15　拖入到舞台

❾ 选择菜单中的【修改】|【转换为元件】命令，弹出【转换为元件】对话框，如图 13-16 所示。

❿ 在对话框中的【名称】文本框中输入元件的名称“元件 1”，【类型】选择【图形】，单击【确定】按钮，将图像转换为图像元件，如图 13-17 所示。

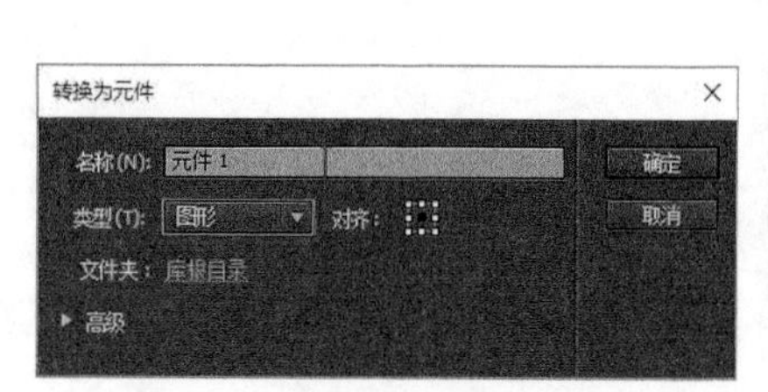

图 13-16 【转换为元件】对话框

图 13-17　转换为图形元件

⓫ 选中图层 1 的第 25 帧，按 F6 键插入关键帧，如图 13-18 所示。

⓬ 单击选择第 1 帧，选择菜单中的【窗口】|【属性】命令，打开【属性】面板，如图 13-19 所示。

图 13-18　插入关键帧

图 13-19　打开【属性】面板

⓭ 选中第 1 帧，在【属性】面板中将【样式】选择 Alpha，将 Alpha 值设置为 10%，如图 13-20 所示。

⓮ 在第 1～25 帧之间单击鼠标右键，在弹出菜单中选择【创建传统补间动画】选项，创建补间动画，如图 13-21 所示。

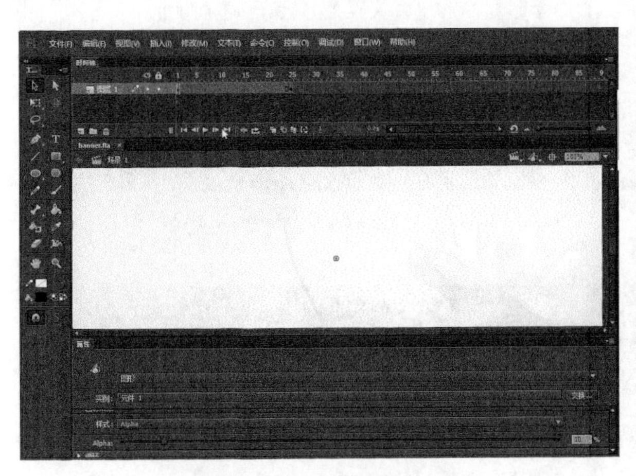

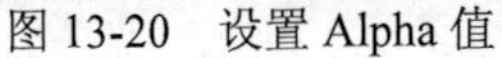
图 13-20　设置 Alpha 值

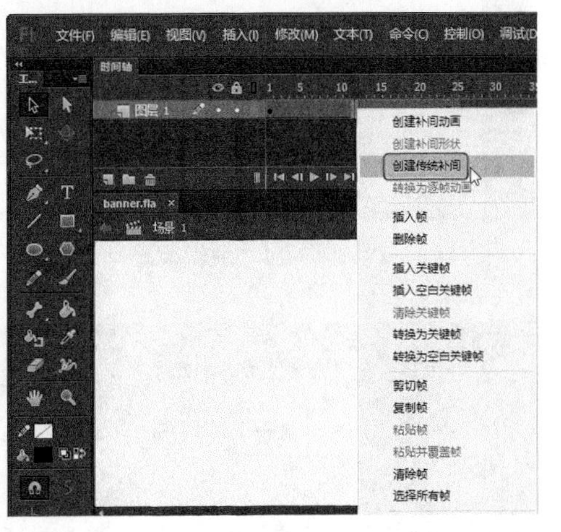

图 13-21　选择【创建传统补间动画】选项

⓯ 选择以后创建传统补间动画，如图 13-22 所示。

⓰ 选择菜单中的【插入】|【新建元件】命令，弹出【创建新元件】对话框，如图 13-23 所示。

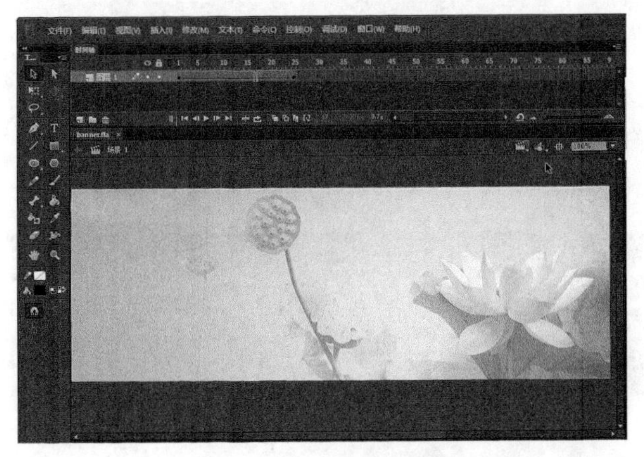
图 13-22　设置 Alpha 值

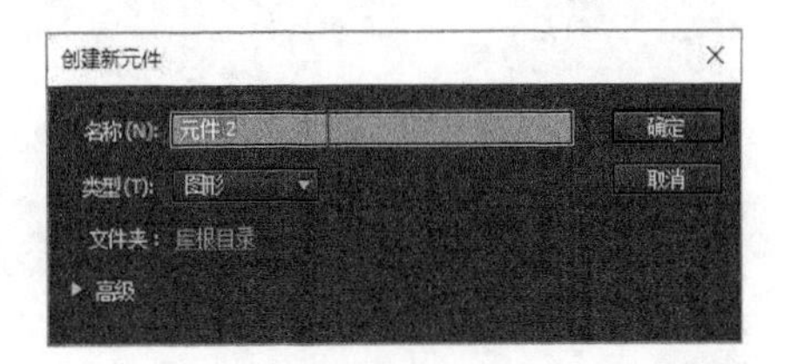

图 13-23　【创建新元件】对话框

⓱ 在对话框中的【名称】文本框中输入文字“元件 2”，【类型】选择【图形】，单击【确定】按钮，进入元件 2 的编辑模式，如图 13-24 所示。

⓲ 选择工具箱中的文本工具。在【属性】面板中将【字体】设置为【黑体】，【字体大小】设置为 28，【颜色】设置为 #000000，在编辑区中输入文字，如图 13-25 所示。

⓳ 单击【场景 1】进入主场景中，单击在图层的下方【新建图层】按钮，新建图层 2，如图 13-26 所示。

⓴ 选中第 15 帧，按 F6 键插入关键帧。从库面板中将元件 2 拖入到舞台中，并调整其位置，如图 13-27 所示。

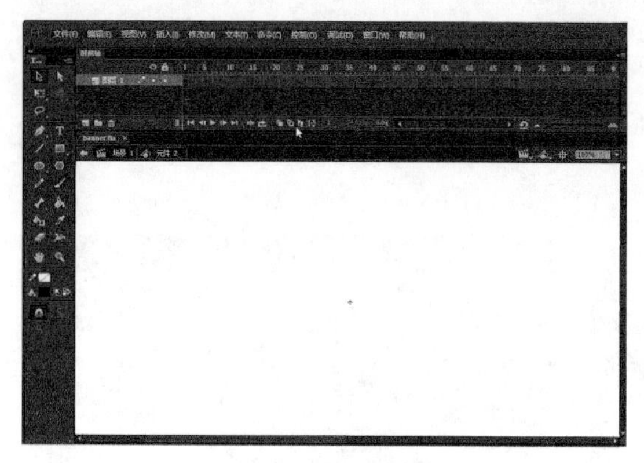

图 13-24　编辑模式

图 13-25　输入文字

图 13-26　新建图层

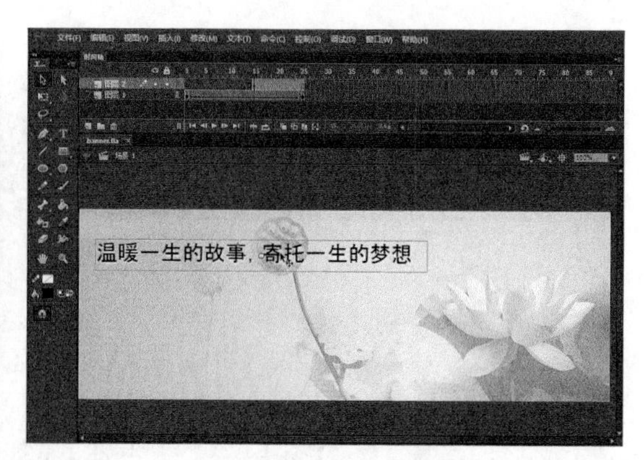

图 13-27　插入关键帧

㉑ 选中第 35 帧，按 F6 键插入关键帧，拖动元件 2 向下移动，如图 13-28 所示。

㉒ 选中第 15 帧，选中元件 2，将【样式】的 Alpha 值设为 0%，如图 13-29 所示。

图 13-28　插入关键帧

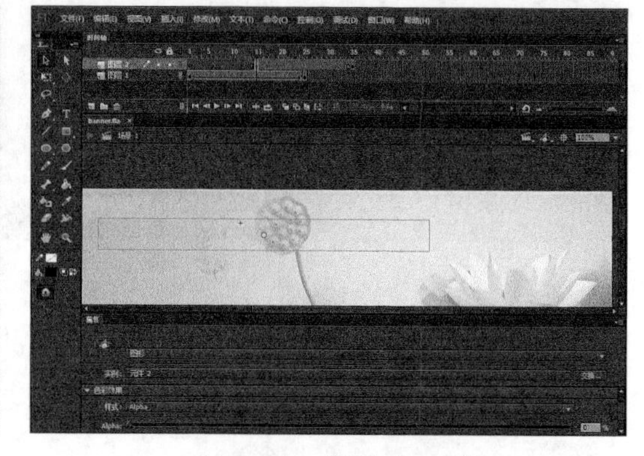

图 13-29　设置 Alpha 值

㉓ 在第 15 帧～35 帧之间，单击鼠标右键，在弹出菜单中选择【创建传统补间动画】选项，创建补间动画，如图 13-30 所示。

㉔ 选中图层 1 的第 90 帧，按 F5 键插入帧。选中图层 2 的第 40 帧，按 F5 键插入帧，如图 13-31 所示。

图 13-30 创建补间动画

图 13-31 插入帧

㉕ 选择菜单中的【插入】|【新建元件】命令，弹出【创建新元件】对话框。在对话框中输入元件的名称“元件 3”，【类型】选择【图形】，如图 13-32 所示。

㉖ 单击【确定】按钮，进入元件 3 的编辑模式。从库面板中将图像“g2.jpg”拖入编辑区，调整其位置，如图 13-33 所示。

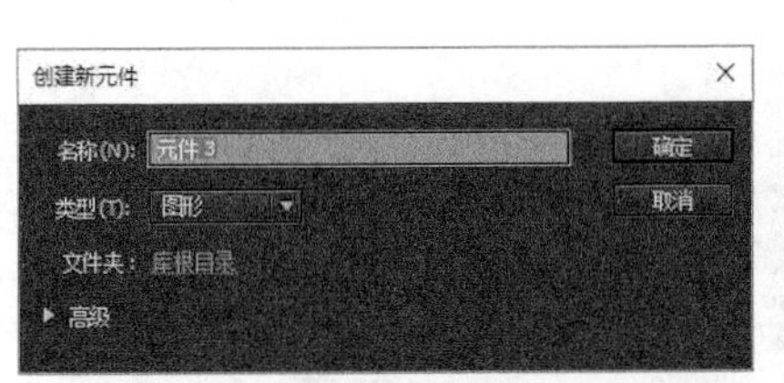

图 13-32 【创建新建元件】对话框

图 13-33 元件 3

㉗ 单击【场景 1】，进入主场景，单击图层下方的【新建图层】按钮，新建图层 3，如图 13-34 所示。

㉘ 选中第 35 帧，按 F6 键插入关键帧。从【库】面板中将元件 3 拖入到舞台中，并调整其位置，如图 13-35 所示。

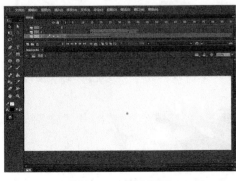

图 13-34 新建图层

图 13-35 插入关键帧

㉙ 选中第 55 帧，按 F6 键插入关键帧。选择第 35 帧，在【属性】面板中将【颜色】的 Alpha 值设置为 0%，如图 13-36 所示。

㉚ 在第 35 帧～55 帧之间的任意一帧上单击鼠标右键，在弹出菜单中选择【创建传统补间动画】选项，创建补间动画，如图 13-37 所示。

图 13-36　设置 Alpha 值

图 13-37　创建传统补间动画

㉛ 选择菜单中的【插入】|【新建元件】命令，弹出【创建新元件】对话框，在对话框中输入元件的名称“元件 4”，【类型】选择【图形】，如图 13-38 所示。

㉜ 单击【确定】按钮，进入元件 4 的编辑模式。选择工具箱中的文本工具，在舞台中输入文字，并调整其位置，如图 13-39 所示。

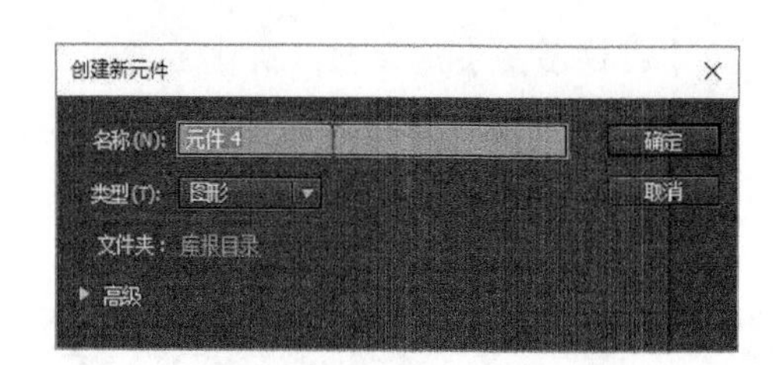

图 13-38　【创建新建元件】对话框

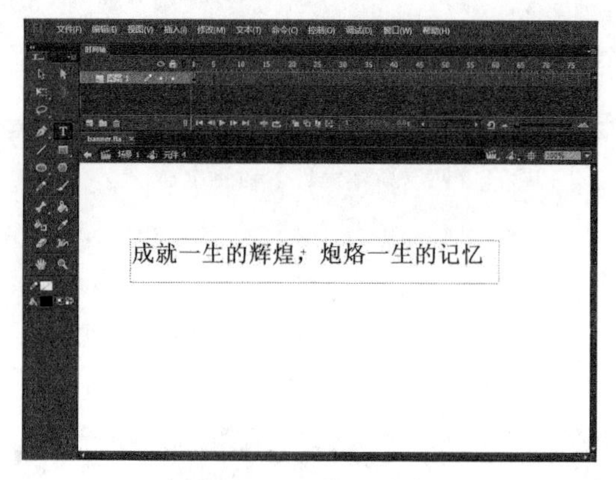

图 13-39　输入文本

㉝ 单击【场景 1】，进入主场景中。单击图层下方的【新建图层】按钮，插入图层 4，如图 13-40 所示。

㉞ 选中第 50 帧，按 F6 键插入关键帧。从库面板中将元件 4 拖入到舞台，并调整其位置，如图 13-41 所示。

㉟ 选中第 60 帧，按 F6 键插入关键帧，并调整元件 4 的位置，如图 13-42 所示。

㊱ 选中第 50 帧，在【属性】面板中将【颜色】的 Alpha 值设置 0%，如图 13-43 所示。

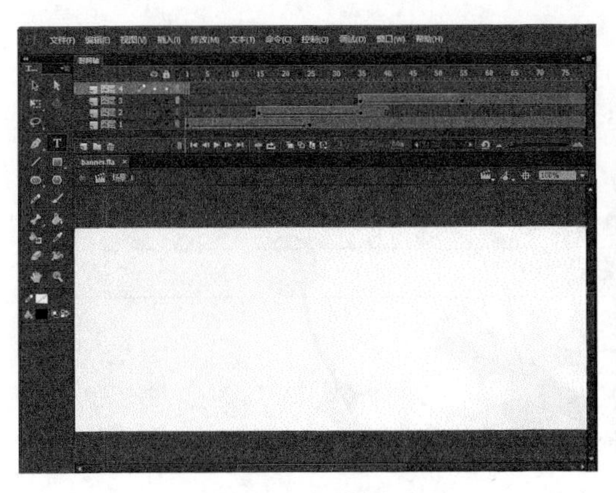

图 13-40 新建图层

图 13-41 插入关键帧

图 13-42 插入关键帧

图 13-43 设置 Alpha 值

㊲ 在第 50 帧～63 帧之间的任意一帧上单击鼠标右键，在弹出菜单中选择【创建传统补间动画】选项，创建传统补间动画，如图 13-44 所示。

㊳ 按 Ctrl+Enter 组合键查看影片测试效果，如图 13-45 所示。

图 13-44 创建传统补间动画

图 13-45 预览动画效果

13.3.2 纸质遮罩动画效果

所谓遮罩动画就是利用遮罩的动画原理来实现的，可以看到的动画是遮罩层区域的内容。纸质遮罩动画具体操作步骤如下。

最终文件	CH13/遮罩动画
学习要点	纸质遮罩动画效果

❶ 启动 Flash，新建一个空白文档，如图 13-46 所示。

❷ 选择菜单中的【文件】|【导入】|【导入到库】命令，弹出【导入到库】对话框，如图 13-47 所示。

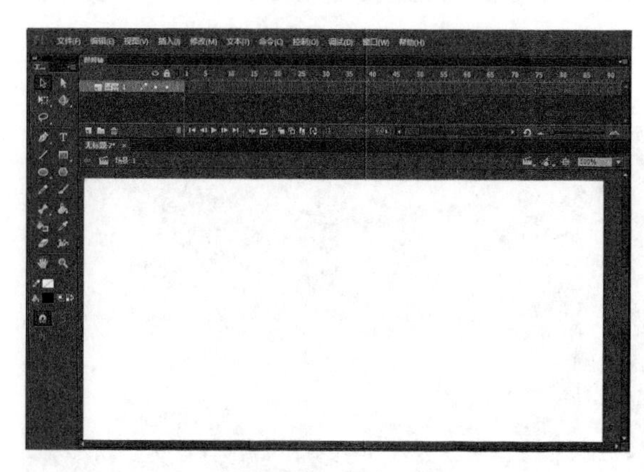

图 13-46　新建文档

图 13-47　【导入到库】对话框

❸ 单击【打开】按钮，将其导入到【库】面板中，如图 13-48 所示。

❹ 打开【库】面板，将“新年.jpg”拖入到舞台中，如图 13-49 所示。

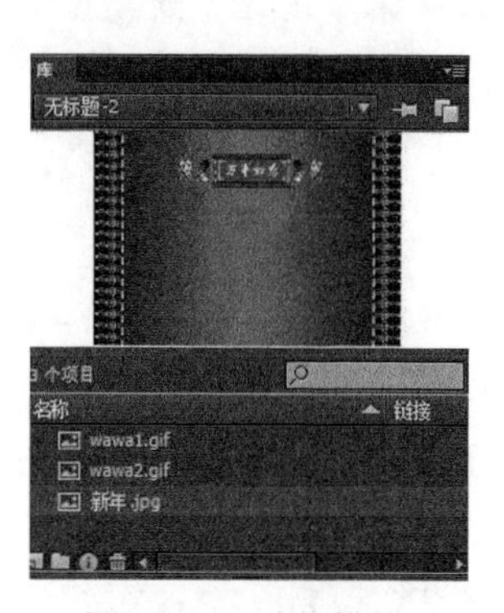

图 13-48　编辑模式

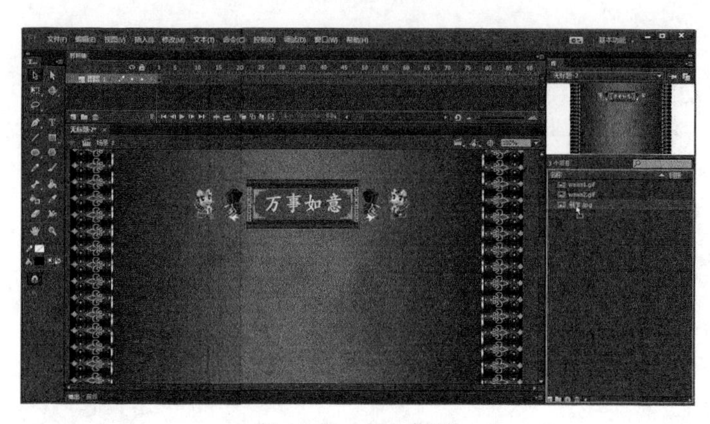

图 13-49　拖入图像

❺ 将【库】面板中的另外两幅图像拖入到舞台中，如图 13-50 所示。

❻ 在图层 1 的第 60 帧插入帧，单击【新建图层】按钮，在图层 1 的上面新建图层 2，如图 13-51 所示。

❼ 选择工具箱中的【横排文字】工具，在舞台中输入文字“新年快乐”，如图 13-52 所示。

❽ 单击【新建图层】按钮，在图层 2 的上面新建图层 3，选择工具箱中的【椭圆】工具，在文字“新”上面绘制椭圆，如图 13-53 所示。

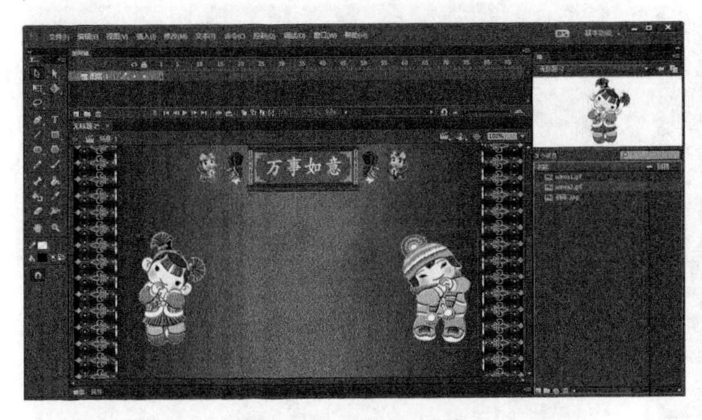

图 13-50 拖入图像

图 13-51 新建图层

图 13-52 输入文字

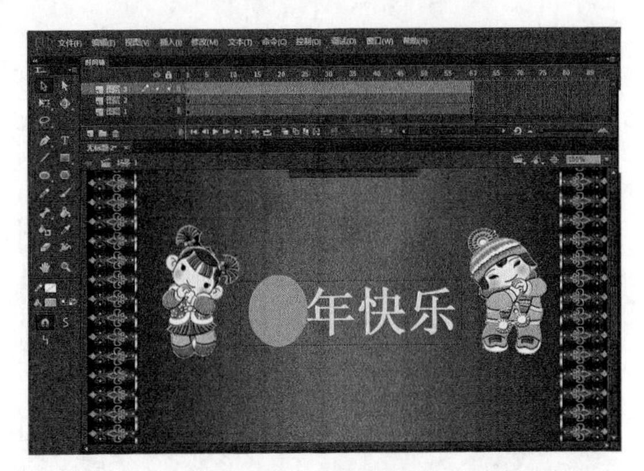

图 13-53 绘制椭圆

❾ 选中绘制的椭圆，单击鼠标右键，在弹出菜单中选择【转换为元件】选项，如图 13-54 所示。

❿ 弹出【转换为元件】对话框，将【类型】设置为【图形】选项，如图 13-55 所示。

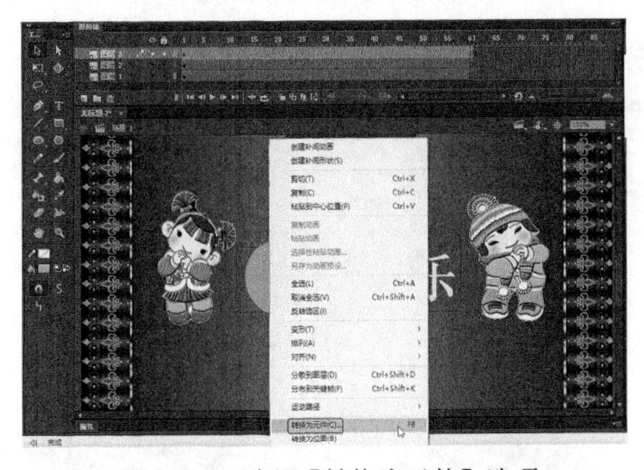
图 13-54 选择【转换为元件】选项

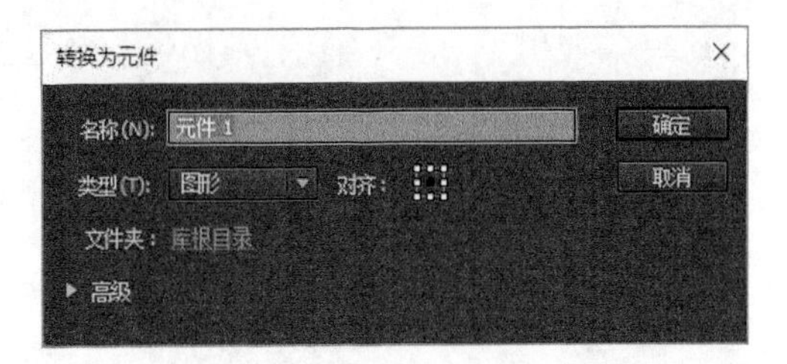

图 13-55 【转换为元件】对话框

⓫ 单击【确定】按钮，将其转换为图形元件，在第 30 帧按 F6 键插入关键帧，将椭圆移动到文本的右边，如图 13-56 所示。

⓬ 在第 31 帧插入关键帧，在第 60 帧也插入关键帧，将椭圆移动到文本的左边，如图 13-57

所示。

图 13-56　移动文本

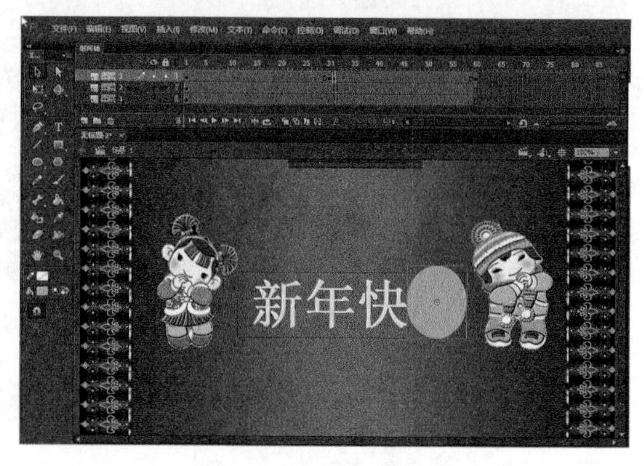

图 13-57　插入关键帧

⑬ 在图层 3 的第 1～30 帧和第 30～60 帧之间创建传统补间动画，如图 13-58 所示。

⑭ 选中图层 3，单击鼠标右键，在弹出菜单中选择【遮罩层】选项，如图 13-59 所示。

图 13-58　创建传统补间动画

图 13-59　选择【遮罩层】选项

⑮ 选择以后创建遮罩动画，如图 13-60 所示。

⑯ 选择菜单中的【控制】|【测试动画】命令，测试动画效果，如图 13-61 所示。

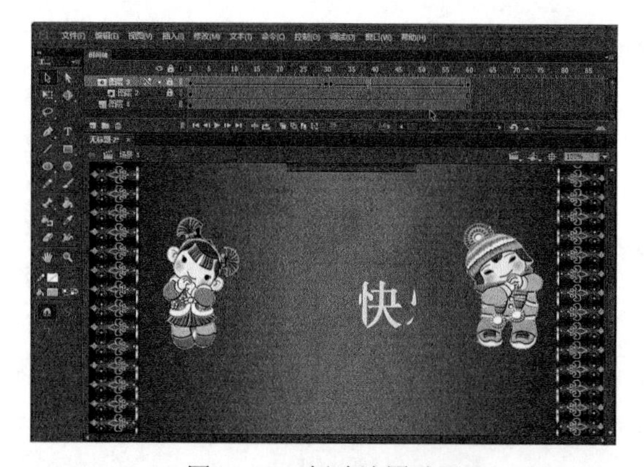

图 13-60　创建遮罩动画

图 13-61　测试动画效果

13.4 经典习题与解答

1. 填空题

（1）网页上的广告条又称为________，是网站盈利或者发布重要的信息的工具。网页上的广告条的主要特点是要突出、醒目，以便浏览者的注意力。

（2）时间轴面板分为两大部分：________和________。

2. 操作题

制作网页广告，如图 13-62 所示。

原始文件	CH13/习题.jpg
最终文件	CH13/习题.fla
学习要点	制作网页广告

图 13-62 网页广告

第3部分
动态网站开发篇

第14章■
在Dreamweaver中编写代码
第15章■
动态网站创建基础

第14章

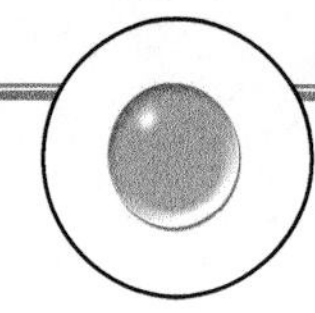

在 Dreamweaver 中编写代码

动态网页发布技术的出现使得网站从展示平台变成了网络交互平台。Dreamweaver 提供了众多可视化应用开发环境以及代码编辑支持。当向 Web 页面中添加文本、图像和其他内容时，Dreamweaver 将生成 HTML 代码。本章介绍如何使用代码视图显示文档的代码，以及如何手动添加和编辑代码。

学习目标

- 查看源代码
- 管理标签库
- Dreamweaver 中的编码
- 使用代码片断面板

14.1 查看源代码

通过一些更强大功能可以更加有效地编写代码，节省大量时间。执行【查看】|【代码】命令，打开代码视图，在其中可以查看源代码。单击文档窗口上方的代码按钮，也可以打开代码视图，如图 14-1 所示。

```
Dw 文件(F) 编辑(E) 查看(V) 插入(I) 修改(M) 格式(O) 命令(C) 站点(S) 窗口(W) 帮助(H)   默认
Untitled-2.html ×
源代码 bootstrap.css jquery-1.11.2.min.js bootstrap.min.js
代码 拆分 设计
314     <div class="media">
315     <div class="media-body">
316         <h4 class="media-heading">Heading 1</h4>
317 Lorem ipsum dolor sit amet, consectetur adipisicing elit. Dolorum, quod temporibus veniam
    deserunt deleniti accusamus voluptatibus at illo sunt quisquam. </div>
318         <div class="media-right"> <a href="#"> <img class="media-object" src="img/75X.gif" alt=
    "placeholder image"></a></div>
319 </div>
320 <div class="media">
321   <div class="media-body">
322     <h4 class="media-heading">Heading 2</h4>
323 Lorem ipsum dolor sit amet, consectetur adipisicing elit. Illo, iure nemo earum quae aliquid
    animi eligendi rerum rem porro facilis.</div>
324   <div class="media-right"> <a href="#"> <img class="media-object" src="img/75X.gif" alt=
    "placeholder image"></a></div>
325 </div>
326 </div>
327 </div>
328 <div class="col-xs-6 col-sm-6 col-lg-4 col-md-4"> <span class="text-right"> </span>
329   <h3>Contact Us</h3>
330   <hr>
331
332     <address>
333       <strong>MyStoreFront, Inc.</strong><br>
334       Indian Treasure Link<br>
335       Quitman, WA, 99110-0219<br>
336   <abbr title="Phone">P:</abbr> (123) 456-7890
337       </address>
338
339       <address>
340         <strong>Full Name</strong><br>
body div .container.well div .row div .col-xs-6.col-sm-6.col-lg-4.col-md-4   660 x 467
属性
文件 插入 资源 代码片断 CSS 设计器 DOM
```

图 14-1 代码视图

14.2 管理标签库

标签库列出了绝大部分语言所用到的标签及其属性参数，对于编写代码的设计师来说，这是得心应手的工具，有了它可以轻松找到所需要的标签，然后根据列出的参数来使用它。对于初学者来说这也有所帮助，可以通过标签库来查看标签属性，从而更加全面地了解它。可以在 Dreamweaver 中使用【标签库编辑器】管理标签库。执行【编辑】|【标签库】命令，弹出如图 14-2 所示的【标签库编辑器】对话框。

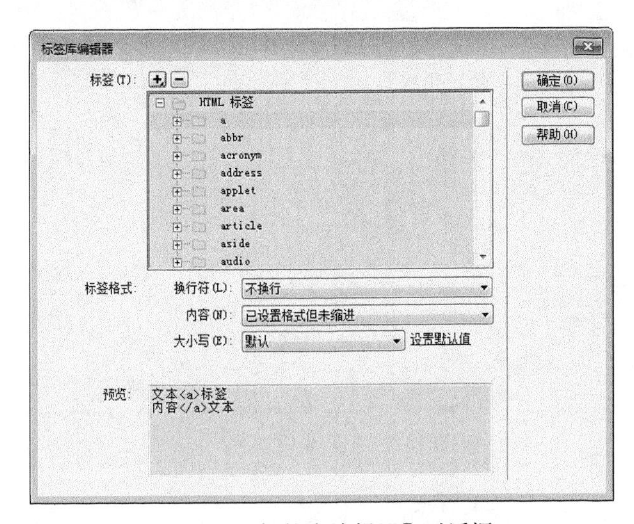

图 14-2 【标签库编辑器】对话框

14.3 Dreamweaver 中的编码

Dreamweaver 中的编码环境允许手工编写、编辑和测试页面中的代码（用多种语言编写的代码），Dreamweaver 不会改变用户手工编写的代码，除非用户启用了特定选项以重写某种无效代码。Dreamweaver 还提供了若干种功能，帮助用户高效率地编写和编辑代码。

14.3.1 使用代码提示加入背景音乐

通过代码提示，可以在代码视图中插入代码。在输入某些字符时，将显示一个列表，列出完成条目所需要的选项。下面通过代码提示讲述插入背景音乐的方法，效果如图 11-3 所示，具体操作步骤如下。

原始文件	CH14/14.3.1/index.html
最终文件	CH14/14.3.1/index1.html
学习要点	使用代码提示加入背景音乐

❶ 在使用代码之前，首先执行【编辑】|【首选项】命令，弹出【首选项】对话框，在对话框中的【分类】列表中选择【代码提示】选项，将所有复选框勾选，并将【延迟】选项

右侧的指针移动至最左端，设置为 0 秒，如图 14-3 所示。

图 14-3 【首选项】对话框

❷ 打开网页文档，如图 14-4 所示。

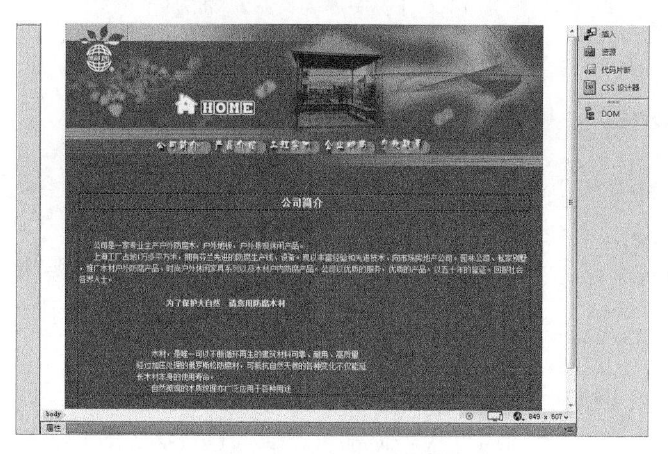

图 14-4 打开网页文档

❸ 切换到代码视图，找到标签<body>，并在其后面输入“<”以显示标签列表，输入“<”时会自动弹出一个列表框，如图 14-5 所示，向下滚动该列表并双击插入 bgsound 标签。

❹ 如果该标签支持属性，则按空格键以显示该标签允许的属性列表，从中选择属性 src，如图 14-6 所示，这个属性用来设置背景音乐文件的路径。

❺ 按 Enter 键后，出现“浏览”字样，单击以弹出【选择文件】对话框，在对话框中选择音乐文件，如图 14-7 所示。

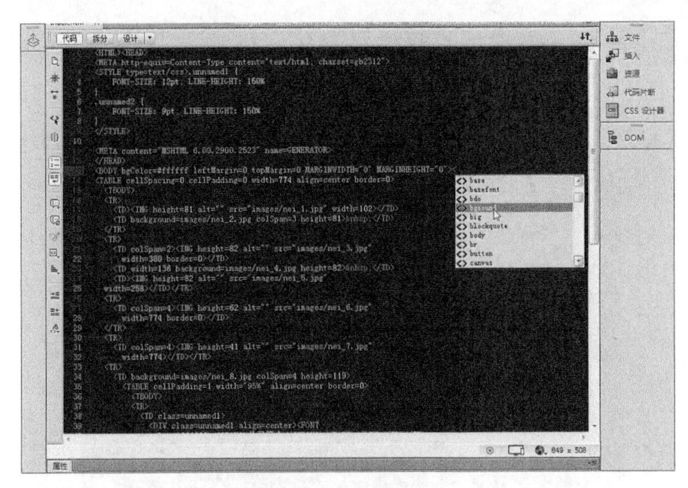

图 14-5 输入“<”

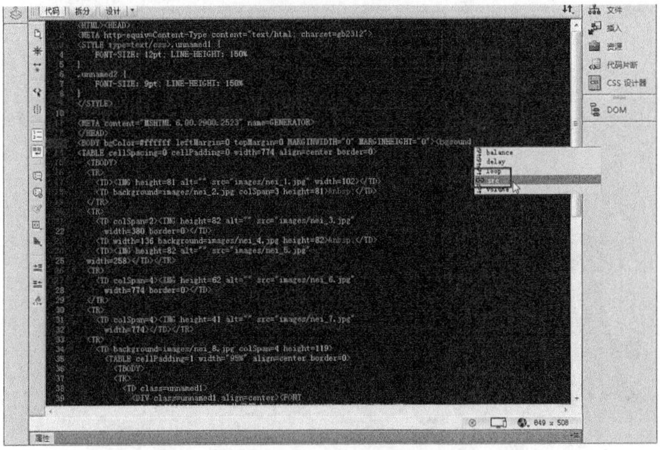

图 14-6 选择属性 src

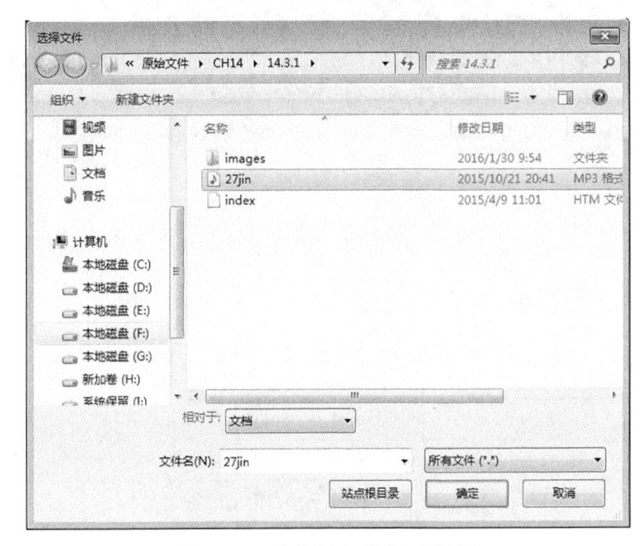

图 14-7 【选择文件】对话框

❻ 单击【确定】按钮，在新插入的代码后按空格键，在属性列表中选择属性 loop，如图 14-8 所示。

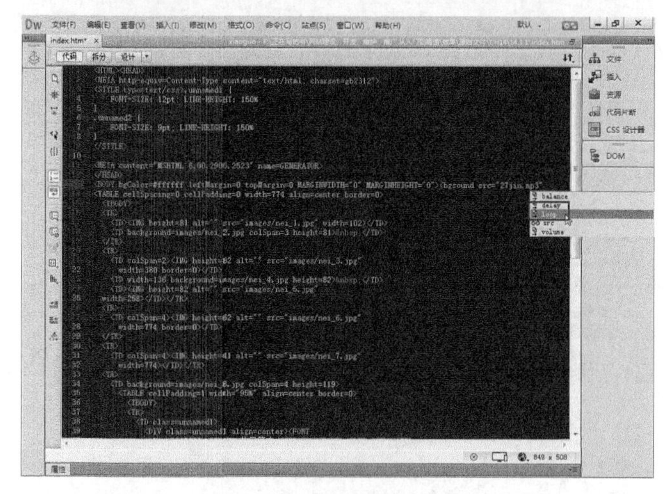

图 14-8 选择属性 loop

❼ 单击选中 loop，出现【-1】并选中。在最后的属性值后，为该标签输入“>”，如图 14-9 所示。

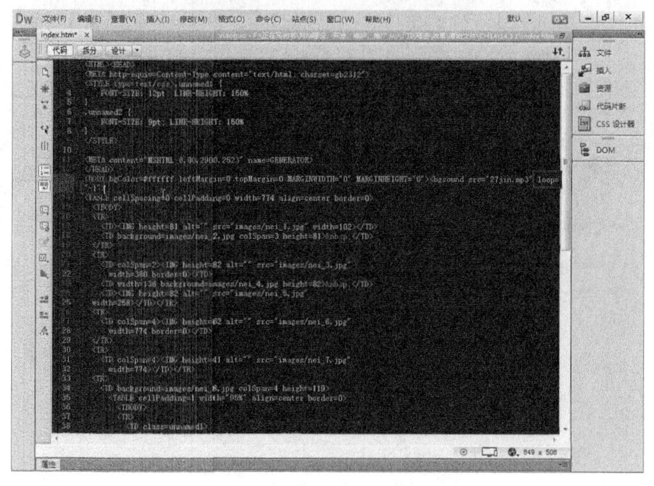

图 14-9 输入“>”

❽ 保存文件，按 F12 键在浏览器中预览效果就能听到音乐。

14.3.2 使用标签选择器插入浮动框架

利用标签库中的 iframe 标签可以插入浮动框架，如图 14-10 所示，具体操作步骤如下。

原始文件	CH14/14.3.2/index.html
最终文件	CH14/14.3.2/index1.html
学习要点	使用代码提示加入背景音乐

❶ 打开网页文档，如图 14-11 所示。

图 14-10　使用标签选择器插入浮动框架

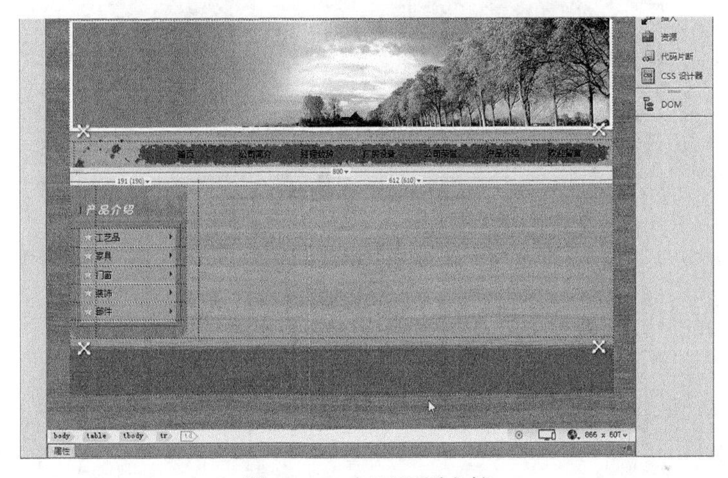

图 14-11　打开网页文档

❷ 将光标放置在要插入浮动框架的位置，执行【插入】|【表单】|【标签】命令，如图 14-12 所示。

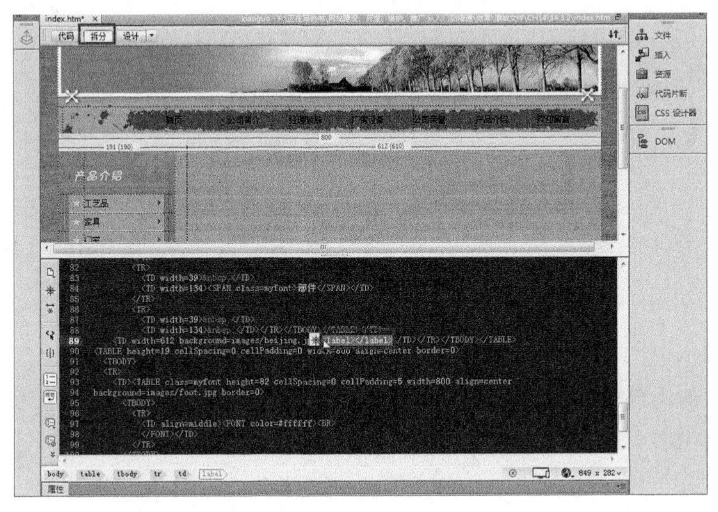

图 14-12　插入标签

❸ 将光标放置在“<iframe>”中，按空格键以显示相关属性，选择 src，如图 14-13 所示。

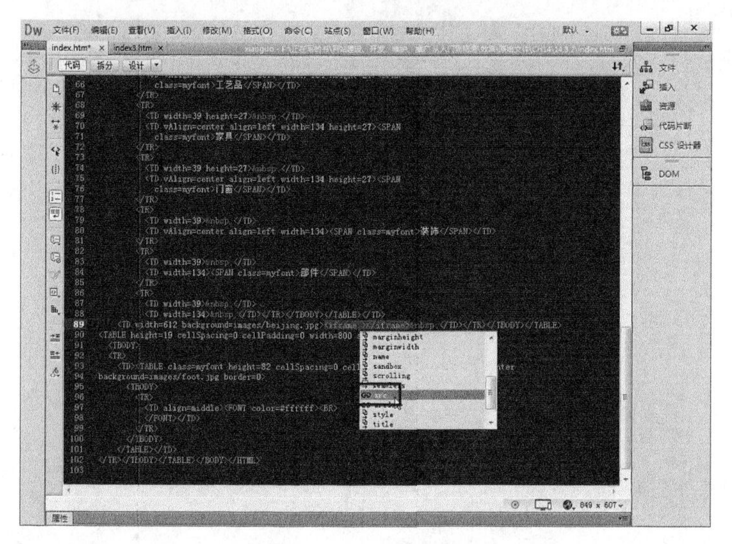

图 14-13　选择属性

❹ 双击属性 src，出现【浏览】字样，单击【浏览】字样，弹出【选择文件】对话框，如图 14-14 所示。

图 14-14　【选择文件】对话框

❺ 选择相应的文件，单击【确定】按钮，按空格键以显示相关属性，单击并选择 width，输入宽度 450，如图 14-15 所示。

❻ 按空格键显示属性列表，选择 height="370"插入，如图 14-16 所示。

❼ 按空格键显示属性列表，选择 scrolling="auto"插入，如图 14-17 所示。

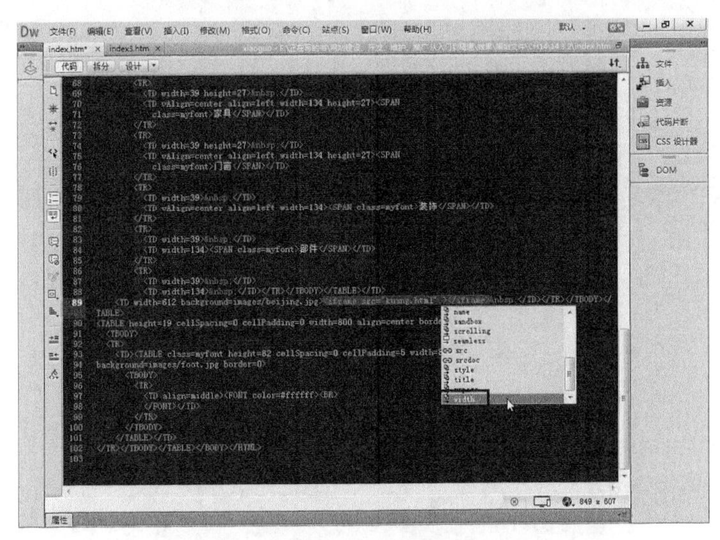

图 14-15 输入宽度

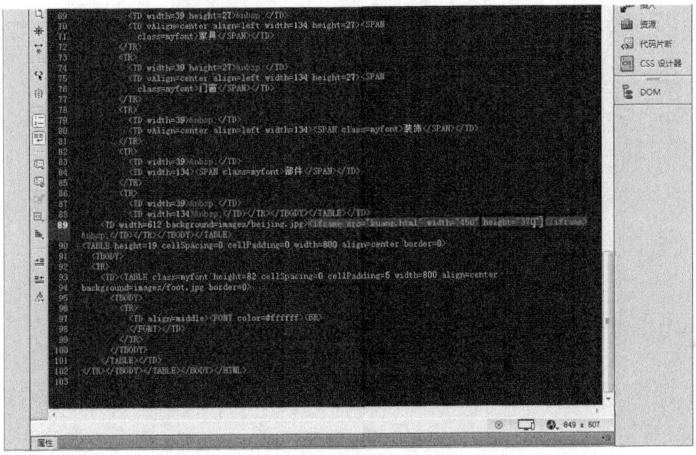

图 14-16 插入代码

图 14-17 插入代码

❽ 切换至【设计】视图，如图 14-18 所示。

❾ 保存文档，在浏览器中预览效果，如图 14-10 所示。

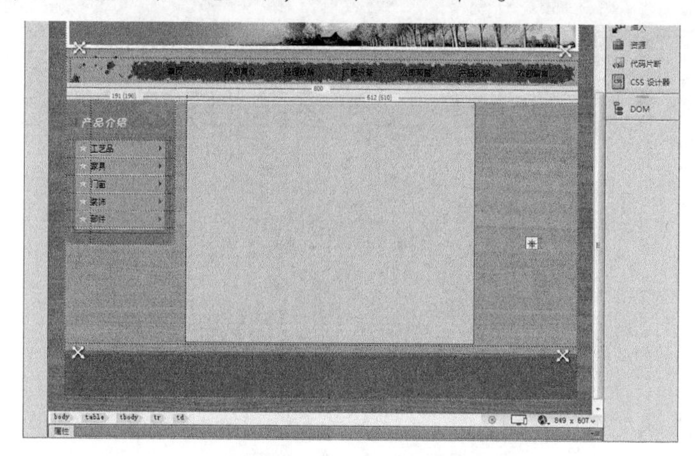

图 14-18　设计视图

14.3.3　使用标签编辑器编辑标签

通过标签编辑器，可以使用对话框指定或编辑某一标签的属性。在【代码】视图中，将光标放置在要编辑的标签上，单击鼠标右键，在弹出菜单中选择【编辑标签】选项，就可以在重新打开的【标签选择器】对话框中对当前的标签进行编辑。

当前选定的标签就是刚刚建立的浮动框架的标签，它的属性在属性表中一目了然，只要修改其属性，便会立即在文档中生效。

14.4　使用代码片断面板

使用代码片断，可以保存内容以便快速重复使用。可以创建和插入用 HTML、JavaScript、CFML、ASP 和 JSP 等语言编写的代码片断。Dreamweaver 还包含一些预定的代码片断，可以使用它们作为基础，并在它们的基础上拓展更加丰富的功能。创建代码片段的具体操作步骤如下。

❶ 执行【窗口】|【代码片断】命令，打开【代码片断】面板，如图 14-19 所示。

❷ 在面板中单击底部的【新建代码片断文件夹】按钮，可以在面板中建立一个 ASP 文件夹，如图 14-20 所示。

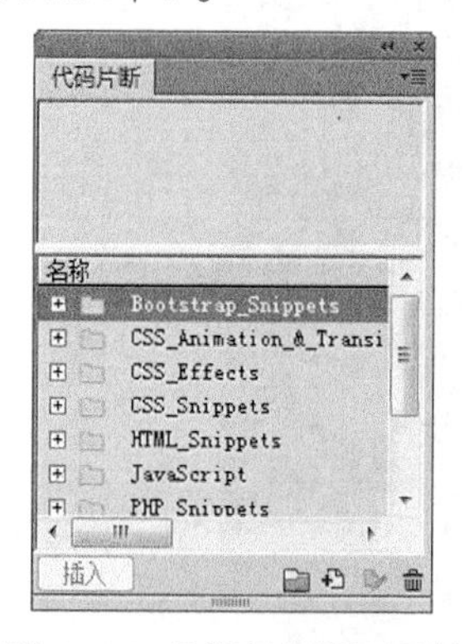

图 14-19 【代码片断】面板

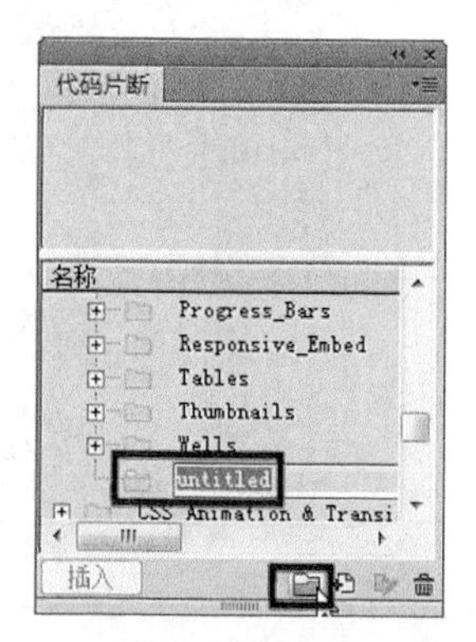

图 14-20　建立 ASP 文件夹

❸ 单击底部的【新建代码片断】按钮，打开【代码片断】对话框，如图 14-21 所示。设置完毕后，单击【确定】按钮，即可创建一代码片断。

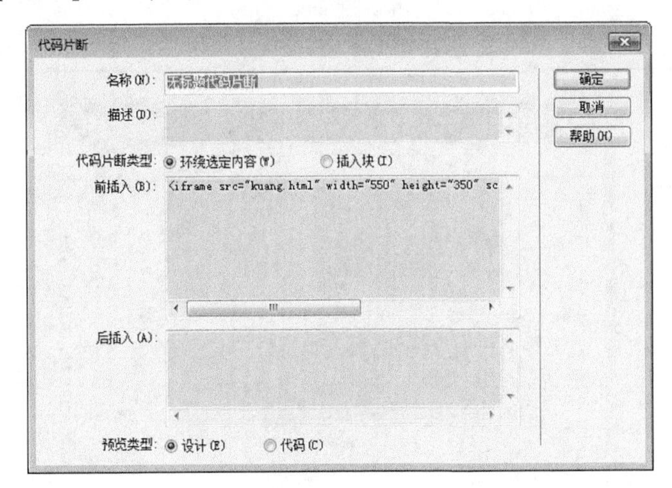

图 14-21 【代码片断】对话框

【代码片段】对话框中具有以下参数。

- 名称：输入代码片断的名称。
- 描述：文本框用于输入代码片断的描述性文本，描述性文本可以帮助使用者理解和使用代码片断。
- 代码片断类型：包括【环绕选定内容】和【插入块】两个选项。如果勾选【环绕选定内容】单选按钮，那么就会在所选源代码的前后各插入一段代码片断。
- 前插入：列表框中输入或粘贴的是要在当前选定内容前插入的代码。
- 后插入：列表框中输入的是要在选定内容后插入的代码。
- 预览类型：包括两个选项。如果勾选【代码】单选按钮，则 Dreamweaver 将代码在【代码片断】面板的预览窗口中显示，如果勾选【设计】单选按钮，则 Dreamweaver 不在预览窗口中显示代码。

14.5 经典习题与解答

1. 填空题

（1）________列出了绝大部分语言所用到的标签及其属性参数，对于编写代码的设计师来说，这是得心应手的工具，有了它可以轻松找到所需要的标签，然后根据列出的参数来使用它。

（2）使用________，可以保存内容以便快速重复使用。可以创建和插入用 HTML、JavaScript、CFML、ASP 和 JSP 等语言编写的代码片断。

2. 操作题

使用代码提示对如图 14-22 所示的网页添加滚动文字公告，如图 14-23 所示。

原始文件	CH14/操作题/index.html
最终文件	CH14/操作题/index1.html
学习要点	给网页添加公告

图 14-22　原始文件

图 14-23　滚动文字公告

第15章

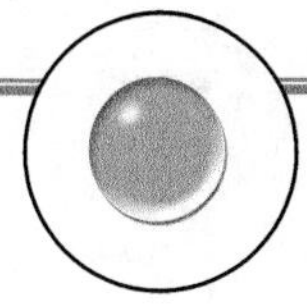

动态网站创建基础

动态网页是指使用网页脚本语言，如 PHP、ASP、ASP.NET、JSP 等，通过脚本将网站内容动态存储到数据库，用户访问网站是通过读取数据库来动态生成网页。网站上主要是一些框架基础，网页的内容大都存储在数据库中。

学习目标

- 搭建服务器平台
- 创建数据库
- 创建数据库链接

15.1 搭建服务器平台

对于静态网页，直接用浏览器打开就可以完成测试，但是对于动态网页无法直接用浏览器打开，因为它属于应用程序，所以必须有一个执行 Web 应用程序的开发环境才能进行测试。

IIS 的安装

IIS 是网页服务组件，包括 Web 服务器、FTP 服务器、NNTP 服务器和 SMTP 服务器，分别用于网页浏览、文件传输、新闻服务和邮件发送等。安装因特网信息服务器 IIS 的具体操作步骤如下。

❶ 在 Windows 7 中执行【开始】|【控制面板】|【程序和功能】命令，单击【打开或关闭 Windows 功能】链接，如图 15-1 所示。

❷ 弹出【Windows 功能】对话框，如图 15-2 所示。

❸ 勾选需要的功能后，单击【确定】按钮，弹出如图 15-3 所示的【Microsoft Windows】对话框，提示“Windows 正在更改功能，请稍后。这可能需要几分钟。”

❹ 安装完成后，再回到控制面板，找到【管理工具】，单击进入，如图 15-4 所示。

❺ 双击【Internet 信息服务（IIS）管理器】，如图 15-5 所示。

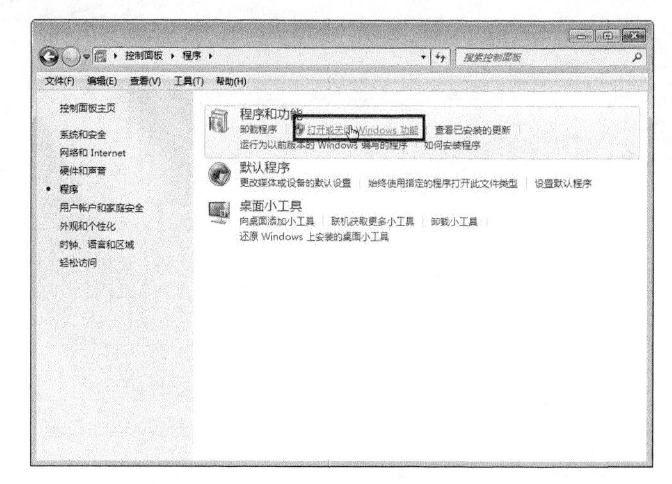

图 15-1 单击【打开或关闭 Windows 功能】链接

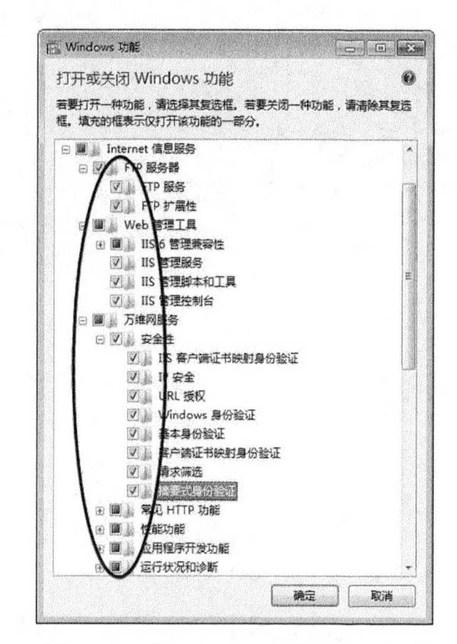

图 15-2 【Windows 功能】对话框

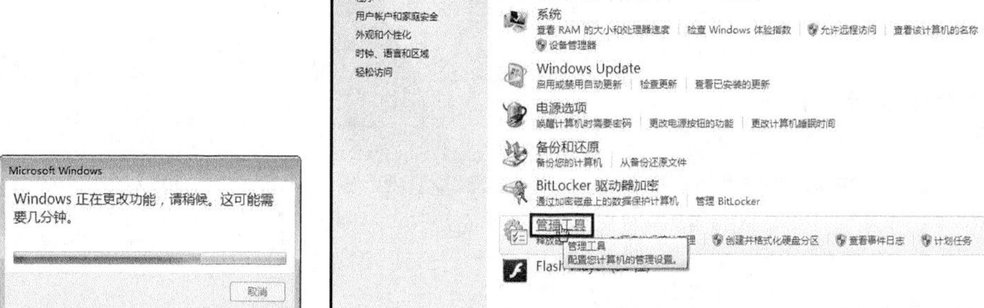

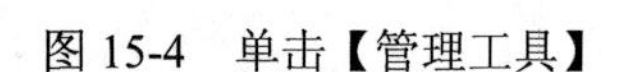

图 15-3 【Microsoft Windows】对话框

图 15-4 单击【管理工具】

图 15-5 IIS

❻ 安装成功后，窗口会消失，然后回到控制面板，选择【系统和安全】，如图 15-6 所示。

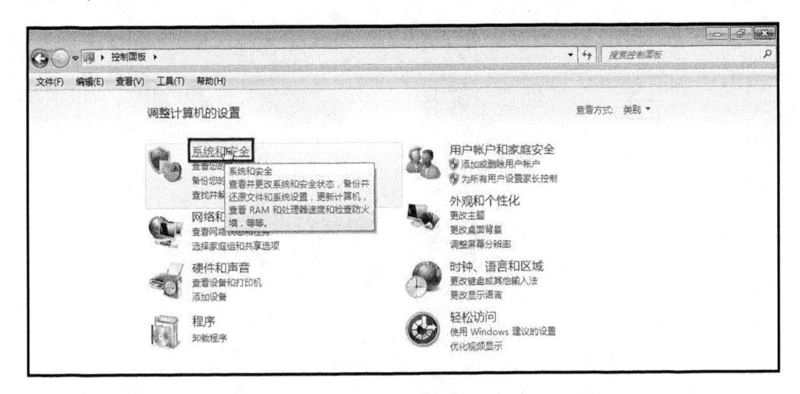

图 15-6 选择系统和安全

❼ 进入系统和安全窗口，然后单击左下角的【管理工具】，如图 15-7 所示。

图 15-7 单击【管理工具】

❽ 进入【管理工具】窗口，此时就可以看到 Internet 信息服务了，选择【Internet 信息服务（IIS）管理器】，如图 15-8 所示。

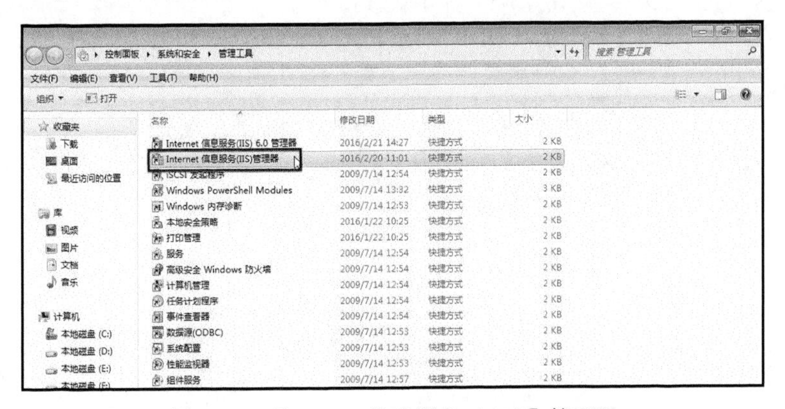

图 15-8 【Internet 信息服务（IIS）】管理器

❾ 单击左边的倒三角，就会看到网站下面的【Default Web Site】，然后双击 ASP，如

图 15-9 所示。

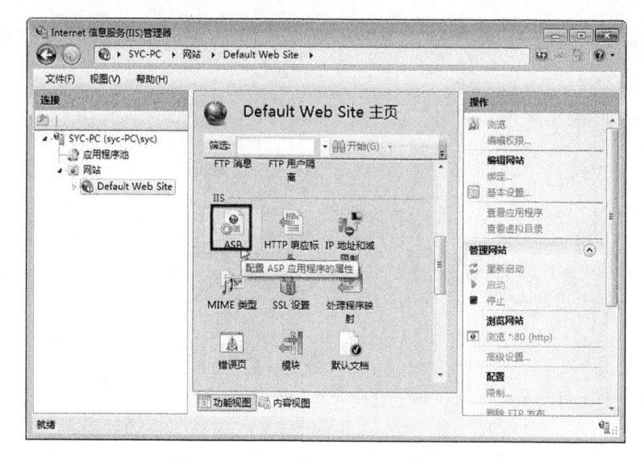

图 15-9　双击 IIS 下面的 ASP

⑩ 进入 ASP 设置窗口，单击【行为】下面的【启用父路径】，修改为 True，默认为 False，如图 15-10 所示。

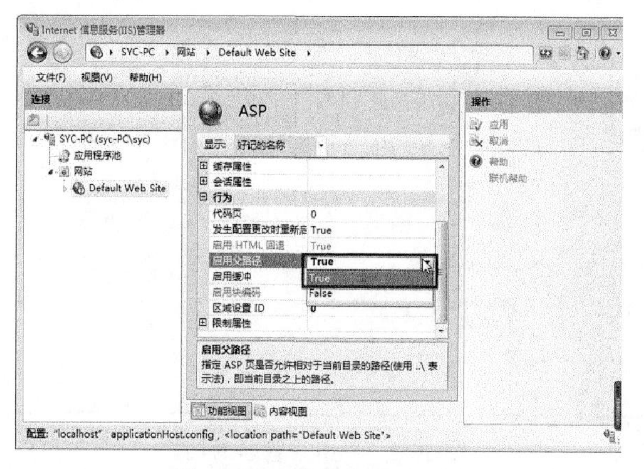

图 15-10　修改为【True】

⑪ 然后再来设置高级设置，先单击【Default Web Site】，然后单击最下面的【内容视图】，再单击右边的【高级设置】，如图 15-11 所示。

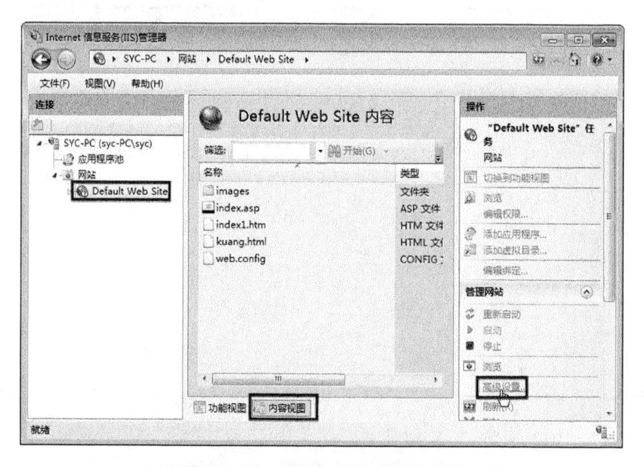

图 15-11　设置【高级设置】

⓬ 进入【高级设置】，需要修改的是物理路径，即本地文件程序存放的位置，如图 15-12 所示。

⓭ 设置端口，单击【Default Web Site】，再单击最下面的【内容视图】，然后单击右边的【编辑绑定】，如图 15-13 所示。

图 15-12 修改物理路径

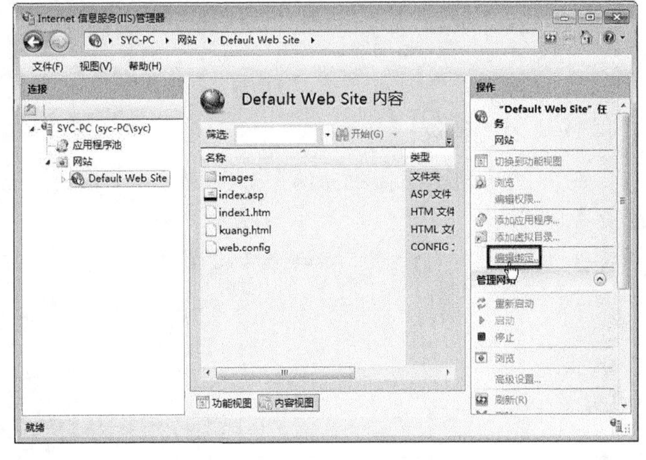

图 15-13 设置端口

⓮ 进入网址绑定窗口，也就是端口设置窗口，一般 80 端口很容易被占用，这里可以设置添加一个端口即可，如 800 端口，如图 15-14 所示。

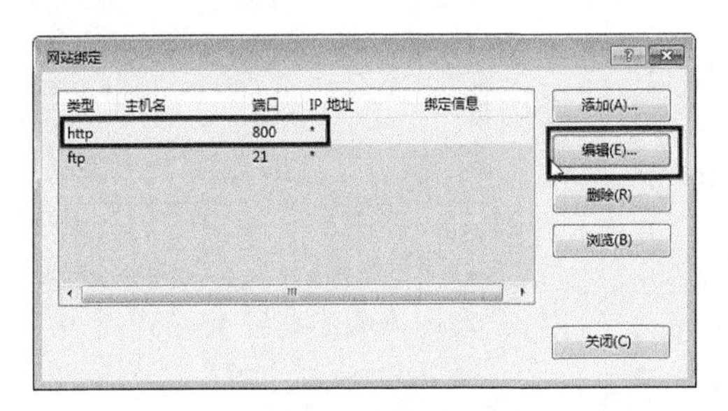

图 15-14 编辑端口

⓯ 此时，基本完成 IIS 的设置。

15.2 设计数据库

创建数据库时，应该根据数据的类型和特性，将它们分别保存在各自独立的存储空间中，这些空间称为表。表是数据库的核心，一个数据库可包含多个表，每个表具有惟一的名称，这些表可以是相关的，也可以是彼此独立的。创建数据库的具体操作步骤如下。

❶ 启动 Microsoft Access 2003，执行【文件】|【新建】命令，打开【新建文件】面板，如图 15-15 所示。

❷ 在面板中单击【空数据库】选项，弹出【文件新建数据库】对话框，选择保存数据的位置，在对话框中的【文件名】文本框中输入数据库名称，如图 15-16 所示。

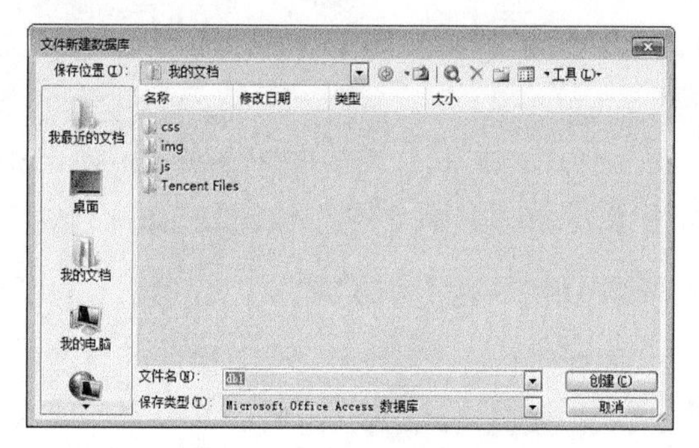

图 15-15 【新建文件】面板　　图 15-16 【文件新建数据库】对话框

❸ 单击【创建】按钮，弹出如图 15-17 所示的对话框，在对话框中双击【使用设计器创建表】选项。

❹ 弹出【表】窗口，在窗口中设置【字段名称】和【数据类型】，如图 15-18 所示。

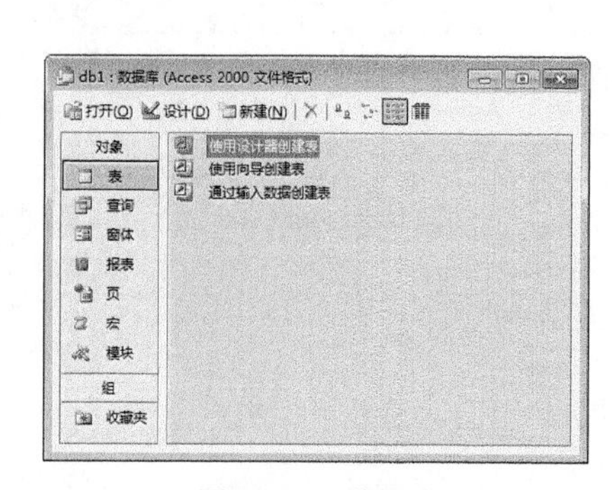

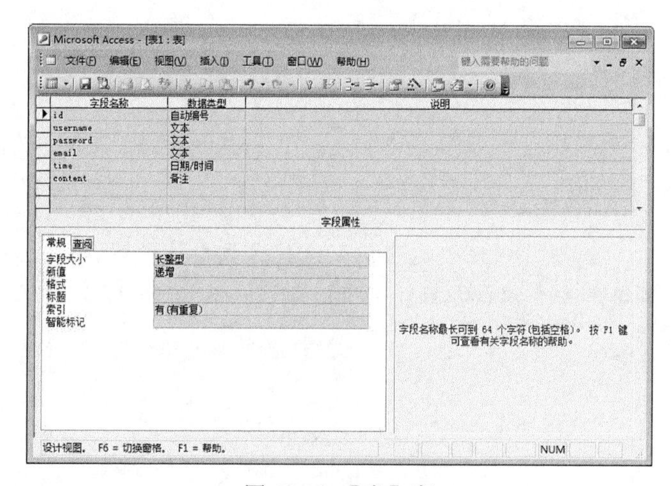

图 15-17 数据库　　图 15-18 【表】窗口

❺ 将光标放置在字段 ID 中，单击鼠标右键，在弹出菜单中选择【主键】选项，如图 15-19 所示，即可将该字段设为主键。

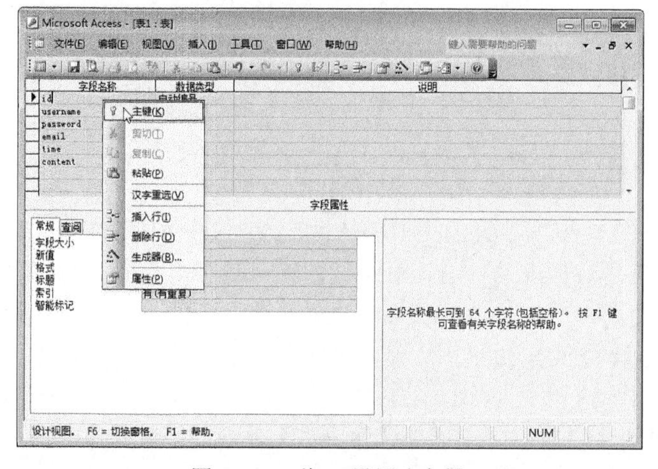

图 15-19 将 id 设置为主键

❻ 执行【文件】|【保存】命令，弹出，在对话框中的【表名称】文本框中输入表的名称，如图 15-20 所示。

图 15-20 【另存为】对话框

15.3 建立数据库连接

任何内容的添加、删除、修改和检索都是建立在连接基础上进行的，可以想象连接的重要性了。下面讲述如何创建 ASP 与 Access 的连接。

15.3.1 了解 DSN

DSN（Data Source Name，数据源名称），表示将应用程序和某个数据库建立连接的信息集合。ODBC 数据源管理器使用该信息来创建指向数据库的连接，通常 DSN 可以保存在文件或注册表中。所谓的构建 ODBC 连接实际上就是创建同数据源的连接，也就是定义 DSN。一旦创建了指向数据库的 ODBC 连接，同该数据库连接的有关信息将被保存在 DSN 中，而在程序中如果要操作数据库，也必须通过 DSN 来进行。

在 DSN 中主要包含下列信息。

- 数据库名称：在 ODBC 数据源管理器中，DSN 的名称不能出现重名。
- 关于数据库驱动程序的信息。
- 数据库的存放位置：对于文件型数据库（如 Access）来说，数据库存放的位置是数据库文件的路径；但对于非文件型的数据库（如 SQL Server）来说，数据库的存放位置是服务器的名称。
- 用户 DSN：是被用户使用的 DSN，这种类型的 DSN 只能被特定的用户使用。
- 系统 DSN：是系统进程所使用的 DSN，系统 DSN 信息同用户 DSN 一样被储存在注册表的位置，Dreamweaver 只能使用系统 DSN。
- 文件 DSN：同系统 DSN 的区别是它保存在文件夹中，而不是注册表中。

15.3.2 定义系统 DSN

数据库建立好以后，需要设定系统的 DSN（数据源名称）来确定数据库所在的位置以及数据库相关的属性。使用 DSN 的优点是：如果移动数据库档案的位置或是使用其他类型的数据库，那么只要重新设定 DSN 即可，不需要去修改原来使用的程序。定义系统 DSN 的具体操作步骤如下。

❶ 执行【开始】|【控制面板】|【系统和安全】|【管理工具】|【数据源（ODBC）】命令，打开【ODBC 数据源管理器】对话框，在对话框中切换到【系统 DSN】选项卡，如图 15-21 所示。

❷ 在对话框中单击【添加】按钮，打开【创建新数据源】对话框，在对话框中的【名称】列表中选择【Driver do Microsoft Access（*.mdb）】选项，如图 15-22 所示。

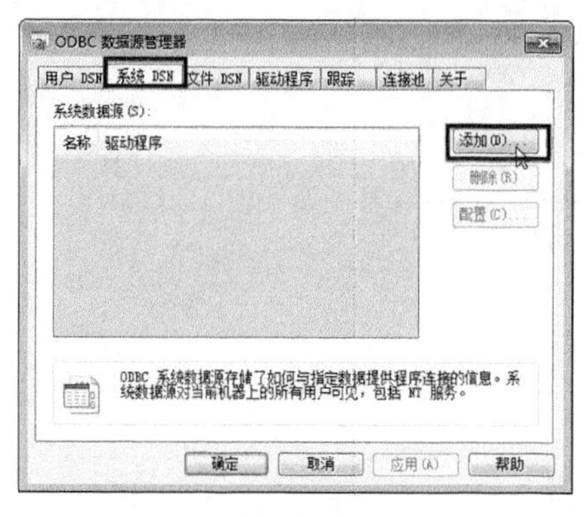

图 15-21 【系统 DSN】选项卡

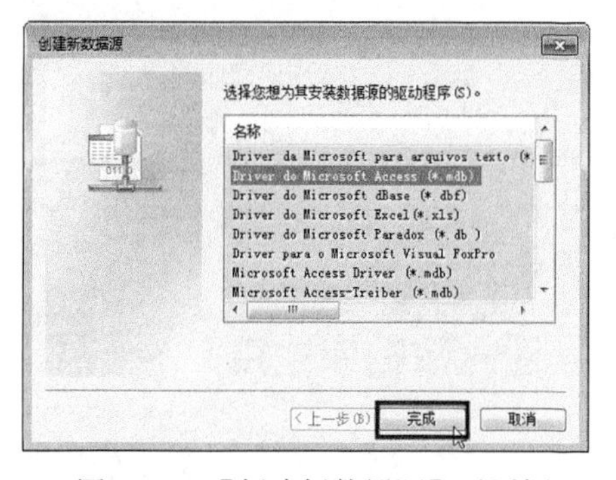

图 15-22 【创建新数据源】对话框

❸ 单击【完成】按钮，打开【ODBC Microsoft Access 安装】对话框，在对话框中单击【选择】按钮，打开【选择数据库】对话框，在对话框中选择数据库的路径，如图 15-23 所示。

❹ 单击【确定】按钮，在【数据源名】文本框中输入“date”，如图 15-24 所示。

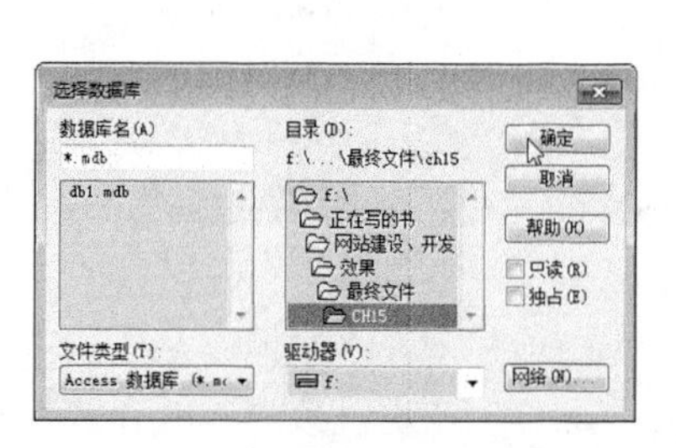

图 15-23 【选择数据库】对话框

图 15-24 【ODBC Microsoft Access 安装】对话框

❺ 单击【确定】按钮，返回到【ODBC 数据源管理器】对话框，可以看到创建的数据源，如图 15-25 所示。

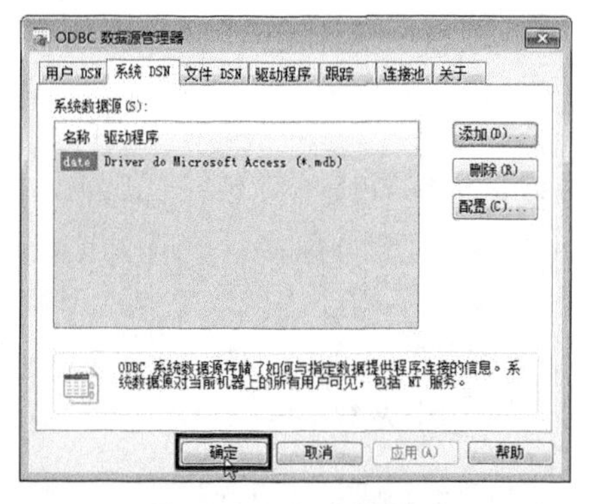

图 15-25 创建数据源

15.4 SQL 语言简介

SQL 语言功能极强，但由于设计巧妙，语言十分简洁，它完成数据定义、数据操纵、数据控制的核心功能只用了 9 个动词。而且 SQL 语官语法简单，因此容易学习、容易使用。

15.4.1 SQL 语言概述

SQL 语言支持关系数据库三级模式结构，如图 15-26 所示。其中外模式对应于视图（View）和部分基本表（base table），模式对应于基本表，内模式对应于存储文件。

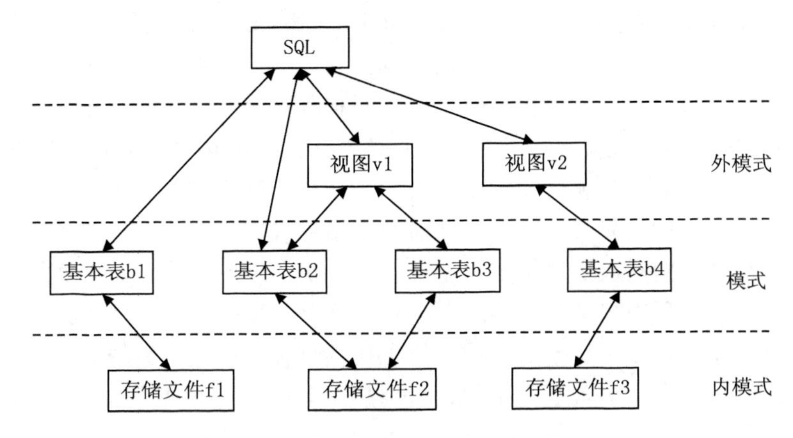

图 15-26 数据库系统的模式结构

在关系数据库中，关系就是表，表又分成基本表和视图两种，它们都是关系。基本表是实际存储在数据库中的表，是独立存在的。一个基本表对应一个或多个存储文件，一个存储文件可以存放一个或多个基本表，一个基本表可以有若干个索引，索引同样存放在存储文件中。

视图是从基本表或其他视图中导出的表，它本身不独立存储在数据库中，也就是说数据库中只存放视图的定义而不存放视图对应的数据，数据仍存放在导出视图的基本表中，因此视图是一个虚表。

用户可以用 SQL 语言对视图和基本表进行查询。在用户眼中，视图和基本表都是关系，而存储文件对用户是透明的。

SQL 语言是一种高度非过程性的关系数据库语言，采用的是集合的操作方式，操作的对象和结果都是元组的集合，用户只需知道“做什么”，无需知道“怎么做”。因此 SQL 语言接近英语自然语言、结构简洁、易学易用。同时 SQL 语言集数据查询、数据定义、数据操纵、数据控制为一体，功能强大，几乎所有著名的关系数据库系统如 DB2、Oracle、MySql、Sybase、SQL Server、FoxPro、Access 等都支持 SQL 语言。SQL 已经成为关系数据库的国际性标准语言。

SQL 语言主要有四大功能。

（1）数据定义语言（Data Definition Language，简称 DDL），用于定义数据库的逻辑结构，是对关系模式一级的定义，包括基本表、视图及索引的定义。

（2）数据查询语言（Data Query Language，简称 DQL），用于查询数据。

（3）数据操纵语言（Data Manipulation Language，简称 DML），用于对关系模式中的具体数据的添加、删除、修改等操作。

（4）数据控制语言（Data Control Language，简称 DCL），用于数据访问权限的控制。

15.4.2 SQL 的优点

SQL 语言简单易学、风格统一，利用几个简单的英语单词的组合就可以完成所有的功能。在 SQL Plus Worksheet 环境下可以单独使用 SQL 语句，并且几乎可以不加修改地嵌入到例如 Visual Basic、Power Builder 这样的前端开发平台上，利用前端工具的计算能力和 SQL 的数据库操纵能力，可以快速建立数据库应用程序。SQL 语言主要有以下优点。

- 非结构化语言：SQL 是一个非过程化的语言，一次处理一个记录，为数据提供自动导航。SQL 允许用户在高层的数据结构上工作，可操作记录集而不对单个记录进行操作。所有 SQL 语句接受集合作为输入，返回集合作为输出。SQL 的集合特性允许一条 SQL 语句的结果作为另一条 SQL 语句的输入。SQL 不要求用户指定数据的存放方法，这种特性使用户更易集中精力于要得到的结果。所有 SQL 语句使用查询优化器，它是关系数据库管理系统（RDBMS）的一部分，由它决定对指定数据存取的最快速度的手段。查询优化器知道存什么索引，哪儿使用合适，而用户不需要知道表是否有索引，表有什么类型的索引。
- 统一的语言：SQL 可用于所有用户的 DB 活动模型，包括系统管理员、数据库管理员、决策支持系统人员及许多其他类型的终端用户。SQL 命令只需很少时间就能学会。SQL 为许多任务提供了命令，包括：查询数据；在表中插入、修改和删除记录；建立、修改和删除数据对象；控制对数据和数据对象的存取；保证数据库的一致性和完整性等。
- 所有关系型数据库的公共语言：由于所有主要的 RDBMS 都支持 SQL 语言，用户可将使用 SQL 的技能从一个 RDBMS 转移到另一个 RDBMS，所以，用 SQL 编写的程序都是可以移植的。

15.5 常用的 SQL 语句

一个典型的关系数据库通常由一个或多个被称为表格的对象组成。数据库中的所有数据或信息都被保存在这些数据库表格中。数据库中的每一个表格都具有自己惟一的名称，都是由行和列组成，其中每一列包括了该列名称、数据类型，以及列的其他属性等信息，而每一行则具体包含某一列的记录或数据。下面讲述表的定义、删除和修改等基本操作。

15.5.1 表的建立（CREATE TABLE）

建立数据库最重要的一步就是定义一些基本表。下面要介绍的是如何利用 SQL 命令来建立一个数据库中的表格，其一般格式如下。

```
CREATE TABLE<表名>(
      <列名><数据类型>[列级完整性约束条件]
      [,<列名><数据类型>[列级完整性约束条件]... ]
      [,<表级完整性约束条件>])
```

说明

<列级完整性约束条件>

用于指定主键、空值、惟一性、默认值、自动增长列等。

<表级完整性约束条件>

用于定义主键、外键、及各列上数据必须符合的相关条件。

简单来说，创建新表格时，在关键词 CREATE TABLE 后面加入所要建立的表格的名称，然后在括号内顺次设定各列的名称、数据类型，以及可选的限制条件等。注意，所有的 SQL 语句在结尾处都要使用“;”符号。

> **★ 指点迷津 ★**
>
> 使用 SQL 语句创建的数据库表格和表格中列的名称必须以字母开头，后面可以使用字母、数字或下划线，名称的长度不能超过 30 个字符。注意，用户在选择表格名称时不要使用 SQL 语言中的保留关键词，如 select、create、insert 等，作为表格或列的名称。

【例】建立一个表 Student，它由学号 Sno、姓名 Sname、性别 Sex、年龄 Sage、所在系 Sdept 五个属性组成，其中学号属性不能为空，并且其值是惟一的。

```
CREATE TABLE Sudent
(Sno    CHAR(5) NOT NULL UNIQUE,
Sname   CHAR(10),
Ssex    CHAR(1),
Sage    INT,
Sdept   CHAR(10));
```

> **★ 指点迷津 ★**
>
> 最后，在创建新表格时需要注意的一点就是表格中列的限制条件。所谓限制条件就是当向特定列输入数据时所必须遵守的规则。例如，unique 这一限制条件要求某一列中不能存在两个值相同的记录，所有记录的值都必须是惟一的。除 unique 之外，较为常用的列的限制条件还包括 not null 和 primary key 等。not null 用来规定表格中某一列的值不能为空。primary key 则为表格中的所有记录规定了惟一的标识符。

15.5.2 插入数据（INSERT INTO）

SQL 的数据插入语句 INSERT 通常有两种形式，一种是插入一个元组，另一种是插入子查询结果。后者可以一次插入多个元组。可以使用 INSERT 语句来添加一个或多个记录至一个表中。

1. 插人单个元组

插入单个元组的 INSERT 语句的格式为：

```
INSERT
INTO<表名>[(<属性列 1>[, <属性列 2>…])
VALUES(<常量 1>[, <常量 2>]…)
```

其功能是将新元组插入指定表中。其中新记录属性列 1 的值为常量 1，属性列 2 的值为常量 2……如果某些属性列在 INTO 子句中没有出现，则新记录在这些列上将取空值。

在表定义时说明了 NOT NULL 的属性列不能取空值，如果 Into 子句中没有指明任何列名，则新插入的记录必须在每个属性列上均有值。

【例】将一个学生记录（学号：2009020；姓名：马燕；性别：女；所在系：计算机；年龄：21 岁）插入 Student 表中。

```
Insert
Into Student
Values('2009020',' 马燕',' 女',' 计算机',21);
```

2. 插人子查询结果

子查询不仅可以嵌套在 SELECT 语句中，也可以嵌套在 INSERT 语句中，用以生成要插入的数据。插入子查询结果的 INSERT 语句的格式为：

```
Insert
Into <表名>[(<属性列 1>[, <属性列 2>]…]
子查询;
```

其功能是以批量插入，一次将子查询的结果全部插入指定表中。

【例】对每一个系，求学生的平均年龄，并把结果存入数据库。

首先要在数据库中建立一个有两个属性列的新表，表中一列存放系名，另一列存放相应系的学生平均年龄。

```
Create table Deptage   (Sdept CHAR(15), Avgage smallint);
Insert into Deptage(Sdept, Average)
        (SELECT Sdept, AVG(Sage)
         FROM Student
         GROUP BY Sdept);
```

15.5.3 修改数据（UPDATE）

对于已经插入的记录，如果有不正确的地方，那最好能够直接在原有记录中进行修改，而不是将原有记录删除，然后再创建一条新的内容记录。

修改操作又称为更新操作，其语句的一般格式为：

```
Update<表名>
Set<列名>=<表达式>[, <列名> =<表达式>]...
[where<条件>];
```

其功能是修改指定表中满足 where 子句条件的元组。其中 set 于句用于指定修改方法，即用<表达式>的值取代相应的属性列值。如果省略 where 子句，则表示要修改表中的所有元组。

1. 修改某一个元组的值

【例】将学生 2008001 的年龄改为 24 岁。

```
Update Student
Set Sage =24
where Sno ='2008001';
```

2. 修改多个元组的值

【例】将所有学生的年龄增加 1 岁。

```
    Update Student
    Set Sage = Sage +1
```

15.5.4 删除数据（DELETE）

Delete 语句是用来从表中删除记录或者行，其语句格式为：

```
Delete
    From<表名>
    [where<条件>];
```

Delete 语句的功能是从指定表中删除满足 where 语句条件的所有元组。如果省略 WHERE 子句，表示删除表中全部元组，但表的定义仍在字典中，也就是说，Delete 语句删除的是表中的数据，而不是关于表的定义。

1．删除某一个元组的值

【例】删除学号为 2008001 的学生记录。

```
Delete
    From Student
    Where Sno='2008001';
```

Delete 操作也是一次只能操作一个表，因此同样会遇到 Update 操作中提到的数据不一致问题。比如 2008001 学生删除除后，有关他的其他信息也应同时删除，而这必须用一条独立的 Delete 语句完成。

2．删除多个元组的值

【例】删除所有的学生选课记录。

```
Delete
From SC
```

这条 Delete 语句格使 SC 成为空表，它删除了 SC 的所有元组。

15.5.5 SQL 查询语句（SELECT）

在众多的 SQL 命令中，SELECT 语句应该算是使用最频繁的，主要用来对数据库进行查询并返回符合用户查询标准的结果数据。

建立数据库的目的是为了查询数据，因此，可以说数据库查询是数据库的核心操作。SQL 语言提供了 SELECT 语句进行数据库的查询，该语句具有灵活的使用方式和丰富的功能。SELECT 语句有一些子句子可以选择，而 FROM 是唯一必需的子句。每一个子句有大量的选择项、参数等。

```
SELECT [ALL | DISTINCT][TOP n ]<目标列表达式>[,<目标列表达式>]…
FROM<表名或视图名>[,<表名或视图名>]…
[WHERE<条件表达式>]
[GROUP BY<列名 1>[HAVING<条件表达式>]]
[ORDER BY<列名 2> [ASC | DESC]];
```

整个 SELECT 语句的含义是，根据 WHERE 子句的条件表达式，从 FROM 子句指定的基本表或视图中找出满足条件的元组，再按 SELECT 子句中的目标列表达式，选出元组中的属性值形成结果表。如果有 GROUP 子句，则将结果按<列名 1>的值进行分组，该属性列值相等的元组为一个组，每个组产生结果表中的一条记录。通常会在每组中作用集函数。如果 GROUP 子句带 HAVING 短语，则只有满足指定条件的组才予输出。如果有 ORDER 子句，则结果表还要按<列名 2>的值的升序或降序排序。

下面以“学生-课程”数据库为例说明 SELECT 语句的各种用法，“学生-课程”数据库中包括三个表。

1．“学生”表 Student 由学号（Sno）、姓名（Sname）、性别（Ssex）、年龄（Sage）、所在系（Sdept）五个属性组成，可记为

```
Student(Sno, Sname,Ssex,Sage, Sdept)
```

其中 Sno 为主码。

2．“课程”表 Course 由课程号（Cno）、课程名（Cname）、先修课号（Cpno）、学分（Ccredit）四个属性组成，可记为：

```
Course(Cno, Cname, Cpno, Ccredit)
```

其中 Cno 为主码。

3．“学生选课”表 SC 由学号（Sno）、课程号（Cno）、成绩（Grade）三个属性组成，可记为：

```
SC(Sno, Cno, ,Grade)
```

其中（Sno，Cno）为主码。

SELECT 语句既可以完成简单的单表查询，也可以完成复杂的连接查询和嵌套查询。

1．选择表中的若干列

选择表中的全部列或部分列，其变化方式主要表现在 SELECT 子句的<目标列表达式>上。

【例】查询全体学生的学号与姓名。

```
    SELECT Sno, Sname
    FROM Student;
```

【例】查询全体学生的详细记录。

```
SELECT *
FROM Student;
```

2．选择表中的若干元组

通过<目标列表达式>的各种变化，可以根据实际需要，从一个指定的表中选择出所有元组的全部或部分列。如果只想选择部分元组的全部或部分列，则还需要指定 DISTINCT 短语或指定 WHERE 子句。

【例】查询所有选修过课的学生的学号。

```
    SELECT Sno
    FROM SC;
```

假设 SC 表中有下列数据

```
    Sno    Cno    Grade
    09001   1      92
    09001   2      85
```

```
    09001   3     88
    09002   2     90
    09002   3     80
```

执行上面的 SELECT 语句后，结果为：

```
Sno
    09001
    09001
    09001
    09002
    09002
```

可用 DISTINCT 短语消除重复：

```
    SELECT DISTINCT Sno
    FROM SC;
```

执行结果为；

```
    Sno
    09001
    09002
```

【例】查询所有年龄在 18 岁以下的学生姓名及其年龄。

```
    SELECT Sname, Sage
    FROM Student
    WHERE Sage<18;
```

或

```
    SELECT Sname, Sage
    FROM Student
    WHERE NOT Sage>=18;
```

【例】查询年龄在 15 至 23 岁之间的学生的姓名，系别和年龄。

```
    SELECT Sname, Sdept, Sage
    FROM Student
    WHERE Sage BETWEEN 15 AND 23;
```

15.6 经典习题与解答

1. 填空题

（1）________是网页服务组件，包括 Web 服务器、FTP 服务器、NNTP 服务器和 SMTP 服务器，分别用于网页浏览、文件传输、新闻服务和邮件发送等。

（2）数据库建立好以后，需要设定系统的________________来确定数据库所在的位置以及数据库相关的属性。

2. 简答题

简述 SQL 语言的优点。

第4部分

网站发布与维护篇

第16章■

网站的发布

第17章■

网站的日常维护

第18章■

网站的宣传推广

第16章

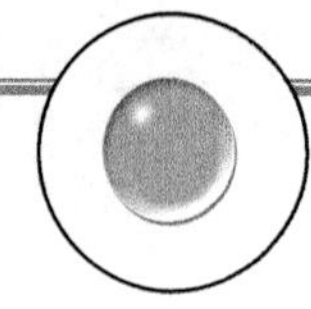

网站的发布

网页制作完毕，要发布到Web服务器上才能够让别人观看。现在上传用的工具有很多，有些网页制作工具本身就带有FTP功能。利用这些FTP工具，可以很方便地把网站发布到服务器上。网站上传之前，要在浏览器中打开网站，逐页进行测试，如果发现问题，要及时修改，然后再进行上传测试。

学习目标

- 站点的测试
- 网页的上传

16.1 站点的测试

整个网站中有成千上万的超级链接。发布网页前需要对这些链接进行测试。如果对每个链接都进行手工测试，会浪费很多时间。Dreamweaver【站点管理器】窗口就提供了对整个站点的链接进行快速检查的功能。

16.1.1 检查断掉的链接

【检查链接】功能用于在打开的文件、本地站点的某一部分或者整个本地站点中查找断链接和未被引用的文件。

❶ 执行【站点】|【检查站点范围的链接】命令，此时在结果面板中显示链接的属性，如图16-1所示。

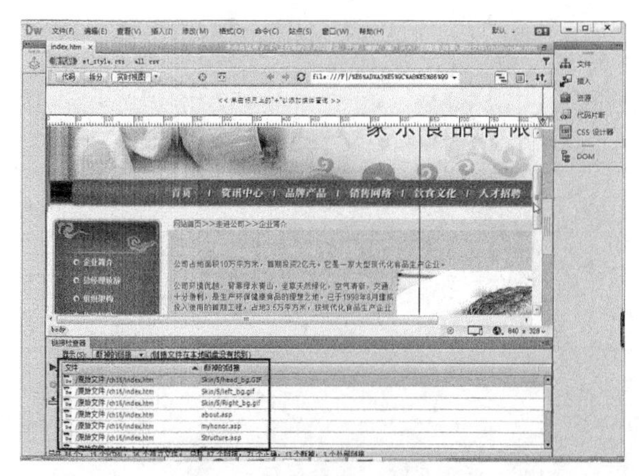

图16-1 检查断掉的链接

❷ 在【显示】下拉菜单中选择【断掉的链接】项，单击【断掉的链接】下方的地址，在其右边显示一个浏览文件图标，如图 16-2 所示。

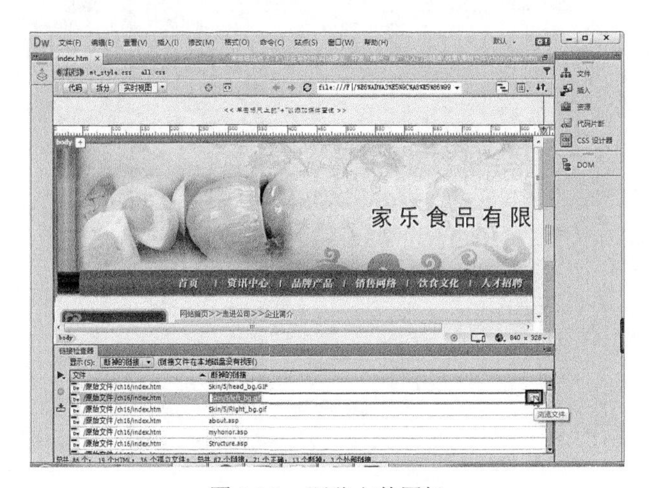

图 16-2　浏览文件图标

16.1.2　检查外部链接

外部链接可以检查出与外部网站链接的全部信息。执行【窗口】|【结果】|【链接检查器】命令，打开链接检查器面板。或选择【站点】|【检查站点范围的链接】命令，在【显示】选项的下拉列表中选择【外部链接】选项，如图 16-3 所示。

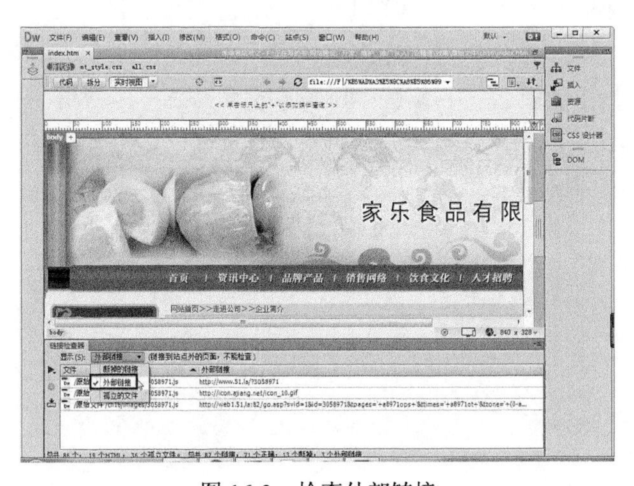

图 16-3　检查外部链接

16.1.3　检查孤立文件

孤立文件在网页中没有用，上传后它会占据有效空间，这种文件应该清除掉。清除的办法是先选中文件，再按 Delete 键删除。一个网站中有很多文件，如果一个一个地去检查的话，太浪费时间。好在 Dreamweaver 可以自动检查孤立文件，在【显示】下拉列表中选择【孤立的文件】，在面板中将显示文件中所有的孤立文件，如图 16-4 所示。

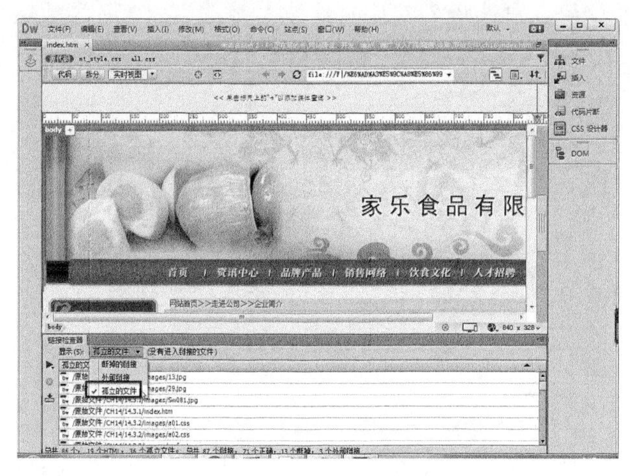

图 16-4　检查孤立的文件

16.2　网页的上传

网页测试好以后，接下来最重要的就是上传网页。只有将网页上传到远程服务器上，才能让浏览者浏览。设计师可以利用 Dreamweaver 软件自带的上传功能，也可以利用专门的 FTP 软件上传网页。

16.2.1　利用 Dreamweaver 上传网页

利用 Dreamweaver 上传网页具体操作步骤如下。

❶ 执行【站点】|【管理站点】命令，打开【管理站点】对话框，如图 16-5 所示。

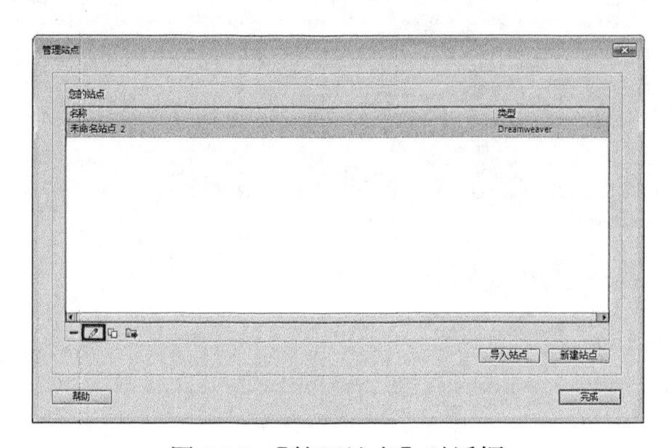

图 16-5　【管理站点】对话框

❷ 在对话框中单击左侧的【编辑当前站点】按钮，单击【添加新服务器】按钮，如图 16-6 所示。打开【基本】选项卡，如图 16-7 所示。

【基本】选项卡中有以下参数。

- 服务器名称：输入服务器的名称。
- 连接方法：选择要连接的方法，这里选择连接 FTP 选项。

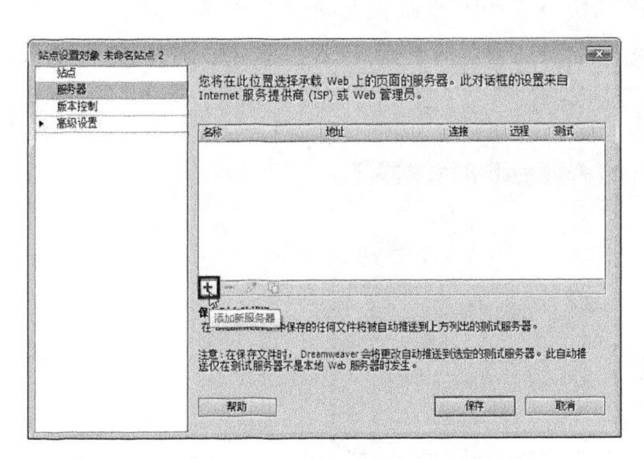

图 16-6 【站点设置对象】选项卡

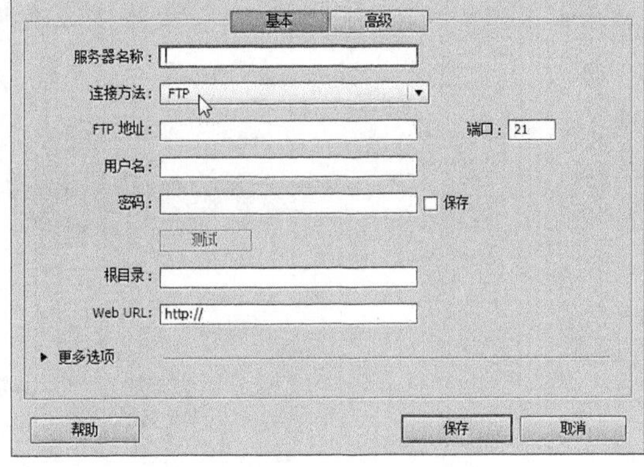

图 16-7 设置【基本】选项卡

- FTP 地址：输入远程站点的 FTP 主机的 IP 地址。
- 用户名：输入用于连接到 FTP 服务器的登录名。
- 密码：输入用于连接到 FTP 服务器的密码。
- 保存：Dreamweaver 保存连接到远程服务器时输入的密码。
- 测试：测试连接到 FTP 是否成功。
- 根目录：设置服务器的根目录。
- Web URL：输入 Internet 信息服务器的 IP 地址。

设置完相关的参数后，单击【保存】按钮完成远程信息设置。

❸ 连接到服务器后，按钮会自动变为闭合状态，并在一旁亮起一个小绿灯，列出远端网站的接收目录，右侧窗口显示为【本地信息】，在本地目录中选择要上传的文件，单击【上传文件】按钮，上传文件，如图 16-8 所示。

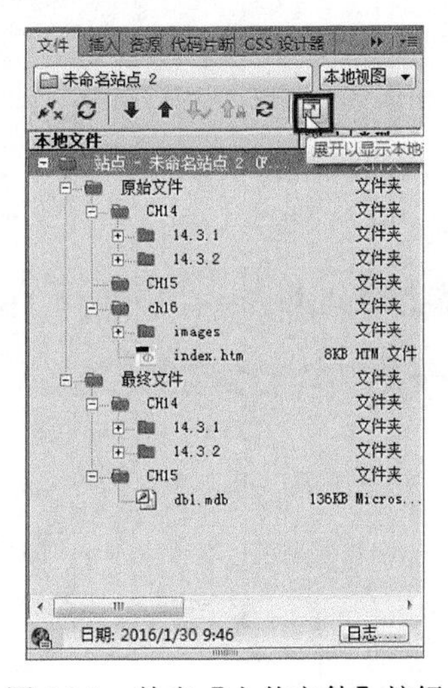

图 16-8 单击【上传文件】按钮

16.2.2 LeapFTP 上传文件

LeapFTP 是一款功能强大的 FTP 软件，用户界面友好、传输速度稳定、连接更加方便。

LeapFTP 支持断点续传功能，可以下载或上传整个目录，也可直接删除整个目录。

❶ 下载并安装最新 LeapFTP 软件，运行 LeapFTP，执行"站点" | "站点管理器"命令，如图 16-9 所示。

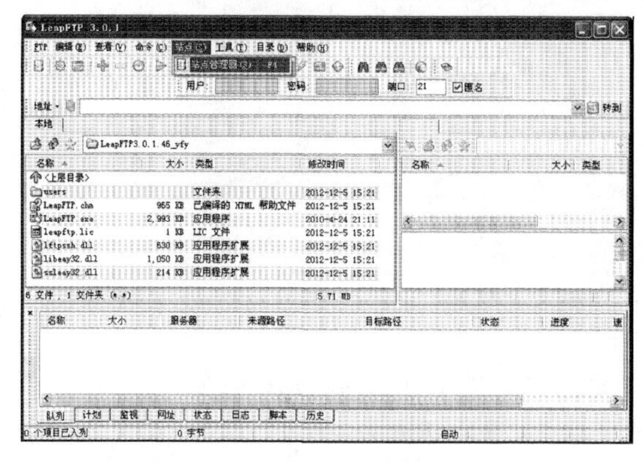

图 16-9 选择【站点管理器】命令

❷ 弹出【站点管理器】对话框，在对话框中执行【站点】|【新建】|【站点】命令，如图 16-10 所示。

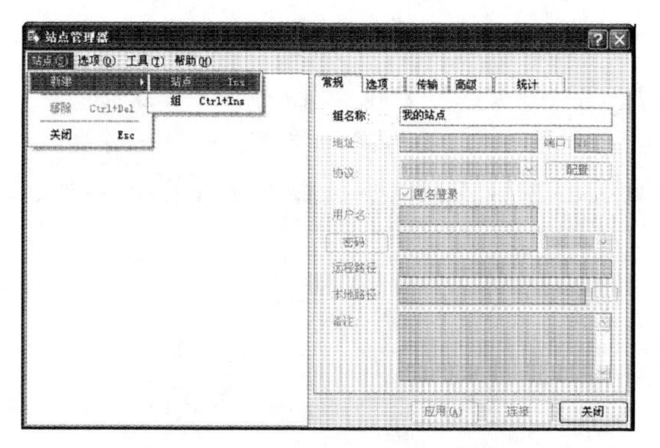

图 16-10 选择【新建站点】命令

❸ 在弹出的窗口中输入你喜欢的站点名称，如图 16-11 所示。

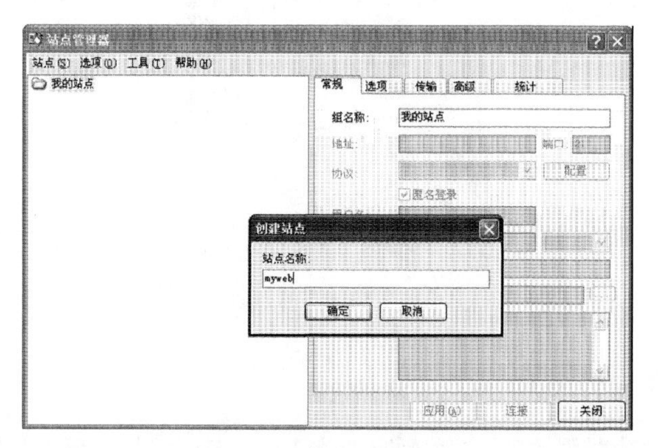

图 16-11 输入站点名称

❹ 单击【确定】按钮后，出现以下界面。在【地址】处输入站点地址，将【匿名登录】前的选钩去掉，在【用户名】处输入 FTP 用户名，在【密码】处输入 FTP 密码，如图 16-12 所示。

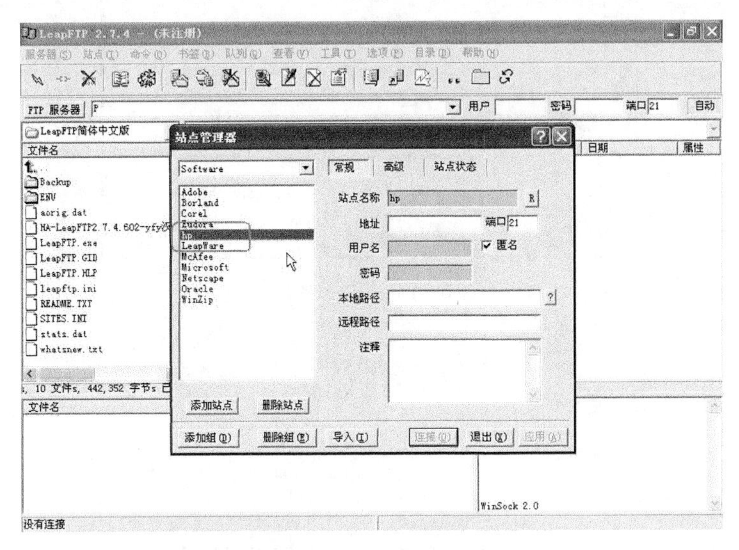

图 16-12 输入站点地址密码

❺ 单击【连接】按钮，直接进入连接状态，左框为本地目录，可以通过下拉菜单选择你要上传文件的目录，选择要上传的文件，并单击鼠标右键，在弹出菜单中选择【上传】命令，如图 16-13 所示。

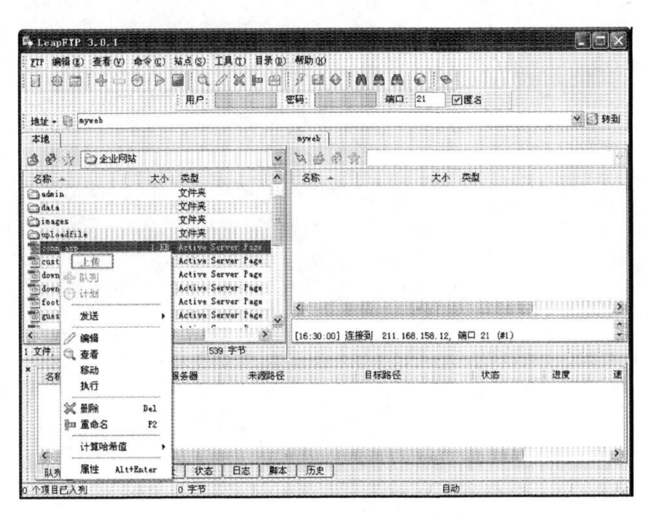

图 16-13 选择【上传】命令

❻ 这时在队列栏里会显示正在上传及未上传的文件，当文件上传完成后，此时在右侧的远程目录栏里就可以看到你上传的文件了，如图 16-14 所示。

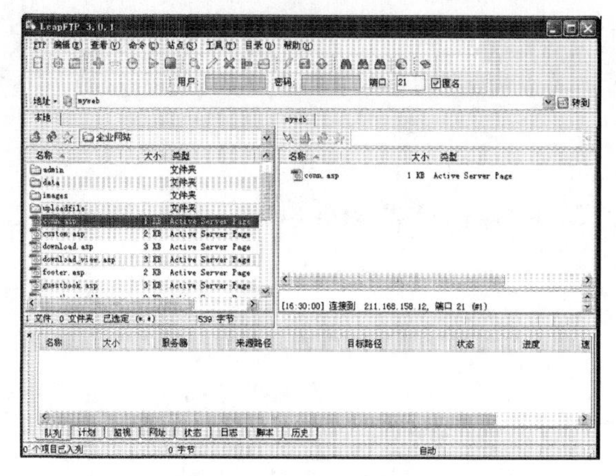

图 16-14　文件上传成功

16.3　经典习题与解答

1. 填空题

（1）整个网站中有成千上万的超级链接，发布网页前需要对这些链接进行测试，如果对每个链接都进行手工测试，会浪费很多时间。Dreamweaver 中的________窗口就提供了对整个站点的链接进行快速检查的功能。

（2）________在网页中没有用，上传后它会占据有效空间，这种文件应该清除掉。清除办法是先选中文件，再按 Delete 键删除。

2. 操作题

练习上传已经做好的网站文件。

第17章

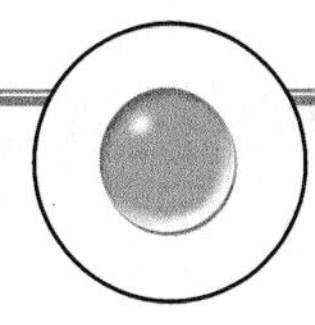

网站的日常维护

一个好的网站，仅仅一次是不可能制作完美的。由于企业的情况在不断地变化，网站的内容也需要随之调整，给人常新的感觉，这样网站才会更加吸引访问者，并给访问者留下良好的印象。这就要求对站点进行长期、不间断的维护和更新。对于网站来说，只有不断地更新内容，才能保证网站的生命力，否则网站不仅不能起到应有的作用，反而会对企业自身形象造成不良影响。

学习目标

- 网站的运营维护
- 网站数据库内容维护
- 网页维护
- 网站安全维护

17.1 网站的运营维护

建一个网站，对于大多数人并不陌生，尤其是已经拥有自己网站的企业和机构。但是，提到网站运营可能很多人不理解，对网站运营的重要性也不明确。网站运营包括网站需求分析和整理、频道内容建设、网站策划、产品维护和改进、部门沟通协调五个方面的具体内容。

1. 需求分析和整理

对于一名网站运营人员来说，最为重要的就是要了解需求。在此基础上，提出网站具体的改善建议和方案，对这些建议和方案要与大家一起讨论分析，确认是否具体可行。必要时，还要进行调研或分析统计，综合评价这些建议和方案的可取性。

需求创新，直接决定了网站的特色，有特色的网站才会更有价值，才会更吸引用户来使用。例如，新浪网站每篇编辑后的文章里，常会提供与内容极为相关的其他内容链接，供读者选择，这就充分考虑了用户的兴趣需求。网站细节的改变，应当是基于对用户需求把握而产生的。

需求的分析还包括对竞争对手的研究。研究竞争对手的产品和服务，看看他们最近做了哪些变化，判断这些变化是不是真的具有价值。如果能够为用户带来价值话，完全可以采纳为己所用。

2. 频道内容建设

频道内容建设是网站运营的重要工作。网站内容决定了网站是什么样的网站。当然，也有一些功能性的网站，如搜索、即时聊天等，只是提供了一个功能，让用户去使用这些功能。使用这些功能最终仍是为了获取想要的信息。

频道内容建设，更多的工作是由专门的编辑人员来完成，内容包括频道栏目规划、信息编辑和上传、信息内容的质量提升等。编辑人员做的也是网站运营范畴内的工作，属于网站运营工作中的重要成员。很多小网站，或部分大型网站，网站编辑人员就承担着网站运营人员的角色。不仅要负责信息的编辑，还要负责提需求、做方案等。

3. 网站策划

网站策划，包括前期市场调研、可行性分析、策划文档撰写、业务流程说明等内容。策划是建设网站的关键，一个网站只有真正策划好了，最终才会有可能成为好的网站，因为前期的网站策划涉及更多的市场因素。

根据需求来进行有效的规划。文章标题和内容怎么显示，广告如何展示等，都需要进行合理和科学地规划。页面规划和设计是不一样的。页面规划较为初级，而页面设计则上升到了更高级的层次。

4. 产品维护和改进

产品的维护和改进工作，其实与前面讲的需求整理分析有一些相似之处。但在这里更加强调的是产品的维护工作，更多应是对顾客已购买产品的维护工作，响应顾客提出的问题。

在大多数网络公司，都有比较多的客服人员。很多时候，客服人员对技术、产品等问题可能不是非常清楚，对顾客的不少问题又未能做出很好的解答，这时，就需要运营人员分析和判断问题，或对顾客给出合理的说法，或把问题交给技术去处理，或找更好的解决方案。

此外，产品维护还包括制定和改变产品策略、进行良好的产品包装、改进产品的使用体验等。产品改进在大多情况下同时也是需求分析和整理的问题。

5. 各部门协调工作

这一部分的工作内容，更多体现的是管理角色。因为网站运营人员深知整个网站的运营情况，知识面相对来说比较全面。与技术人员、美工、测试、业务的沟通协调工作，更多地是由网站运营人员来承担。作为网站运营人员，沟通协调能力是必不可少。要与不同专业性思维打交道，在沟通的过程中，可能碰上许多的不理解或难以沟通的现象，这是属于比较正常的问题。

优秀的网站运营人才，要求具备行业专业知识、文字撰写能力、方案策划能力、沟通协调能力，以及项目管理能力等方面的素质。

17.2 网站数据库内容维护

网站数据库内容的更新包括产品信息的更新、企业新闻动态更新和其他动态内容的更新。采用动态数据库可以随时更新发布新内容，不必做修改网页和上传服务器等麻烦的工作。

下面以一个在线购物系统后台维护为例，讲述网站数据库内容的维护，具体操作步骤如下。

❶ 网站上传到服务器以后，在浏览器中输入网站的后台管理地址，打开网站后台登录界面，如图 17-1 所示。

❷ 输入管理员账号和密码“admin”后，进入如图 17-2 所示的后台管理主页面。

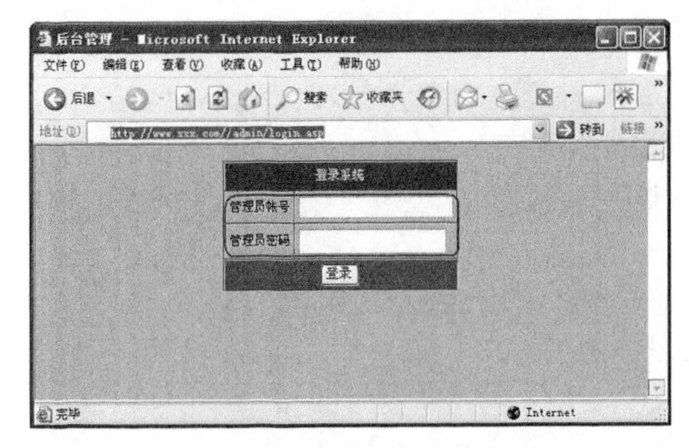

图 17-1 后台登录页面

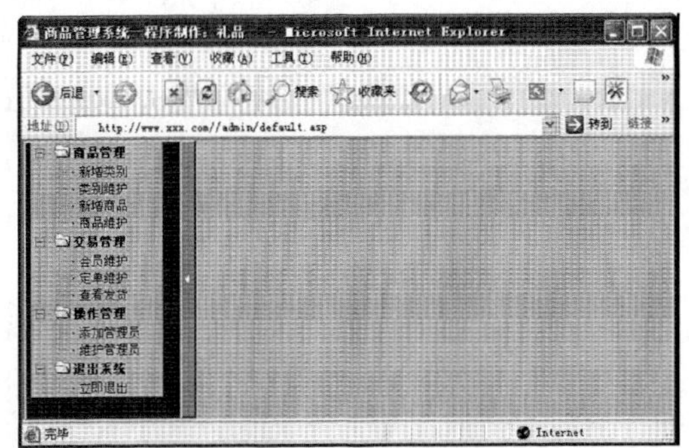

图 17-2 后台管理主页面

❸ 单击左侧商品管理下面的【新增商品】项，此时在右侧框架中打开添加商品页面，如图 17-3 所示。

❹ 添加完商品的相关信息后，单击底部的【添加】按钮，提交商品信息，如图 17-4 所示。

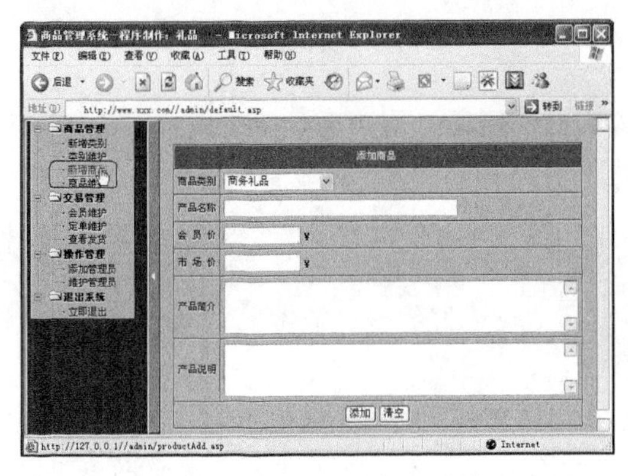

图 17-3 打开添加商品页面

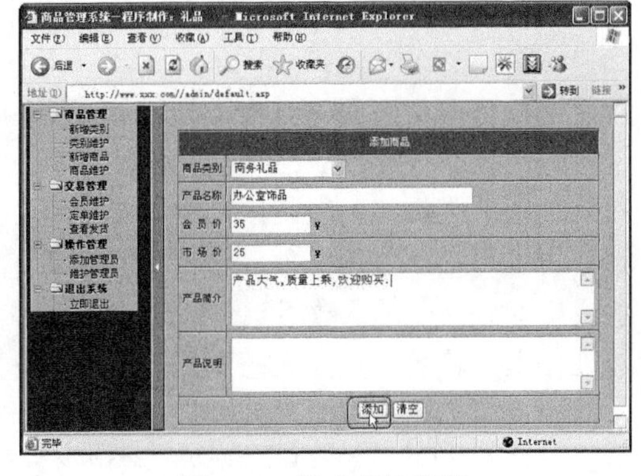

图 17-4 提交商品信息

❺ 单击左侧的【网站维护】，打开商品管理页面，此时可以看到新添加的商品排在最前面，如图 17-5 所示。

❻ 单击商品名称，进入如图 17-6 所示的修改商品页面。

❼ 返回网站主页，此时可以看到新添加的商品，如图 17-7 所示。

❽ 单击商品图片或商品名称，可以看到商品的详细信息，如图 17-8 所示。

❾ 至此商品的添加完成，还可以维护客户信息、订单信息等。

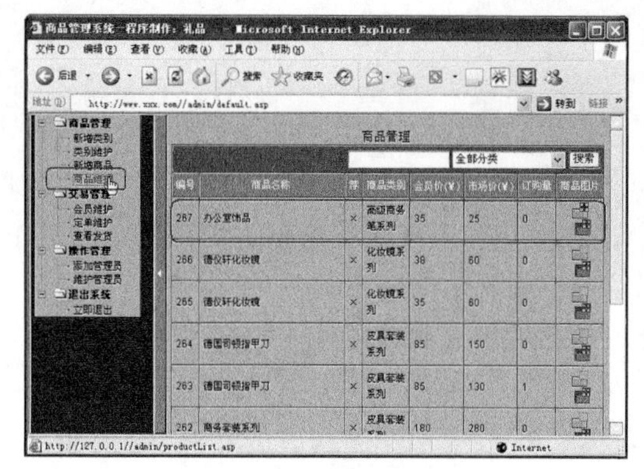

图 17-5　添加的商品

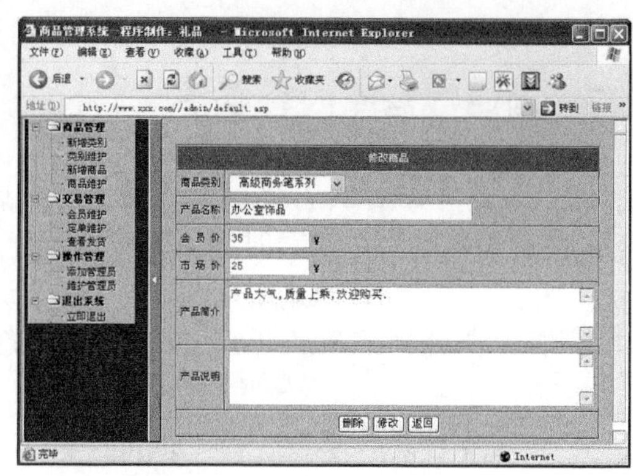

图 17-6　修改商品页面

图 17-7　浏览添加的新商品

图 17-8　浏览商品详细信息

17.3　网页维护

网页风格的更新包括版面、配色等方面。改版后的网站让用户感觉改头换面，焕然一新。

一般改版的周期要长些。如果客户对网站也满意的话，改版可以延长到几个月甚至半年。改版周期不能太短。一般一个网站建设完成以后，便代表了公司的形象和风格。随着时间的推移，很多用户对这种形象已经形成了定势。如果经常改版，会让用户感觉不适应，特别是那种风格彻底改变的“改版”。当然，如果对公司网站有更好的设计方案，可以考虑改版，毕竟长期使用一种版面会让人感觉陈旧、厌烦。

静态页面不便于维护，必须手动并且重复制作网页文档，制作完成后还需要上传到远程服务器。对于数量比较多的静态页面，建议采用模板制作，因为利用模板创建的所有网页可以一次自动更新。网页更新后，再把更新后的网页利用 FTP 软件上传到服务器上即可。

17.4　网站安全维护

Web 应用的发展，使网站产生了越来越重要的作用，而越来越多的网站在此过程中也因为存在安全隐患而遭受到各种攻击。例如网页被挂木马，网站 SQL 注入，导致网页被篡改、网站被查封；甚至被利用，成为传播木马给浏览者的一个载体。

17.4.1　取消文件夹隐藏共享

Windows XP 有个特性，它会在电脑启动时自动将所有的硬盘设置为共享。这虽然方便了局域网用户，但对个人用户来说，这样的设置是不安全的。因为只要你连线上网，网络上的任何人都可以共享你的硬盘，随意进入你的电脑中，所以有必要关闭共享。

执行【控制面板】|【管理工具】|【计算机管理】命令，在窗口中选择【系统工具/共享文件夹/共享】，如图 17-9 所示。可以看到硬盘上的分区名后面都加了一个“$”。入侵者可以轻易看到硬盘的内容，这就给网络安全带来了极大的隐患。

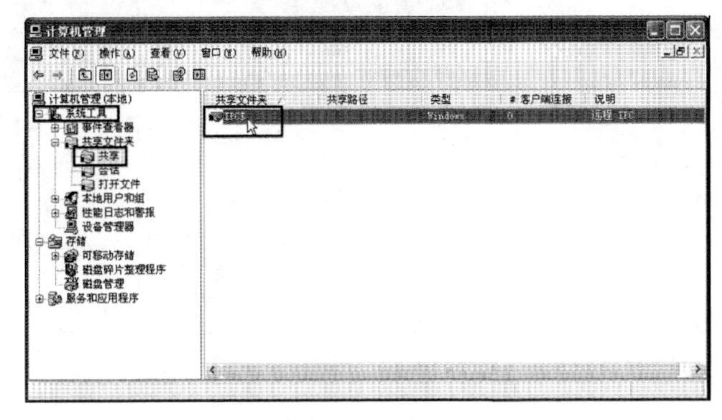

图 17-9　隐藏共享

消除默认共享的方法很简单，具体操作步骤如下。

❶ 执行【开始】|【运行】命令，弹出【运行】对话框，在对话框中输入“regedit”，如图 17-10 所示。

❷ 打开注册表编辑器，进入 HKEY_LOCAL_MACHINE\SYSTEM\CurrentControlSet\Sevices\Lanmanworkstation\parameter，新建一个名为“AutoSharewks”的双字节值，并将其值设为 0，关闭 admin$共享，如图 17-11 所示，然后重新启动电脑，这样共享就取消了。

图 17-10　【运行】对话框

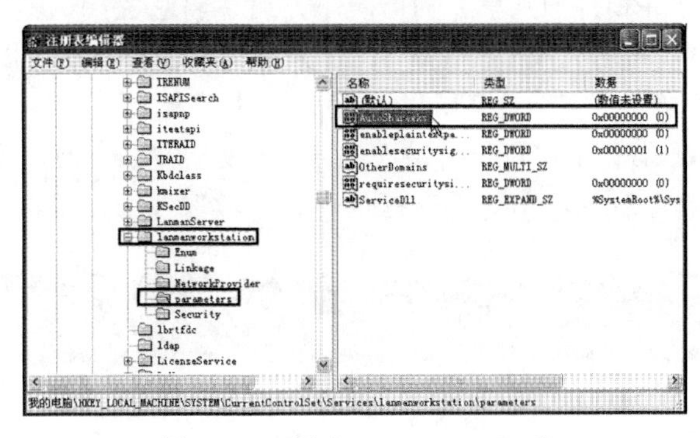

图 17-11　新建 AutoSharewks 值

17.4.2　删掉不必要的协议

安装过多的协议，一方面占用系统资源，另一方面为网络攻击提供了便利路径。对于服务器和主机来说，一般只安装 TCP/IP 协议就够了。其中 NETBIOS 是很多安全缺陷的根源，你可以将绑定在 TCP/IP 协议的 NETBIOS 关闭，避免针对 NETBIOS 的攻击。

❶ 鼠标右击【网络邻居】，在弹出菜单中选择【属性】，再使用鼠标右键单击【本地连接】，

选择【属性】，在【本地连接属性】对话框中选择【Internet 协议（TCP/IP 协议）】，如图 17-12 所示。

❷ 单击【属性】进入【Internet 协议（TCP/IP 协议）属性】对话框，单击【高级】按钮，如图 17-13 所示。

❸ 进入【高级 TCP/IP 设置】对话框，选择【WINS】标签，勾选【禁用 TCP/IP 上的 NETBIOS】一项，关闭 NETBIOS，如图 17-14 所示。

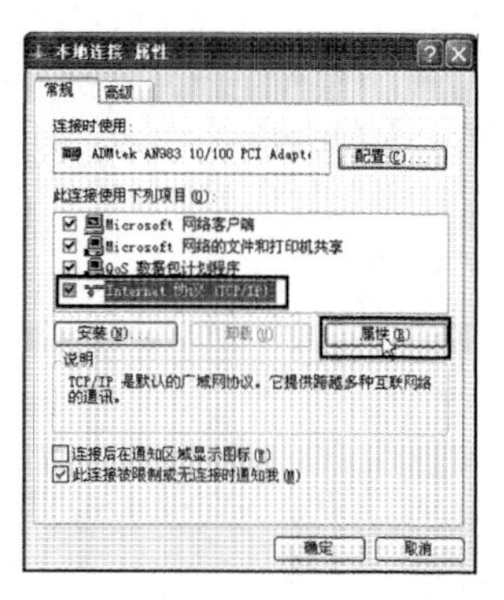

图 17-12 选择【Internet 协议（TCP/IP 协议）】

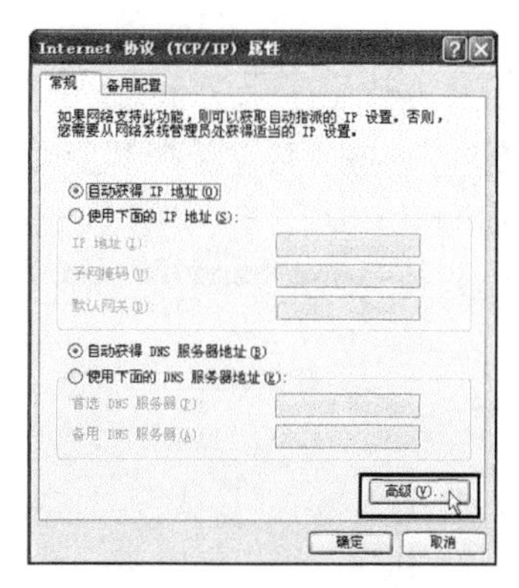

图 17-13 单击【高级】按钮

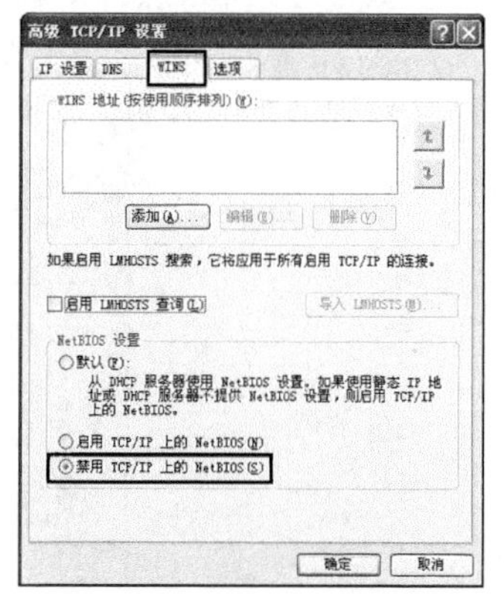

图 17-14 关闭 NETBIOS

17.4.3 关闭文件和打印共享

不要以为你在内部网上共享的文件是安全的，其实你在共享文件的同时，就会有软件漏洞呈现在互联网的不速之客面前。公众可以自由地访问你的那些文件，并很有可能有恶意的人利用和攻击它。因此共享文件应该设置密码，一旦不需要共享时立即关闭。

如果确实需要共享文件夹，一定要将文件夹设为只读，不要将整个硬盘设定为共享。例如，某一个访问者将系统文件删除，会导致计算机系统全面崩溃、无法启动。所以在没有使用【文件和打印共享】的情况下，可以将它关闭，具体操作步骤如下。

❶ 首先进入【控制面板】，并双击【安全中心】图标，进入【Windows 安全中心】，如图 17-15 所示，单击【Windows 防火墙】图标。

❷ 打开【Windows 防火墙】对话框，单击【例外】选项卡。把【程序和服务】列表中【文件和打印机共享】前复选框中的钩去掉即可，如图 17-16 所示。

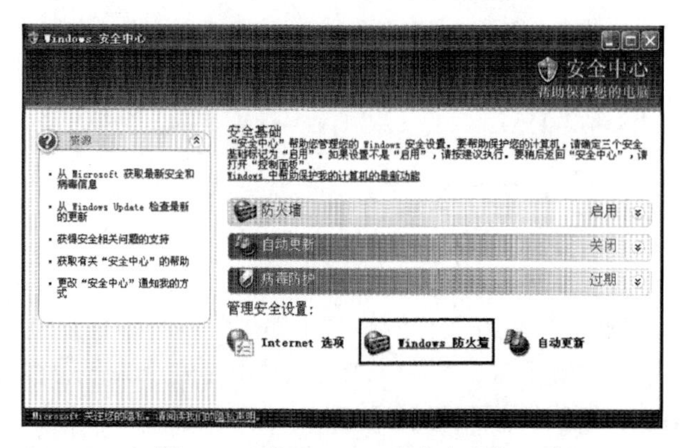

图 17-15 【Windows 安全中心】

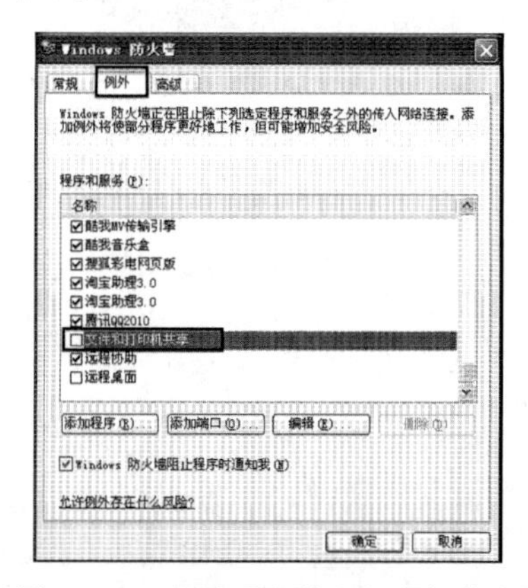

图 17-16 取消【文件和打印机共享】

17.4.4 禁用 Guest 账号

Guest 账户即所谓的来宾账户，与管理员账户相比，它可以访问计算机，但权限要低得多。不幸的是，即使是这种受限的用户，也为黑客网络攻击打开了方便之门！有很多文章中都介绍过如何利用 Guest 账户得到管理员权限的方法，所以要杜绝基于 Guest 账户的系统入侵。

有很多入侵都是通过 Guest 这个账户进一步获得管理员密码或者权限的。因此，在计算机管理用户里把 Guest 账户停用掉，任何时候都不允许 Guest 账户登录系统。为了保险起见，最好给 Guest 加一个复杂的密码，你可以打开记事本，在里面输入一串包含特殊字符、数字、字母的长字符串，然后把它作为 Guest 账户的密码。当然，最好的方法是将 Guest 账户禁用，并更改其名称和描述，然后输入一个不低于 12 位的密码。

❶ 执行【控制面板】|【性能维护】|【管理工具】下的【计算机管理】图标，在窗口中选择【系统工具/本地用户和组/用户】，如图 17-17 所示。

❷ 在 Guest 账号上单击鼠标右键，选择【属性】，在【Guest 属性】中勾选【账户已停用】复选框，如图 17-18 所示。

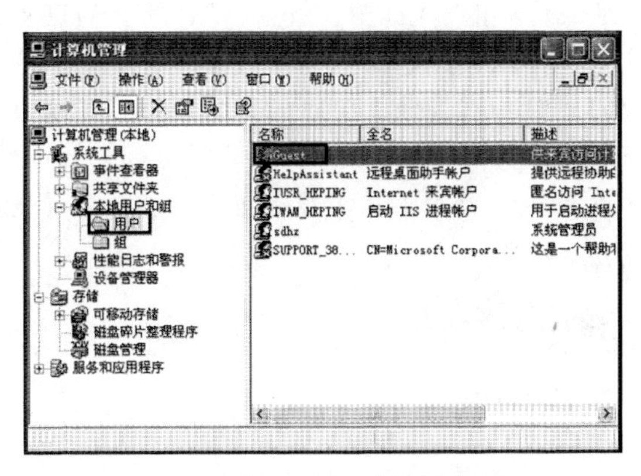

图 17-17 本地用户

图 17-18 停用 Guest 账户

17.4.5 禁止建立空连接

在 Windows XP 服务器默认情况下，任何用户都可以通过空连接连上服务器，别有用心的人可以连上去穷举出账号，猜测密码。为了保障服务器安全，应该通过修改注册表来禁止建立空连接，具体操作步骤如下。

❶ 执行【开始】|【运行】命令，弹出【运行】对话框，在对话框中输入“regedit”，如图 17-19 所示。

❷ 打开注册表编辑器，进入 HKEY_LOCAL_MACHINE\System\CurrentControl Set\Control\Lsa，将 DWORD 值 Restrict Anonymous 的键值改为 1 即可，如图 17-20 所示。

图 17-19 【运行】对话框

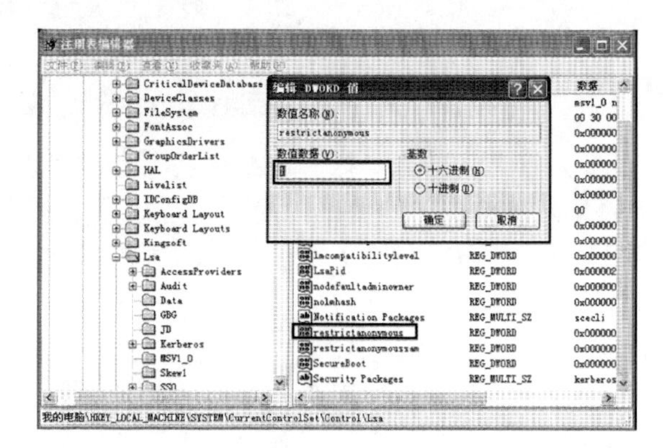

图 17-20 修改键值

17.4.6 设置 NTFS 权限

NTFS 是随着 Windows NT 操作系统而产生的，并随着 Windows NT4 跨入主力分区格式的行列。它的优点是安全性和稳定性很好，在使用中不易产生文件碎片。NTFS 分区对用户权限做出了非常严格的限制，每个用户都只能按着系统赋予的权限进行操作，任何试图越权的操作都将被系统禁止。同时 NTFS 提供了容错结构日志，可以将用户的操作全部记录下来，从而保护了系统的安全。与 FAT 文件系统相比，NTFS 文件系统最大的特点是安全。可以为 NTFS 分区或文件夹指定权限，来避免受到本地或远程的非法访问。也可以对位于 NTFS 分区中的文件单独设置权限，避免本地或远程用户的非法使用。

下面将介绍如何设置文件夹【Web】的权限，解决在编辑、更新或删除操作时，网页出现的数据库被占用或用户权限不足的问题，具体操作步骤如下。

❶ 选中文件夹【Web】，单击鼠标右键，在弹出菜单中选择【属性】命令，打开【Web 属性】对话框，切换至【安全】选项卡，如图 17-21 所示。

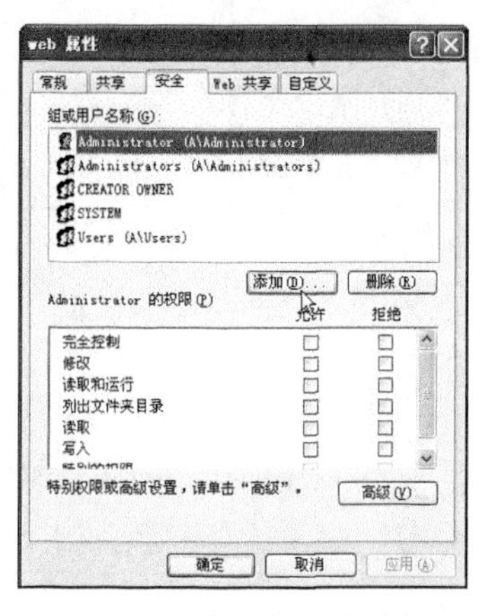

图 17-21 【安全】选项卡

❷ 单击【添加】按钮，在弹出的【选择用户或组】对话框中，添加 Everyone 用户组，如图 17-22 所示。

❸ 单击【确定】按钮，返回到【Web 属性】对话框，选中【组或用户名】列表中的 Everyone 用户组，并在其下的权限列表中，选中【修改】选项，单击【确定】按钮即可，如图 17-23 所示。

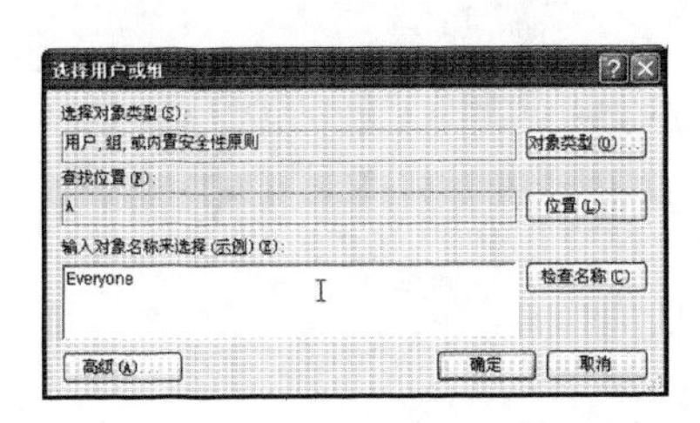

图 17-22 【选择用户或组】对话框

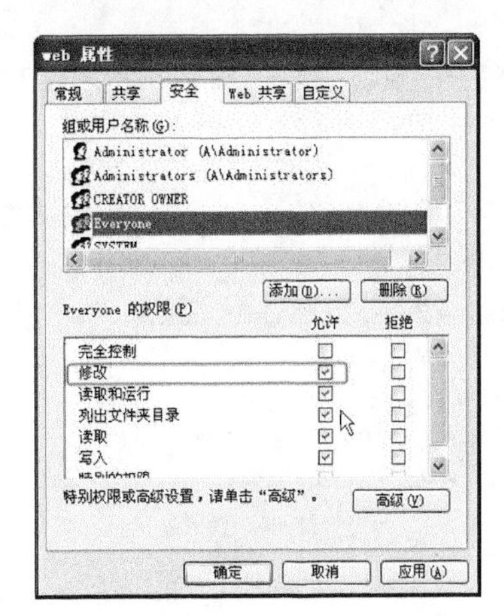

图 17-23 设置用户组权限

17.4.7 管理操作系统账号

Administrator 账号拥有最高的系统权限，一旦该账号被人利用，后果不堪设想。黑客入侵的常用手段之一就是试图获得 Administrator 账号的密码，一般情况下，系统安装完毕后，默认条件下 Administrator 账号的密码为空，因此要重新配置 Administrator 账号。

首先是为 Administrator 账号设置一个强大复杂的密码，然后重命名 Administrator 账号，再创建一个没有管理员权限的 Administrator 账号欺骗入侵者。这样一来，入侵者就很难搞清哪个账号真正拥有管理员权限，也就在一定程度上减少了危险性。下面介绍通过控制面板为 Administrator 账号创建一个密码，具体操作步骤如下。

❶ 执行【控制面板】|【管理工具】|【计算机管理】命令，在窗口中选择【系统工具/本地用户和组/用户】，接下来在右侧的用户列表窗口中选中 Administrator 账号并单击鼠标右键，然后在弹出菜单中选择【设置密码】命令，如图 17-24 所示。

❷ 此时将弹出设置账号密码的警告提示窗口，如图 17-25 所示。

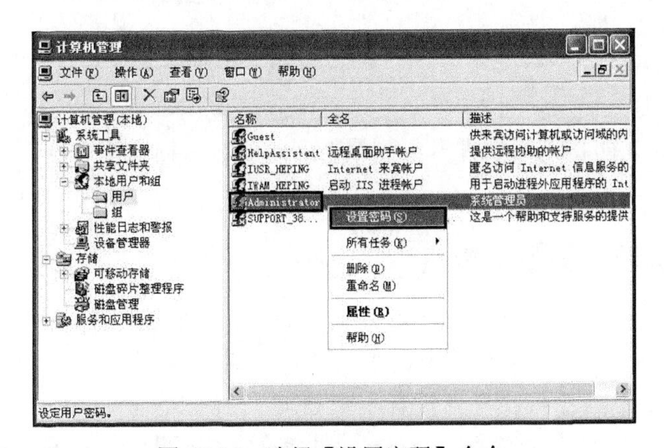

图 17-24 选择【设置密码】命令

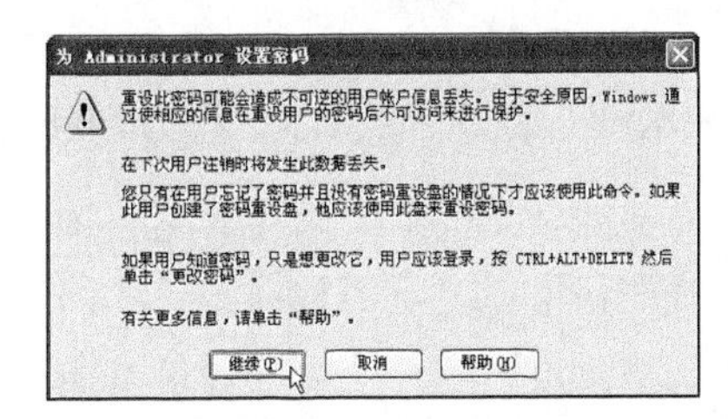

图 17-25 警告提示窗口

❸ 单击【继续】按钮，将弹出【Administrator 设置密码】对话框，如图 17-26 所示。在这里两次输入相同的登录密码，最后单击【确定】按钮，完成账户密码的设置。

❹ 在用户列表窗口，选中【Administrator】，单击鼠标右键，然后从弹出菜单中选择【重命名】命令，如图 17-27 所示，可以根据自己的需要为其重命名。

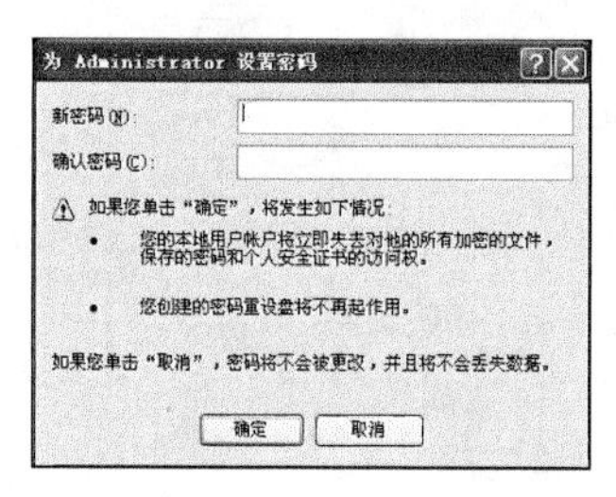

图 17-26 为【Administrator 设置密码】对话框

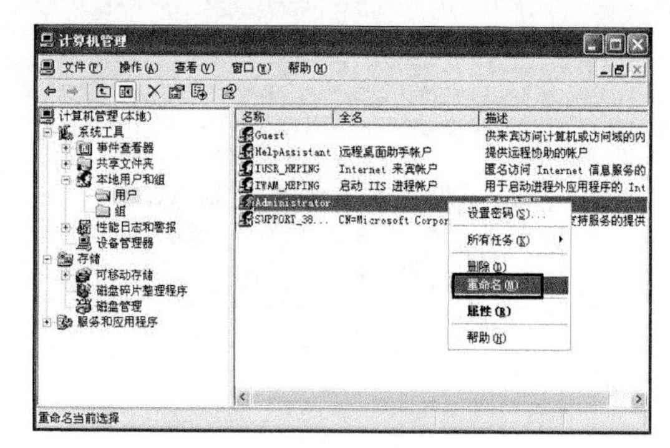

图 17-27 选择【重命名】命令

设置密码时要尽量避免使用有意义的英文单词、姓名缩写以及生日、电话号码等容易泄露的字符作为密码，最好采用字符与数字混合的密码。

定期修改自己的上网密码，至少一个月更改一次，这样可以确保即使原密码泄露，也能将损失减小到最少。

17.4.8 安装必要的杀毒软件

除了通过各种手动方式来保护服务器操作系统外，还应在计算机中安装并使用必要的防黑软件、杀毒软件和防火墙。在上网时打开它们，这样即便有黑客进攻服务器，系统的安全也是有保证的。

病毒的发作给全球计算机系统造成了巨大损失，令人们谈“毒”色变。对于一般用户而言，首先要做的就是为电脑安装一套正版的杀毒软件。

现在不少人对防病毒有个误区，就是对待电脑病毒的关键是“杀”，其实应当是以“防”为主。

因此应当安装杀毒软件的实时监控程序，并定期升级所安装的杀毒软件（如果安装的是网络版，在安装时可先将其设定为自动升级），给操作系统打相应的补丁、升级引擎和病毒定义码。每周要对电脑进行一次全面的扫描、杀毒工作，以便发现并清除隐藏在系统中的病毒。

当计算机不慎感染上病毒时，应该立即将杀毒软件升级到最新版本，然后扫描整个硬盘，清除一切可以查杀的病毒。

17.4.9 做好 Internet Explorer 浏览器的安全设置

虽然 ActiveX 控件和 Applet 有较强的功能，但也存在被人利用的隐患，例如网页中的恶意代码往往就是利用这些控件来编写的。所以要避免恶意网页的攻击，只有禁止这些恶意代码的运行。Internet Explorer 对此提供了多种选择，具体设置步骤如下。

❶ 启动 Internet Explorer 浏览器，执行【工具】|【Internet 选项】命令，打开【Internet 选项】对话框，单击【安全】标签，进入【安全】选项卡，如图 17-28 所示。

❷ 单击【自定义级别】按钮，弹出【安全设置】窗口，然后将 ActiveX 控件与相关选项禁用，如图 17-29 所示。

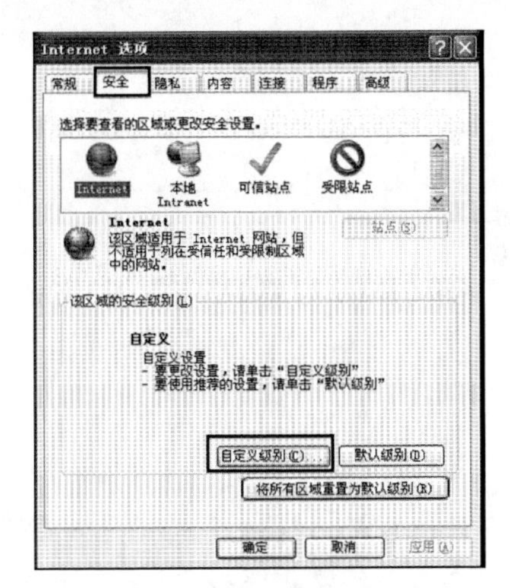

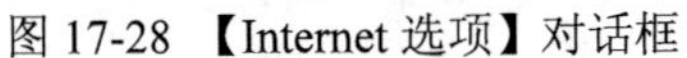
图 17-28 【Internet 选项】对话框

图 17-29 禁用 ActiveX 控件与相关选项

另外，在 IE 浏览器的安全性设定中也能设置受信任的站点、受限制的站点。

17.5 经典习题与解答

1. 填空题

（1）网站数据库内容的更新包括产品信息的更新、企业新闻动态更新和其他动态内容的更新。采用________可以随时更新发布新内容，不必做修改网页和上传服务器等麻烦工作。

（2）安装过多的协议，一方面________________，另一方面为________________。对于服务器和主机来说，一般只安装________协议就够了。其中________________是很多安全缺陷的根源，还可以将绑定在 TCP/IP 协议的________关闭，避免针对________的攻击。

2. 简答题

讲述如何维护网站的安全。

第18章

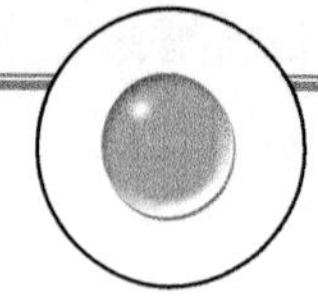

网站宣传与推广

网站创建好以后，如果希望尽可能多的人知道并访问站点，就要对网站进行必要的宣传。推广网站的目的就是提高网站访问量并达成网站营销目标。本章介绍几种最常用也是最有效的宣传方法，主要包括注册到搜索引擎、导航网站登录、友情链接、网络广告、邮件广告、专业论坛宣传和户外广告。

学习目标

- 注册到搜索引擎
- 导航网站登录
- 友情链接
- 网络广告
- 邮件广告
- 专业论坛宣传
- 户外广告

18.1 注册到搜索引擎

搜索引擎给网站带来的访问流量将越来越大，注册到搜索引擎是最常用的网站推广方式之一。网络上的搜索引擎成千上万，可以使用“AddWeb”或“登录奇兵”之类专业软件快速把网站注册到各种搜索引擎，还可以自己手工去登录几个知名的搜索引擎，如雅虎、百度、搜狗等。当然，由于时间有限，只需要手工注册到这几个知名的搜索引擎就可以了，其他的可以采用专业软件进行。而且很多搜索引擎都会互相引用同行的数据库，如在某个知名搜索引擎登录成功自己的网站后，过不了多久，在另一个搜索引擎中，也可以找到自己的网站。所以抓住访问量高、知名度大的搜索引擎成功登录才是关键。

为了使各种搜索引擎能更好地查找到网站，还应该在自己网站上做好以下工作。

1. 添加页面标题

TITLE 就是在浏览网页时出现在浏览器标题栏左上角的文字，它是网站最先被访问者看到的信息。许多搜索引擎进行网站搜索时都包括了页面标题。因此，页面标题对于网站推广和增加访问者对浏览该网站的兴趣有很大的帮助。在网页中插入页面标题，如图 18-1

所示。

图 18-1　页面标题

2．关键字

在搜索引擎中检索信息都是通过输入关键字来实现的。关键字是整个网站登录过程中最基本，也是最重要的一步。这样，当访问者在用搜索引擎进行查找时，使用这些关键字语就能找到你的网站，因而要尽可能地使用所有与网站相关的关键字来描述网站。

打开要添加关键字的网页，执行【插入】|【HTML】|【文件头标签】|【关键字】命令，弹出如图 18-2 所示的对话框，在其中输入相关的关键字即可。

3．网站说明

网站说明出现在搜索引擎的查找结果中。网站说明写得好坏很大程度上决定了访问者是否通过搜索引擎查找的结果来访问网站。

选择要添加说明的网页后，执行【插入】|【HTML】|【文件头标签】|【说明】命令，弹出如图 18-3 所示的对话框，输入相关的说明即可。

图 18-2 【关键字】对话框

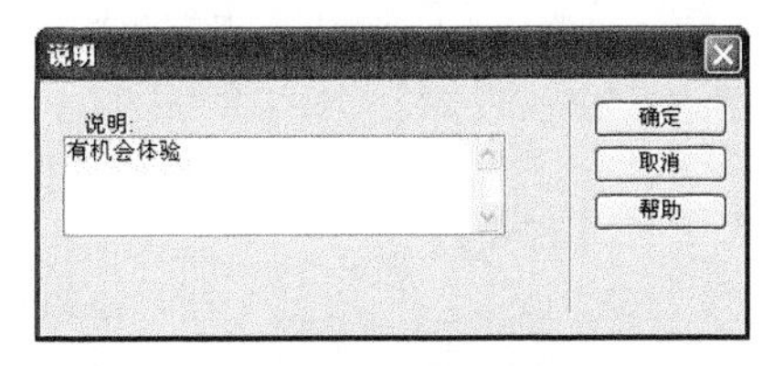

图 18-3 【说明】对话框

网站说明应当覆盖关键字所定义的范围，并且有所侧重，突出网站重点。建议提取出

20 个左右最重要的关键字，根据实际工作中用户最关心的信息和网站所要重点提供的信息，仔细地编写一段包括空格在内不超过 250 字的描述文字。

4. 提交到搜索引擎

当今互联网上最为经济、实用和高效的网站推广形式就是搜索引擎登录。目前比较有名的搜索引擎主要有：百度（http://www.baidu.com）、雅虎（http://www.yahoo.com.cn）等。图 18-4 所示为百度搜索引擎登录。

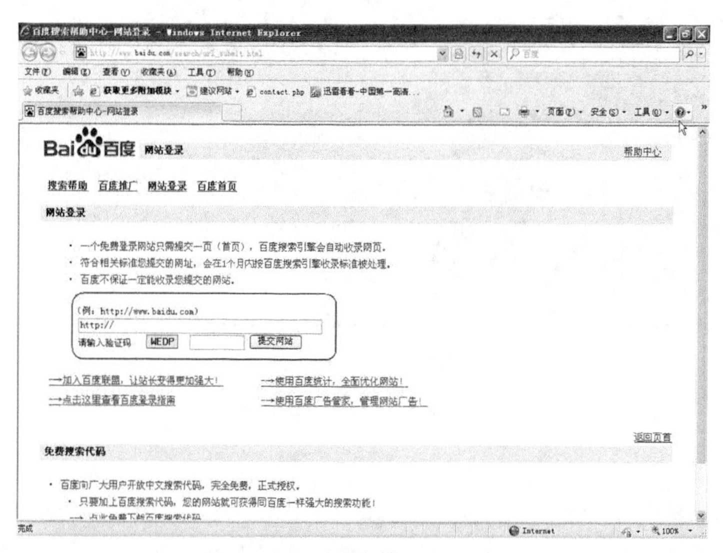

图 18-4　百度搜索引擎登录

网站页面的搜索引擎优化是一种免费让网站排名靠前的方法，可以使网站在搜索引擎上获得较好的排位，让更多的潜在客户能够很快地找到你，从而求得网络营销效果的最大化。

提示

关键字的选择有以下技巧。

第一要选择正确的关键字，要仔细揣摩用户在查询与网站有关的信息时最可能使用的关键字，并将这些词记录下来。找到的关键字越多，用户覆盖面也越大，也就越有可能从中选出最佳的关键字。

第二要选择与自己的产品或服务有关的关键字。

第三要选择具体的关键字，避免使用含义宽泛的一般性词语作为主要关键字，而是要根据网站业务或产品的种类，尽可能选取具体的关键字。

18.2　导航网站登录

对于一个访问流量不大、知名度不高的网站来说，导航网站能带来的流量远远超过搜索引擎以及其他方法。这里列出两个流量比较大的导航网站，265 网址 http://www.265.com 和网址之家 http://www.hao123.com。图 18-5 所示为导航网站 265。

图 18-5 导航网站 265

18.3 友情链接

友情链接可以给网站带来稳定的客流，这也是一种常规的推广方式，另外它还有利于提升网站在搜索引擎中的排名。这些链接可以是文字形式，可以是 88×31 像素 Logo 形式的，也可以是 468×60 像素 Banner 形式的，还可以是图文并茂或各种不规则的形式。图 18-6 所示的友情链接网页中既有文字形式的，也有图片形式的。

图 18-6 友情链接推广

> **提示** 友情链接的推广技巧。
> 第一是要大规模地和其他网站交换链接，才可能使自己站点曝光率大增。
> 第二是要和客流量高、知名度大的网站进行交换，其次是和自己内容互补的网站，然后再是同类网站。
> 第三是要把自己的网站链接挂在对方网站的显著位置，这点是要由你与对方站长的关系决定。

18.4 网络广告

网络广告是常用的网络营销策略之一，在网络品牌、产品促销、网站推广等方面均有明显作用。网络广告的常见形式包括 Banner 广告、关键字广告、分类广告、赞助式广告、E-mail 广告等。网络广告最常见的表现方式是图形广告，如各门户站点主页上部的横幅广告。图 18-7 所示为利用网络广告推广网站。

图 18-7 利用网络广告推广网站

18.5 邮件广告

邮件广告是最不需要花钱和时间的推广方式。可以采用传统群发 E-mail 的方式，也可以在自己的网站上，开设一个订阅电子杂志的功能。在虚拟世界里电子邮件威力无穷，关键看用得是否巧妙。图 18-8 所示为利用给用户群发邮件来推广网站。

图 18-8 利用邮件推广网站

使用电子邮件宣传网址时，主要有如下技巧。

- 收集技巧：想方设法让用户参与进来，如开展竞赛、评比、猜谜、优惠、售后服务和促销等。用这些方式来有意识地运营自己的网上用户群，不断地用 E-mail 来维系与他们的关系。
- 准确定位：要准确定位目标用户。
- HTML 格式：发送的供求信息邮件最好采用超文本格式，即使其内容与接收者关系不大，也不会被当作垃圾信件马上删掉，人们至少会留意一下发送者的地址。所以说，邮件格式也很重要。
- 个性化服务：很多在线交易网站会记录用户电子邮件信息，他们会用电子邮件进行用户跟踪。他们的电子邮件可能是生日问候或"一周后你女儿就满 3 周岁了，4 个月前购买的鞋恐怕已经不合脚了，我们的在线商店新到几款童鞋……"。
- 使用签名文件：签名文件是网络中上的广告牌。在签名文件里，你要列入的信息有姓名、职位、公司名、网址、电子邮件地址、电话号码，这使潜在用户容易对你的网址产生信赖感并浏览网站。

18.6 聊天工具推广网站

目前网络上比较常用的几种即时聊天工具有：腾讯 QQ、阿里旺旺、百度 HI、新浪 UC 等。目前来说，以上五种的客户群是网络中份额比较大的，特别是 QQ，下面介绍 QQ 的推广方法。

1. 个性签名法

大家都知道，QQ 的个性签名是一个展示你自己的风格的地方。在你和别人交流时，对方会时不时地看下你的签名，如果在签名档里写下你的网站或者代表你网站主题的话语，那么就可能会引导对方来浏览你的网站。这里要注意两点：一是签名的书写，二是签名的更新。图 18-9 所示为利用 QQ 个性签名推广网站。

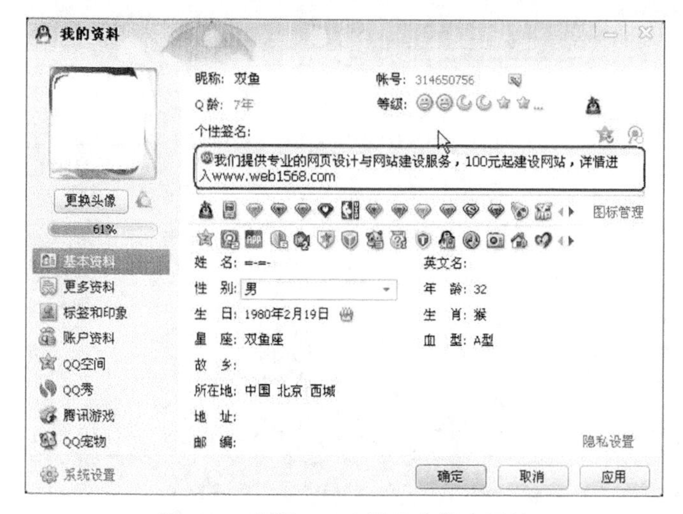

图 18-9　利用 QQ 个性签名推广网站

2．空间心语

QQ 空间是个博客平台，在这里你可以写下网站相关信息，它的一个好处是，系统会自动将你空间的内容展示给你的好友，如果你的内容有足够的吸引力的话，那么你想不让好友知道你的网站都难。利用 QQ 空间提高流量，去别人的空间不断留言，使访客都来到你的空间。

3．QQ 群

QQ 群就是一个主题性很强的群体，大部分的群成员都有共同的爱好或者是有共同关注的群体。比如说加一些和你的网站主题相关的群，在和大家的交流中体现你的网站。

4．QQ 空间游戏

用 QQ 的人肯定都知道现在很火爆的偷菜、农场、好友买卖、争车位游戏吧。在你玩的时候，将你的网站的主题融入其中，让你的好友无形中来到你的网站。

18.7　发布信息推广

信息发布是免费网站推广的常用方法之一。将有关的网站推广的信息发布在其他潜在用户可能访问的网站上，利用用户在这些网站获取信息的机会实现网站推广的目的。适用于这些信息发布的网站包括在线黄页、分类广告和行业网站等。图 18-10 所示为在信息网站 58 同城推广。

图 18-10　在 58 同城推广

18.8　博客推广

博客在发布自己的生活经历、工作经历和某些热门话题的评论等信息的同时，还可附带宣传网站信息等。特别是作者是在某领域有一定影响力的人物，所发布的文章更容易引起关注，吸引大量潜在用户浏览。用博客来推广企业网站的首要条件是拥有良好的写作能力。图 18-11 所示为通过博客推广网站。

图 18-11　通过博客推广网站

现在做博客的网站很多，虽不可能把各家的博客都利用起来，但也需要多注册几个博客进行推广。没时间的可以少选几个，但是新浪和百度的是不能少的。新浪博客浏览量最大，许多明星都在上面开博，人气很高。百度是全球最大的中文搜索引擎，大部分上网者都习惯用百度搜索东西。

博客内容不要只写关于自己的事，多写点时事、娱乐、热点评论，这样会很受欢迎。利用博客推广自己的网站要巧妙，尽量别生硬地做广告，而最好采用软文广告。博客的题目要尽量吸引人，内容要尽量和你的网站内容相一致。博文题目是可以写夸大点的，更加热门的关键词。博文的内容必须吸引人，可以留下悬念，让想看的朋友去点击你的网站。

如何在博文里奇妙地放入广告，这个是必须要有技能的，不能把文章写好后，结尾留个你的网址，这样人家看完文章后，就没有必要再打开你的网站。所以，可以留一半，另外一半就放你的网站上，让想看的网友点击进入你的网站来阅读。当然了，超文本链接广告也是很不错的，可以有效应用超文本链接导入你的网站，那么网友在看的时候，也有可能点击进入你的网站。

最后，博客内容要写得精彩，大家看了一次以后也许下次还会来。写好博客以后，有空多去别人博客转转，只要你点进去，你的头像就会在他的博客里显示，出于对陌生拜访者的好奇，大部分的博主都会来你的博客看看。

18.9 传统媒体广告

传统媒体广告方式也是一种常见的网站推广方式。无论是报纸、杂志还是户外广告，一定要确保在其中展示你的网址，要将查看网站作为广告的辅助内容，提醒用户浏览网站将获取更多相关信息。别忽视在一些定位相对较窄的杂志或贸易期刊登广告，有时这些广告定位会更加准确、有效，而且比网络广告更便宜。还有其他传统方式也可增加网站访问量，如分类广告、明信片，等等。电视广告恐怕更适合于那些销售大众化商品的网站。图 18-12 所示为户外推广。

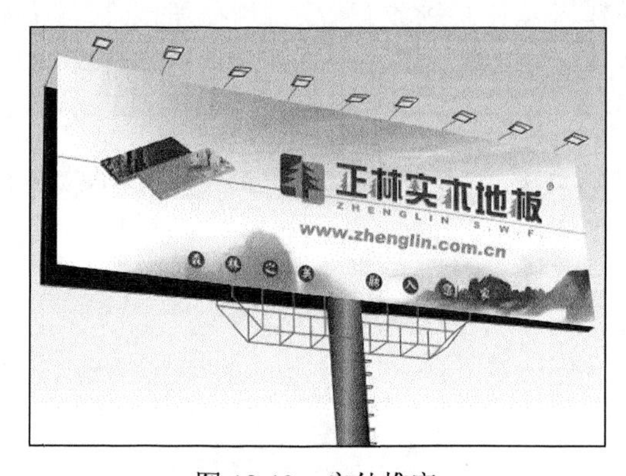

图 18-12　户外推广

18.10 商业资源合作推广

资源合作的推广，包括网站线上资源和线下资源。这些资源的合作是以实现共赢为目的的。不管是线上资源的合作，还是线下资源的合作，只要是资源本身有价值，都可以服务于网站推广这个目的。

网站线上资源的合作包括：空闲的广告位的合作、网站内容的合作、用户资源的合作等。利用空闲的广告位，可以与相关网站或者线下厂商进行合作推广，如一个视频音乐网站与摄像头厂商的合作，视频音乐网站为摄像头厂商提供网站的空闲广告位，为摄像头进行产品推广，而摄像头厂商只需要在其销售的产品终端加入视频音乐网站的歌曲推广等，通过各种方式引导用户进入网站，成为新的用户。通过这种方式带来的用户往往忠诚度比较高，因为摄像头本身主要用于视频交流，除了视频聊天，也可以用于视频 K 歌、视频录歌等。这样的需求就比较自然，所以也容易带来高质量的用户。

不仅是网站与传统厂商的合作，网站与网站之间，也可以利用各自的空闲广告位进行合作。比如，电影爱好者社区网站与音乐爱好者社区网站有空闲广告位，这样就可以相互进行网络推广，为对方带来新用户。

网站内容合作方面，比如为某些渠道商提供内容，对于渠道商来说，就获得了优质的内容，省去了内容制作和运营的成本；而对于网站内容提供商来说，获得了一个推广的渠道。

除了线上媒体的推广外，也可以展开线下媒体的合作，比如报纸、杂志、广播、电视等方面的合作等。例如，视频网站通过为电视台提供具有新闻价值的内容来推广自己的网站，通过电视台提高网站的知名度；以原创音乐为目标的网站可以通过与电台合作，为电台提供原创音乐的优秀内容，电台可借此打造原创音乐榜，而网站也通过电台提高了知名度，达到了推广的目的。

18.11 经典习题与解答

1. 填空题

（1）________就是在浏览网页时出现在浏览器标题栏自左上角的文字，它是网站最先被访问者看到的信息。

（2）网络广告的常见形式包括 Banner 广告、关键词广告、分类广告、赞助式广告、E-mail 广告等。网络广告最常见的表现方式是________。

2. 操作题

为了使各种搜索引擎能更好地查找到网站，应该在自己网站上做好哪些工作？

第 5 部分

综合案例篇

第 19 章■
创建企业展示型网站

第19章

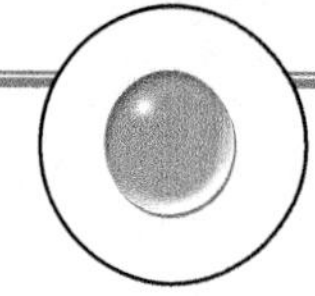

创建企业展示型网站

企业展示型网站是以企业宣传为主题而构建的网站，域名后缀一般为.com。企业展示型网站是现代企业的一个重要组成部分，是企业宣传、管理及营销的有效工具，也是企业开展电子商务的基础和信息平台。该种类型网站的页面结构一般比较简单。

学习目标

- 网站前期策划
- 设计网站首页
- 在 Dreamweaver 中进行页面排版制作
- 给网页添加特效
- 本地测试及发布上传

19.1　网站前期策划

企业网站的范围很广，涉及各个领域，但它们有一个共同特点即以宣传为主。其目的是提升企业形象，希望有更多的人关注自己的公司和产品，以获得更大的发展。

19.1.1　企业网站分类

1．以形象为主的企业网站

互联网作为新经济时代的一种新型传播媒体，在企业宣传中发挥越来越重要的地位，成为公司以最低的成本在更广的范围内宣传企业形象、开辟营销渠道、加强与客户沟通的一项必不可少的重要工具。图 19-1 所示为以形象为主的企业网站。

企业网站表现形式要独具创意，充分展示企业形象，并将最吸引人的信息放在主页比较显著的位置，尽量能在最短的时间内吸引浏览者的注意力，从而让浏览者有兴趣浏览一些详细的信息。整个设计要给浏览者一个清晰的导航，方便其操作。

设计这类网站时要参考一些大型同行业网站进行分析，多吸收的优点，以公司自己的特色进行设计，整个网站要以国际化为主。以企业形象及行业特色加上动感音乐作片头动画，每个页面配以栏目相关的动画衬托，通过良好的网站视觉展现出独特的企业文化。

图 19-1　以形象为主的企业网站

2．以产品为主的企业网站

企业网站绝大多数是为了介绍自己的产品，中小型企业网站尤为如此，在公司介绍栏目中只有一页文字，而产品栏目则是大量的图片和文字。以产品为主的企业网站可以把主推产品放置在网站首页。产品资料分类整理，附带详细说明，使客户能够看明白。如果公司产品比较多，最好采用动态更新的方式添加产品介绍和图片，通过后台来控制前台信息。图 19-2 所示以产品为主的企业网站。

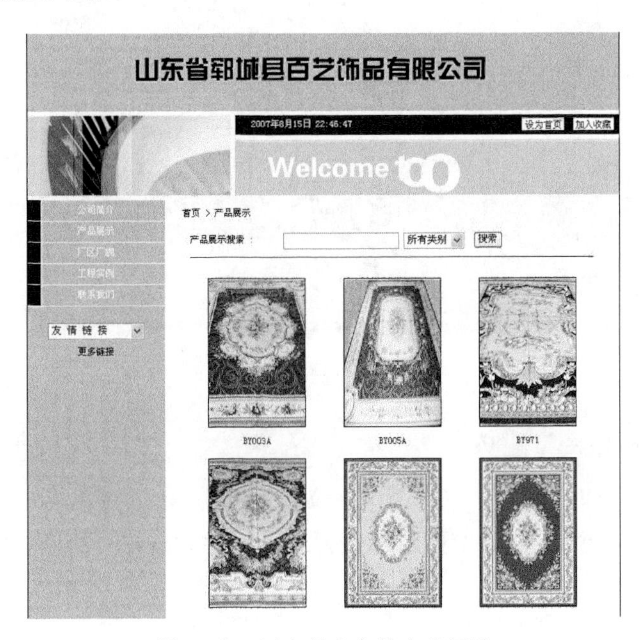

图 19-2　以产品为主的企业网站

3．信息量大的企业站点

很多企业不仅仅需要树立良好的企业形象，还需要建立自己的信息平台。有实力的企业逐渐把网站做成一种以其产品为主的交流平台。一方面，网站的信息量大、结构设计要大气简洁，保证速度和节奏感；另一方面，它不同于单纯的信息型网站，从内容到形象都应该围绕公司的一切，既要大气又要有特色。图 19-3 所示为信息量大的网页。

图 19-3　信息量大的网页

19.1.2　企业网站主要功能页面

企业网站是以企业宣传为主题而构建的网站，域名后缀一般为.com。与一般门户型网站不同，企业网站相对来说信息量比较少，该类型网站页面结构的设计主要包括公司简介、产品展示、服务等方面。

一般企业网站主要包括以下功能。

- 公司概况：包括公司背景、发展历史、主要业绩、经营理念、经营目标及组织结构等，让访问点对公司的情况有一个概括的了解。
- 企业新闻动态：可以利用互联网的信息传播优势，构建一个企业新闻发布平台，通过建立一个新闻发布/管理系统，迅速，及时向互联网发布本企业的新闻、公告等信息、企业信息发布与管理将变得简单。通过公司动态可以让用户了解公司的发展动向，加深对公司的印象，从而达到展示企业实力和形象的目的。图 19-4 所示为企业新闻动态。

图 19-4 企业新闻动态

◎ 产品展示：如果企业提供多种产品服务，利用产品展示系统对产品进行系统的管理，包括添加与删除产品、添加与删除产品类别、推出特价产品和最新产品等。可以方便高效地管理网上产品，为网上客户提供一个全面的产品展示平台。更重要的是，网站可以通过某种方式建立起与客户的有效沟通，更好地与客户进行对话，收集反馈信息，从而改进产品质量和提升服务水平。图 19-5 所示为企业产品展示系统。

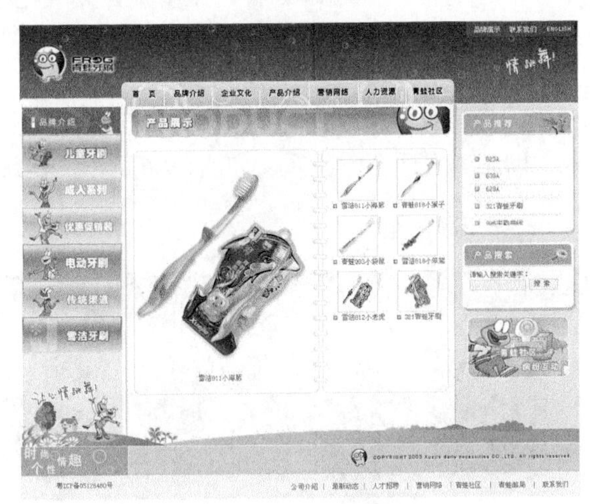

图 19-5 企业产品展示系统

◎ 产品搜索：如果公司产品比较多，无法在简单的目录中全部列出，而且经常有产品升级换代，为了让用户能够方便地找到所需要的产品，除了设计详细的分级目录之外，增加关键词搜索功能不失为有效的措施。

◎ 网上招聘：这也是网络应用的一个重要方面，网上招聘系统可以根据企业自身特点，建立一个企业网络人才库，人才库对外可以进行在线网络即时招聘，对内可以方便管理者对招聘信息和应聘人员的管理，同时人才库可以为企业储备人才，在日后需要时使用。

◎ 销售网络：目前用户直接在企业网站订货的并不多，但网上看货线下购买的现象比较普遍，尤其是价格比较贵重或销售渠道比较少的商品，用户通常喜欢通过网络获取足够信息后在本地的实体商场购买。因此尽可能详尽地告诉用户在什么地方可以买到他所需要的产品。

- 售后服务：有关质量保证条款、售后服务措施以及各地售后服务的联系方式等都是用户比较关心的信息，而且，是否可以在本地获得售后服务往往是影响用户购买决策的重要因素，对于这些信息应该尽可能详细地提供。
- 技术支持：这一点对于生产或销售高科技产品的公司尤为重要，网站上除了产品说明书之外，企业还应该将用户关心的技术问题及其答案公布在网上，如一些常见故障处理方法、产品驱动程序下载、软件工具的版本等信息资料，可以用在线提问或常见问题回答的方式体现。
- 联系信息：网站上应该提供足够详尽的联系信息，除了公司的地址、电话、传真、邮政编码、网管 E-mail 地址等基本信息之外，最好能详细地列出用户或者业务伙伴可能需要联系的具体部门的联系方式。对于有分支机构的企业，同时还应当有各地分支机构的联系方式，在为用户提供方便的同时，也起到了对各地业务的支持作用。
- 辅助信息：有时由于企业产品比较少，网页内容显得有些单调，可以通过增加一些辅助信息来弥补这种不足。辅助信息的内容比较广泛，可以是本公司、合作伙伴、经销商或用户的一些相关新闻、趣事，或产品保养/维修常识等。

19.1.3　本例网站页面

企业网站给人的第一印象来自网站的色彩，因此确定网站的色彩搭配是相当重要的一步。一般来说，一个网站的标准色彩不应超过三种，太多则让人眼花缭乱。标准色彩用于网站的标志、标题、导航栏和主色块，给人以整体统一的感觉。至于其他色彩在网站中也可以使用，但只能作为点缀和衬托，决不能喧宾夺主。

黄色是积极活跃的色彩，黄色的主色调适用范围较为广泛，除了食品外，家居用品、时尚品牌、运动、儿童玩具类的网站都很适合橙色系。如图 19-6 所示的网站首页采用黄色为主色。

图 19-6　网站首页

如图 19-7 所示网站的二级页面，由于二级页面有许多，并且整体风格一致，这个页面采用模板制作。

图 19-7 采用模板制作的二级页面

19.2 设计网站首页

一个站点的首页是这个网站的门面，访问者第一次来到网站首先看到的就是首页，所以首页的好坏对整个网站的影响非常大。一个思路清晰、美工出色的首页，不但可以吸引访问者继续浏览站点内的其他内容，还能使访问过的浏览者再次光临网站。

19.2.1 设计首页

本节具体讲述的这个网站是企业宣传型网站，首页采用封面型结构布局，整个首页包含一些图片和文字代表网站的主要栏目导航。利用 Photoshop CC 来具体设计和切割首页，切割完成后可以使用 Dreamweaver CC 来进行页面的链接。

最终文件	CH19/zhuye.psd
学习要点	首页的设计

❶ 启动 Photoshop CC，选择菜单中的【文件】|【新建】命令，弹出【新建】对话框，将【宽度】设置为 1000 像素，【高度】设置为 800 像素，如图 19-8 所示。

❷ 单击【确定】按钮，新建空白文档。在工具箱中单击【背景颜色】按钮，弹出【拾色器】对话框，设置背景色为#96816c，如图 19-9 所示。

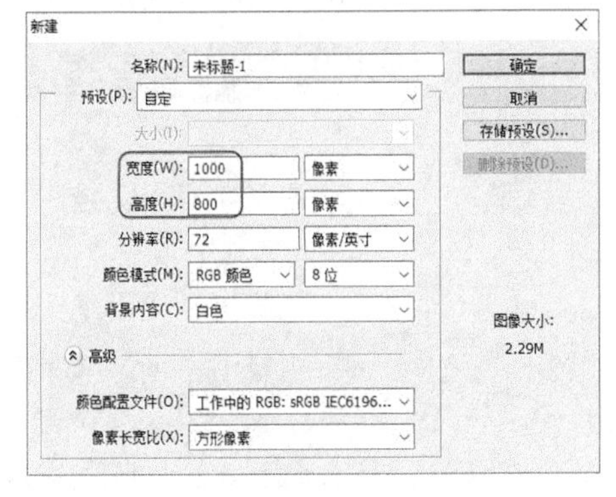

图 19-8 【新建】对话框

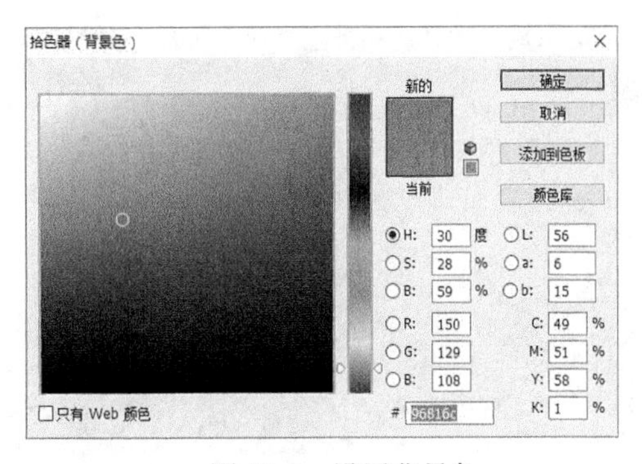

图 19-9 设置背景色

❸ 单击【确定】按钮，设置背景颜色，按 Ctrl+Delete 组合键填充背景颜色，如图 19-10 所示。

❹ 选择工具箱中的【自定义形状】工具，在选项栏中单击【形状】右边的下拉按钮，在弹出的列表中选择形状，如图 19-11 所示。

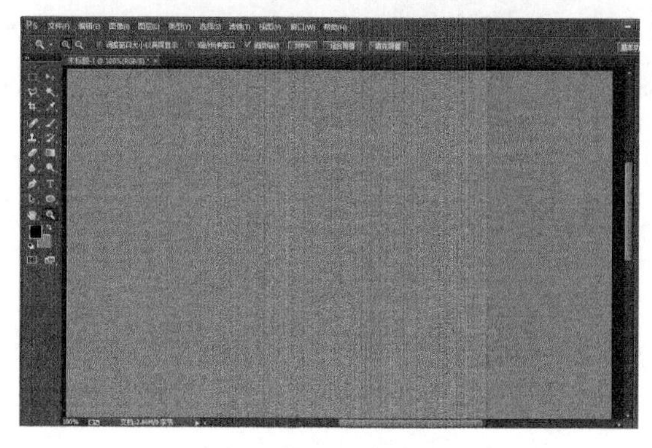

图 19-10　填充颜色

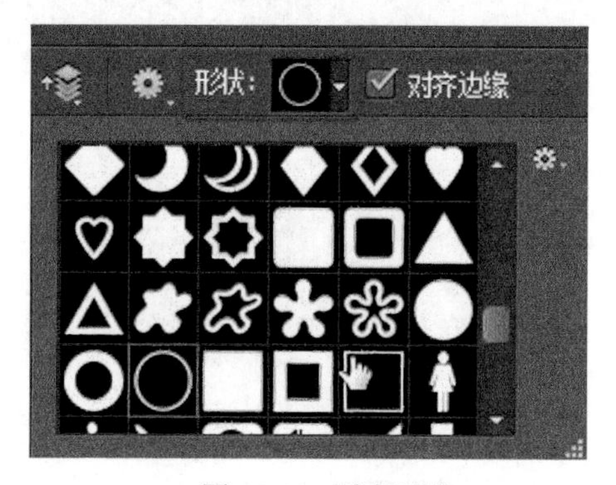

图 19-11　选择形状

❺ 在舞台中按住鼠标右键绘制形状，如图 19-12 所示。

❻ 在选项栏中单击【形状】右边的下拉按钮，在弹出的列表中选择形状，在圆形内绘制形状，如图 19-13 所示。

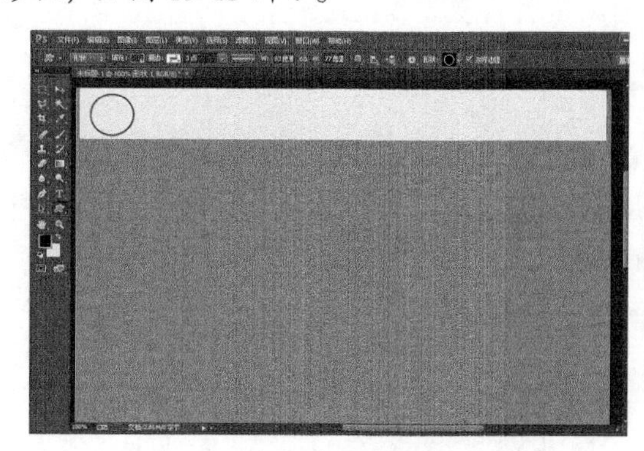

图 19-12　绘制形状

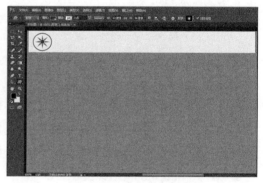

图 19-13　绘制形状

❼ 选择工具箱中的【横排文字】工具，将字体大小设置为 50，字体颜色设置为绿色，在舞台中输入文字“福源大酒店”，如图 19-14 所示。

❽ 选择工具箱中的【横排文字】工具，在舞台中的右侧输入文字，如图 19-15 所示。

图 19-14　输入文字

图 19-15　输入文字

❾ 选择工具箱中的【矩形】工具，在选项栏中将前景色设置为#420006，在舞台中绘制矩形，如图 19-16 所示。

❿ 选择工具箱中的横排文字工具，在选项栏中将【字体】设置为【黑体】，【大小】设置为 18 点，在舞台中输入导航文字，如图 19-17 所示。

图 19-16 绘制矩形

图 19-17 输入文字

⓫ 选择菜单中的【文件】|【置入】命令，弹出【置入】对话框。在对话框中选择图像 1.jpg，如图 19-18 所示。

⓬ 单击【置入】按钮，置入图像并将其拖动到合适的位置，如图 19-19 所示。

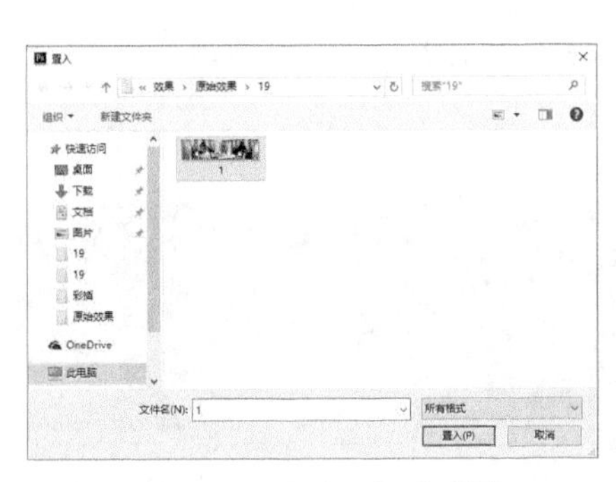

图 19-18 【置入】对话框

图 19-19 置入图像

⓭ 选择工具箱中的【矩形】工具，在舞台中绘制白色矩形，如图 19-20 所示。

⓮ 选择工具箱中的【自定义形状】工具，在选项栏中选择合适的形状，在舞台中绘制形状，如图 19-21 所示。

图 19-20 绘制矩形

图 19-21 绘制形状

⑮ 选择工具箱中的【横排文字】工具，在选项栏中将【字体】设置为【黑体】，在舞台中输入导航文本，如图 19-22 所示。

⑯ 选择工具箱中的直线工具，在选项栏中将填充颜色设置为#a0a0a0，在舞台中绘制直线，如图 19-23 所示。

图 19-22 输入文本

图 19-23 绘制直线

⑰ 重复步骤 14～16 制作其余的导航，绘制形状、输入文本和绘制直线，如图 19-24 所示。

⑱ 选择菜单中的【文件】|【置入】命令，置入图像文件并将其拖动到合适的位置，如图 19-25 所示。

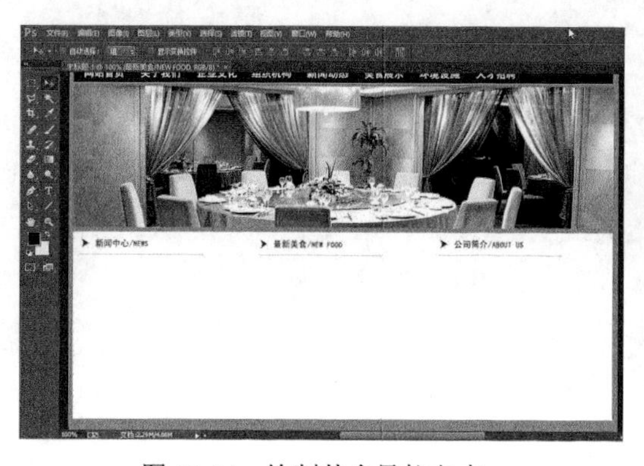
图 19-24 绘制其余导航文本

图 19-25 置入图像

⑲ 选择工具箱中的【自定义形状】工具，在选项栏中选择形状，然后绘制三角形形状，在形状后面输入动态新闻，如图 19-26 所示。

⑳ 选择工具箱中的【横排文字】工具，在选项栏中设置相应参数，输入公司简介文本，如图 19-27 所示。

㉑ 选择工具箱中的【矩形】工具，在选项栏中将填充颜色设置为#46250e，在舞台中绘制矩形，如图 19-28 所示。

㉒ 选择工具箱中的【横排文字】工具，在舞台中输入文本，如图 19-29 所示。

图 19-26　绘制形状输入文本

图 19-27　输入文字

图 19-28　绘制矩形

图 19-29　输入文本

19.2.2　切割首页

使用 Photoshop CC 设计完首页后，再使用 Photoshop CC 中的切片工具切割网页，将首页图像切割成许多的功能区域。将图像存为网页时，每个切片作为一个独立的文件存储，可以加快网页加载速度。切割首页具体操作步骤如下。

原始文件	CH19/zhuye.psd
最终文件	CH19/zhuye.html
学习要点	切割首页

❶ 使用 Photoshop CC 打开首页图像“zhuye.psd”，从工具箱中选择【切片】工具，如图 19-30 所示。

❷ 选择切片工具后，在图像顶部按住鼠标左键，向右拖动鼠标，绘制一个矩形切片区域，如图 19-31 所示。

图 19-30　选择【切片】工具

图 19-31　创建切片

提示　还可以通过移动切片的边缘，来改变切片的位置和大小。将光标移动到要改变的切片的边缘，鼠标变为一个双箭头。在双箭头状态下，按住鼠标向下拖动一段位置松开鼠标，切片的位置和大小就相应改变了。

❸ 使用同样的方法对网页其他部分创建切片，如图 19-32 所示。

❹ 切割完成后，选择菜单中的【文件】|【存储为 Web 所用格式】命令，弹出如图 19-33 所示的【存储为 Web 所用格式】对话框，在对话框中将图像格式为 GIF。

图 19-32　创建其他切片

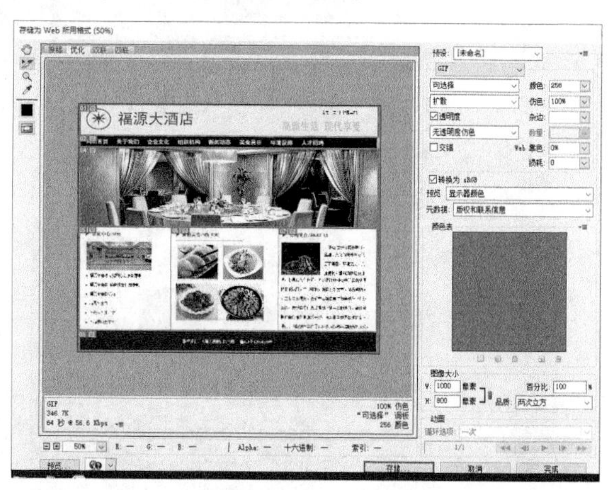

图 19-33　【存储为 Web 所用格式】对话框

❺ 单击【存储】按钮，弹出如图 19-34 所示的【将优化结果存储为】对话框。在对话框中将文件名称设置为 index.htm，【保存类型】选择【HTML 和图像】。

❻ 单击【保存】按钮，即可保存网页。切割后的页面将其格式保存为 HTML 和图像，可以自动保存为网页格式，然后在 Dreamweaver 中打开可以自由编辑，如图 19-35 所示。

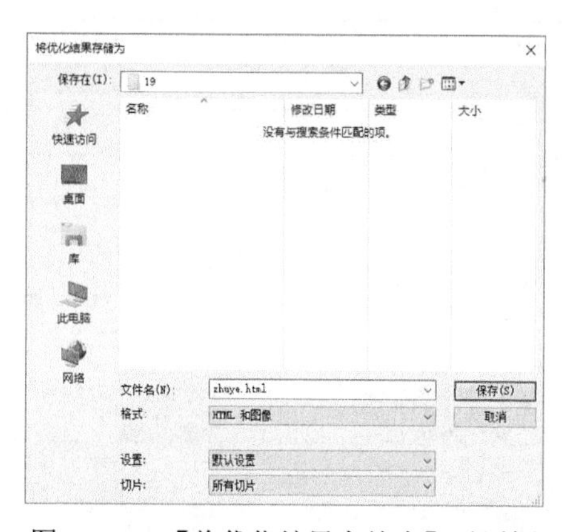

图 19-34　【将优化结果存储为】对话框

图 19-35　切割后的网页文件

19.3　在 Dreamweaver 中进行页面排版制作

在 Photoshop CC 中设计完首页，然后在 Dreamweaver CC 中设计制作二级页面，具体操作步骤如下。

19.3.1 创建本地站点

首先要为网站创建一个本地站点，从本地站点中创建网页。创建本地站点的具体操作步骤如下。

❶ 选择菜单中的【站点】|【管理站点】命令，弹出【管理站点】对话框。在对话框中单击【新建站点】按钮，如图 19-36 所示。

❷ 弹出【站点设置对象】对话框，单击【本地根文件夹】文本框后面的浏览文件夹按钮，如图 19-37 所示。

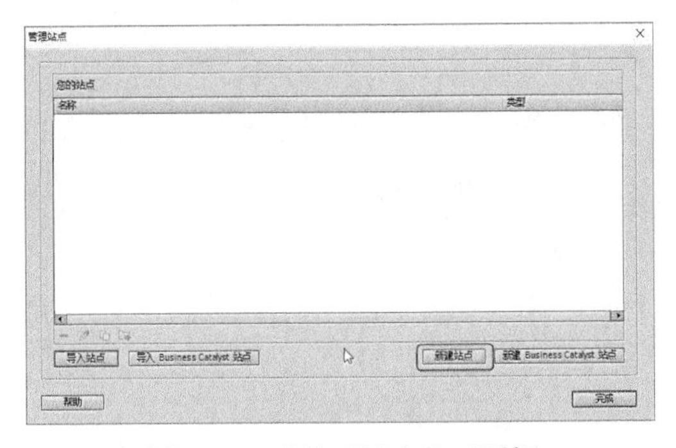

图 19-36 【管理站点】对话框

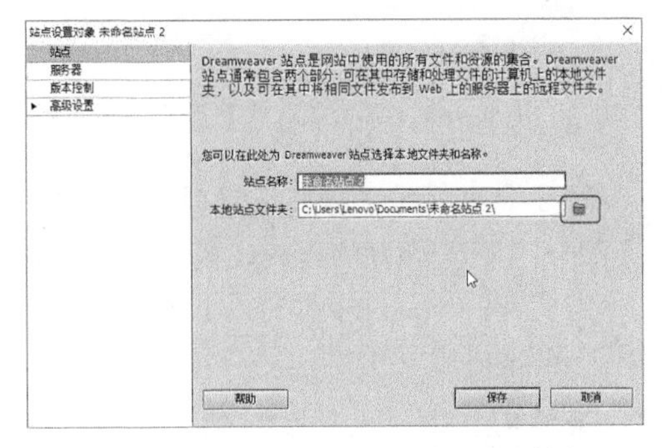

图 19-37 【站点设置对象】对话框

❸ 打开【选择跟文件夹】对话框，选择要文件的存储位置，如图 19-38 所示。

❹ 单击【选择文件夹】按钮，即可选择选择站点的文件夹位置，完成站点设置，如图 19-39 所示。

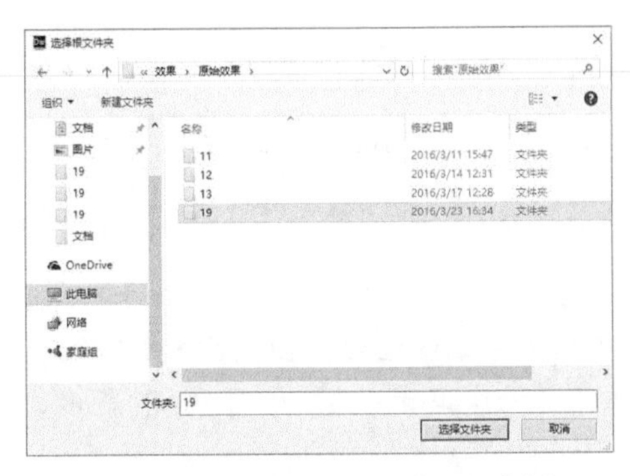

图 19-38 【本地根文件夹】文本框

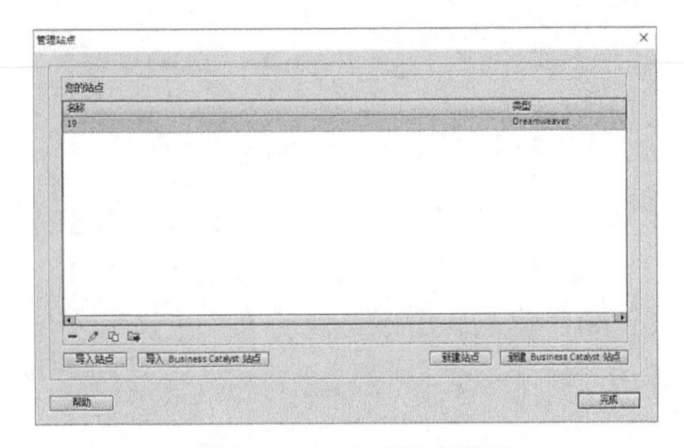

图 19-39 完成站点设置

19.3.2 创建二级模板页面

在网页中使用模板可以统一整个站点的页面风格，使用库项目可以对页面的局部统一风格，在制作网页时使用库和模板可以节省大量的工作时间，并且为日后的升级带来很大的方便。下面通过实例讲述模板的创建和应用。

创建二级模板页面的具体操作步骤如下。

❶ 选择菜单中的【文件】|【新建】命令，如图 19-40 所示。

❷ 弹出【新建文档】对话框，在对话框中选择【空白页】|【HTML 模板】|【无】选项，

如图 19-41 所示。

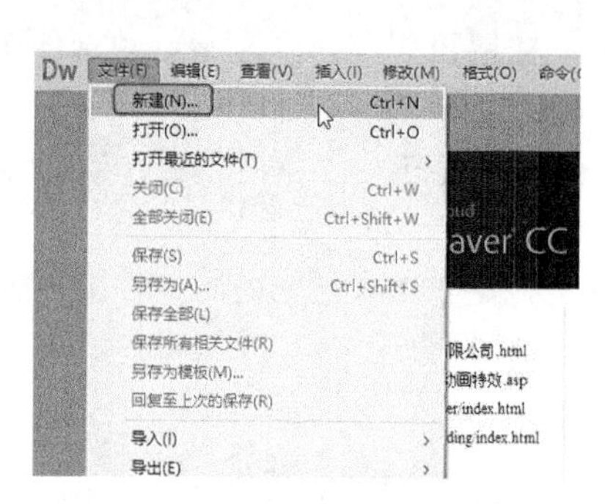

图 19-40　选择【新建】命令

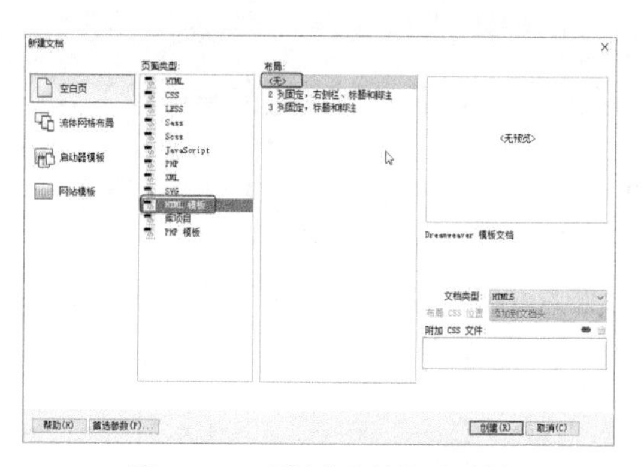

图 19-41　【新建文档】对话框

❸ 单击【创建】按钮，即可创建一空白模板文档。选择菜单中的【文件】|【另存为模板】命令，弹出 Dreamweaver 提示框，如图 19-42 所示。

❹ 单击【确定】按钮，弹出【另存模板】对话框，在该对话框将【名称】设置为 moban.dwt，如图 19-43 所示。

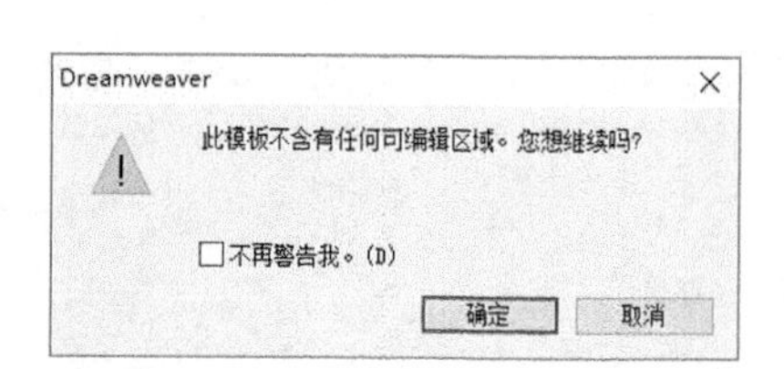

图 19-42　弹出 Dreamweaver 提示框

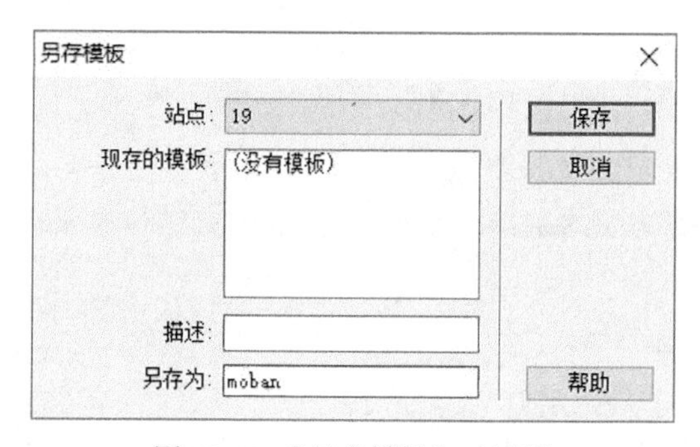

图 19-43　【另存模板】对话框

❺ 单击【保存】按钮，保存文档，如图 19-44 所示。

❻ 选择菜单中的【修改】|【页面属性】命令，弹出【页面属性】对话框，在该对话框中将【页面字体】设置为宋体，【大小】设置为 12，【文本颜色】设置为#CCCCCC，【字体颜色】设置为#96816c，【右边距】、【左边距】、【上边距】、【下边距】设置为 0，如图 19-45 所示。

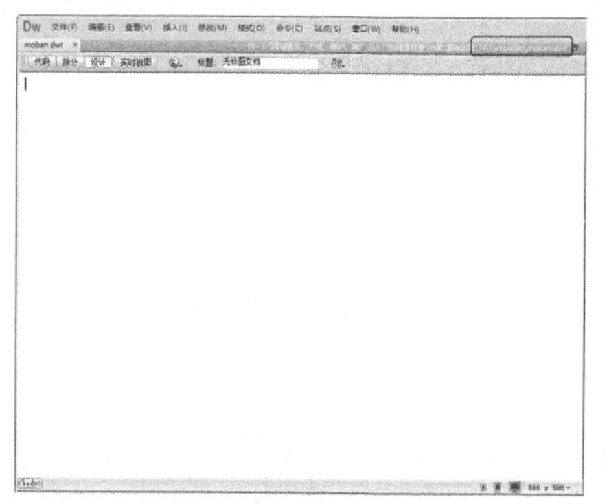

图 19-44　保存文档

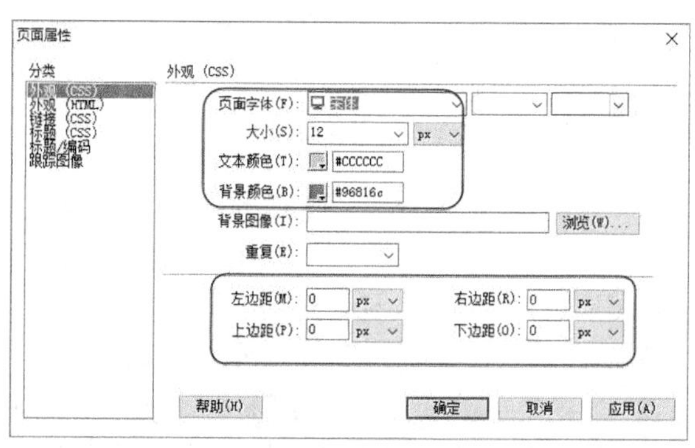

图 19-45　【页面属性】对话框

❼ 单击【确定】按钮，设置页面属性，如图 19-46 所示。

❽ 将光标放置在页面中，选择菜单中的【插入】|【表格】命令，弹出【表格】对话框，在对话框中将【行数】设置为 3，【列数】设置为 1，【表格宽度】设置为 1000 像素，如图 19-47 所示。

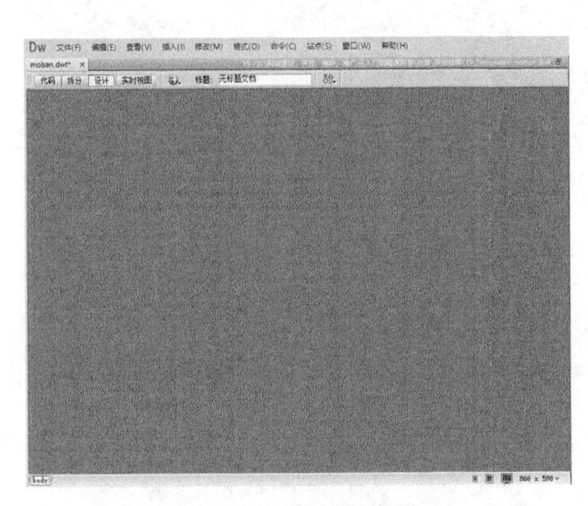

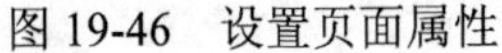

图 19-46 设置页面属性

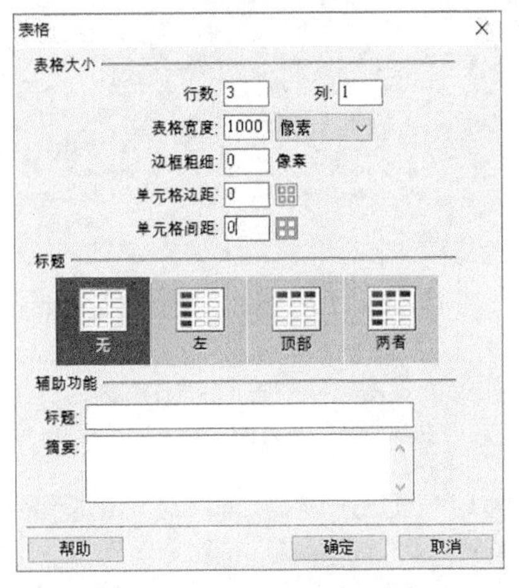

图 19-47 【表格】对话框

❾ 单击【确定】按钮，插入表格。在【属性】面板中将【对齐】设置为【居中对齐】，如图 19-48 所示。

❿ 将光标放置在第 1 行单元格中，选择菜单中的【插入】|【图像】|【图像】命令，弹出【选择图像源文件】对话框，如图 19-49 所示。

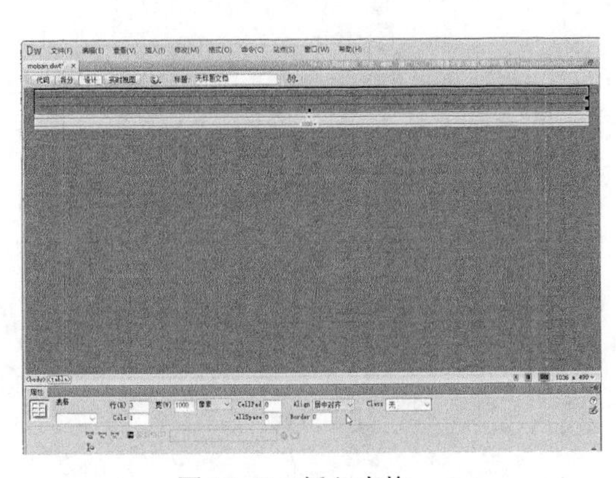

图 19-48 插入表格

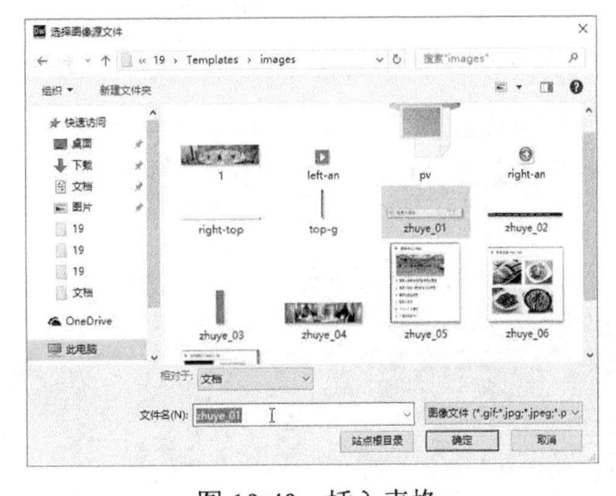

图 19-49 插入表格

⓫ 在对话框中选择图像“images/zhuye_01.jpg”，单击【确定】按钮，插入图像，如图 19-50 所示。

⓬ 在第 2 行和第 3 行单元格中分别插入相应的图像，如图 19-51 所示。

⓭ 在表格的右边选择【插入】|【表格】命令，插入一个 1 行 2 列的表格，将【对齐】设置为【居中对齐】，如图 19-52 所示。

⓮ 将光标放置在第 1 列单元格中，在【属性】面板中将【背景颜色】设置为#993300，将第 2 列单元格【背景颜色】设置为#FFFFFF，如图 19-53 所示。

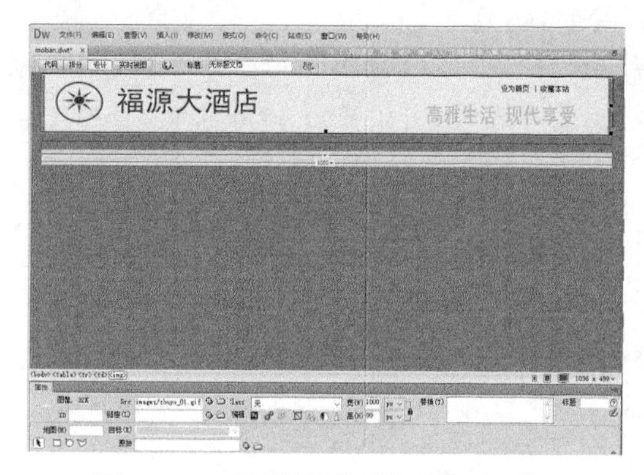

图 19-50 【选择图像源文件】对话框

图 19-51 插入图像

图 19-52 插入表格

图 19-53 设置背景颜色

⓯ 将光标放置在第 1 列单元格中，插入一个 9 行 1 列的表格，如图 19-54 所示。

⓰ 将光标放置在第 1 行单元格中，选择菜单中选择【插入】|【图像】|【图像】命令，插入图像文件“Channel_3.gif”，如图 19-55 所示。

图 19-54 插入表格

图 19-55 插入图像文件

⓱ 在第 2～6 行单元格中输入相应的导航文本，如图 19-56 所示。

⓲ 在第 7～8 行单元格中分别插入相应的图像文件“left_01.jpg”和“index_03.gif”，如图 19-57 所示。

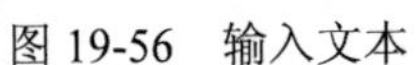

图 19-56 输入文本

图 19-57 插入图像

⑲ 将光标置于第 9 行单元格中，输入文本。在表格的右边插入一个 1 行 1 列的表格，将【对齐】设置为【居中对齐】，如图 19-58 所示。

⑳ 在表格中插入图像文件“images/zhuye_08.gif”，如图 19-59 所示。

图 19-58 插入表格

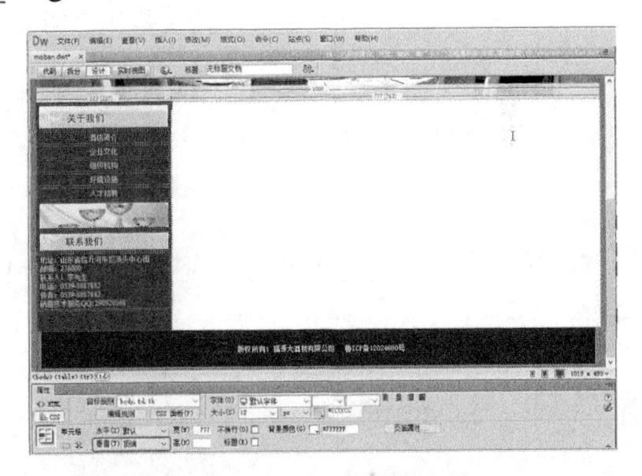

图 19-59 插入图像文件

㉑ 将光标置于上面表格的第 2 列单元格中，选择菜单中的【插入】|【模板对象】|【可编辑区】命令，弹出【新建可编辑区域】对话框，如图 19-60 所示。

㉒ 单击【确定】按钮，创建可编辑区域，如图 19-61 所示。

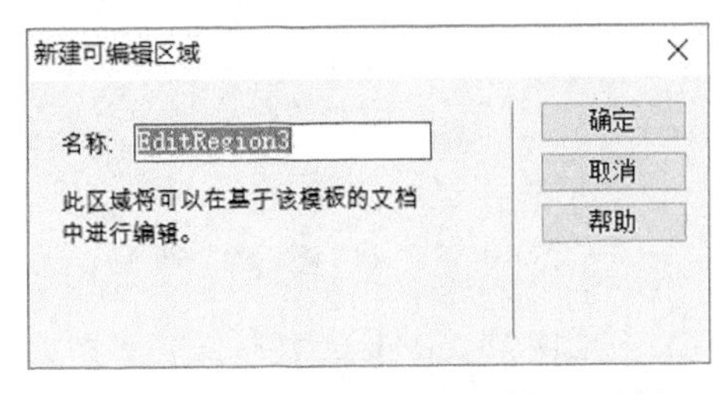

图 19-60 【新建可编辑区域】对话框

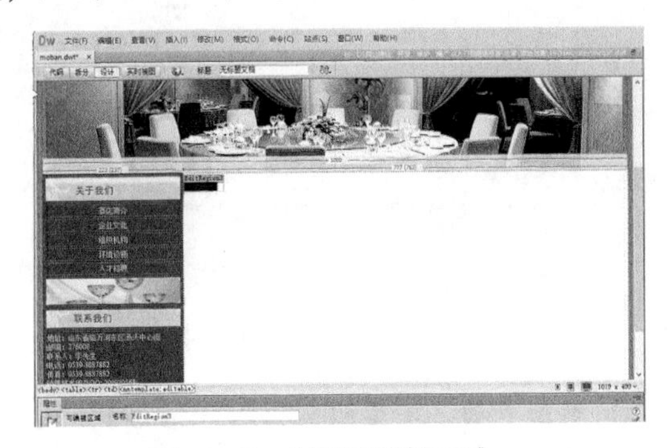

图 19-61 创建可编辑区域

19.3.3 利用模板制作其他网页

利用模板制作网页的具体操作步骤如下。

最终文件	CH19/公司简介.html
学习要点	利用模板创建模板网页

❶ 选择菜单中的【文件】|【新建】命令，弹出【新建文档】对话框，在对话框中选择【网站模板】|【站点：19】|【moban】选项，如图 19-62 所示。

❷ 单击【创建】按钮，即可创建网页文档。选择菜单中的【文件】|【另存为】命令，如图 19-63 所示。

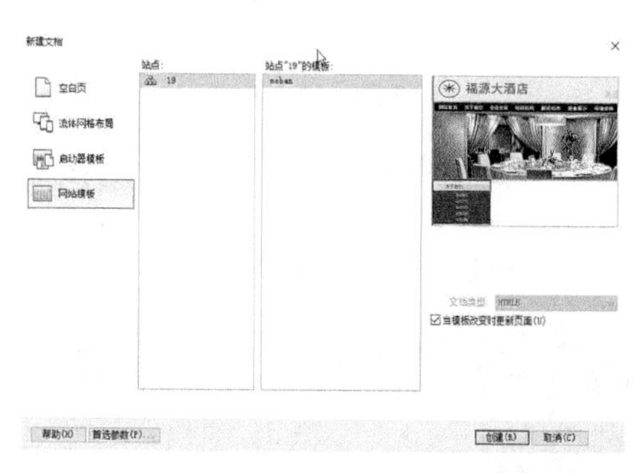

图 19-62　选择【moban】命令

图 19-63　选择【另存为】命令

❸ 弹出【另存为】对话框，将文件保存到相应的目录下，在【文件名】文本框中输入“公司简介”，如图 19-64 所示。

❹ 选择菜单中的【插入】|【表格】命令，弹出【表格】对话框，将【行数】设置为 3，【列】设置为 2，【单元格间距】和【单元格边距】设置为 3，如图 19-65 所示。

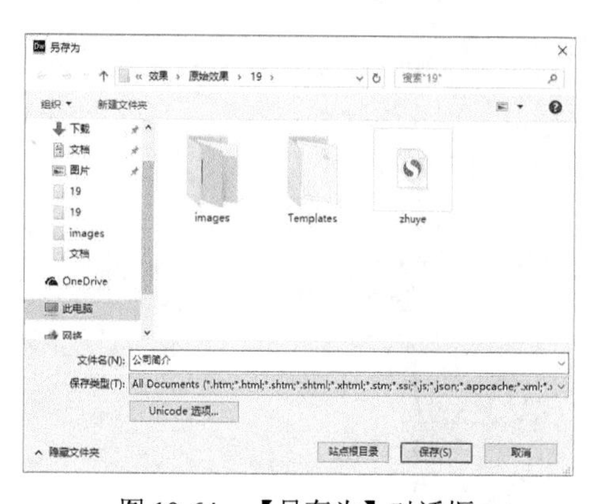

图 19-64　【另存为】对话框

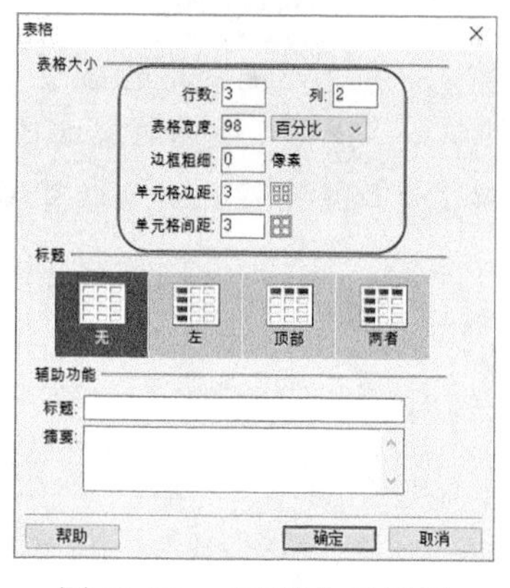

图 19-65　【表格】对话框

❺ 单击【确定】按钮，插入 3 行 2 列的表格，在【属性】面板中将【对齐】设置为【居中对齐】，如图 19-66 所示。

❻ 将光标放置在第 1 行第 1 列单元格中，选择菜单中的【插入】|【图像】命令，弹出【选择图像源文件】对话框，在对话框中选择图像“right-an.jpg”。单击【确定】按钮，插入图像，如图 19-67 所示。

图 19-66 插入表格

图 19-67 插入图像

❼ 将光标放置在第 1 行第 2 列单元格中，输入文本“首页 >> 公司简介”，如图 19-68 所示。

❽ 将光标放置在第 2 行第 2 列行单元格中，插入图像“images/right-top.jpg”，如图 19-69 所示。

图 19-68 输入文本

图 19-69 插入图像

❾ 将光标放置在第 3 行第 2 列单元格中，输入相应的文本，如图 19-70 所示。

❿ 将光标放置在文本的后面，选择菜单中的【插入】|【图像】命令。弹出【选择图像源文件】对话框，选择图像“images/gsjj.jpg”。单击【确定】按钮，插入图像，如图 19-71 所示。

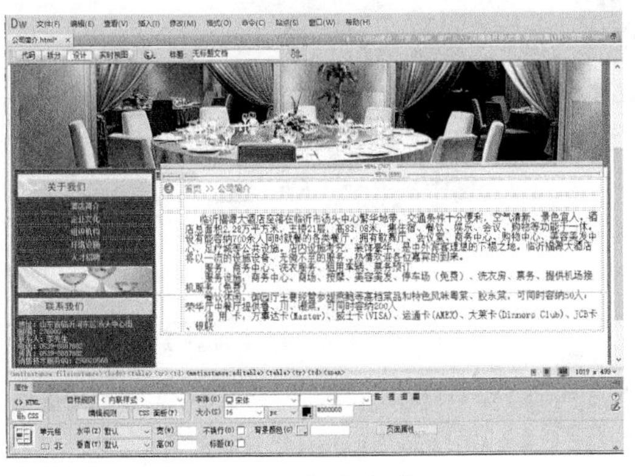
图 19-70 输入文本

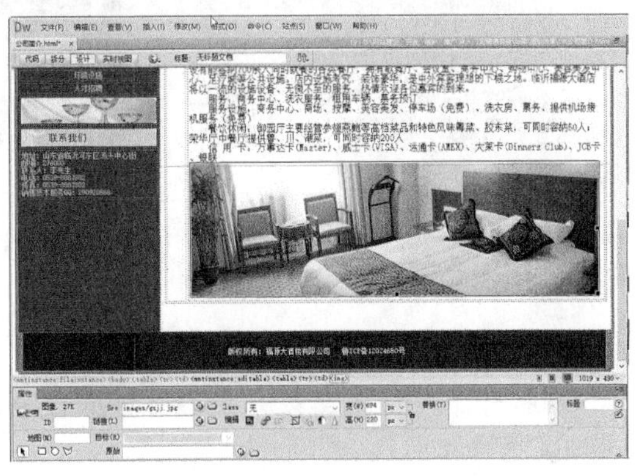
图 19-71 插入图像

⓫ 保存文档，按 F12 键在浏览器中预览效果，如图 19-72 所示。

图 19-72　效果图

19.4　给网页添加弹出窗口页面

静态的网页会让浏览者感觉网站死气沉沉、没有生气。如果给网页添加一些特效，就会使网站生色不少，如滚动公告、弹出窗口等。下面就来具体讲述给网页添加特效的方法。

制作弹出窗口页面的具体操作步骤如下。

原始文件	CH19/公司简介.html
最终文件	CH19/公司简介.html
学习要点	创建弹出广告页面

❶ 打开素材文件“CH19/公司简介.html”，如图 19-73 所示。

❷ 选择菜单中的【窗口】|【行为】命令，如图 19-74 所示。

图 19-73　素材实例

图 19-74　选择【行为】命令

❸ 打开【行为】面板，单击+按钮，在弹出的菜单中选择【打开浏览器窗口】选项，如图 19-75 所示。

❹ 弹出【打开浏览器窗口】对话框，在对话框中单击【要显示的 URL】文本框后面的

【浏览】按钮，如图 19-76 所示。

图 19-75 选择【打开浏览器窗口】选项

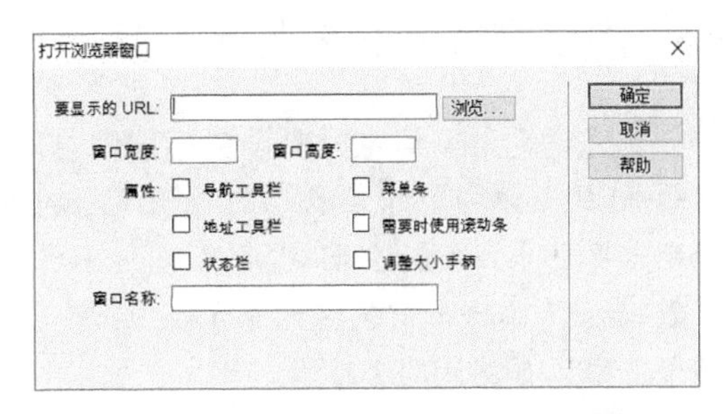

图 19-76 【打开浏览器窗口】对话框

❺ 弹出【选择文件】对话框，在对话框中选择“优惠.html”文件，单击【确定】按钮，添加浏览窗口文件，如图 19-77 所示。

❻ 单击【确定】按钮，将其添加到【行为】面板中，如图 19-78 所示。

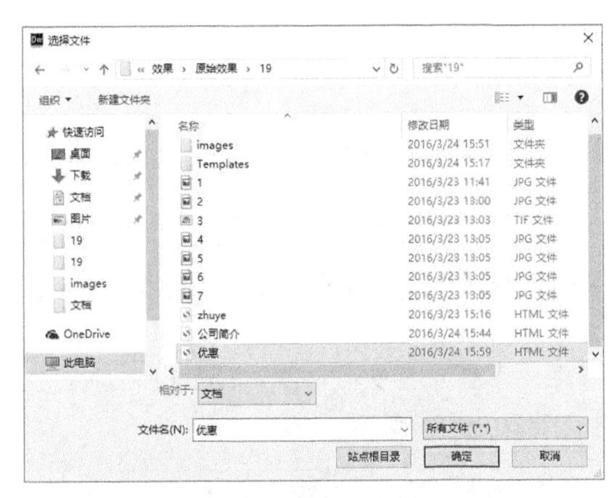

图 19-77 【选择文件】对话框

图 19-78 添加行为

提示 如果指定属性窗口无属性，则窗口将按启动窗口属性的大小打开。指定属性的任何窗口属性都将自动关闭所有其他属性。

❼ 保存文档，按 F12 键在浏览器中预览效果，如图 19-79 所示，然后自动弹出浏览器窗口如图 19-80 所示。

图 19-79 原始文档

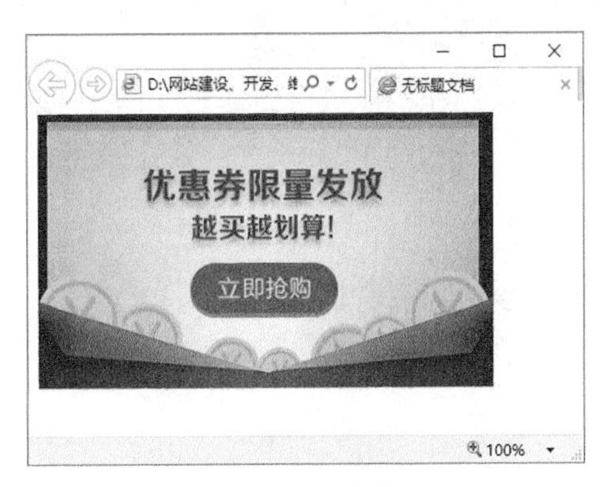

图 19-80 弹出窗口

19.5 本地测试及发布上传

创建完本地站点信息后要设置远程信息后才能上传，具体操作步骤如下。

❶ 选择菜单中的【站点】|【管理站点】命令，弹出【管理站点】对话框，在对话框中选择站点【19】，如图 19-81 所示。

❷ 单击【编辑当前选定站点】按钮，弹出【站点设置对象】对话框，在对话框中选择【服务器】选项，如图 19-82 所示。

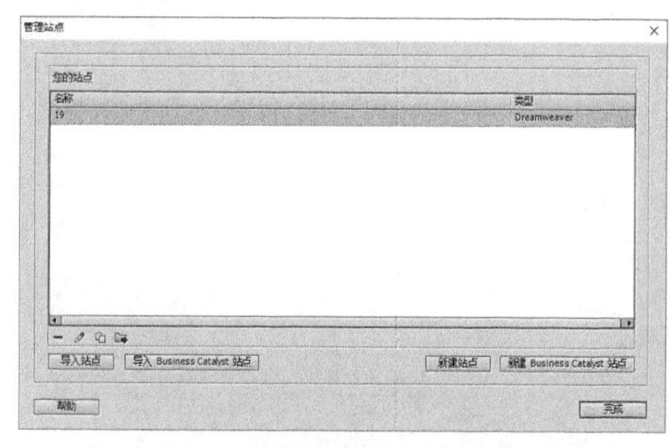

图 19-81 【管理站点】对话框

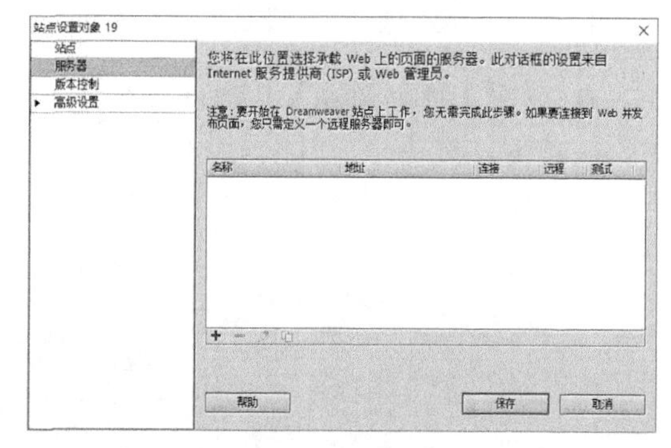

图 19-82 【站点设置对象】对话框

❸ 单击【添加新服务器】➕按钮，在弹出的对话框中设置服务器名称、密码、用户名信息，如图 19-83 所示。

❹ 单击【文件】面板工具栏上的【上传文件】蓝色箭头按钮⇧，Dreamweaver CC 会将所有文件上传到服务器默认的远程文件夹中，如图 19-84 所示。

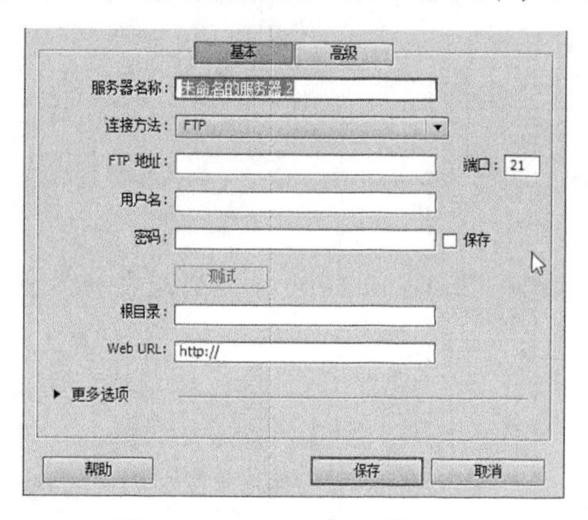

图 19-83 FTP 访问远程信息

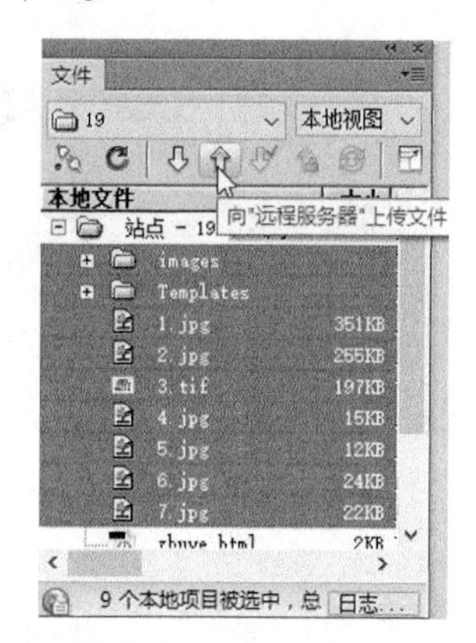

图 19-84 上传文件

19.6 经典习题与解答

1. 填空题

（1）企业网站的范围很广，涉及各个领域，它们都有一个共同特点即以________为主。

其目的是提升企业形象，希望有更多的人关注自己的公司和产品，以获得更大的发展。

（2）首页使用 Photoshop CC 设计完后，再使用 Photoshop CC 中的切片工具切割网页，将首页图像切割成________________。将图像存为网页时，每个切片作为一个独立的文件存储，可以使用切片加快________。

2. 操作题

使用 Photoshop CC 制作网站首页，如图 19-85 所示。

原始文件	CH19/操作题/操作题.jpg
最终文件	CH19/操作题/操作题.psd
学习要点	制作网站首页

图 19-85 制作网站首页

第6部分

附录篇

附录A■

网页制作常见问题精解

附录B■

ASP函数速查

附录C■

JavaScript语法速查

附录D■

CSS属性一览表

附录A

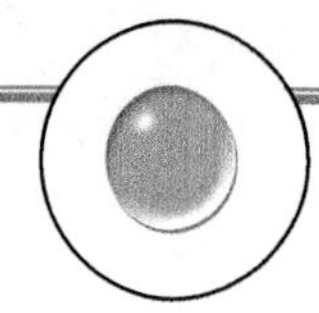

网页制作常见问题精解

1. 在 Dreamweaver 中如何输入空格

按“Ctrl+Shift+空格键”或者在中文输入法中选择全角输入方式，即可输入空格。

2. 为什么当让一行字居中时，其他行字也变成居中

在 Dreamweaver 中进行居中、居右操作时，默认的区域是 P、H1～H6、Div 等格式标识符。因此，如果语句没有用上述标识符隔开，Dreamweaver 会将整段文字均做居中处理。解决方法就是将居中文本用 P 隔开。

3. 在 Dreamweaver 中怎样设置水平线的颜色

在 Dreamweaver 中设置水平线颜色具体制作步骤如下。

原始文件	附录 A/附录 A3/index.html
最终文件	附录 A/附录 A3/index1.html
学习要点	设置水平线的颜色

❶ 打开素材文件“附录 A/附录 A3/index.html”，如图 A-1 所示。

❷ 将光标放置在要插入水平线的位置，选择【插入】|【HTML】|【水平线】命令，如图 A-2 所示。

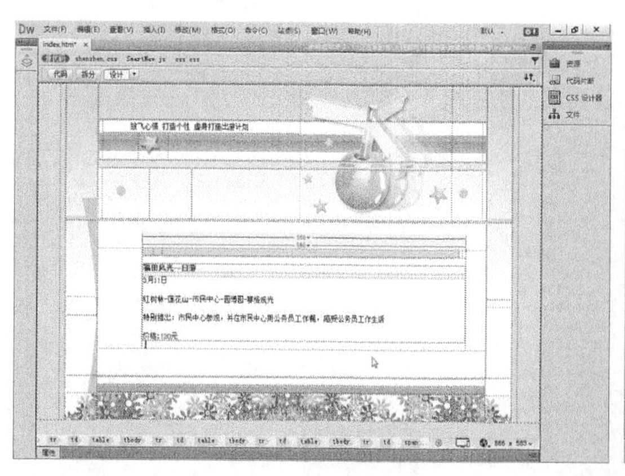

图 A-1　素材实例

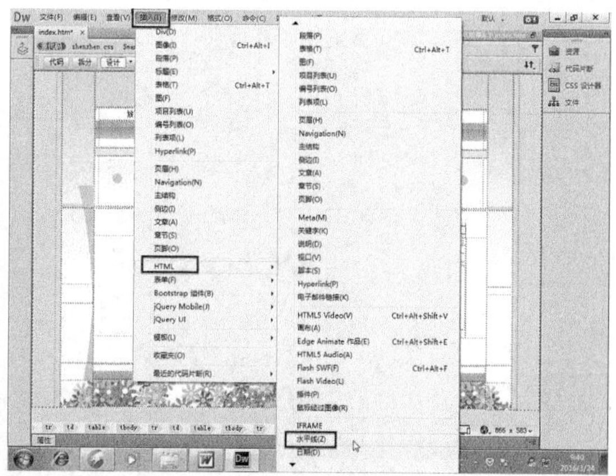

图 A-2　选择【水平线】命令

❸ 插入一条水平线后，单击【代码视图】按钮，切换到代码视图状态下，在<hr>区域内输入以下代码<hr color="#FF3333" noshade="noshade">，如图 A-3 所示。

❹ 保存文档，按 F12 键在浏览器中预览效果，如图 A-4 所示。

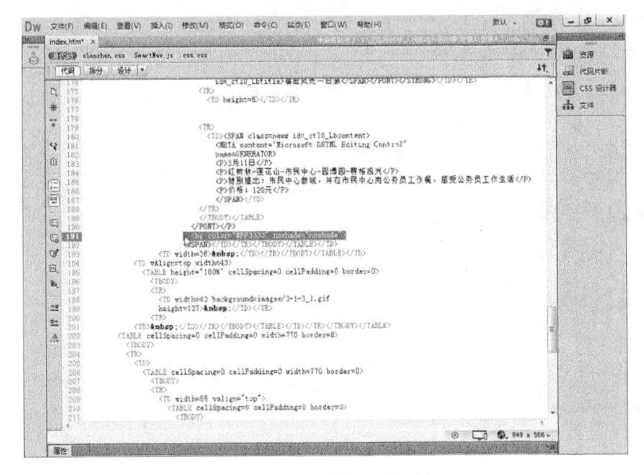

图 A-3　输入代码

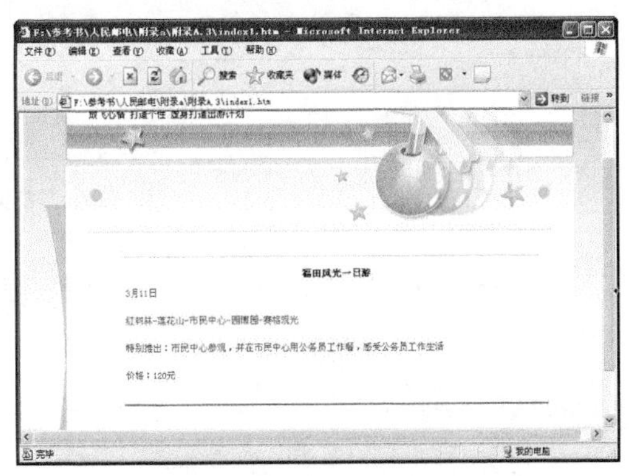

图 A-4　效果图

4. 如何清除网页中不必要的 HTML 代码

在 Dreamweaver 中，选择【命令】|【清理 HTML】命令，弹出【清理 HTML】对话框。在对话框【移除】项中有五个选择来清除不需要的代码：空标签、多余的嵌套标签、不属于 Dreamweaver 的 HTML 注解、Dreamweaver 特殊标记、指定的标签。

5. 如何搜索网页并替换其内容

选择【编辑】|【替换】命令，弹出【查找和替换】对话框。在【查找范围】文本框下指定要搜索的目标，在【搜索】文本框中指定搜索类型即可，如图 A-5 所示。该命令不但可以在单个网页中查找，也可以在多个网页中查找对象。当选择不同设置时，下面的面板会出现不同的搜索设置。在搜索网页中有两种操作，一种只是查找，另一种是查找并替换。

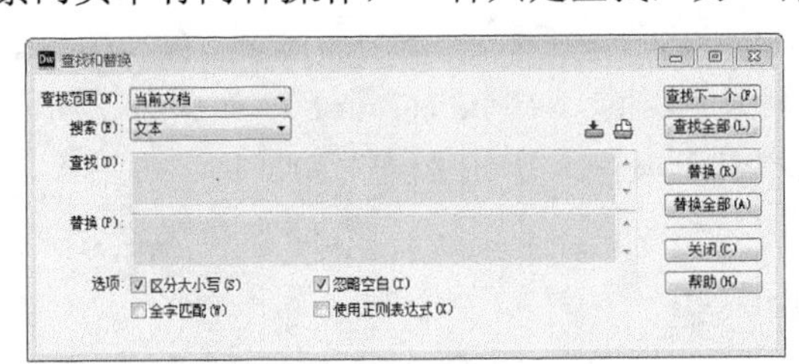

图 A-5　【查找和替换】对话框

6. 怎样定义网页语言

在制作网页过程中，首先要定义网页语言，以便访问者浏览器自动设置语言。选择【修改】|【页面属性】命令，弹出【页面属性】对话框。在对话框中选择【分类】|【标题/编码】选项，在【标题/编码】中设置网页标题和文字编码，在【标题】文本框中输入网页标题，在【编码】右边的下拉菜单中设置网页的文字编码，如图 A-6 所示。

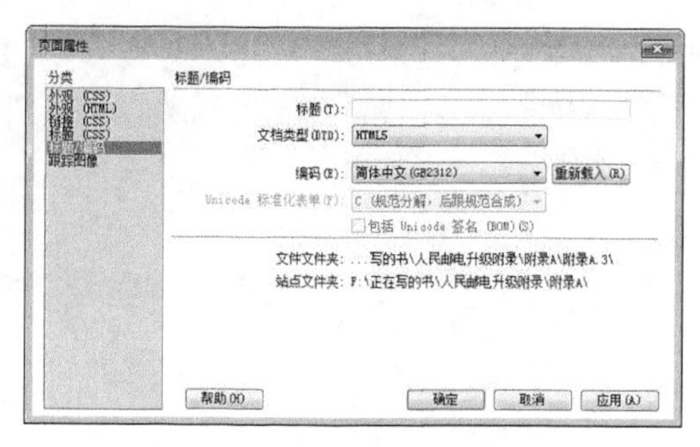
图 A-6　【页面属性】对话框

7. 怎样在网页中添加 E-mail 链接并显示预定的主题

输入以下代码即可。

```
ahref=mailto:webmaster@sina.com?subject=预定的主题。
```

8. 怎样在网页中添加电子邮件表单提交

表单提交需要 CGI 程序的支持，但也可以利用 E-mail 提交。当设计好表单后，在 action 外添加上邮件地址即可。

```
Form method="post" action=mailto:love@163.net enctype="text/plain">
```

9. 如何为访问者设置正确的软件下载链接

与其他链接一样，使用<a></a>标签即可。

```
<a href="hen.zip">Download hen.zip</a>
```

10. 如何删除图片链接的蓝色边框

删除图片链接蓝色边框的具体操作步骤如下。

原始文件	附录 A/附录 A10/index.html
最终文件	附录 A/附录 A10/index1.html
学习要点	删除图片链接的蓝色边框

❶ 打开素材文件“附录 A/附录 A10/index.html”，如图 A-7 所示。

❷ 选择【窗口】|【属性】命令，打开【属性】面板，如图 A-8 所示。

图 A-7　素材实例

图 A-8　选择【属性】命令

❸ 单击选中图像，在【属性】面板中可以看到图像的属性，也可以在【拆分】视图中，如图 A-9 所示。在属性面板中，将 border 设置为 0，如图 A-10 所示。

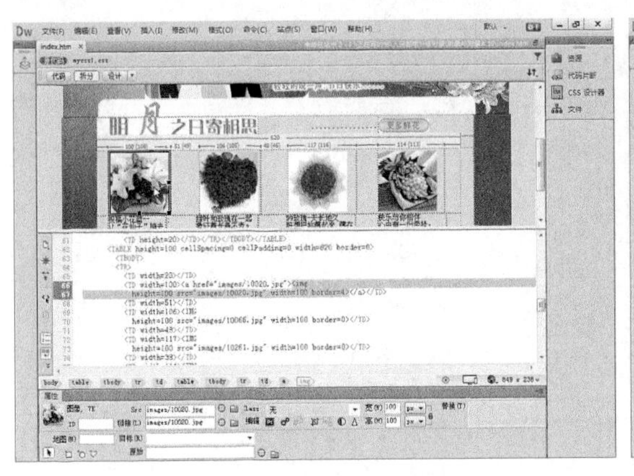

图 A-9　【属性】面板

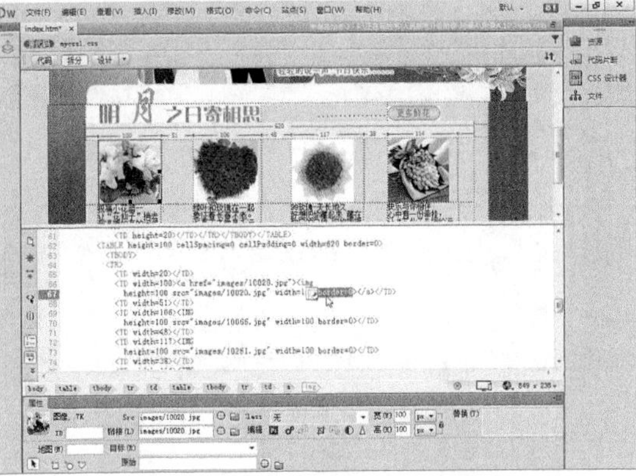

图 A-10　设置【边框】值

❹ 保存文档，按 F12 键在浏览器中预览效果，如图 A-11 所示。

图 A-11　效果图

11. 如何利用单击来关闭浏览窗口

利用单击来关闭浏览窗口的具体操作步骤如下。

原始文件	附录 A/附录 A11/index.html
最终文件	附录 A/附录 A11/index1.html
学习要点	单击来关闭浏览窗口

❶ 打开素材文件“附录 A/附录 A11/index.html”，如图 A-12 所示。

❷ 选中“关闭窗口”文字，单击代码按钮，切换到代码视图状态下，在“关闭窗口”的前面输入<a href="javascript：window.close()" >，如图 A-13 所示。

❸ 在“关闭窗口”的后面输入</a>，如图 A-14 所示。

❹ 保存文档，按 F12 键在浏览器中预览效果，如图 A-15 所示。

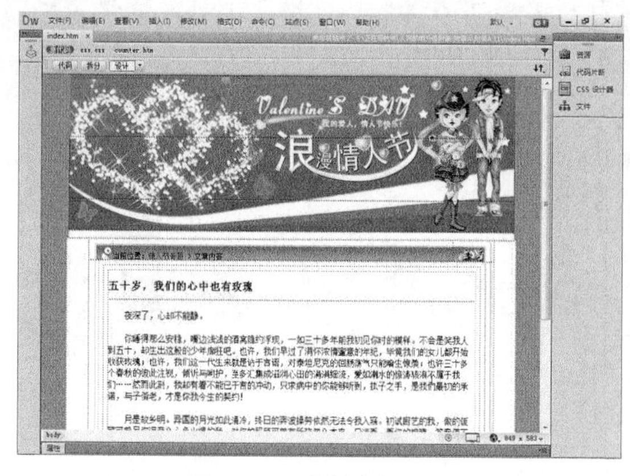

图 A-12　素材实例

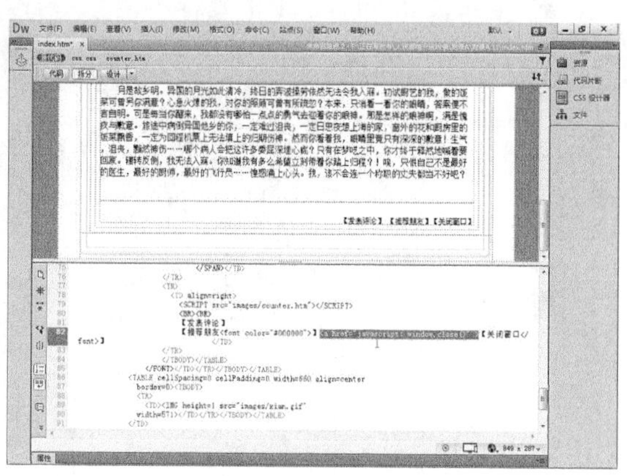

图 A-13　输入代码

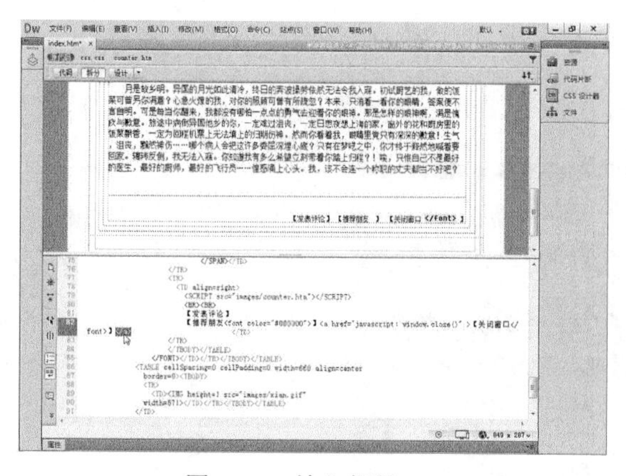

图 A-14　输入代码

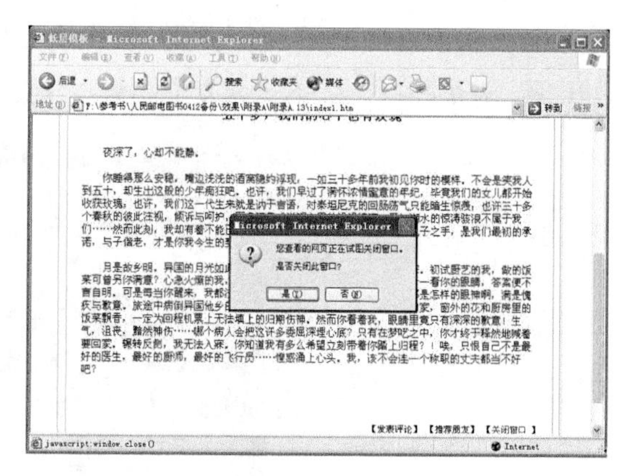

图 A-15　效果图

12. 如何避免自己的图片被其他站点使用

为图片起一个很怪的名字，可以避免被搜索到，还可以利用 Photoshop 的水印功能加密，当然也可以在自己的图片上加上一段版权文字，如标明自己的名字。这样一来，除非使用人截取图片，不然就是侵权了。

13. 怎样为图片添加边框

为图片添加边框的具体操作如下。

原始文件	附录 A/附录 A13/index.html
最终文件	附录 A/附录 A13/index1.html
学习要点	为图片添加边框

❶ 打开素材文件“附录 A/附录 A13/index.html”，如图 A-16 所示。

❷ 单击并选中图像，切换到【拆分视图】，输入代码 border="4"，将边框设置为 4，如图 A-17 所示。保存文档，按 F12 键在浏览器中预览效果，如图 A-18 所示。

图 A-16　素材实例

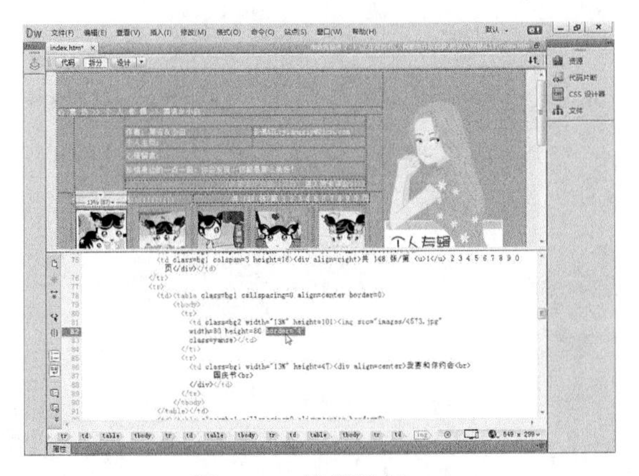

图 A-17　设置边框

图 A-18　效果图

14. 如何添加图片及链接文字的提示信息

添加图片及链接文字的提示信息的具体操作步骤如下。

原始文件	附录 A/附录 A14/index.html
最终文件	附录 A/附录 A14/index1.html
学习要点	添加图片及链接文字

❶ 打开素材文件"附录 A/附录 A14/index.html"，如图 A-19 所示。

❷ 将光标放置在要插入图像的位置，选择【插入】|【图像】命令，如图 A-20 所示。

提示　或单击【常用】插入栏中的按钮，从弹出的下拉菜单中选择【图像】选项。

❸ 弹出【选择图像源文件】对话框，在对话框中选择图像文件"images/news_20030212100035.jpg"，如图 A-21 所示。

❹ 单击【确定】按钮，插入图像。在【属性】面板中的【替换】文本框中输入文字"我的玫瑰花"，如图 A-22 所示。

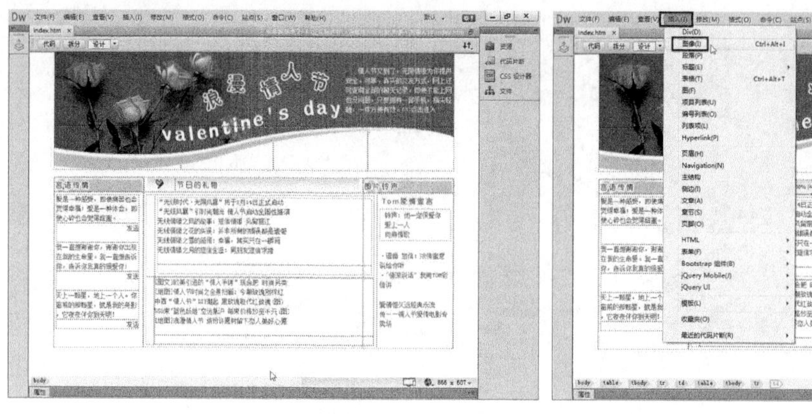

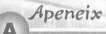

图 A-19 素材实例　　图 A-20 选择【图像】命令

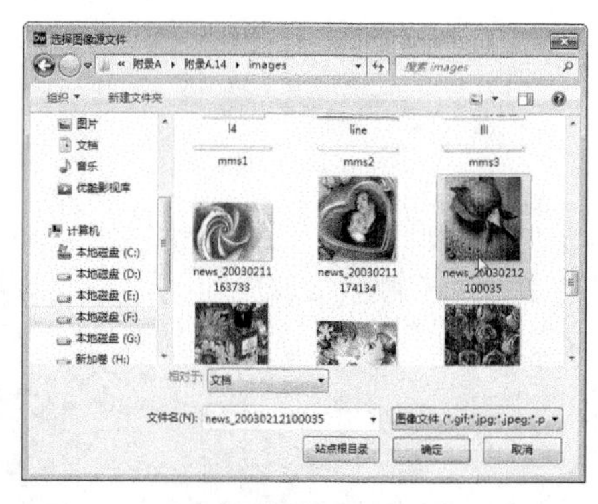

图 A-21 【选择图像源文件】对话框

图 A-22 输入【替换】内容

❺ 将光标放置在要插入图像的位置，选择【插入】|【图像】命令，弹出【选择图像源文件】对话框，在对话框中选择“images/news_20030214075822.jpg”文件，如图 A-23 所示。

❻ 单击【确定】按钮，插入图像。在【属性】面板中的【替换】文本框中输入文字“五彩缤纷的玫瑰”，如图 A-24 所示。

图 A-23 【选择图像源文件】对话框

图 A-24 输入【替换】内容

❼ 保存文档，按 F12 键在浏览器中预览效果，如图 A-25 所示。

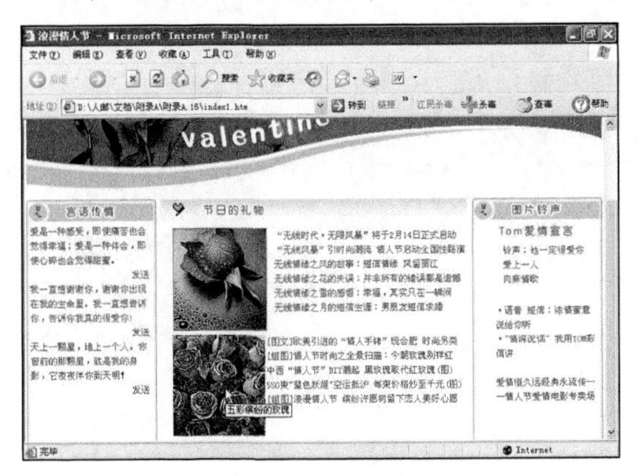

图 A-25　效果图

15. 如何制作“空链接”

“空链接”就是没有链接对象的链接。“空链接”中的目标 URL 用“#”来表示，即制作链接时，只要在【属性】面板的【链接】文本框中输入#标记，它就是个空链接了。在很多情况下要用到空链接，如一些没有定期完成的页面，或是为了保持链接样式与普通文字样式的一致性的页面。

16. 如何很好地控制行距

有时候因为网页编辑的需要，要将行距加大，此时要设置 CSS 中的行高。控制行距的具体操作步骤如下。

原始文件	附录 A/附录 A16/index.html
最终文件	附录 A/附录 A16/index1.html
学习要点	控制行距

❶ 打开素材文件“附录 A/附录 A16/index.html”，如图 A-26 所示。

❷ 选择【窗口】|【CSS 过滤效果】命令，打开 CSS 过滤效果面板，如图 A-27 所示。

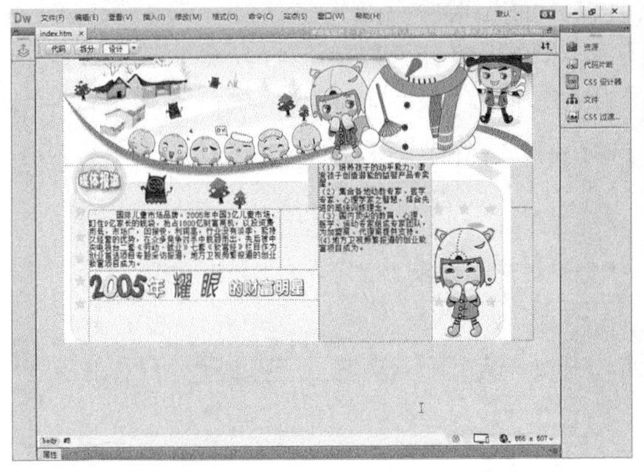

图 A-26　素材实例

图 A-27　打开 CSS 过滤效果面板

❸ 在 CSS 过滤效果面板中，单击左上角的加号按钮，弹出【新建过滤效果】对话框，如图 A-28 所示。

❹ 在对话框中进行相应的设置，如图 A-29 所示。

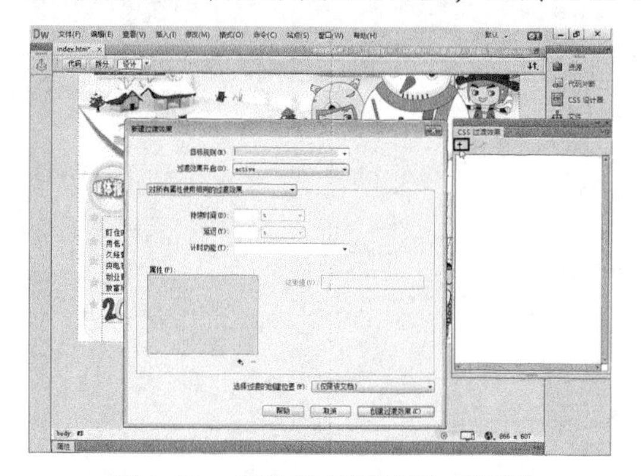

图 A-28 【新建过滤效果】对话框

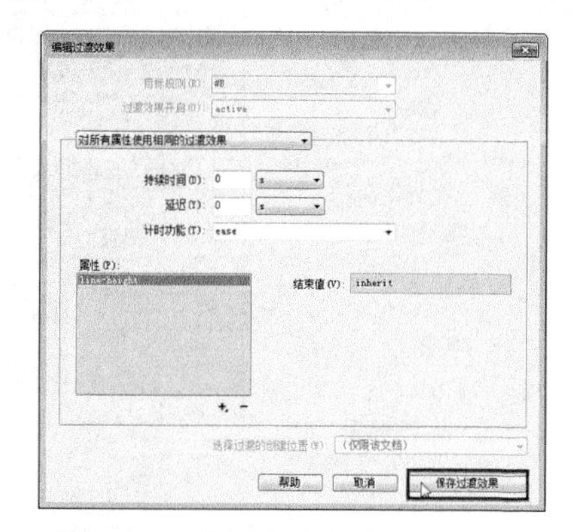

图 A-29 【新建过滤效果】对话框

❺ 单击【保存过滤效果】按钮，将其添加到 CSS 过滤效果面板中，如图 A-30 所示。

❻ 保存文档，按 F12 键在浏览器中预览效果，如图 A-31 所示。

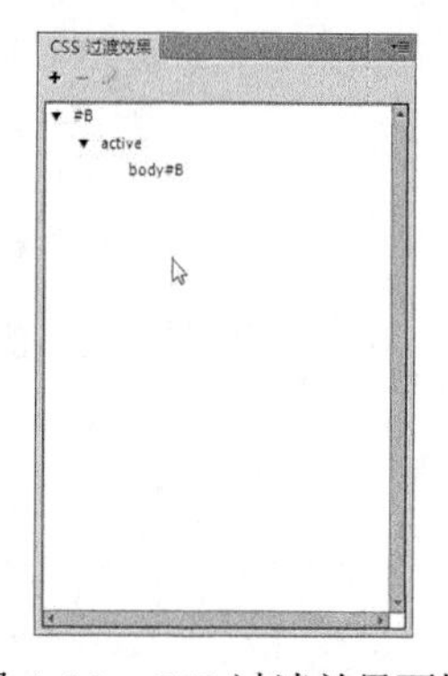

图 A-30 CSS 过滤效果面板

图 A-31 添加到 CSS 过滤效果面板中

17. 如何在一个站点的不同页面间播放同一个声音文件

当用户访问一个站点的首页时，会听到该页设置的背景声音文件，比如一段音乐，但当链接到该站点的另一页时音乐就停止了，那么如何才能让声音不断呢？

设计师可以建立一个上下框架结构的网页，把声音文件建立在下框架里，并把下框架的宽度设置为一个像素，上框架里是页面内容。这样，当访问者离开站点首页时，因下框架的内容未变，所以声音就不会间断。

提示 隐藏声音文件的播放界面，然后把上下两个框架的背景设置为相同。

18. 从【宽度】后面的下拉菜单里选择单位时，选择【像素】或【百分比】有什么区别

表格的宽度单位可以是像素，也可以是百分比。

按照像素定义的表格宽度是固定的，而按照百分比定义的表格则会根据浏览器的大小而变化。

19. 如何制作细线表格

制作细线表格的具体操作步骤如下。

原始文件	附录 A/附录 A19/index.html
最终文件	附录 A/附录 A19/index1.html
学习要点	制作细线表格

❶ 打开素材文件“附录 A/附录 A19/index.html”，如图 A-32 所示。

❷ 选择【插入】|【表格】命令，弹出【表格】对话框。在对话框中将【行数】设置为 3，【列数】设置为 1，【表格宽度】设置为 80%，如图 A-33 所示。

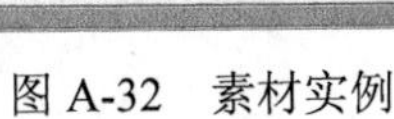

图 A-32　素材实例

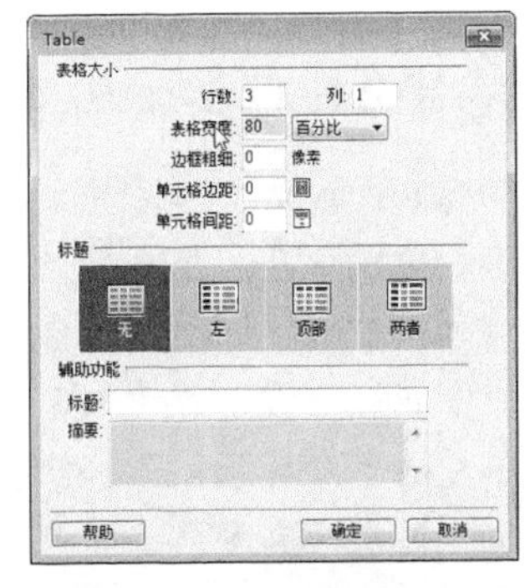

图 A-33　【表格】对话框

❸ 单击【确定】按钮，即可插入 3 行 1 列的表格。在【属性】面板中将【填充】设置为 4，【间距】设置 1，切换至【拆分视图】，输入相应的代码 bgcolor="#CEE708"，将【背景颜色】设置为#CEE708，如图 A-34 所示。

❹ 按住鼠标左键，向右下角拖动以选中所有的单元格，在【属性】面板中把单元格【背景颜色】设置为#FFFFFF，如图 A-35 所示。

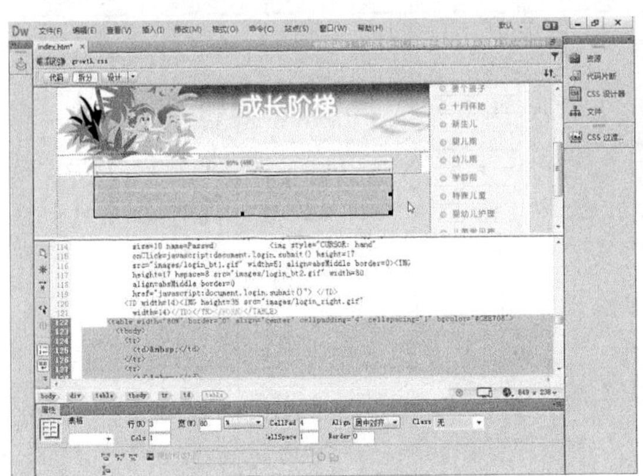

图 A-34　设置表格属性

图 A-35　设置单元格背景颜色

❺ 在单元格中输入相应的文本，并设置文本相应的属性参数，如图 A-36 所示。

❻ 保存文档，按 F12 键在浏览器中预览效果，如图 A-37 所示。

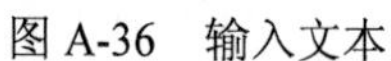

图 A-36 输入文本

图 A-37 效果图

20. 为什么在 Dreamweaver 中把单元格高度设置为“1”时没有效果

Dreamweaver 生成表格时会自动在每个单元格里填充一个 代码，即空格代码。如果有这个代码存在，那么把该单元格宽度和高度设置为 1 就没有效果。

实际预览时，该单元格会占据 10px 左右的宽度。如果把“ ”代码去掉，再把单元格的宽度或高度设置为 1，就可以在 IE 浏览器中看到预期的效果。但是，在 NS（Netscape）中该单元格不会显示，就好像表格中缺了一块。若在单元格内放一个透明的 GIF 图像，然后将【宽度】和【高度】都设置为 1，这样就可以同时兼容 IE 和 NS 了。

21. 如何制作圆角表格

制作圆角表格的具体操作步骤如下。

原始文件	附录 A/附录 A21/index.html
最终文件	附录 A/附录 A21/index1.html
学习要点	制作圆角表格

❶ 打开素材文件“附录 A/附录 A21/index.html”，如图 A-38 所示。

❷ 将光标放置在要插入表格的位置，选择【插入】|【表格】命令，弹出【表格】对话框。将【行数】设置为 1，【列数】设置为 4，【表格宽度】设置为 90%，如图 A-39 所示。

❸ 单击【确定】按钮，即可插入 1 行 4 列的表格。在【属性】面板中将【对齐】设置为【居中对齐】，如图 A-40 所示。

❹ 将光标置于第 1 列单元格中，选择【插入】|【图像】命令，弹出【选择图像源文件】对话框，如图 A-41 所示。

❺ 在对话框中选择图像“images/4.jpg”，单击【确定】按钮，即可插入图像，如图 A-42 所示。

❻ 将光标置于第 2 列单元格中，选择【插入】|【图像】命令，弹出【选择图像源文件】对话框，在对话框中选择图像“images/19.jpg”，如图 A-43 所示。

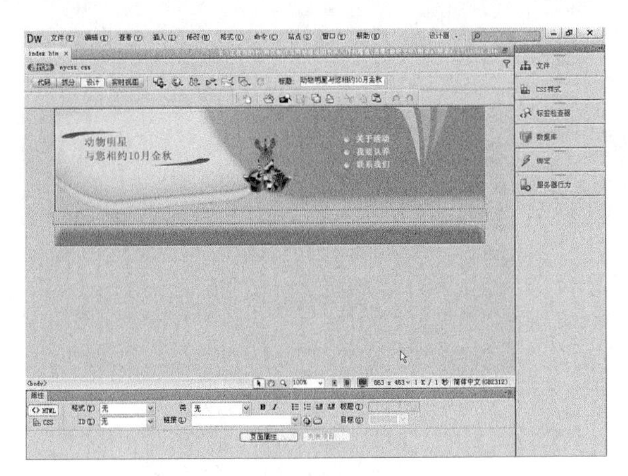

图 A-38　素材实例

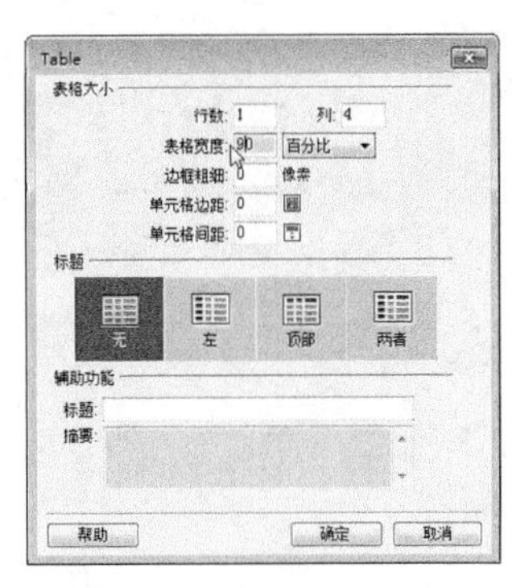

图 A-39　【表格】对话框

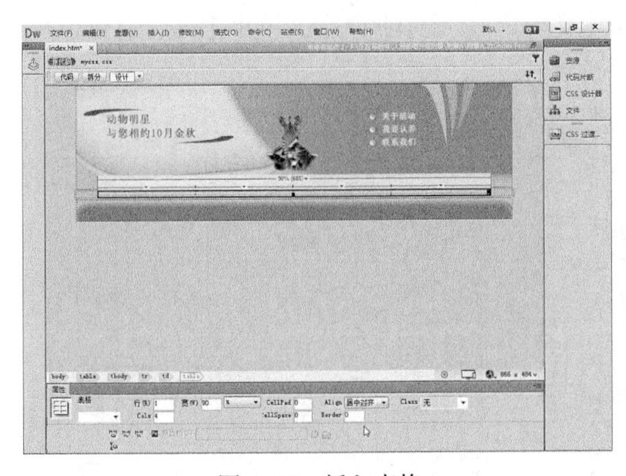

图 A-40　插入表格

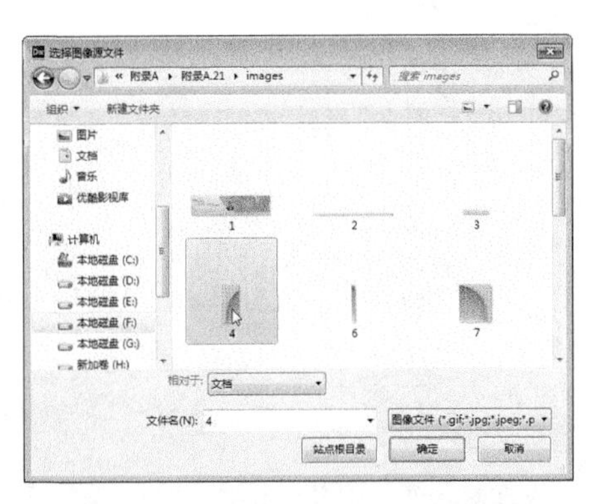

图 A-41　【选择图像源文件】对话框

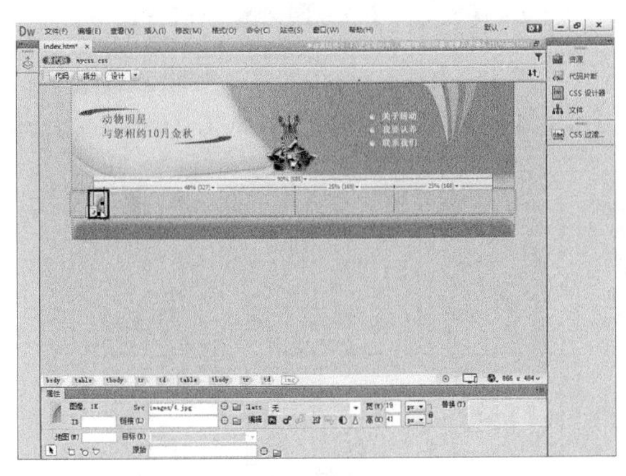

图 A-42　插入图像

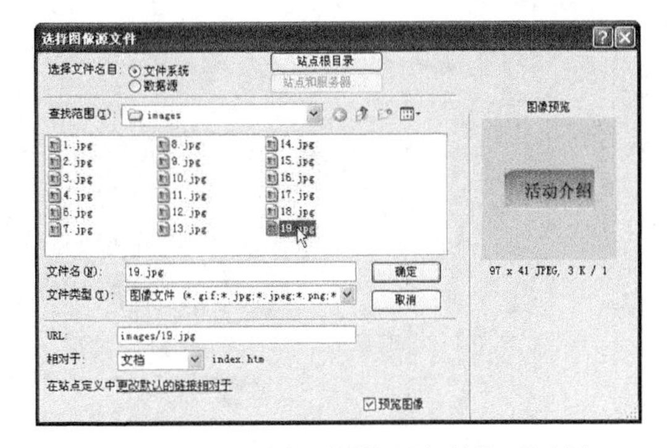

图 A-43　【选择图像源文件】对话框

❼ 单击【确定】按钮，插入图像，如图 A-44 所示。

❽ 将光标置于第 3 列单元格中，切换至【代码视图】，输入代码 background="images/6.jpg"，如图 A-45 所示。

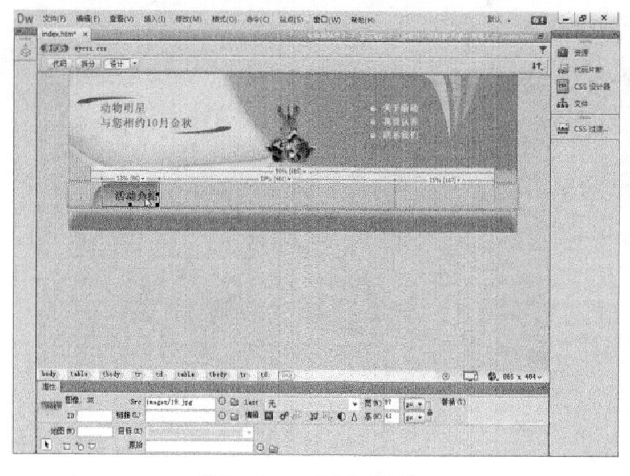

图 A-44 插入图像

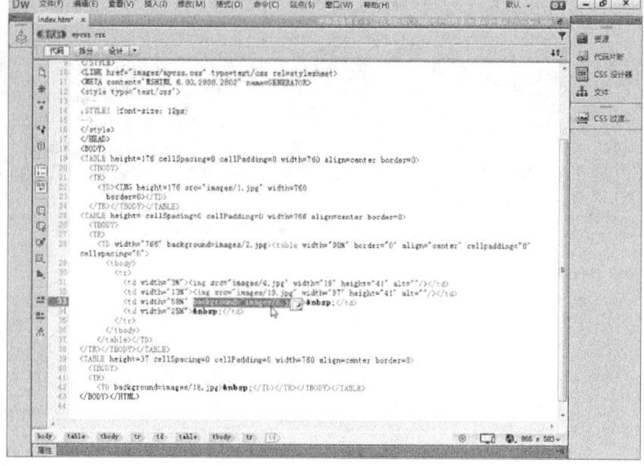

图 A-45 输入代码

❾ 切换至【设计视图】即可看到插入的背景图像，如图 A-46 所示。

❿ 将光标置于第 4 列单元格中，选择【插入】|【图像】命令，弹出【选择图像源文件】对话框，如图 A-47 所示。

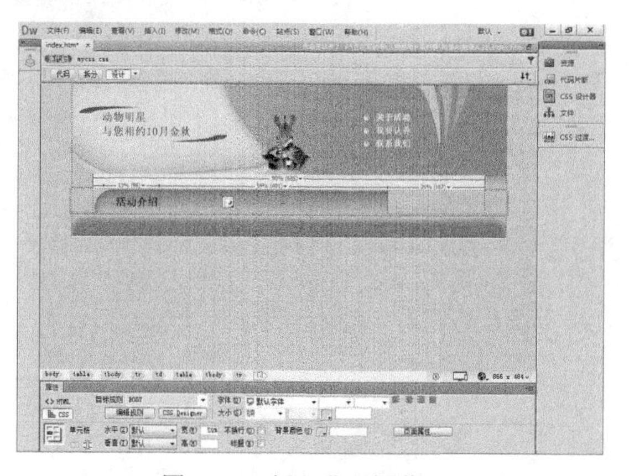

图 A-46 插入背景图像

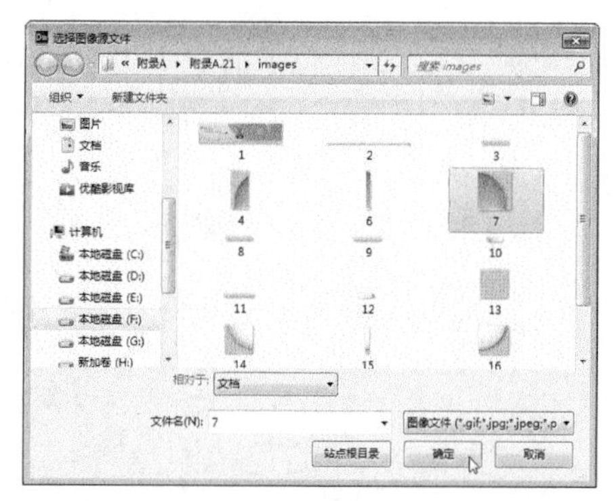

图 A-47 【选择图像源文件】对话框

⓫ 在对话框中选择图像“images/7.jpg”，单击【确定】按钮，插入图像，如图 A-48 所示。

⓬ 将光标置于表格的右边，选择【插入】|【表格】命令，弹出【表格】对话框，如图 A-49 所示。

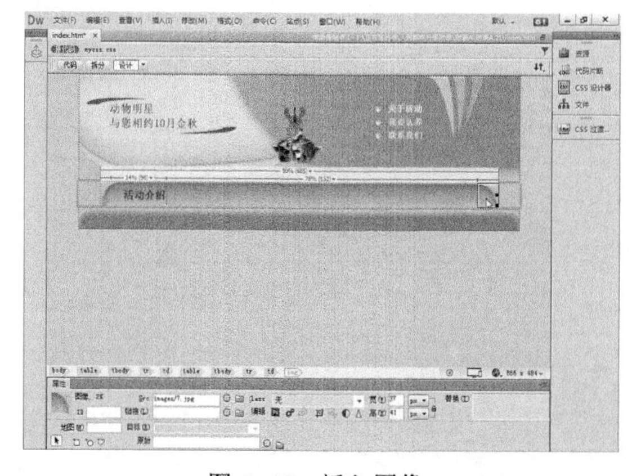

图 A-48 插入图像

图 A-49 【表格】对话框

⑬ 在对话框中将【行数】设置为 1,【列数】设置为 4,【表格宽度】设置为 90%，其他保持默认设置，单击【确定】按钮，插入表格。在【属性】面板中将【对齐】设置为【居中对齐】，如图 A50 所示。

⑭ 将光标置于第 1 列单元格中，切换至【代码视图】，在相应的位置输入代码 background="images/10.jpg"，插入背景图像，如图 A-51 所示。

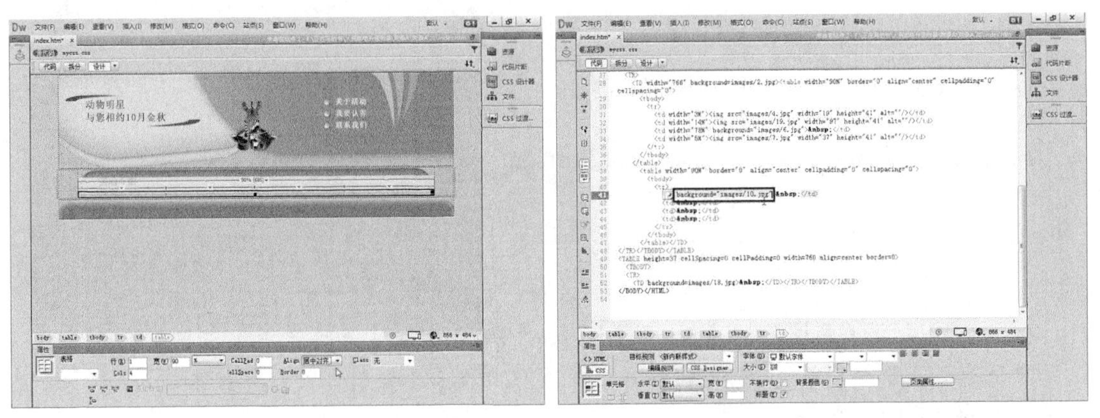

图 A-50　插入表格　　　　图 A-51　输入代码

⑮ 切换至【设计视图】，在【属性】面板中将【宽】设置为 17，如图 A-52 所示。

⑯ 将光标置于第 2 列单元格中，在【属性】面板中将【背景颜色】设置为#FFFFFF，并输入相应的文字，如图 A-53 所示。

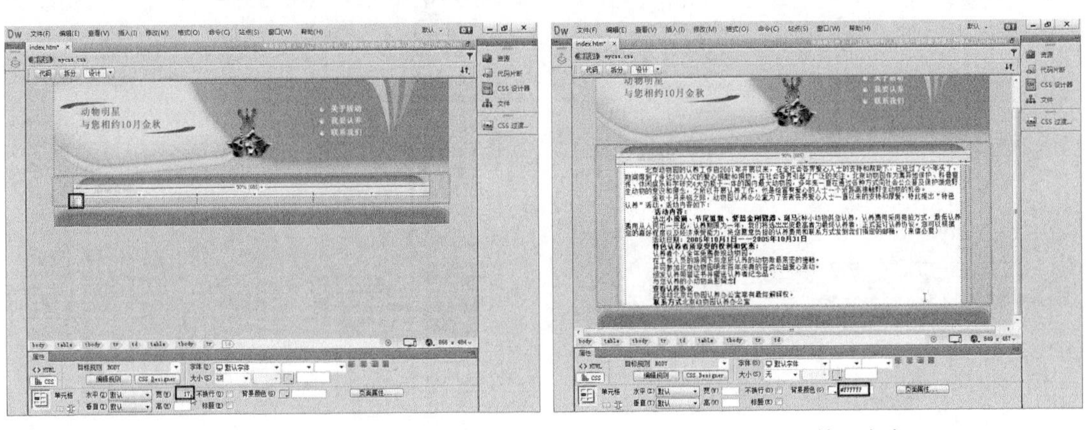

图 A-52　设置表格宽度　　　　图 A-53　输入文字

⑰ 将光标置于第 3 列单元格中，切换至【代码视图】，在相应的位置输入代码 background="images/12.jpg"即可插入背景图像。在【属性】面板中将【宽】设置为 16，如图 A-54 所示。

⑱ 将光标置于表格的右边，选择【插入】|【表格】命令，弹出【表格】对话框，如图 A-55 所示。

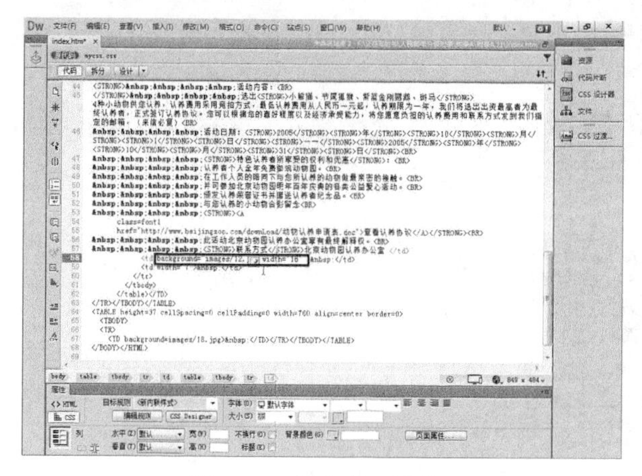

图 A-54 插入背景图像

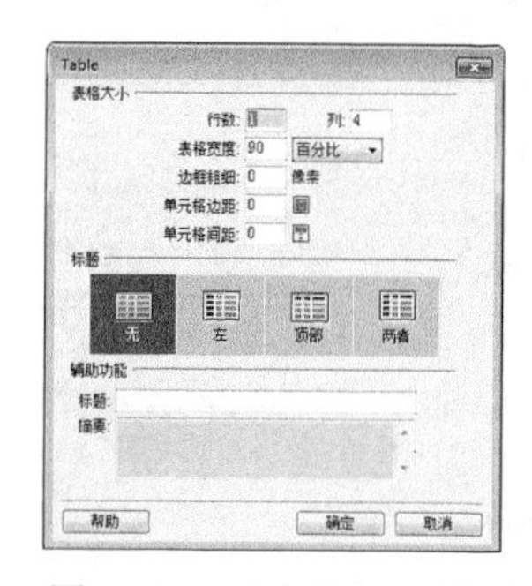

图 A-55 【表格】对话框

⑲ 在对话框中将【行数】设置为 1,【列数】设置为 4,【表格宽度】设置为 90%，其他保持默认设置，单击【确定】按钮，即可插入表格。在【属性】面板中将【对齐】设置为【居中对齐】，如图 A-56 所示。

⑳ 将光标置于新插入表格的第 1 列单元格中，选择【插入】|【图像】命令，弹出【选择图像源文件】对话框。在对话框中选择图像“images/14.jpg”，单击【确定】按钮，插入图像，如图 A-57 所示。

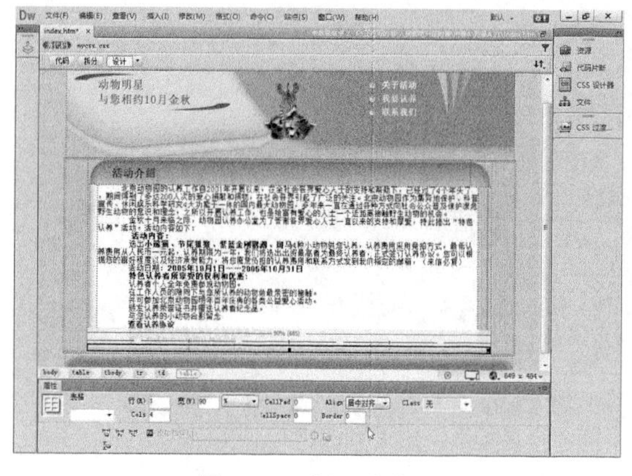

图 A-56 插入表格

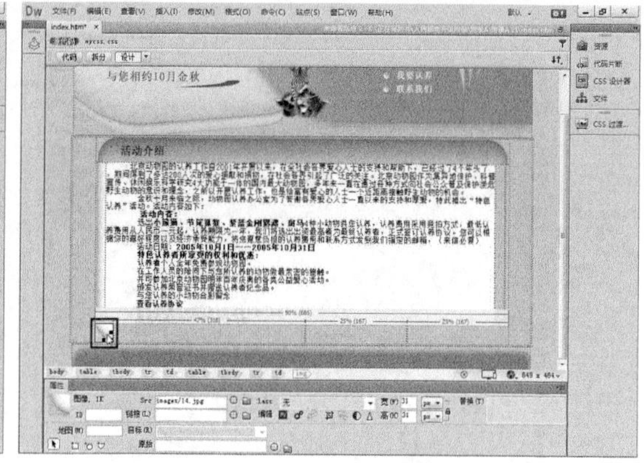

图 A-57 插入图像

㉑ 将光标置于第 2 列单元格中，在【代码视图】中输入代码 background="images/15.jpg"，即可插入背景图像。在【属性】面板中将【宽】设置为 87%，如图 A-58 所示。

㉒ 将光标置于新插入表格的第 3 列单元格中，选择【插入】|【图像】命令，弹出【选择图像源文件】对话框。在对话框中选择图像“images/16.jpg”，单击【确定】按钮，插入图像，如图 A-59 所示。

㉓ 保存文档，按 F12 键在浏览器中预览效果，如图 A-60 所示。

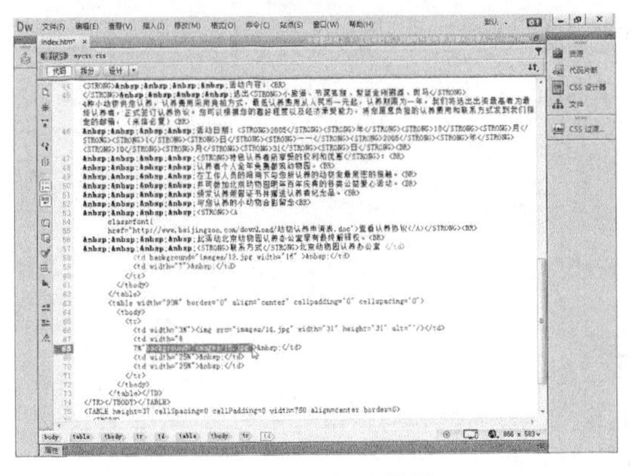

图 A-58　插入背景

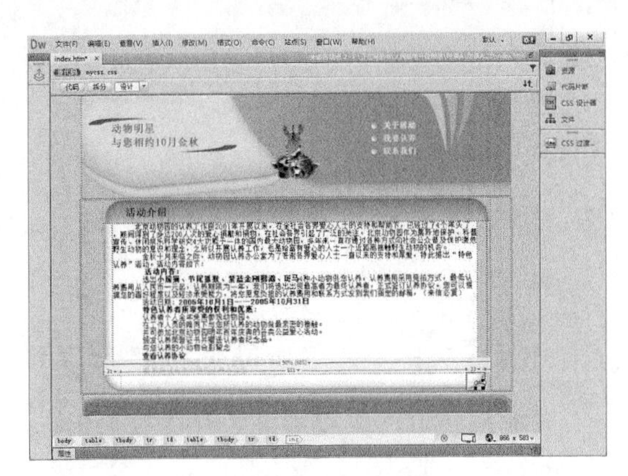

图 A-59　插入图像

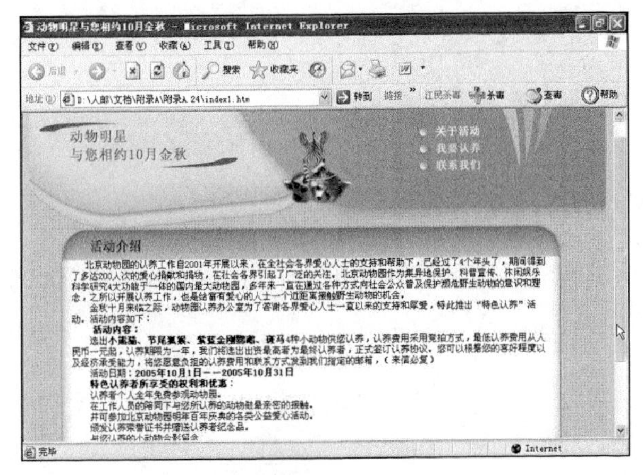

图 A-60　效果图

22. 如何精确地定位网页中的内容

Dreamweaver 网页内容定位主要是通过表格和 Div 两者实现的。表格主要是通过各个单元格来完成不同内容布局。由于在网页中可以完全把表格“虚化”（调整浏览器不可见），因此使用起来很方便。表格的另一个优点是无论对什么浏览器都通用，没有技术支持上的问题。

相对而言，Div 用起来就更加随意了，它可以根据需要任意地拖曳。

23. 怎样让 800×600 分辨率下生成的网页在 1024×768 的表格下居中显示

把页面内容放在一个宽为 778 的大表格中，把大表格设置为水平方向居中。将宽度定为 778 是为了在 800×600 的窗口中不出现水平滚动条，也可以根据需要进行调整。

如果要加快关键内容的显示，也可以把内容拆分放在几个竖向相连的大表格中。除了使用表格之外，也可以把要居中的部分用<div align=center>和</div>标签包围起来。

24. 为什么不显示底图

在单元格中单击鼠标，从【属性】面板中可以看到设置的背景图文件，在 Dreamweaver

中显示也是正常的，但当启动 IE 浏览这个页面时，底图不见了。这是怎么回事？

这是由在代码视图中背景是设置在<tr>里还是设在<td>里来决定的，如果设置在<td>里，背景就可以显示出来。

25. 如何调整框架边框的粗细

选择整个框架集，打开框架集属性面板，将【边框宽度】设置数值即可。

26. 怎样防止别人把自己的网页放在框架里

若要防止有些人将别人的网页放置到自己的框架里，使之成为自己的一页，可以加入下列 JavaScript 代码，它会自动监测，然后跳出别人的框架。

```
<script language=" JavaScript">
if(self!=top)window.top.location.replace(self.location);
</script>
```

27. 怎样实现定时自动关闭窗口

在源代码<body>后加入如下代码。

```
<script language="Java">
<!—set Timeout('windqw.close();',10000);--> </script>
```

其中的 set Timeout 是一个用来设定延迟时间的函数，这里的 10000 表示 10 秒钟。

28. 怎样以新窗口的形式打开目标链接

所谓以新窗口的形式打开，就是在不覆盖当前窗口的前提下另外打开一个浏览器窗口。

直接在代码<a href=" ">中加入“Target”或“_blank””即可。

在【属性】面板的【链接】文本框中输入 WWW 网址时，后面的【目标】下拉列表同时也被激活，此时选择 blank 即可。

29. 什么是模板的可编辑区域，在定义可编辑区域时应注意什么

模板的可编辑区域指出了在模板的页面中哪些区域可以被编辑，即以后使用时可插入内容的部分。定义可编辑区域时可以将整个表格或单独的表格单元格标记为可编辑的，但不能将多个表格单元格标记为单个可编辑区域。如果<td>被选定，则可编辑区域中包括单元格周围的区域；如果未选定，则可编辑区域将只影响单元格中的内容。层和层内容是单独的元素。当层可编辑时可以更改层的位置及其内容，而当层的内容可编辑时则只能更改层的内容而不是位置。若要选择层的内容，则应将光标置于该层内，并选择【编辑】|【全选】命令；若要选择该层，则应确保显示了不可见元素，然后单击代表层的位置的图标即可完成选择。

30. 如何用图片代替表单按钮

选择【插入】|【表单】|【图像域】命令，即可用图片代替表单按钮。

31. 怎样显示表单中的红色虚线框

选择【插入】|【可视化助理】|【不可见元素】命令，使【不可见元素】选项处于选中状

态，即能看到红色虚线框。

32. 怎样让页面四周没有空白

选择【修改】|【页面属性】命令，在弹出的对话框中选择【分类】|【外观】选项，将【左边距】、【上边距】、【右边距】、【下边距】分别设置为 0 像素即可，如图 A-61 所示。

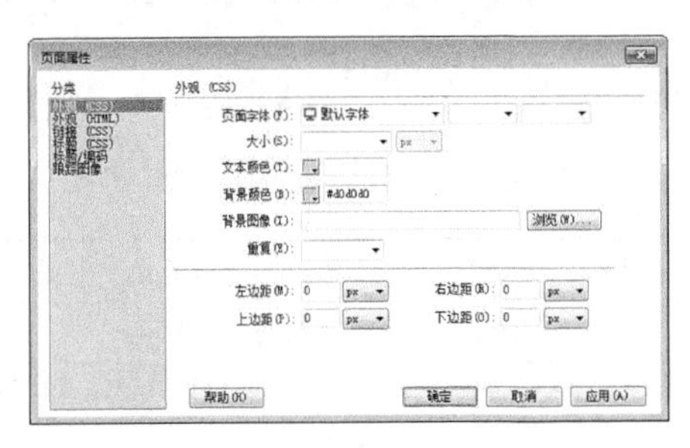

图 A-61　【页面属性】对话框

33. 为什么表格里的文字不会自动换行

表格里的文字不会自动换行有两种原因。

- 用 CSS 把表格内的字体设置成了英文字体，这样在 Dreamweaver 中表格内的文字就不会自动换行。但这仅是在 Dreamweaver 里的显示效果，在 IE 浏览器中是可以正常换行的。在 Dreamweaver 的编辑状态下也能实现文字自动换行，把表格里的文字字体设置为中文字体即可。
- 当在表格中输入了一连串无空格的英文或数字，而被 IE 识别成了一个完整的单词时，不会自动换行。此时通过 CSS 把文字强行打散即可，代码如下。

```
<td style="word-break;break-all">……</td>
```

34. 如何防止别人另存我的网页

把下面的代码插入到<body>和</body>之间即可。

```
<noscript>
<iframe src="保密的网页名.htm"></iframe>
</noscript>
```

35. 如何为页面设置访问口令

若要为某个页面设置密码，只需在<head>和</head>之间添加以下代码即可。

```
1  <script language="JavaScript"><!--
2  var pd=""
3  var rpd="yuchen"
4  pd=prompt("请您输入密码：","")
5  if(pd!=rpd){
6  alert("您的密码不正确...")
7  history.back()
8  }else{
```

```
9 alert("您的密码正确!")
10 window.location.href="zgr.htm"
11 }
12 // --></script>
```

在以上代码中，yuchen 是正确的密码，zgr.htm 是输入正确密码后链接的页面。这种设置口令的方法并不安全，因为只要访问者查看页面源代码就能知道设置的密码了。

36. 如何在网页上显示当前日期、星期和时间

在网页上显示当前日期、星期和时间的具体操作步骤如下。

原始文件	附录 A/附录 A36/index.html
最终文件	附录 A/附录 A36/index1.html
学习要点	在网页上显示当前日期、星期和时间

❶ 打开素材文件“附录 A/附录 A36/index.html”，如图 A-62 所示。

❷ 单击代码按钮，切换到代码视图状态下。打开代码视图，在<body>和</body>之间所需位置输入如下代码，如图 A-63 所示。

```
<script language=JavaScript1.2>
var isnMonth = new
Array("1月","2月","3月","4月","5月","6月","7月","8月","9月","10月","11月","12月");
var isnDay = new
Array("星期日","星期一","星期二","星期三","星期四","星期五","星期六","星期日");
today = new Date () ;
Year=today.getYear();
Date=today.getDate();
if (document.all)
document.write(Year+"年"+isnMonth[today.getMonth()]+Date+"日"+isnDay[today.getDay()])
</script>
```

图 A-62 素材实例

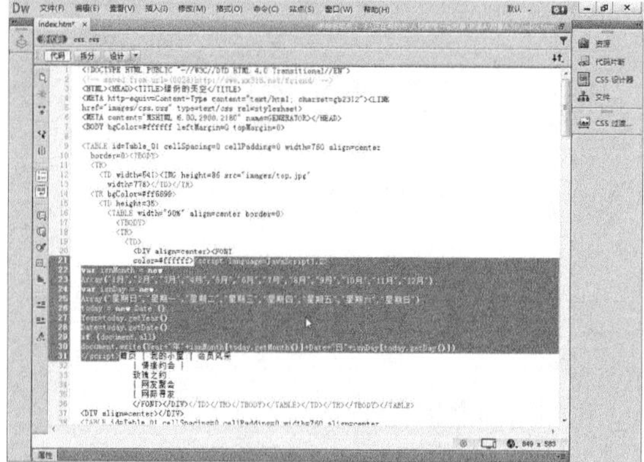

图 A-63 输入代码

❸ 保存文档，按 F12 键在浏览器中预览效果，如图 A-64 所示。

图 A-64　效果图

37. 如何将站点加入收藏夹

将站点加入收藏夹的具体操作步骤如下。

原始文件	附录 A/附录 A37/index.html
最终文件	附录 A/附录 A37/index1.html
学习要点	将站点加入收藏夹

❶ 打开素材文件“附录 A/附录 A37/index.html”，如图 A-65 所示。

❷ 将光标放置在相应的位置，单击【代码视图】按钮，切换到代码视图状态下，输入如下代码，如图 A-66 所示。

```
<span style="CURSOR:hand" onClick="window.external.addFavorite('http://www.xinlang.net','添加收藏夹')" title="添加收藏夹">添加收藏夹</span>。
```

图 A-65　素材实例　　　　图 A-66　输入代码

❸ 保存文档按 F12 键在浏览器中预览效果，如图 A-67 所示。

图 A-67 添加到收藏夹

38. 如何将站点设为首页

将站点设为首页的具体操作步骤如下。

原始文件	附录 A/附录 A38/index.html
最终文件	附录 A/附录 A38/index1.html
学习要点	将站点设置为首页

❶ 打开素材文件“附录 A/附录 A38/index.html”，如图 A-68 所示。

❷ 将光标放置在相应的位置，单击【代码视图】按钮，切换到代码视图状态下，输入<a onClick="this.style.behavior='url(#default#homepage)';this.sethomepage('http://www.webhua.net'); "href="#">设为首页</a>，如图 A-69 所示。

图 A-68 素材实例

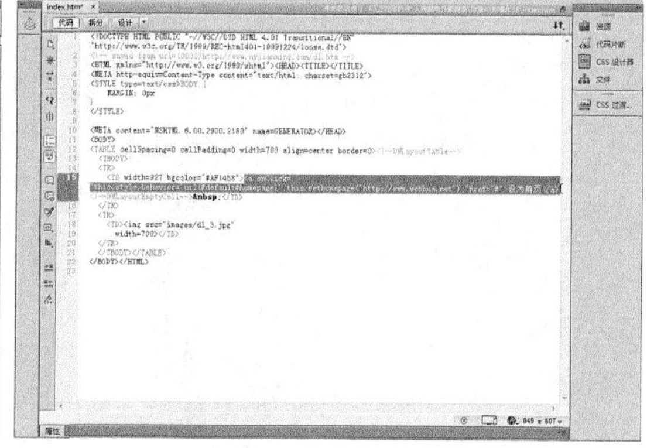

图 A-69 输入代码

❸ 保存文档，按 F12 键在浏览器中预览效果，如图 A-70 所示。

图 A-70　效果图

39. 如何解决表格的变形问题

网页在不同的屏幕分辨率或改变窗口时常出现一些页面变形情况，怎么办呢？

- 在不同分辨率下所出现的错位

在 800×600 的分辨率下时，一切正常，而到了 1024×768 时，则有的表格居中，有的表格却居左或居右。

表格有左、中、右三种排列方式，如果没特别进行设置，则默认为居左排列。在 800×600 的分辨率下，表格恰好就有编辑区域那么宽，不容易察觉，而到了 1024×768 时，就出现了这种情况。解决的办法比较简单，即都设置为居中或都设置为居左或都设置为居右对齐。

- 采用百分比而出现的变形

解决办法是不要设置成百分比。一般情况下，如果表格没有外围嵌套标记，则将宽等设置成固定宽度，如有外围嵌套标记，则将外转嵌套标记的宽度设置为固定值，而表格的宽或高可设置为百分比，这样就不会出现变形了。

- 表格单元格之间互相干扰引起的变形

在工具里制作网页时没有空隙，而在浏览时却发现莫名其妙地多出一些空隙，而又不知原因在哪，很是令人讨厌。解决办法是先看表格设置有没有上面所谈的两种情况，如没有，可能是在划分表格时，同一行的单元格之间相互牵制所出现的问题。如果表格比较复杂，最好采取嵌入表格的形式，这样可以少一些单元格之间相互干扰情况，而使单元格之间相对独立。

40. 怎样在网页中使用包含文件

主要有以下方法。

① IFrame 引入。

② 在 HTML 文件中调用 JS 文件。

③ 对于动态网页，还可以采用 include 调用文件。

41. 怎样在网页中输入上下标

如果只是要上下标的话，可以用和，手工加进去就可以了。

42. 如何让浏览者知道自己访问网页的次数

知道访问网页次数的具体操作步骤如下。

原始文件	附录 A/附录 A42/index.html
最终文件	附录 A/附录 A42/index1.html
学习要点	知道访问网页次数

❶ 打开素材文件“附录 A/附录 A42/index.html”，如图 A-71 所示。

❷ 将光标放置在相应的位置，单击【代码视图】按钮，切换到代码视图状态下，输入以下代码，如图 A-72 所示。

```
<script language="JavaScript">
var caution = false
function setCookie(name, value, expires, path, domain, secure) {
        var curCookie = name + "=" + escape(value) +
                ((expires) ? "; expires=" + expires.toGMTString() : "") +
                ((path) ? "; path=" + path : "") +
                ((domain) ? "; domain=" + domain : "") +
                ((secure) ? "; secure" : "")
        if (!caution || (name + "=" + escape(value)).length <= 4000)
                document.cookie = curCookie
        else
                if (confirm("Cookie exceeds 4KB and will be cut!"))
                        document.cookie = curCookie
}
function getCookie(name) {
        var prefix = name + "="
        var cookieStartIndex = document.cookie.indexOf(prefix)
        if (cookieStartIndex == -1)
                return null
        var cookieEndIndex=document.cookie.indexOf(";",cookieStartIndex+prefix.
length)
        if (cookieEndIndex==-1)
                cookieEndIndex = document.cookie.length
        return  unescape(document.cookie.substring(cookieStartIndex  +  prefix.
length, cookieEndIndex))
}
function deleteCookie(name, path, domain) {
        if (getCookie(name)) {
                document.cookie=name+"=" +
                ((path) ? "; path="+path: "") +
                ((domain) ? "; domain=" + domain : "") +
                "; expires=Thu, 01-Jan-70 00:00:01 GMT"
        }
}
```

```
function fixDate(date) {
        var base = new Date(0)
        var skew = base.getTime()
        if (skew > 0)
                date.setTime(date.getTime() - skew)
}
var now = new Date()
fixDate(now)
now.setTime(now.getTime() + 365 * 24 * 60 * 60 * 1000)
var visits = getCookie("counter")
if (!visits)
        visits = 1
else
        visits = parseInt(visits) + 1
setCookie("counter", visits, now)
document.write("您已访问本站" + visits + "次.")
</script>
```

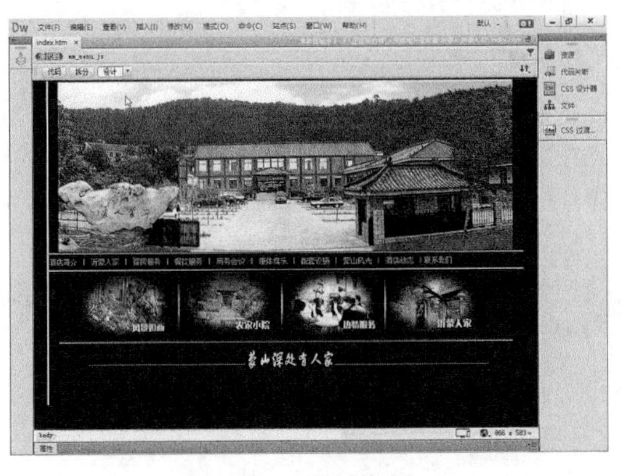

图 A-71　素材实例

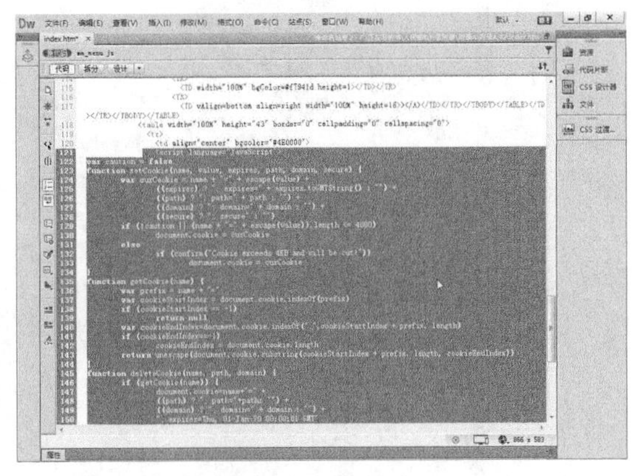

图 A-72　输入代码

❸ 保存文档，按 F12 键在浏览器中预览效果，如图 A-73 所示。

图 A-73　效果图

43. 如何禁止使用鼠标右键

禁止使用鼠标右键的具体操作步骤如下。

原始文件	附录 A/附录 A43/index.html
最终文件	附录 A/附录 A43/index1.html
学习要点	禁止使用鼠标右键

❶ 打开素材文件“附录 A/附录 A43/index.html”，如图 A-74 所示。

❷ 将光标放置在相应的位置，单击【代码视图】按钮，切换到代码视图状态下，在<head>和</head>之间需要的位置输入以下代码，如图 A-75 所示。

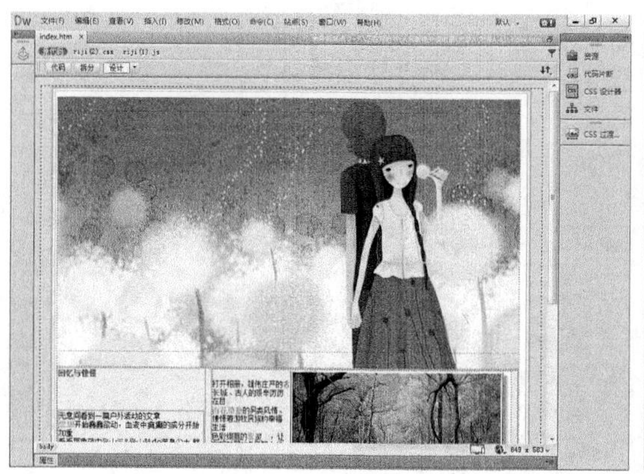

图 A-74　素材实例

图 A-75　输入代码

```
<script language=javascript>
function click() {
}
function click1() {
if (event.button==2) {
alert('禁止右键复制！') }}
function CtrlKeyDown(){
if (event.ctrlKey) {
alert('不当的拷贝将损害您的系统！') }}
document.onkeydown=CtrlKeyDown;
document.onselectstart=click;
document.onmousedown=click1;
</script>
```

❸ 保存文档，按 F12 键在浏览器中预览效果，如图 A-76 所示。

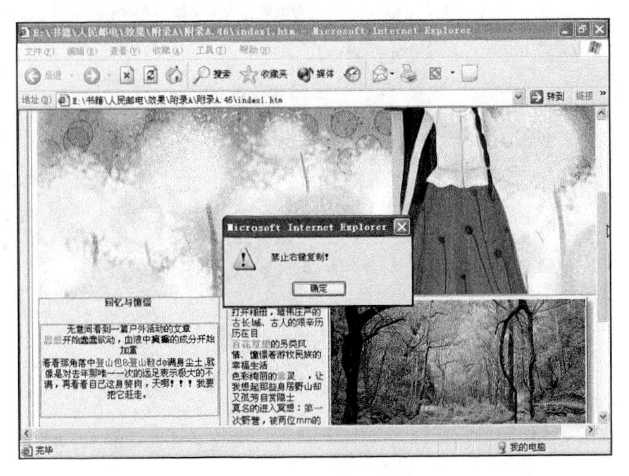

图 A-76　效果图

44. 在 Dreamweaver 里怎样设置 Flash 背景为透明

在 Dreamweaver 中设置 Flash 背景为透明的具体操作步骤如下。

原始文件	附录 A/附录 A44/index.html
最终文件	附录 A/附录 A44/index1.html
学习要点	在 Dreamweaver 中设置 Flash 背景为透明

❶ 打开素材文件“附录 A/附录 A44/index.html”，选中插入的 Flash，在【属性】面板中单击【播放】按钮，播放 Flash 文件，如图 A-77 所示。

❷ 单击【停止】按钮，切换到代码视图状态下，在<object>标记中输入代码<param name="wmode" value="transparent">，如图 A-78 所示。

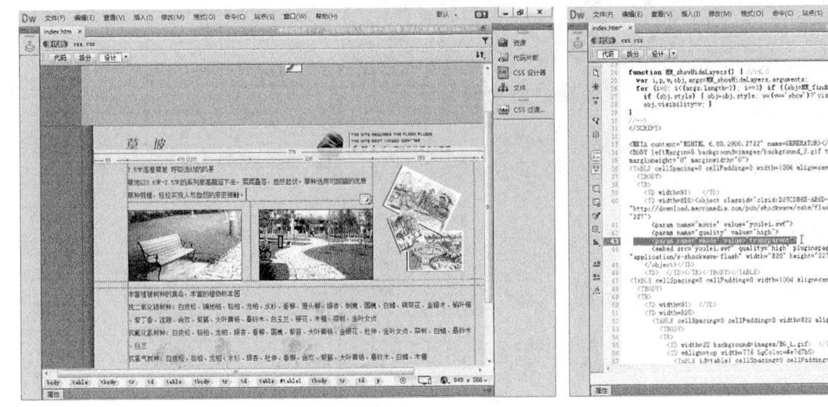

图 A-77　素材实例　　图 A-78　输入代码

❸ 在<embed>标记内插入 wmode=transparent，如图 A-79 所示。

❹ 保存文档，按 F12 键在浏览器中预览效果，如图 A-80 所示。

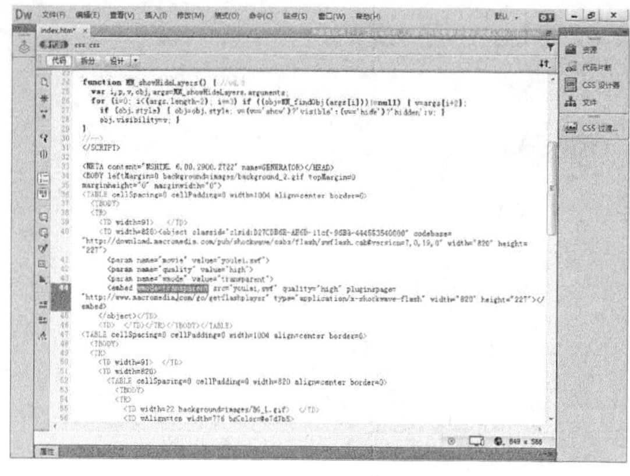

图 A-79　输入代码

图 A-80　效果图

45. 如何将一张图变成 Flash 文件后任意缩放而不出现锯齿

导入的如果是位图，必须将其转换为矢量图格式。矢量图容量小，放大无失真，有很多软件都可以把位图转换为矢量图，Flash 中已提供了把位图转换位矢量图的方法，简单有效。先按 Ctrl+R 组合键导入需转换的位图，选择【修改】|【位图】|【转换位图为矢量图】命令，弹出【转换位图为矢量图】对话框，如图 A-81 所示。在弹出的对话框中，把颜色阈值和最小区域设得越低得到的图形文件会越大，转换出的画面也越精细。

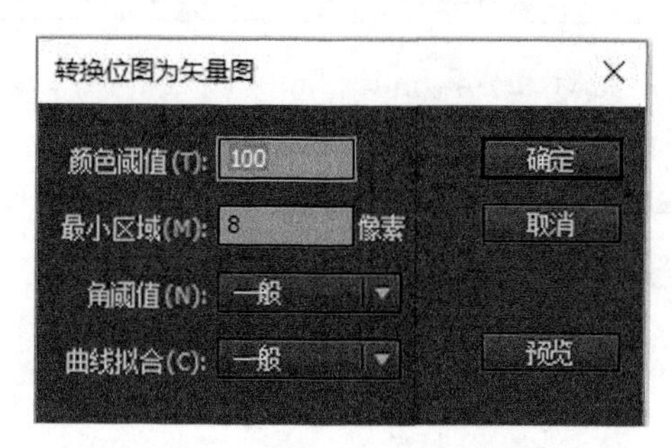

图 A-81　【转换位图为矢量图】

46. 做好的 Flash 放到网页上面以后，它老是循环，怎么能够让它不进行循环

将最后一帧的 Action 设置成 Stop。

47. 一个 MC 引用到场景中后如何播放

把 MC 拖到场景中，动画播放时它就会自动播放。如果没有在最后一帧加上 stop，MC 会默认为循环。

48. Flash 动画窗口可以透明吗

可以设置透明，单击发布设定中的 HTML 窗口模式，选中【透明无窗口】选项即可，如图 A-82 所示。

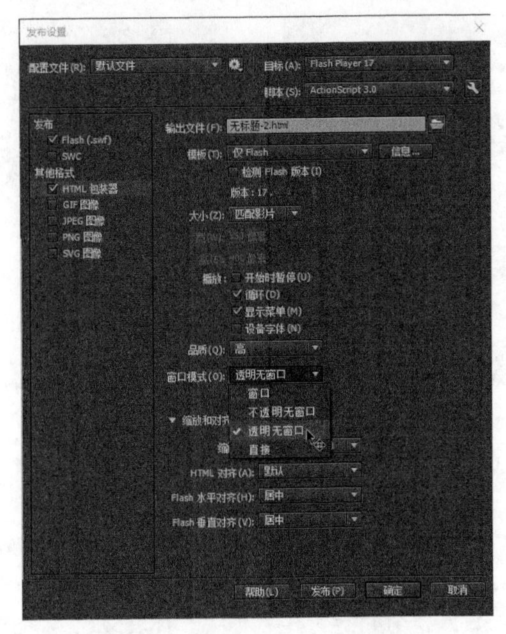

图 A-82　设置透明的 Flash 背景

49. 怎样做一串字或一幅图由模糊变清晰的效果

先建立两层，第一层放置原来清晰的图片，第二层放置被模糊过的图片，把第一层的图片生成影片剪辑或者是图形，然后进行 Alpha 渐变就可以了。

50. 如何进行多帧选取

用 Shift+Alt+Ctrl 组合键可以选取多帧，可以在要选的第一帧处按住 Ctrl 键，然后按住 Shift 键单击结束帧，也可以按住 Ctrl 键，单击选中多帧。

51. 做“沿轨迹运动”动画的时候，物件为什么总是沿直线运动

首帧或尾帧物件的中心位置没有放在轨迹上。有一个简单的检查办法即把屏幕大小设定为 400%或更大，查看图形中间出现的圆圈是否对准了运动轨迹。

52. 如何制作帧帧动画

最终文件	附录 A/附录 A52/帧帧动画.fla
学习要点	制作帧帧动画

制作帧帧动画的具体操作步骤如下。

❶ 新建 Flash 文档，调整文档的大小，并导入一图像作为背景图，如图 A-83 所示。

❷ 选择【视图】|【标尺】命令，在舞台中显示标尺。按住鼠标左键不放，在标尺上拖出一条辅助线，如图 A-84 所示。

❸ 选中第 5 帧，按 F6 键插入关键帧。选中文本工具，在文档中输入文字，并在【属性】面板中设置文本的属性，如图 A-85 所示。

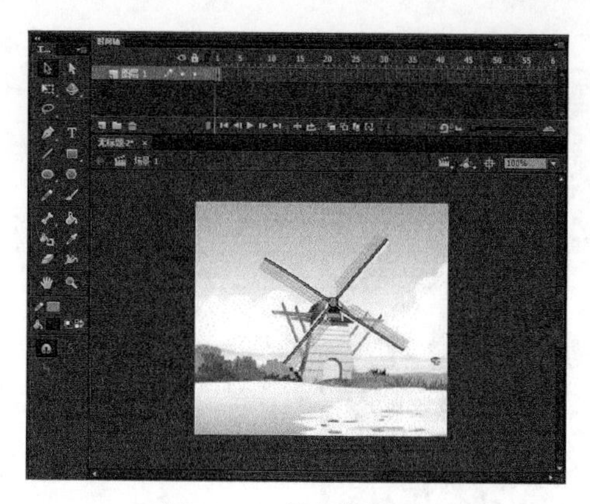

图 A-83　导入背景图

图 A-84　辅助线

❹ 选中第 10 帧，按 F6 键插入关键帧。选中文本工具，在文档中输入文字，并在【属性】面板中设置文本的属性，如图 A-86 所示。

图 A-85　输入文字

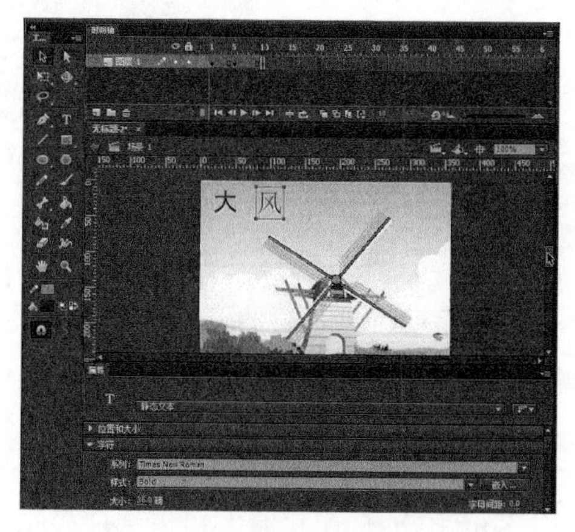

图 A-86　输入文字

❺ 选中第 15 帧，按 F6 键插入关键帧。选中【文本】工具，在文档中输入文字，并在属性面板中设置文本的属性，如图 A-87 所示。

❻ 选择【修改】|【文档】命令，在弹出的【文档属性】对话框中，将【帧频】设置为 5，如图 A-88 所示。

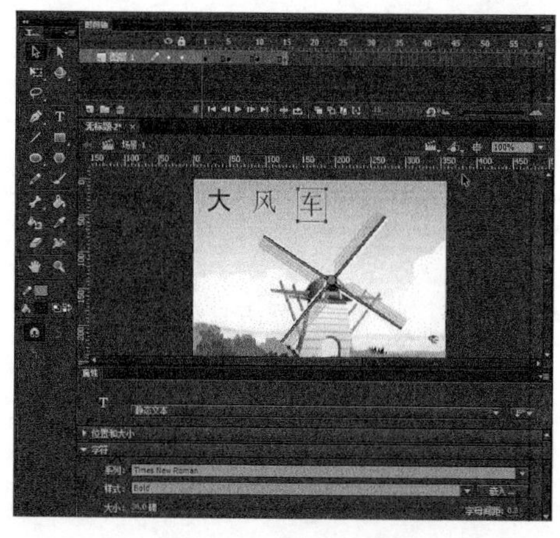

图 A-87　输入文字

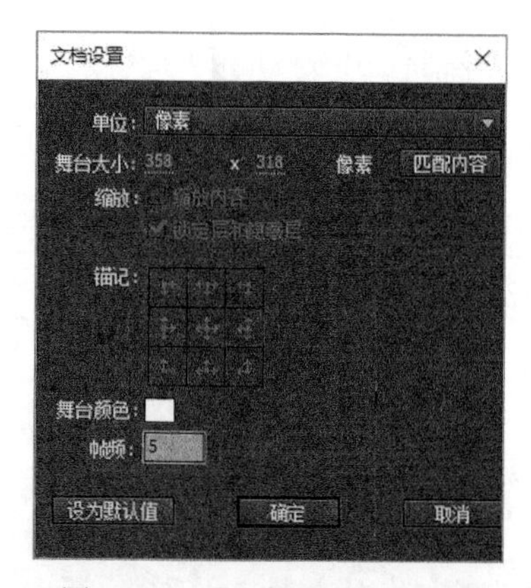

图 A-88　【文档属性】对话框

❼ 按 Ctrl+Enter 组合键测试效果，如图 A-89 所示。

图 A-89　测试效果

53. 如何让动画在停留一段时间后继续播放

加入空白帧来让动画停留，根据要停留的时间加入一定数目的帧。

54. 如何制作补间动画

制作补间动画的具体操作步骤如下。

最终文件	附录 A/附录 A54/补间动画.fla
学习要点	制作补间动画

❶ 新建 Flash 文档，选择【文件】|【导入】|【导入到舞台】命令，导入图像文件，如图 A-90 所示。

❷ 选中图像，选择【修改】|【转换为元件】命令，将其转换为图形元件，如图 A-91 所示。

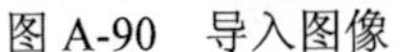
图 A-90　导入图像

图 A-91　转换为元件

❸ 选中第 30 帧，按 F6 键插入关键帧。选中第 1 帧，在【属性】面板中将 Alpha 值设置

为 0%，如图 A-92 所示。

❹ 选中时间轴的第 1 到 30 帧之间的任意帧，单击鼠标右键，在弹出菜单中选择【创建传统补间】选项，如图 A-93 所示。

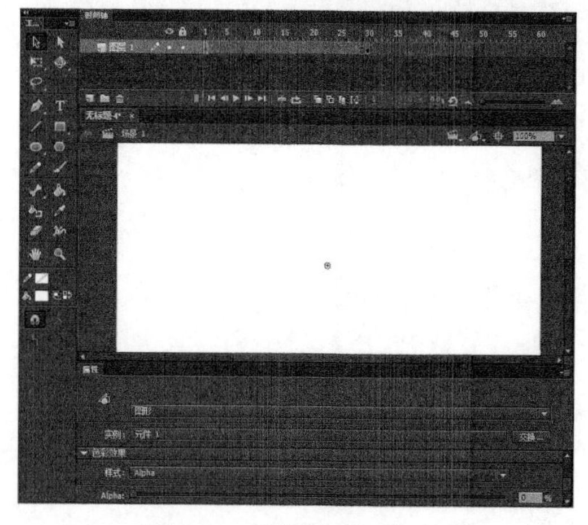
图 A-92　设置 Alpha 值

图 A-93　创建补间动画

❺ 按 Ctrl+Enter 组合键测试效果，如图 A-94 所示。

图 A-94　测试效果

55. 如何制作引导层动画

制作引导层动画的具体操作如下。

最终文件	附录 A/附录 A55/引导层.fla
学习要点	制作引导层动画

❶ 新建 Flash 文档，选择【文件】|【导入】|【导入到库】命令，在弹出的对话框中导入相应的两幅图像，如图 A-95 所示。

❷ 选中图层 1 的第 1 帧，从库面板中将一幅图像拖入到舞台中。单击时间轴左下角的【插入图层】按钮，新建一图层 2，如图 A-96 所示。

图 A-95　导入到【库】面板

图 A-96　新建图层

❸ 将准备好的蜜蜂图像拖入到舞台中，选择【修改】|【转换为元件】命令，将图像转换为元件，如图 A-97 所示。

❹ 在图层 2 的上面单击鼠标右键，在弹出列表中选择【添加传统运动引导层】选项。选择工具箱中的【铅笔工具】，绘制一条引导路径，如图 A-98 所示。

图 A-97　转换为元件

图 A-98　绘制路径

❺ 在图层 1、图层 3 的第 50 帧，按 F6 键插入关键帧，在图层 2 的第 50 帧按 F5 键插入帧，在第 50 帧将图形元件拖动到路径的另一端，如图 A-99 所示。

❻ 在图层 2 的第 1～50 帧之间单击鼠标右键，在弹出菜单中选择【创建传统补间】选项，创建补间动画，如图 A-100 所示。

图 A-99　移动元件

图 A-100　设置动画

❼ 按 Ctrl+Enter 组合键测试效果，如图 A-101 所示。

图 A-101　测试动画

56. 如何调整多个场景的播放次序

选择【窗口】|【场景】命令，可以对场景进行调整播放次序、改名、删除等操作。

57. 如何为作品加上密码保护

选择【文件】|【发布设置】命令，弹出【发布设置】对话框，勾选【高级】中的【防止导入】一项，就可限制别人对作品的导出使用，如图 A-102 所示。

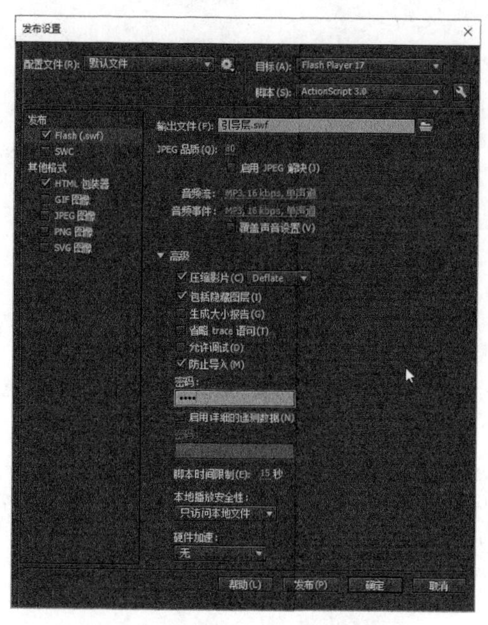

图 A-102　【发布设置】对话框

58. 怎样使一幅图片和另一幅图片很好地融合在一起而看不出图像的边缘

最终文件	附录 A/附录 A58/边缘.psd
学习要点	使一幅图片和另一幅图片很好地融合在一起而看不出图像的边缘

❶ 启动 Photoshop CC，打开两幅图像，如图 A-103 和图 A-104 所示。

图 A-103　图像文件

图 A-104　图像文件

❷ 选中第二幅图像并复制。打开第一幅图像，选择【编辑】|【粘贴】命令，粘贴图像，如图 A-105 所示。

❸ 调整图像的位置，选择【窗口】|【图层】命令，打开【图层】面板，在【图层】面板中，将图层的混合模式设置为【变暗】，将【填充】设置为 60%，如图 A-106 所示。

图 A-105　粘贴图像

图 A-106　设置模式

❹ 设置完以后的效果如图 A-107 所示。选择【文件】|【存储为】命令，保存图像文件。

图 A-107　设置完效果

59. 如何在 Photoshop 中将图片淡化

有以下方法可以将图片淡化。

- 改变图层的透明度，100%为不透明。
- 减少对比度，增加亮度。

60. 怎样使文字边缘填充颜色

最终文件	附录 A/附录 A60/边缘填充.psd
学习要点	使文字边缘填充颜色

❶ 打开图像文件，如图 A-108 所示。

❷ 选中工具箱中的横排文字工具，在文档窗口中输入文字“满天星辰”，设置字体大小为 150，如图 A-109 所示。

图 A-108　图像文件

图 A-109　输入文字

❸ 选择【图层】|【图层样式】|【描边】选项，弹出【图层样式】对话框，在对话框中设置描边的颜色，如图 A-110 所示。

❹ 单击【确定】按钮，应用描边效果，如图 A-111 所示。

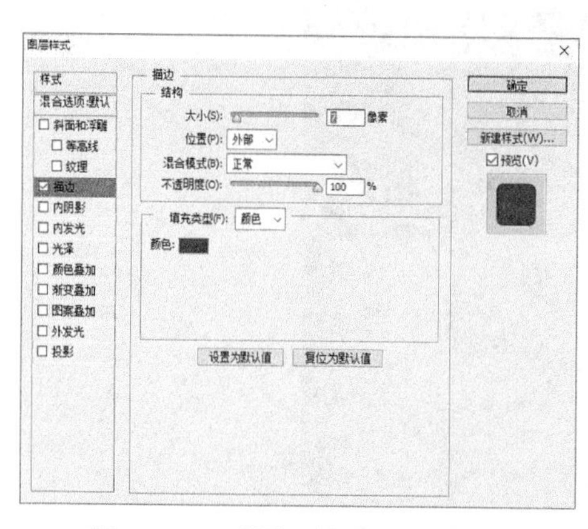

图 A-110　【图层样式】对话框

图 A-111　效果图

61. 什么时候用 GIF 格式文件，什么时候用 JPG 格式图像

通常讲，颜色层次比较丰富细腻的图片就用 JPG 格式，如写实的照片，在存储 JPG 格式

时会有压缩的强度选择，当然压得越少文件越大，但失真也较少，反之亦然。

而颜色比较少，以平涂形式描绘的图形通常就用 GIF 格式，如一些文字及几何图形。GIF 是以颜色的数量来决定文件的大小的，在把 RGB Color 转成 Indexed Color 时可以选择适中的颜色数量。

62. 矢量图形和位图图形有什么区别，各有什么特点

位图图形是由一个个像素组成的图形，局部放大图形所看到的马赛克就是像素。点阵图形能记录下图像无规律的微妙层次变化，通常是一些纪实的照片。

矢量图形的图像是以曲线及节点来标示图形，可以无限放大而不影响其精度，用软件 CorelDraw、Freehand 及 Flash 所画出来的图形均属此类。照片要变成矢量图形就必须经过处理。

63. 在 Photoshop 中，每次打开一幅图都是背景锁定的，如何去除

在 Photoshop 里打开的每一幅图片，其背景层都是锁住不能删除的，此时可以双击它，把它变成普通层，然后就可以对它进行编辑。

64. 如何制作透明 GIF 图像

最终文件	附录 A/附录 A64/tu.gif
学习要点	制作透明 GIF 图像

❶ 启动 Photoshop CC，选择【文件】|【新建】命令，弹出【新建】对话框，如图 A-112 所示。

❷ 在对话框中将【宽度】设置为 310 像素，【高度】设置为 175 像素，【分辨率】设置为 72 像素/英寸，【颜色模式】设置为 RGB 颜色，【背景内容】设置为透明，单击【确定】按钮，新建文档，如图 A-113 所示。

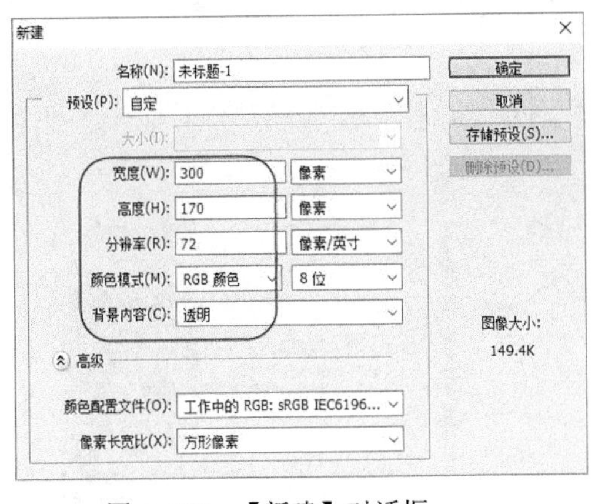

图 A-112　【新建】对话框

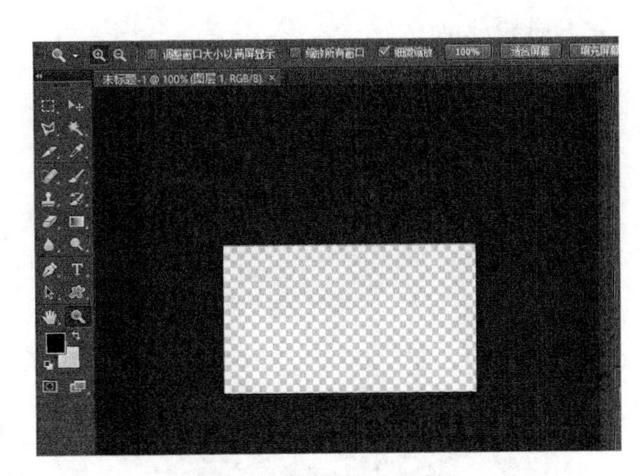

图 A-113　新建文档

❸ 在工具箱中选择选择【自定义形状】工具，在选项栏中选择心形，在舞台中绘制心形，如图 A-114 所示。

❹ 选择工具箱中的【横排文字】工具，输入文字“love”，如图 A-115 所示。

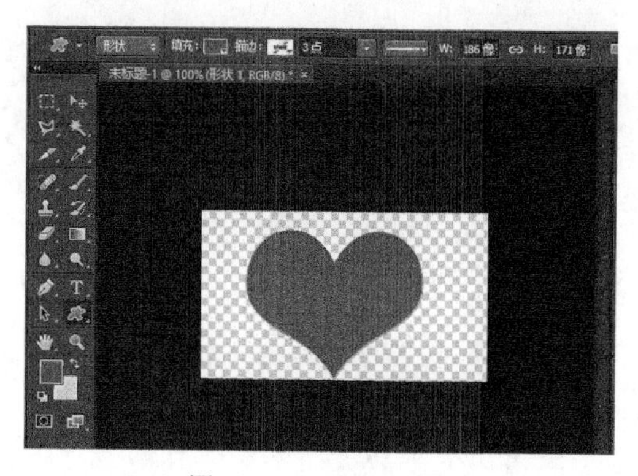

图 A-114　绘制心形

图 A-115　输入文字

❺ 在【图层】面板中新建两个图层，分别输入文字“love”，设置不同的颜色，如图 A-116 所示。

❻ 选择【窗口】|【时间轴】命令，打开【时间轴】面板，单击右下角的【复制所选帧】按钮，复制两个帧，如图 A-117 所示。

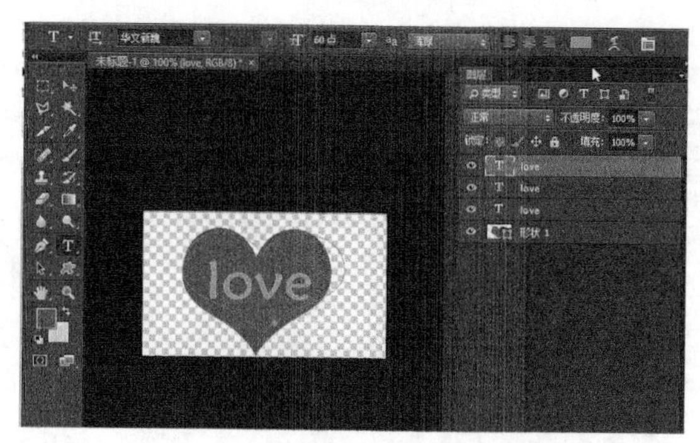

图 A-116　输入文字

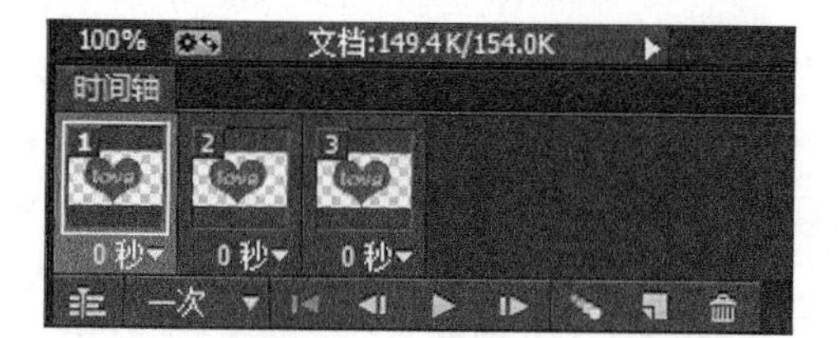

图 A-117　复制帧

❼ 单击选择【时间轴】面板中的第一帧，在【图层】面板中单击勾选最下面的“love”图层，隐藏上面的两个文本图层，如图 A-118 所示。

❽ 单击选择第 1 帧，单击鼠标右键，在弹出的列表中选择 2.0，将帧延迟时间设置为 2.0，如图 A-119 所示。

图 A-118　绘制图像

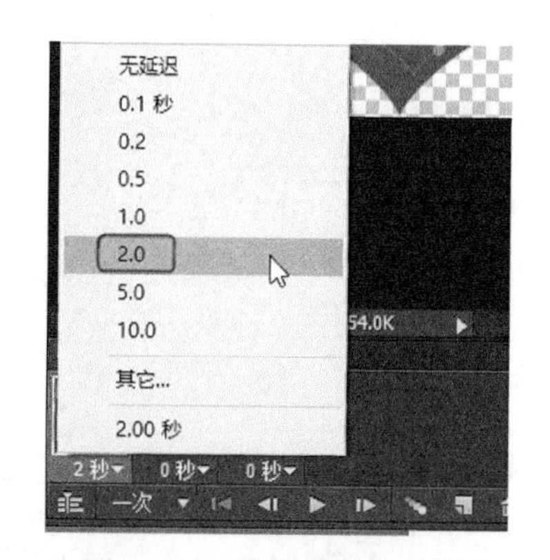

图 A-119　设置帧延迟时间

❾ 单击选择【时间轴】面板中的第 2 帧，在【图层】面板中单击勾选中间的“love”图层，隐藏其余两个文本图层，将帧延迟时间设置为 2.0，如图 A-120 所示。

❿ 单击选择【时间轴】面板中的第 3 帧，在【图层】面板中单击勾选最上面的“love”图层，隐藏其余两个文本图层，将帧延迟时间设置为 2.0，如图 A-121 所示。

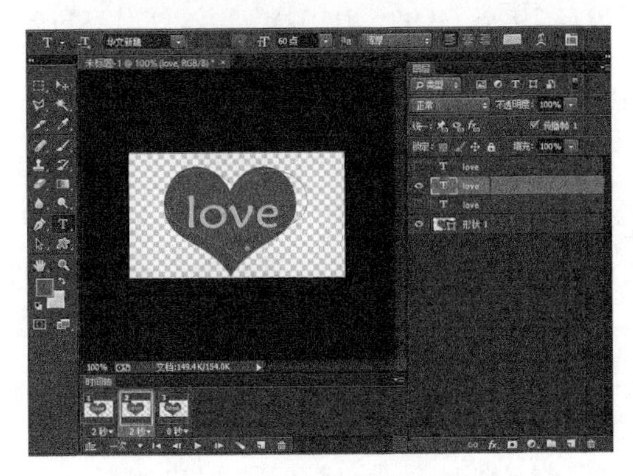

图 A-120　设置帧延迟时间

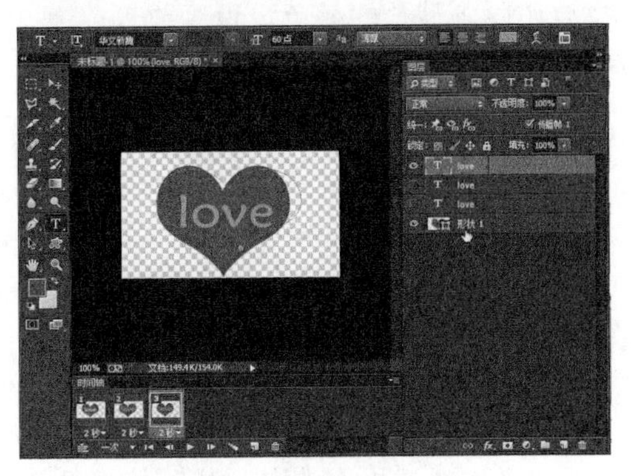

图 A-121　设置帧延迟时间

⓫ 选择【文件】|【存储为 Web 所用格式】命令，弹出【存储为 Web 所用格式】对话框，在对话框中将【文件格式】设置为 GIF，将【循环选项】设置为【永远】选项，如图 A-122 所示。

⓬ 单击【存储】按钮，弹出【存储为】对话框，选择存储的位置以后，单击【保存】按钮存储图像，效果如图 A-123 所示。

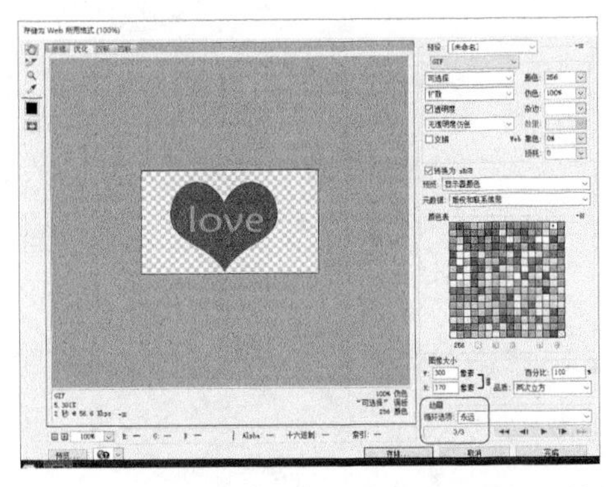

图 A-122　【存储为 Web 所用格式】对话框

图 A-123　效果图

65. 动作和滤镜有什么区别

动作只是 Photoshop 的宏文件，它是由一步步的 Photoshop 操作组成的，虽然它也能实现一些滤镜的功能，但它并不是滤镜。滤镜本质上是一个复杂的数学运算法则，也就是说，原图中每个像素和滤镜处理后的对应像素之间有一个运算法则。

66. 如何快速打开文件

以鼠标左键双击 Photoshop 的背景空白处（默认为灰色显示区域），即可打开选择文件的浏览窗口。

67. 如何随意更换画布颜色

选择油漆桶工具并按住 Shift 键单击画布边缘，即可设置画布底色为当前选择的前景色。如果要还原到默认的颜色，设置前景色为 25%灰度(R192，G192，B192)，再次按住 Shift 键单击画布边缘即可。

68.【选框】工具中 Shift 和 Alt 键的使用方法

- 当用【选框】选取图片时，想扩大选择区，可以按住 Shift 键，光标“+”会变成“十+”时，拖动光标就可以在原来选取的基础上扩大所需的选择区域，或是在同一幅图片中同时选取两个或两个以上的选取框。
- 当用【选框】选取图片时，想在【选框】中减去多余的图片，可以按住 Alt 键，光标“+”会变成“十-”，拖动光标就可以留下所需要的图片。
- 当用【选框】选取图片时，想得到两个选取框叠加的部分，这时按住 Shift+Alt 组合键，光标“+”会变成“十 x”时。拖动光标就可得到想要的部分。
- 想得到【选框】中的正圆或正方形时，按住 Shift 键就可以。

69. Shift+Ctrl+Alt+T 是什么

它是自由变换的一种组合键，意思是复制并按规律变换。可以新建一个图层，随意画一个小色块，先做一次自由变换（可以设定好角度、变形位移等），然后用组合键体会一下。

附录B

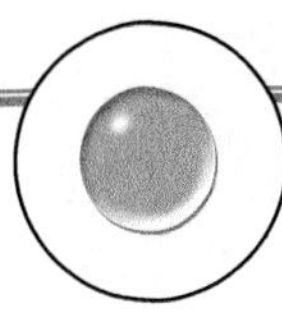

ASP 函数速查表

函　　数	功能说明
Abs（数值）	绝对值。一个数字的绝对值是它的正值。空字符串（null）绝对值，也是空字符串。未初始化的变数，其绝对为 0
Array（以逗点分隔的数组元素）	Array 函数返回数组元素的值
Asc（字符串）	将字符串的第一字母转换成 ANSI（美国国家标准符号）字码
CBool（表达式）	转换成布尔逻辑值变量型态（True 或 False）
CDate（日期表达式）	换成日期变量型态。可先使用 IsDate 函数判断是否可以转换成日期
CDbl（表达式）	转换成 DOUBLE 变量型态
Chr（ANSI 字码）	将 ASCII 字码转换成字符
CInt（表达式）	转换成整数变量型态
CLng（表达式）	转换成 LONG 变量型态
CSng（表达式）	转换成 SINGLE 变量型态
CStr（表达式）	转换成字符串变量型态
Date( )top	返回系统的日期
DateAdd(I , N , D)	将一个日期加上一段期间后的日期 I：设定一个日期（Date）所加上的一段期间的单位 N：数值表达式，设定一个日期所加上的一段期间，可为正值或负值，正值表示加（结果为>date 以后的日期），负值表示减（结果为>date 以前的日期） D：待加减的日期
DateDiff(I , D1 , D2[,FW[,FY]])	计算两个日期之间的期间 I：设定两个日期之间的期间计算之单位 D1,D2：计算期间的两个日期表达式，若>date1 较早，则两个日期之间的期间结果为正值；若>date2 较早，则结果为负值 FW：设定每周第一天为星期几，若未设定表示为星期天 FY：设定一年的第一周，若未设定则表示一月一日那一周为一年的第一周
Dateserial(year,month,day)	转换（year,month,day）成日期变量型态
DateValue（日期的字符串或表达式）	转换成日期变量型态，日期从 January1，100 到 December 31，9999。格式 month,day,and yea 或 month/day/year。如 December 30，1999、Dec 30，1999、12/30/1999、12/30/99
Day（日期的字符串或表达式）	返回日期的“日”部分
Fix（表达式）top	转换字符串成整数数字型态。与 Int 函数相同。若为 null 时返回 null。 Int(number)与 Fix(number)的差别在负数。如 Int(-5.6)=-6, Fix(-5.6)=-5

续表

函　　数	功能说明
Hex（表达式）top	返回数值的十六进制值。若表达式为 null 时 Hex（表达式）=null，若表达式=Empty 时 Hex（表达式）=0。16 进位可以加「 &H 」表示，如 16 进位&H10 表示十进制的 16
Hour（时间的字符串或表达式）	返回时间的「小时」部分
InStr([start,]string1,string2[,compare]) top	将一个字符串由左而右与另一个比较，返回第一个相同的位置 start 为从第几个字比较起，若省略 start 则从第一个字比较起，string1 为待寻找的字符串表达式，string2 为待比较的字符串表达式，compare 为比较的方法，compare=0 表二进制比较法，compare=1 表文字比较法，若省略 compare 则为预设的二进制比较法
InstrRev([start,]string1,string2[,compare])	将一个字符串由右而左与另一个比较，返回第一个相同的位置 start 为从第几个字比较起，若省略，start 则从第一个字比较起，string1 为待寻找的字符串表达式，string2 为待比较的字符串表达式，compare 为比较的方法，compare=0 表二进制比较法，compare=1 表文字比较法，若省略 compare 则为预设的二进制比较法
Int（表达式）	返回一个数值的整数部分。与 Fix 函数相同
IsArray（变数）	测试变量是（True）否（False）是一个数组
IsDate（日期或字符串的表达式）	是否可以转换成日期。日期从 January 1，100 A.D.到 December 31，9999 A.D
IsEmpty（变数）	测试变量是（True）否（False）已经被初始化
IsNull（变数）	测试变数是（True）否（False）不是有效的数据
IsNumeric（表达式）	是（True）否（False）是数字
LCase（字符串表达式）top	转换字符串成小写。将大写字母的部分转换成小写。字符串其余的部分不变
Left（字符串表达式，length）	取字符串左边的几个字。length 为取个字。Len 函数可得知字符串的长度
Len（字符串表达式变量）	取得字符串的长度
LTrim（字符串表达式）	除去字符串左边的空白字。RTrim 除去字符串右边的空白字，Trim 函数除去字符串左右两边的空白字
Mid（字符串表达式，start[,length]）top	取字符串中的几个字。start 为从第几个字取起，length 为取几个字，若略 length 则从 start 取到最右底。由 Len 函数可得知字符串的长度
Minute（日期的字符串或表达式）	返回时间的“分钟”部分
Month（日期的字符串或表达式）	返回日期的“月”部分
MonthName(month[,abbreviate])	返回月的名称 month：待返回月名称的数字 1～12。如 1 代表一月，7 代表七月 abbreviate：是（True）否（False）为缩写，如 March，缩写为 Mar。默认值为 False。中文的月名称无缩写
Now()	返回系统的日期时间
Oct()	返回数值的八进位值。八进位可以加“&O”表示，譬如八进位&O10 表示十进制的 8
Replace（字符串表达式，findnreplacewith[,start[,count[,compare]]]）	将一个字符串取代部分字。寻找待取代的原字符串（find），若找到则被取代为新字符串（replacewith） find：待寻找取代的原字符串 replacewith：取代后的字 start：从第几个字开始寻找取代，若未设定则由第一个字开始寻找

续表

函　　数	功能说明
Replace（字符串表达式，findnreplacewith[,start[,count[,compare]]]）	count：取代的次数。若未设定则所有寻找到的字符串取代字符串全部被取代 compare：寻找比较的方法，compare=0 表示二进制比较法，compare=1 表文字比较法，compare=2 表根据比较的数据型态而定，若省略 compare 则为预设的二进制比较法
Right（字符串表达式,length）	取字符串右边的几个字，length 为取几个字。Len 函数可得知字符串的长度
Rnd [(number)]	0～1 的随机数值。number 是任何有效的数值表达式。若 number 小于 0 表示每次得到相同的随机数值。number 大于 0 或未提供时表示依序得到下一个随机数值。>number=0 表示得到最近产生的随机数值。为了避免得到相同的随机数顺序，可以于 Rnd 函数前加 Randomize
Round（数值表达式[,D]）	四舍五入 D：为四舍五入到第几位小数，若省略则四舍五入到整数
RTrim（字符串表达式）	除去字符串右边的空白字。LTrim 除去字符串左边的空白字，Trim 函数除去字符串左右两边的空白字
Second（时间的字符串或表达式）top	返回时间的「秒」部分
Space（重复次数）	得到重复相同的空白字符串
String（重复次数，待重复的字）	得到重复相同的字符串
StrReverse（String(10,71)）	将一个字符串顺序颠倒
Time()	返回系统的时间
TimeSerial（hour,minute,second）	转换指定的（hour,minute,second）成时间变量型态
TimeValue（日期的字符串或表达式）	转换成时间变量型态。日期的字符串或表达式从 0:00:00（12:00:00 A.M.）到 23:59:59（11:59:59 P.M）
Trim（字符串表达式）	除去字符串左右两边的空白字
UCase()top	转换字符串成大写。将小写字母的部分转换成大写，字符串其余部分不变
VarType（变数）	返回一个变量类型。与 TypeName 函数相同，VarType 返回变量类型的代码，TypeName 返回变量类型的名称
Weekday（日期表达式，[FW]）	返回星期几的数字 FW：设定一周的第一天是星期几。若省略则表 1（星期日） Firstdayfweek 设定值为：1（星期日）、2（星期一）、3（星期二）、4（星期三）、5（星期四）、6（星期五）、7（星期六）
WeekDayName(W,A,FW)	返回星期几的名称 W：是（True）否（False）为缩写。譬如 March，缩写为 Mar。预设为 False。中文的星期几名称无缩写 FW：设定一周的第一天是星期几。若省略表 1（星期日）。设定待返回星期几的名称，为一周中的第几天 A：1（星期日）、2（星期一）、3（星期二）、4（星期三）、5（星期四）、6（星期五）、7（星期六）
Year()	返回日期的“年”部分
Array()	返回一个数组

续表

函　　数	功能说明
CInt()	将一个表达式转化为数字类型
CreateObject()	建立和返回一个已注册的 ACTIVEX 组件的实例
CStr()	转化一个表达式为字符串
Date()	返回当前系统日期
DateAdd()	返回一个被改变了的日期
DateDiff()	返回两个日期之间的差值
Day()	返回一个月的第几日
FormatCurrency()	返回表达式，此表达式已被格式化为货币值
FormatDateTime()	返回表达式，此表达式已被格式化为日期或时间
FormatNumber()	返回表达式，此表达式已被格式化为数值
FormatPercent()	返回表达式，此表达式已被格式化为尾随有%符号的百分比（乘以 100）
Hour()	以 24 时返回小时数
Instr()	返回字符或字符串在另一个字符串中第一次出现的位置
InstrRev()	同上，只是从字符串的最后一个搜索起
Int()	返回数值类型，不四舍五入
IsArray()	判断一对象是否为数组，返回布尔值
IsDate()	判断一对象是否为日期，返回布尔值
IsEmpty()	判断一对象是否初始化，返回布尔值
IsNull()	判断一对象是否为空，返回布尔值
IsObject()	判断一对象是否为对象，返回布尔值
LBound()	返回指定数组维的最小可用下标
LCase()	返回字符串的小写形式
Left()	返回字符串左边第 length 个字符以前的字符（含第 length 个字符）
Len()	返回字符串的长度
LTrim()	去掉字符串左边的空格
Mid()	返回特定长度的字符串（从 start 开始，长度为 length）
Minute()	返回时间的分串
Month()	返回日期
Right()	返回字符串右边第 length 个字符以前的字符（含第 length 个字符）
Rnd()	产生一个随机数
Round()	返回按指定位数进行四舍五入的数值
Rtrim()	去掉字符串右边的字符串
Second()	返回秒
StrReverse()	反排一字符串
Time()	返回系统时间
Trim()	去掉字符串左右的空格
UBound()	返回指定数组位数的最大可用下标

续表

函　　数	功能说明
UCase()	返回字符串的大写形式
VarType()	返回指示变量子类型的值
WeekDay()	返回在一周的第几天
WeekDayName()	返回一周第几天的名字
Year()	返回当前的年份

附录C

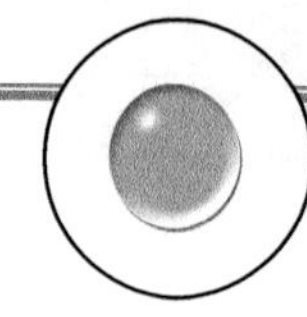

JavaScript 语法速查

1. JavaScript 函数

函　　数	功 能 说 明
GetObject 函数	返回文件中的 Automation 对象的引用
ScriptEngine 函数	返回代表所使用的脚本语言的字符串
ScriptEngineBuildVersion 函数	返回所使用的脚本引擎的编译版本号
ScriptEngineMajorVersion 函数	返回所使用的脚本引擎的主版本号
ScriptEngineMinorVersion 函数	返回所使用的脚本引擎的次版本号

2. JavaScript 方法

方　　法	功 能 说 明
abs 方法	返回一个数的绝对值
acos 方法	返回一个数的反余弦
anchor 方法	在对象的指定文本两端加上一个带 name 属性的 HTML 锚点
asin 方法	返回一个数的反正弦
atan 方法	返回一个数的反正切
atan2 方法	返回从 x 轴到点（y,x）的角度（以弧度为单位）
atEnd 方法	返回一个表明枚举算子是否处于集合结束处的 Boolean 值
big 方法	在 String 对象的文本两端加入 HTML 的<big>标识
blink 方法	将 HTML 的<Blink>标识添加到 String 对象中的文本两端
bold 方法	将 HTML 的<B>标识添加到 String 对象中的文本两端
ceil 方法	返回大于或等于其数值参数的最小整数
charAt 方法	返回位于指定索引位置的字符
charCodeAt 方法	返回指定字符的 Unicode 编码
compile 方法	将一个正则表达式编译为内部格式
concat 方法（Array）	返回一个由两个数组合并组成的新数组
concat 方法（String）	返回一个包含给定的两个字符串的连接的 String 对象
cos 方法	返回一个数的余弦

续表

方　　法	功 能 说 明
dimensions 方法	返回 VBArray 的位数
escape 方法	对 String 对象编码，以便在所有计算机上都能阅读
eval 方法	对 JavaScript 代码求值然后执行
exec 方法	在指定字符串中执行一个匹配查找
exp 方法	返回（自然对数的底）的幂
fixed 方法	将 HTML 的<TT>标识添加到 String 对象中的文本两端
floor 方法	返回小于或等于其数值参数的最大整数
fontcolor 方法	将 HTML 带 Color 属性的<Font>标识添加到 String 对象中的文本两端
fontsize 方法	将 HTML 带 Size 属性的<Font>标识添加到 String 对象中的文本两端
fromCharCode 方法	返回 Unicode 字符值的字符串
getDate 方法	使用当地时间返回 Date 对象的月份日期值
getDay 方法	使用当地时间返回 Date 对象的星期几
getFullYear 方法	使用当地时间返回 Date 对象的年份
getHours 方法	使用当地时间返回 Date 对象的小数值
getItem 方法	返回位于指定位置的项
getMilliseconds 方法	使用当地时间返回 Date 对象的毫秒值
getMinutes 方法	使用当地时间返回 Date 对象的分钟值
getMonth 方法	使用当地时间返回 Date 对象的月份
getSeconds 方法	使用当地时间返回 Date 对象的秒数
getTime 方法	返回 Date 对象中的时间
getTimezoneOffset 方法	返回主机的时间和全球标准时间（UTC）之间的差（以分钟为单位）
getUTCDate 方法	使用全球标准时间（UTC）返回 Date 对象的日期值
getUTCDay 方法	使用全球标准时间（UTC）返回 Date 对象的星期几
getUTCFullYear 方法	使用全球标准时间（UTC）返回 Date 对象的年份
getUTCHours 方法	使用全球标准时间（UTC）返回 Date 对象的小时数
getUTCMilliseconds 方法	使用全球标准时间（UTC）返回 Date 对象的毫秒数
getUTCMinutes 方法	使用全球标准时间（UTC）返回 Date 对象的分钟数
getUTCMonth 方法	使用全球标准时间（UTC）返回 Date 对象的月份值
getUTCSeconds 方法	使用全球标准时间（UTC）返回 Date 对象的秒数
getVarDate 方法	返回 Date 对象中的 VT_DATE
getYear 方法	返回 Date 对象中的年份
indexOf 方法	返回在 String 对象中第一次出现子字符串的字符位置
isFinite 方法	返回一个 Boolean 值，表明某个给定的数是否是有限的
isNaN 方法	返回一个 Boolean 值，表明某个值是否为保留值 NaN
italics 方法	将 HTML 的<I>标识添加到 String 对象中的文本两端
item 方法	返回集合中的当前项
join 方法	返回一个由数组中的所有元素连接在一起的 String 对象

续表

方　法	功能说明
lastIndexOf 方法	返回在 String 对象中子字符串最后出现的位置
lbound 方法	返回在 VBArray 中指定位数所用的最小索引值
link 方法	将带 HREF 属性的 HTML 锚点添加到 String 对象中的文本两端
log 方法	返回某个数的自然对数
match 方法	使用给定的正则表达式对象对字符串进行查找，并将结果作为数组返回
max 方法	返回给定的两个表达式中的较大者
min 方法	返回给定的两个数中的较小者
moveFirst 方法	将集合中的当前项设置为第一项
moveNext 方法	将当前项设置为集合中的下一项
parse 方法	对包含日期的字符串进行分析，并返回该日期与 1970 年 1 月 1 日零点之间相差的毫秒数
parseFloat 方法	返回从字符串转换而来的浮点数
parseInt 方法	返回从字符串转换而来的整数
pow 方法	返回一个指定幂次的底表达式的值
random 方法	返回一个 0 和 1 之间的为随机数
replace 方法	返回根据正则表达式进行文字替换后的字符串的副本
reverse 方法	返回一个元素反序的 Array 对象
round 方法	将一个指定的数值表达式舍入到最近的整数并将其返回
search 方法	返回与正则表达式查找内容匹配的第一个子字符串的位置
setDate 方法	使用当地时间设置 Date 对象的数值日期
setFullYear 方法	使用当地时间设置 Date 对象的年份
setHours 方法	使用当地时间设置 Date 对象的小时值
setMilliseconds 方法	使用当地时间设置 Date 对象的毫秒值
setMinutes 方法	使用当地时间设置 Date 对象的分钟值
setMonth 方法	使用当地时间设置 Date 对象的月份
setSeconds 方法	使用当地时间设置 Date 对象的秒值
setTime 方法	设置 Date 对象的日期和时间
setUTCDate 方法	使用全球标准时间（UTC）设置 Date 对象的数值日期
setUTCFullYear 方法	使用全球标准时间（UTC）设置 Date 对象的年份
setUTCHours 方法	使用全球标准时间（UTC）设置 Date 对象的小时值
setUTCMilliseconds 方法	使用全球标准时间（UTC）设置 Date 对象的毫秒值
setUTCMinutes 方法	使用全球标准时间（UTC）设置 Date 对象的分钟值
setUTCMonth 方法	使用全球标准时间（UTC）设置 Date 对象的月份
setUTCSeconds 方法	使用全球标准时间（UTC）设置 Date 对象的秒值
setYear 方法	使用 Date 对象的年份
sin 方法	返回一个数的正弦
slice 方法（Array）	返回数组的一个片段
Slice 方法（String）	返回字符串的一个片段

续表

方　　法	功 能 说 明
small 方法	将 HTML 的<SMALL>标识添加到 String 对象中的文本两端
sort 方法	返回一个元素被排序了的 Array 对象
split 方法	将一个字符串分割为子字符串，然后将结果作为字符串数组返回
sqrt 方法	返回一个数的平方根
strike 方法	将 HTML 的<STRIKE>标识添加到 String 对象中的文本两端
Sub 方法	将 HTML 的<SUB>标识放置到 String 对象中的文本两端
substr 方法	返回一个从指定位置开始并具有指定长度的子字符串
substring 方法	返回位于 String 对象中指定位置的子字符串
sup 方法	将 HTML 的<SUP>标识放置到 String 对象中的文本两端
tan 方法	返回一个数的正切
test 方法	返回一个 Boolean 值，表明在被查找的字符串中是否存在某个模式
toArray 方法	返回一个从 VBArray 转换而来的标准 JavaScript 数组
toGMTString 方法	返回一个转换为使用格林威治标准时间（GMT）的字符串的日期
toLocaleString 方法	返回一个转换为使用当地时间的字符串的日期
toLowerCase 方法	返回一个所有的字母字符都被转换为小写字母的字符串
toString 方法	返回一个对象的字符串表示
toUpperCase 方法	返回一个所有的字母字符都被转换为大写字母的字符串
toUTCString 方法	返回一个转换为使用全球标准时间（UTC）的字符串的日期
ubound 方法	返回在 VBArray 的指定维中所使用的最大索引值
unescape 方法	对用 escape 方法编码的 String 对象进行解码
UTC 方法	返回 1970 年 1 月 1 日零点的全球标准时间（UTC）（或 GMT）与指定日期之间的毫秒数
valueOf 方法	返回指定对象的原始值

3. JavaScript 对象

对　　象	功 能 说 明
ActiveXObject 对象	启用并返回一个 Automation 对象的引用
Array 对象	提供对创建任何数据类型的数组的支持
Boolean 对象	创建一个新的 Boolean 值
Date 对象	提供日期和时间的基本存储和检索
Dictionary 对象	存储数据键、项对的对象
Enumerator 对象	提供集合中的项的枚举
Error 对象	包含在运行 JavaScript 代码时发生的错误的有关信息
FileSystemObject 对象	提供对计算机文件系统的访问
Function 对象	创建一个新的函数
Global 对象	是一个内部对象，目的是将全局方法集中在一个对象中

续表

对　　象	功 能 说 明
Math 对象	一个内部对象，提供基本的数学函数和常数
Number 对象	表示数值数据类型和提供数值常数的对象
Object 对象	提供所有的 JavaScript 对象的公共功能
RegExp 对象	存储有关正则表达式模式查找的信息
正则表达式对象	包含一个正则表达式模式
String 对象	提供对文本字符串的操作和格式处理，判定在字符串中是否存在某个子字符串及确定其位置
VBArray 对象	提供对 VisualBasic 安全数组的访问

4. JavaScript 运算符

运　算　符	功 能 说 明
加法运算符（+）	将两个数相加或连接两个字符串
赋值运算符（=）	将一个值赋给变量
按位与运算符（&）	对两个表达式执行按位与操作
按位左移运算符（<<）	将一个表达式的各位向左移
按位取非运算符（~）	对一个表达式执行按位取非（求非）操作
按位或运算符（|）	对两个表达式指定按位或操作
按位右移运算符（>>）	将一个表达式的各位向右移，保持符号不变
按位异或运算符（^）	对两个表达式执行按位异或操作
逗号运算符（,）	使两个表达式连续执行
比较运算符	返回 Boolean 值，表示比较结果
复合赋值运算符	复合赋值运算符列表
条件（三元）运算符（?:）	根据条件执行两个表达式之一
递减运算符（--）	将变量减一
delete 运算符	删除对象的属性，或删除数组中的一个元素
除法运算符（/）	将两个数相除并返回一个数值结果
相等运算符（==）	比较两个表达式，看是否相等
大于运算符（>）	比较两个表达式，看一个是否大于另一个
小于运算符（<）	比较两个表达式，看是否一个小于另一个
小于等于运算符（<=）	比较两个表达式，看是否一个小于等于另一个
逻辑与运算符（&&）	对两个表达式执行逻辑与操作
逻辑非运算符（!）	对表达式执行逻辑非操作
逻辑或运算符（||）	对两个表达式执行逻辑或操作
取模运算符（%）	将两个数相除，并返回余数
乘法运算符（*）	将两个数相乘
new 运算符	创建一个新对象

续表

运 算 符	功 能 说 明
非严格相等运算符（!==）	比较两个表达式，看是否具有不相等的值或数据类型不同
运算符优先级	包含 JavaScript 运算符的执行优先级信息的列表
减法运算符（-）	对两个表达式执行减法操作
typeof 运算符	返回一个表示表达式的数据类型的字符串
一元取相反数运算符（-）	表示一个数值表达式的相反数
无符号右移运算符（>>>）	在表达式中对各位进行无符号右移
void 运算符	避免一个表达式返回值

5. JavaScript 属性

属　　性	功 能 说 明
$1...$9Properties	返回在模式匹配中找到的最近的九条记录
arguments 属性	返回一个包含传递给当前执行函数的每个参数的数组
caller 属性	返回调用当前函数的函数引用
constructor 属性	指定创建对象的函数
description 属性	返回或设置关于指定错误的描述字符串
E 属性	返回 Euler 常数，即自然对数的底
index 属性	返回在字符串中找到的第一个成功匹配的字符位置
Infinity 属性	返回 number.positiue_infinity 的初始值
input 属性	返回进行查找的字符串
lastIndex 属性	返回在字符串中找到的最后一个成功匹配的字符位置
length 属性（Array）	返回比数组中所定义的最高元素大 1 的一个整数
length 属性（Function）	返回为函数所定义的参数个数
length 属性（String）	返回 String 对象的长度
LN2 属性	返回 2 个自然对数
LN10 属性	返回 10 的自然对数
LOG2E 属性	返回以 2 为底的 e（即 Euler 常数）的对数
LOG10E 属性	返回以 10 为底的 e（即 Euler 常数）的对数
Max_value 属性	返回在 JavaScript 中能表示的最大值
Min_value 属性	返回在 JavaScript 中能表示的最接近零的值
NaN 属性（Global）	返回特殊值 NaN，表示某个表达式不是一个数
NaN 属性（Number）	返回特殊值（NaN），表示某个表达式不是一个数
Negatiue_infinity 属性	返回比在 JavaScript 中能表示的最大的负数（-Number.MAX_VALUE）更负的值
Number 属性	返回或设置与特定错误关联的数值
PI 属性	返回圆周与其直径的比值，约等于 3.141592653589793
Positive_infinity 属性	返回比在 JavaScript 中能表示的最大的数（Number.MAX_VALUE）更大的值

续表

属　　性	功 能 说 明
Prototype 属性	返回对象类的原型引用
source 属性	返回正则表达式模式的文本副本
Sqrt1_2 属性	返回 0.5 的平方根，即 1 除以 2 的平方根
Sqrt2 属性	返回 2 的平方根

6. JavaScript 语句

语　　句	功 能 说 明
break 语句	终止当前循环，或者如果与一个 label 语句关联，则终止相关联的语句
catch 语句	包含在 try 语句块中的代码发生错误时执行的语句
@cc_on 语句	激活条件编译支持
//（单行注释语句）	使单行注释被 JavaScript 语法分析器忽略
/*..*/（多行注释语句）	使多行注释被 JavaScript 语法分析器忽略
continue 语句	停止循环的当前迭代，并开始一次新的迭代
do...while 语句	先执行一次语句块，然后重复执行该循环，直至条件表达式的值为 false
for 语句	只要指定的条件为 true，就一直执行语句块
for...in 语句	对应于对象或数组中的每个元素执行一个或多个语句
function 语句	声明一个新的函数
@if 语句	根据表达式的值，有条件地执行一组语句
if...else 语句	根据表达式的值，有条件地执行一组语句
Labeled 语句	给语句提供一个标识符
return 语句	从当前函数退出并从该函数返回一个值
@set 语句	创建用于条件编译语句的变量
switch 语句	当指定的表达式的值与某个标签匹配时，即执行相应的一个或多个语句
this 语句	对当前对象的引用
throw 语句	产生一个可由 try...catch 语句处理的错误条件
try 语句	实现 JavaScript 的错误处理
var 语句	声明一个变量
while 语句	执行语句直至给定的条件为 false
with 语句	确定一个语句的默认对象

附录D

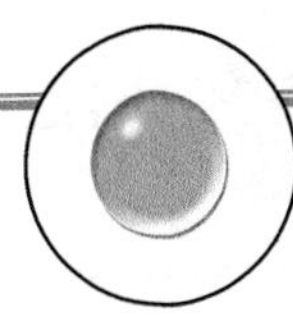

CSS 属性一览表

CSS-文字属性

文 字 属 性	功 能 说 明
color : #999999;	文字颜色
font-family : 宋体,sans-serif;	文字字体
font-size : 9pt;	文字大小
font-style:itelic;	文字斜体
font-variant:small-caps;	小字体
letter-spacing : 1pt;	字间距离
line-height : 200%;	设置行高
font-weight:bold;	文字粗体
vertical-align:sub;	下标字
vertical-align:super;	上标字
text-decoration:line-through;	加删除线
text-decoration:overline;	加顶线
text-decoration:underline;	加下划线
text-decoration:none;	删除链接下划线
text-transform : capitalize;	首字大写
text-transform : uppercase;	英文大写
text-transform : lowercase;	英文小写
text-align:right;	文字右对齐
text-align:left;	文字左对齐
text-align:center;	文字居中对齐
text-align:justify;	文字两端对齐
vertical-align:top;	垂直向上对齐
vertical-align:bottom;	垂直向下对齐
vertical-align:middle;	垂直居中对齐
vertical-align:text-top;	文字垂直向上对齐
vertical-align:text-bottom;	文字垂直向下对齐

CSS-项目符号

项目符号	功能说明
list-style-type:none;	不编号
list-style-type:decimal;	阿拉伯数字
list-style-type:lower-roman;	小写罗马数字
list-style-type:upper-roman;	大写罗马数字
list-style-type:lower-alpha;	小写英文字母
list-style-type:upper-alpha;	大写英文字母
list-style-type:disc;	实心圆形符号
list-style-type:circle;	空心圆形符号
list-style-type:square;	实心方形符号
list-style-image:url（/dot.gif）	图片式符号
list-style-position:outside;	凸排
list-style-position:inside;	缩进

CSS-背景样式

背景样式	功能说明
background-color:#F5E2EC;	背景颜色
background:transparent;	透视背景
background-image : url（image/bg.gif）;	背景图片
background-attachment : fixed;	浮水印固定背景
background-repeat : repeat;	重复排列-网页默认
background-repeat : no-repeat;	不重复排列
background-repeat : repeat-x;	在 x 轴重复排列
background-repeat : repeat-y;	在 y 轴重复排列
background-position : 90% 90%;	背景图片 x 与 y 轴的位置
background-position : top;	向上对齐
background-position : buttom;	向下对齐
background-position : left;	向左对齐
background-position : right;	向右对齐
background-position : center;	居中对齐

CSS-链接属性

链接属性	功能说明
a	所有超链接
a:link	超链接文字格式
a:visited	浏览过的链接文字格式
a:active	按下链接的格式

续表

链 接 属 性	功 能 说 明
a:hover	鼠标转到链接
cursor:crosshair	十字体
cursor:s-resize	箭头朝下
cursor:help	加一问号
cursor:w-resize	箭头朝左
cursor:n-resize	箭头朝上
cursor:ne-resize	箭头朝右上
cursor:nw-resize	箭头朝左上
cursor:text	文字I型
cursor:se-resize	箭头斜右下
cursor:sw-resize	箭头斜左下
cursor:wait	漏斗

CSS-边框属性

边 框 属 性	功 能 说 明
border-top : 1px solid #6699cc;	上框线
border-bottom : 1px solid #6699cc;	下框线
border-left : 1px solid #6699cc;	左框线
border-right : 1px solid #6699cc;	右框线
solid	实线框 2+6010
47dotted	虚线框
double	双线框
groove	立体内凸框
ridge	立体浮雕框
inset	凹框
outset	凸框

CSS-表单

表 单	功 能 说 明
<input type="text" name="T1" size="15">	文本域
<input type="submit" value="submit" name="B1">	按钮
<input type="checkbox" name="C1">	复选框
<input type="radio" value="V1" checked name="R1">	单选按钮
<textarea rows="1" name="S1" cols="15"></textarea>	多行文本域
<select size="1" name="D1"><option>选项 1</option><option>选项 2</option></select>	列表菜单

CSS-边界样式

边 界 样 式	功 能 说 明
margin-top:10px;	上边界
margin-right:10px;	右边界值
margin-bottom:10px;	下边界值
margin-left:10px;	左边界值

CSS-边框空白

边框空白	功 能 说 明
padding-top:10px;	上边框留空白
padding-right:10px;	右边框留空白
padding-bottom:10px;	下边框留空白
padding-left:10px;	左边框留空白